普通高等院校材料工程类规划教材

现代水泥制造技术

彭宝利　朱晓丽
王仲军　刘大成　编著

中国建材工业出版社

图书在版编目（CIP）数据

现代水泥制造技术/彭宝利等编著．—北京：中国建材工业出版社，2015.8

普通高等院校材料工程类规划教材

ISBN 978-7-5160-0653-5

Ⅰ.①现… Ⅱ.①彭… Ⅲ.①水泥—生产工艺—高等学校—教材 Ⅳ.①TQ172.6

中国版本图书馆 CIP 数据核字（2015）第 137944 号

内容简介

本书以新型干法水泥生产为主线，系统阐述了原料的破碎及预均化、生料粉磨及均化、熟料煅烧、水泥制成、水泥储存及发运的整个工艺过程及所涉及的生产设备，反映了国内外水泥工业的最新进展、最新技术成果应用及水泥标准等。本书对水泥品种及性能和应用、制造水泥所用原燃材料及配料、水泥熟料矿物组成等也进行了介绍，内容丰富，翔实可靠，实用性强。

本书适合作为普通高等院校无机非金属材料工程、材料工程技术类专业及相关专业的教学用书，也可供水泥企业工程技术人员、管理人员、岗位操作人员阅读和企业职工培训、继续教育的教学用书。

本书有配套课件，读者可登录我社网站免费下载。

现代水泥制造技术

彭宝利 朱晓丽 王仲军 刘大成 编著

出版发行：中国建材工业出版社
地　　址：北京市海淀区三里河路 1 号
邮　　编：100044
经　　销：全国各地新华书店
印　　刷：北京鑫正大印刷有限公司
开　　本：787mm×1092mm 1/16
印　　张：17
字　　数：425 千字
版　　次：2015 年 8 月第 1 版
印　　次：2015 年 8 月第 1 次
定　　价：46.00 元

本社网址：www.jccbs.com.cn　微信公众号：zgjcgycbs

本书如出现印装质量问题，由我社网络直销部负责调换。联系电话：（010）88386906

前　言

现代水泥生产是以预分解技术为核心，把现代科学技术和工业生产最新成果广泛应用于水泥生产的全过程之中，使水泥生产具有高效、优质、节约资源、清洁环保和大型化、集约化、自动化、科学管理特征的现代水泥生产方法，是当代水泥工业发展的主流和最先进的工艺。进入21世纪以来，我国新型干法水泥生产的发展驶入了快车道，逐步淘汰落后生产工艺及设备的同时，加快了新工艺、新技术、新设备的产业化进程，代表着先进工艺技术水平的1000t/d、2000t/d、2500t/d、3000t/d、5000t/d的窑外分解生产线已全部实现国产化，从工艺设计到生产控制等各主要技术指标都达到发达国家水平。在此基础上，我国又采取自主研制与引进吸收相结合的方式，进一步开发了8000t/d、10000t/d级的新型干法水泥生产成套技术装备。大型设备国产化率的提高，大大增强了企业的竞争力，实现了水泥工业“由大变强、靠新出强”的历史性跨越。

现代水泥工艺技术的发展需要有一支强有力的工程技术人员、生产管理人员、岗位一线操作人员所构成的团队作支撑，同时也随着工艺技术水平的不断提高、生产设备的不断升级和生产规模的现代化、大型化发展趋势，对从业人员的知识结构和技能要求也越来越高，需要不断更新知识，以适应现代水泥生产工艺技术和先进技术装备应用的需求。然而传统的水泥专业课程模式和教材内容，已经滞后于当今水泥工业的发展步伐，不能满足教学和企业职工培训的需要。为此，我们根据多年的教学及生产实践经验，集中了水泥生产工艺技术的最新成果，推出了《现代水泥制造技术》一书。本书从基础知识到实用技术对现代水泥工艺过程进行了全面的阐述，在每一章节中还插入了大量翔实的生产工艺流程图及生产设备的立体图和局部剖视图，直观地展现了现代水泥工艺过程及设备构造，让读者有一种身临其境之感，是一本集知识性、新颖性、普及性、实用性于一身且具有鲜明特色的全新教科书，对水泥专业的在校学生及水泥企业的岗位技工人员积累和更新知识有很大帮助。

本书由唐山学院彭宝利、朱晓丽、王仲军、刘大成编写，在编写中得到了冀东发展集团、中联水泥集团等多家现代化水泥企业的支持和中国建材工业出版社的热情指导，在此表示衷心感谢。

由于作者水平有限，书中的不足和疏漏之处恳请从事水泥事业的广大同仁和学子们给予批评指正，以便今后修正和补充、完善。

作者

2015.7

目　录

1　现代水泥概述

从鳞次栉比的高楼，到充满温馨的小屋；从气势磅礴的大坝，到机声隆隆的厂房，水泥作为国民经济发展的支柱产业和基本建设中最重要的建筑材料，在我国现代化工业发展和实现中国梦的进程中，永远离不开它！

1.1　胶凝材料与水泥

凡能在物理、化学作用下，从浆体变成坚固的石状体，并能胶结其他物料且具有一定机械强度的物质，统称为胶凝材料（又称胶结料）。胶凝材料分为有机和无机两大类，沥青和各种树脂属于有机胶凝材料；无机胶凝材料按硬化条件分为水硬性和非水硬性（气硬性胶凝材料，只能在空气中硬化而不能在水中硬化，如石灰和石膏）两类。水硬性胶凝材料拌水后既能在空气中又能在水中硬化，通常称为水泥。

我们这样来给水泥下定义：凡细磨成粉末状，加入适量水后成为塑性浆体，既能在空气中硬化，又能在水中硬化，并能将砂、石等散粒或纤维材料牢固地胶结在一起的水硬性胶结材料，通称为水泥。

1.2　水泥的起源与发展

水泥（英文 cement，由拉丁文 caementum 发展而来，是碎石及片石的意思）起源于胶凝材料。很早以前，人类就已经使用黏土或将一些纤维材料混合在一起，加水拌合后用来建造简易的房屋居住，这是最早的胶凝材料，它具有一定的可塑性，干硬后具有一定的强度，但是强度很低，而且经不起雨水冲刷的考验。

大约在公元前 3000～公元前 2000 年，石膏岩和石灰石被人类所利用，开始用通过煅烧所得的石膏和石灰来调制砌筑砂浆用作胶凝材料，例如古埃及的金字塔、我国的万里长城等，就是用这些胶凝材料建造的。

随着人类生产力的发展，胶凝材料也在不断进化。1824 年，英国人阿斯普丁（J. Aspdin）以石灰石和黏土为原料，按一定比例配合后，在类似于烧石灰的立窑内煅烧成熟料，再磨成细粉，加水拌合后能硬化成人工石块，具有较高的强度，这就是早期的水泥，它的外观颜色与英格兰岛上波特兰城用于建筑的石灰石相似，因此被称之为波特兰水泥，我国称为硅酸盐水泥。

1.3　水泥产业具有的特点

水泥产业属于原材料工业，具有以下特点：

（1）市场的区域性

水泥产品属于体重、量大、低质类产品，产品销售受到销售半径（与运输方式有关）的限制，不宜远距离输送。

（2）产品的同质性

水泥产品是国家标准化产品，在品种、等级相同的情况下，用户选择产品时，价格取向明显。控制不好，可能会出现杀价竞争的局面。

（3）水泥消费需求与经济发展的密切相关性

水泥产品的需求量取决于建设发展速度和产销饱和度，同时各区域经济发展和水泥消费水平程度相差也很大，影响布局。

（4）对资源的依赖性

水泥产业对资源的依赖性非常大，一般生产1t水泥熟料需要1.5～1.6t原料、0.15～0.20t原煤；生产1t水泥需要消耗80～110kW·h电能。尤其建设大型项目时，必须要有可靠的资源保证。

（5）水泥保存期有限

水泥的活性高，易受潮，在吸潮和碳化后，使性能下降，保存期较短。在不受潮、水淋的条件下，一般硅酸盐水泥存放期在三个月内，铝酸盐水泥和快硬水泥的储存期更短。

（6）具有处理废渣能力

水泥的主要化学成分是氧化钙、二氧化硅、三氧化二铝和三氧化二铁等，而很多工业（钢铁、化工、火力发电、炼铝、制糖等）所排出的大量的废渣以及煤炭开采中筛选出的煤矸石中，也具有水泥中含有的相同的化学成分及活性或部分活性，因此可以利用这些工业废渣替代部分自然资源生产水泥的原料，也可以作为混合材料与水泥熟料掺合在一起磨制水泥，减少了环境污染，提高了经济效益。

1.4 我国水泥工业发展概况

我国的水泥工业起步较晚，其发展经历大致如下：

1886年，英国商人在澳门青州岛建立的英泥青州厂，是我国第一个由外国人兴办的水泥厂，但已于1936年关闭。

1889年创办的唐山细绵土厂，是我国第一个由国人自己开办的采用立窑生产的水泥厂，1906年改组为启新洋灰股份有限公司（今冀东水泥集团唐山启新水泥有限公司），并引进丹麦史密斯公司的干法中空窑（回转窑），形成了具有现代意义的中国水泥工业。

新中国成立前，全国只有38家水泥厂，设备均为国外进口。由于大部分厂受到战乱破坏，水泥产量只有66万t，是生产能力的20.97%，而且只能生产普通水泥、矿渣水泥和少量白水泥。

新中国成立以来，随着社会主义建设高潮的掀起，水泥工业得到了很大发展，并注意学习和借鉴世界先进水泥技术，在20世纪50～60年代，开始研制湿法窑和半干法窑生产线成套设备，并进行预热器窑试验研究，在这期间，先后扩建了30多个大中型的湿法回转窑和半干法立波尔窑水泥企业，同时也建了一批立窑企业。在70～80年代，我国自行研制的

700t/d、1000t/d、1200t/d和2000t/d熟料的预分解窑生产线分别在新疆、江苏、上海、辽宁和江西等地建成投产，水泥产量大幅度增长。

改革开放以来，我国水泥工业发展进入了由量的增长转到质的提高方面上来，新型干法水泥生产线设计和设备配套经历了引进、消化、吸收、开发和走出国门阶段。1978年开始，我国相继从国外引进了一批的2000～4000t/d熟料新型干法水泥生产技术和成套设备，先后建成了冀东、宁国、柳州、云浮等大型水泥企业。如今已实现了4000t/d、5000t/d和10000t/d熟料国产化设计及设备配套，当前已有1100多条预分解窑生产线投产，设计年产熟料量9.6亿t，水泥工艺技术朝着现代化方向迈进。

1.5　现代水泥生产工艺现状及发展方向

在硅酸盐水泥问世后的一个半世纪中，生产技术经历了多次变革：由最初的土立窑到回转窑、机械化立窑生产工艺，到20世纪50～70年代悬浮预热和预分解技术的出现，以及20世纪80年代以后计算机信息化和网络化技术在水泥工艺过程中的应用等，使水泥工业进入了大型化、现代化阶段。

以悬浮预热和预分解技术为核心，集工艺、机械、电气、仪表为一体，运用计算机技术、通讯技术、控制技术和屏幕显示技术的新型干法水泥工艺技术应用于水泥生产的全过程，代表了现代水泥发展的基本方向和主流，具有生产能力大、自动化程度高、水泥质量优良，节能、环保、降耗、工业废弃物利用量大等一系列优点，已成为当今世界现代化水泥生产的重要标志。

水泥生产工艺技术的进步，有赖于生产设备的革新和工艺技术的开发创新，有赖于世界经济发展趋势和我国国情，这给现代水泥生产工艺过程赋予了新的内容，使每一道生产工序都综合利用新技术、新工艺、新设备，并大力实施循环经济和清洁生产，以保证水泥工业的可持续发展。

1.6　现代水泥生产工艺流程

现代水泥生产流程是在改进和提高传统工艺及设备的基础上发展起来的，它运用现代化的热工操作、在线监测和质量控制等技术手段，对整个生产过程中庞大的数据进行采集和处理（如5000t/d生产线数据采集点超过4000个），由中央控制室集中监视，将每道工序中各点的过程参数、设备运行情况等全面迅速的反映出来，并实现及时、准确地判断和自动控制。生产工艺流程主要分为生料制备、熟料煅烧、水泥制成三个阶段：

（1）生料制备

生料制备是指将制造水泥所用的石灰石原料、黏土质原料与少量校正原料（铁质、硅质等）经过破碎、均化后，按照一定比例配合、磨细、再均化使之成为成分合适、质量均匀的生料，以满足下一道工序——熟料煅烧的要求。

（2）熟料煅烧

将制备好的合格生料送入水泥窑内煅烧至部分熔融，所得以硅酸钙为主要成分的水泥熟料，称之为熟料煅烧。这道工序也包括煅烧用煤的粉磨和出窑熟料的冷却、储存。

（3）水泥制成

冷却后的熟料、加入适量的石膏、混合材共同磨细至粉末状的水泥，经储存和均化后、采用包装或散装出厂，称之为水泥制成。

把上面的三个阶段连接起来，构成一个完整的水泥制造过程，即：石灰石开采→原料破碎及预均化→生料粉磨→生料均化→熟料煅烧及冷却→水泥粉磨→水泥储存及均化→水泥发运。现代水泥生产流程主要根据资源情况、原料种类和性质、采用的生产主要设备和工厂规模来确定，图 1-6-1、图 1-6-2、图 1-6-3 是几种典型的现代水泥生产工艺流程图，其主要区别在于生料（原料）粉磨系统、分解炉类型和水泥制成系统不同，原料预均化和水泥发运基本相同，因此图 1-6-1 展示的是从原料进厂预均化到水泥出厂整个流程，图 1-6-2 和图 1-6-3 去掉了原料预均化和水泥出厂过程，展现的是生料（原料）粉磨、熟料煅烧和水泥粉磨这三个主要阶段。

1.7 水泥的国家标准

我国的水泥标准经过多次修订，逐渐与国际标准接轨。国家标准《通用硅酸盐水泥》（GB 175—2007）经国家质量监督检验检疫总局、国家标准化管理委员会批准发布，自 2008 年 6 月 1 日起正式实施，自实施之日起代替《硅酸盐水泥、普通硅酸盐水泥》（GB 175—1999）、《矿渣硅酸盐水泥、火山灰质硅酸盐水泥及粉煤灰硅酸盐水泥》（GB 1344—1999）、《复合硅酸盐水泥》（GB 12958—1999）三个标准。与原标准相比，在技术要求、混合材料品种和掺量、合格判定等方面做了较大的变动，特别是在水泥品种划分、混合材料种类、取消 P·O 32.5、增加氯离子限量的要求、选择水泥组分试验方法的原则、水泥组分定期校核要求及水泥出厂合格证等方面较原标准都有较大的修改。新标准不仅对硅酸盐水泥的制造技术和工艺做了较为详细规定，强化了生产过程控制，而且还在交货与验收中增加了安定性仲裁检验时间，以及包装标志等方面都作出了规定。

《通用硅酸盐水泥》（GB 175—2007）规定了通用硅酸盐水泥的定义与分类、组分与材料、强度等级、技术要求、试验方法、检验规则和包装、标志、运输与贮存等，该标准的实施对进一步规范水泥企业生产、提高水泥质量、保证建筑工程质量以及推动水泥产业结构调整发挥重要的作用。

1.7.1 定义与分类

（1）定义

通用硅酸盐水泥（Common Portland Cement）是由硅酸盐水泥熟料和适量的石膏及规定的混合材料制成的水硬性胶凝材料。

（2）分类

本标准规定的通用硅酸盐水泥按混合材料的品种和掺量分为硅酸盐水泥、普通硅酸盐水泥、矿渣硅酸盐水泥、火山灰质硅酸盐水泥、粉煤灰硅酸盐水泥和复合硅酸盐水泥。各品种的组分和代号应符合表 1-7-1 的规定。

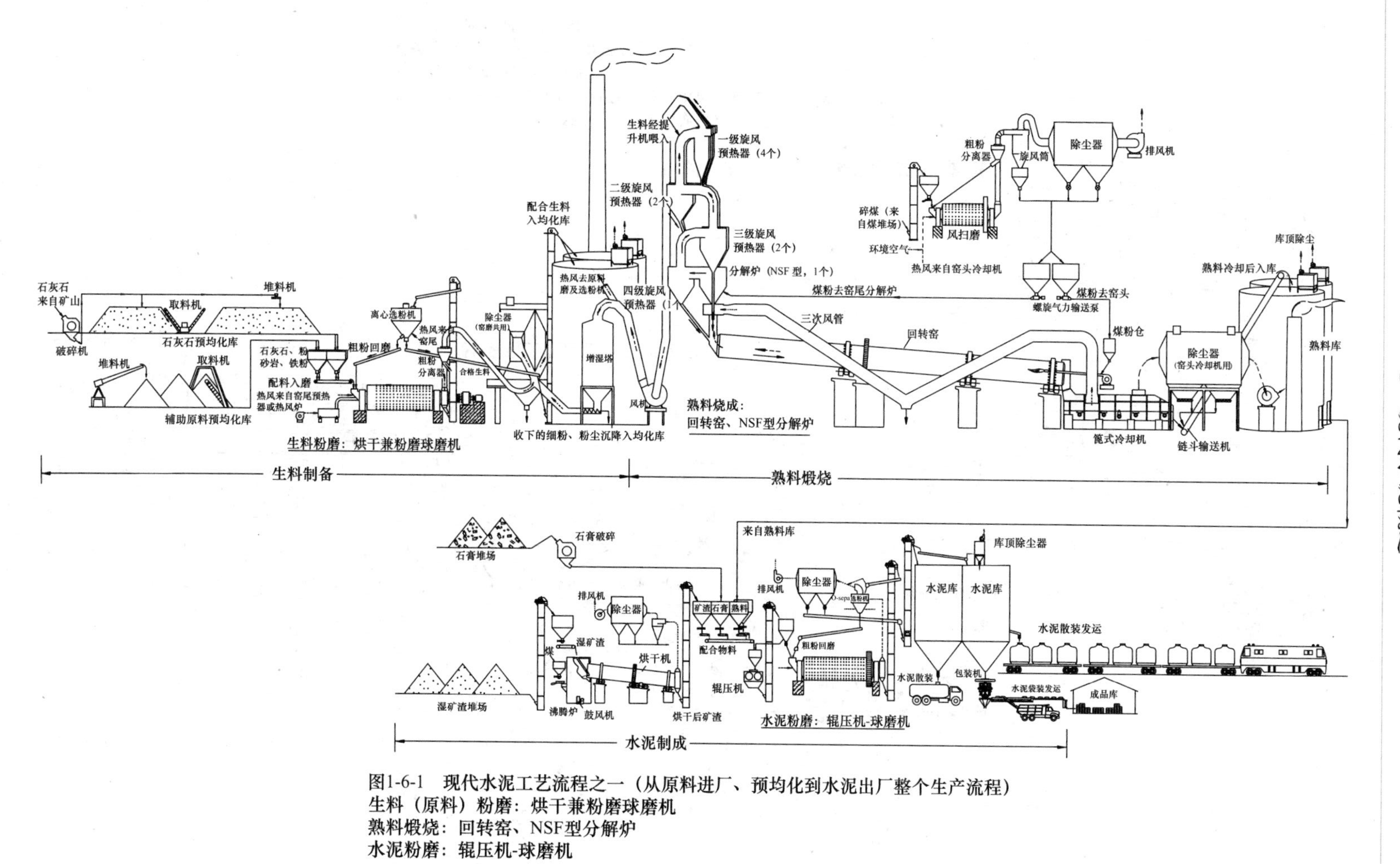

图1-6-1 现代水泥工艺流程之一（从原料进厂、预均化到水泥出厂整个生产流程）
生料（原料）粉磨：烘干兼粉磨球磨机
熟料煅烧：回转窑、NSF型分解炉
水泥粉磨：辊压机-球磨机

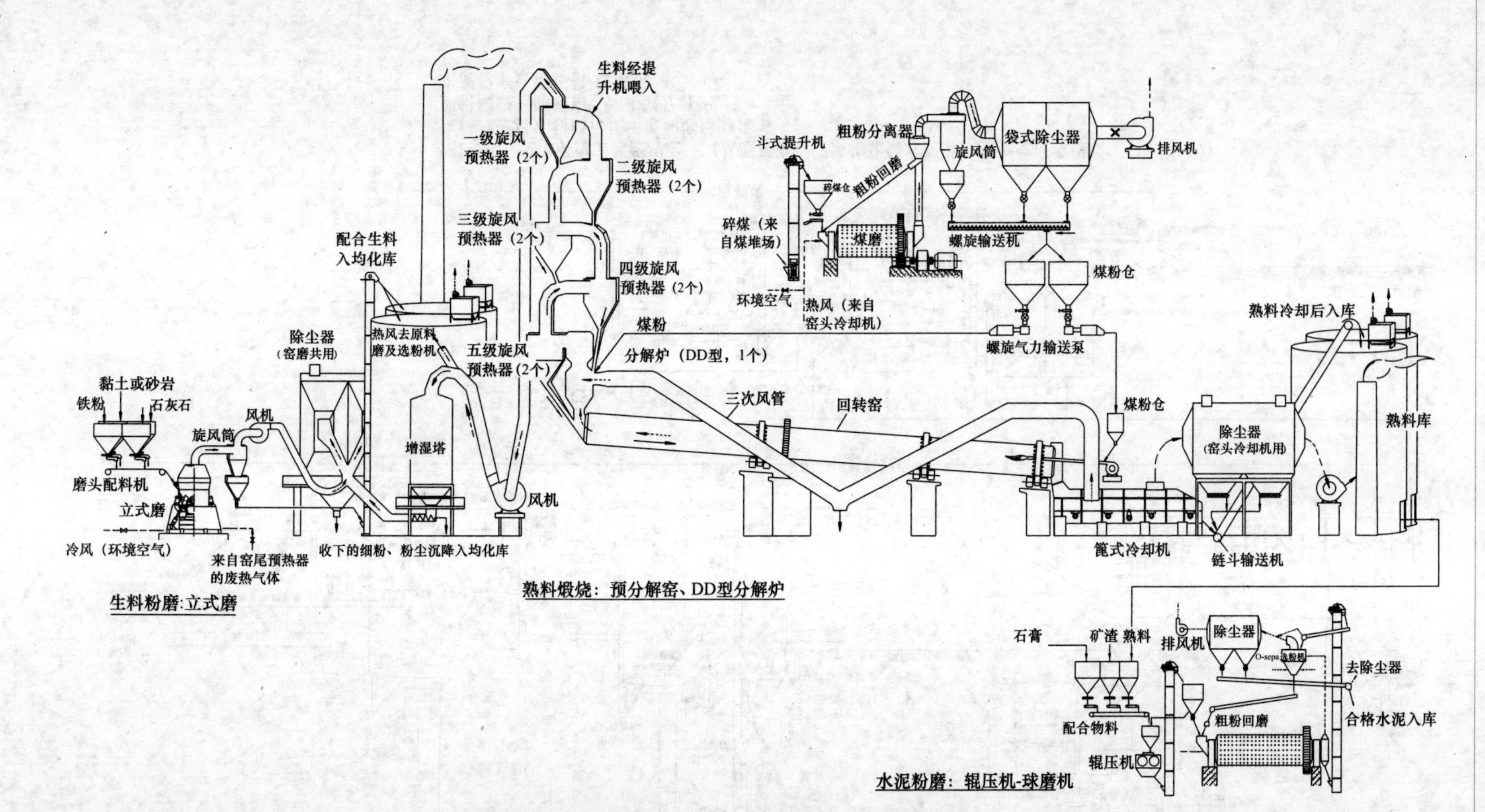

图1-6-2　现代水泥工艺流程之二(去掉了原料预均化、水泥出厂过程，展现的是生料制备、熟料煅烧和水泥制成三个主要阶段)

生料（原料）粉磨：立式磨

熟料煅烧：回转窑、DD型分解炉

水泥粉磨：辊压机–球磨机

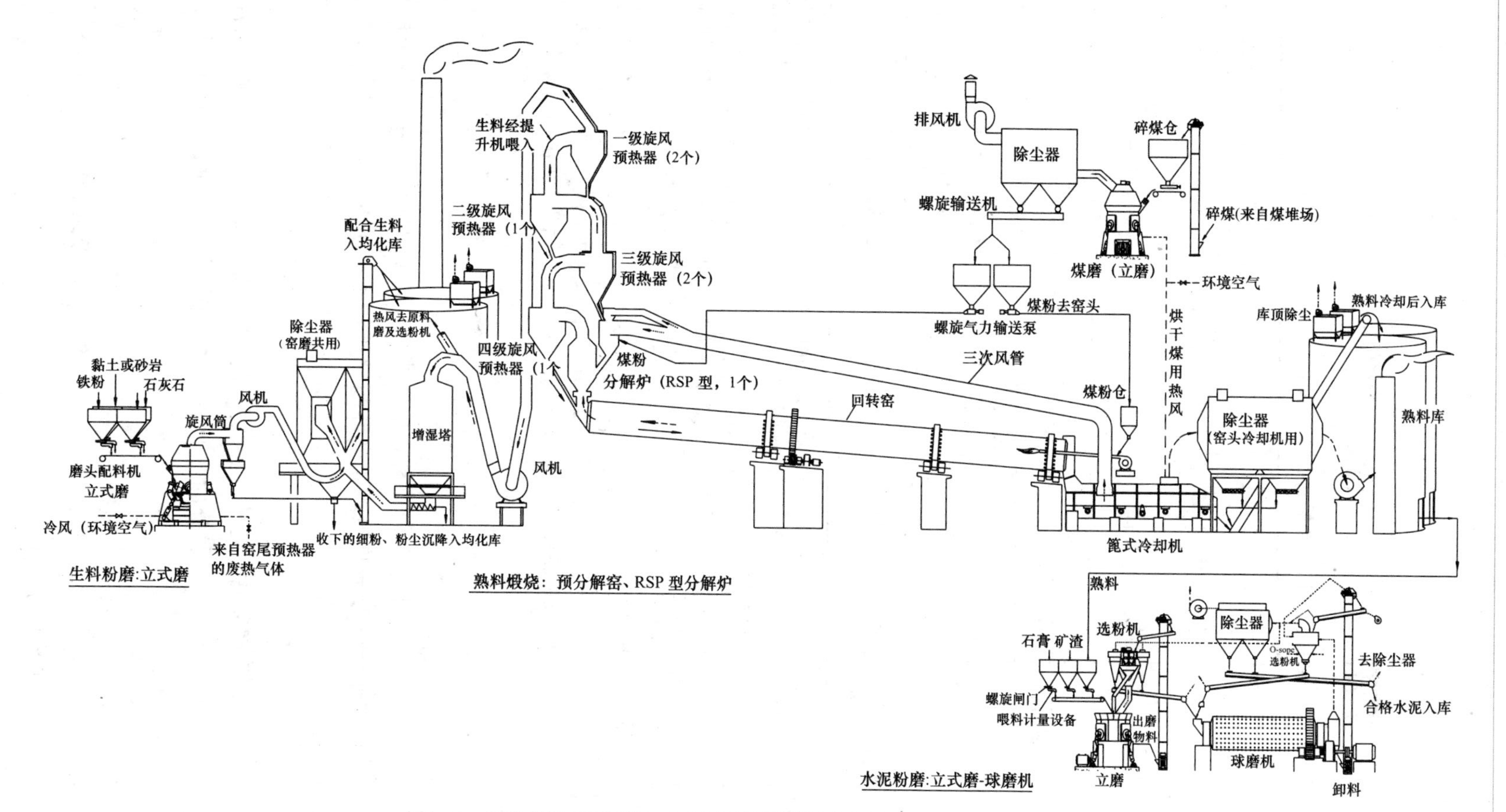

图1-6-3 现代水泥工艺流程之三（去掉了原料预均化和水泥出厂过程，展现的是生料制备、熟料煅烧和水泥制成三个主要阶段）

生料(原料)粉磨：立式磨

熟料煅烧：回转窑、RSP型分解炉

水泥粉磨：立式磨-球磨机

1.7.2 组分与材料

1. 组分

通用硅酸盐水泥的组分应符合表 1-7-1 的规定。

表 1-7-1 通用硅酸盐水泥的组分（%）

品种	代号	组分（质量分数）				
		熟料＋石膏	粒化高炉矿渣	火山灰质混合材料	粉煤灰	石灰石
硅酸盐水泥	P·I	100	—	—	—	—
	P·Ⅱ	≥95	≤5	—	—	—
		≥95	—	—	—	≤5
普通硅酸盐水泥	P·O	≥80 且<95	>5 且≤20[a]			
矿渣硅酸盐水泥	P·S·A	≥50 且<80	>20 且≤50[b]	—	—	—
	P·S·B	≥30 且<50	>50 且≤70[b]	—	—	—
火山灰质硅酸盐水泥	P·P	≥60 且<80	—	>20 且≤40[c]	—	—
粉煤灰硅酸盐水泥	P·F	≥60 且<80	—	—	>20 且≤40[d]	—
复合硅酸盐水泥	P·C	≥50 且<80	>20 且≤50[e]			

a 本组分材料为符合《通用硅酸盐水泥》（GB 175—2007）第（3）条的活性混合材料，其中允许用不超过水泥质量 8%且符合《通用硅酸盐水泥》（GB 175—2007）第（4）条的非活性混合材料或不超过水泥质量 5%且符合《通用硅酸盐水泥》（GB 175—2007）第（5）条的窑灰代替。

b 本组分材料为符合 GB/T 203 或 GB/T 18046 的活性混合材料，其中允许用不超过水泥质量 8%且符合《通用硅酸盐水泥》（GB 175—2007）第（3）条的活性混合材料或符合《通用硅酸盐水泥》（GB 175—2007）第（4）条的非活性混合材料或符合《通用硅酸盐水泥》（GB 175—2007）第（5）条的窑灰中的任一种材料代替。

c 本组分材料为符合 GB/T 2847 的活性混合材料。

d 本组分材料为符合 GB/T 1596 的活性混合材料。

e 本组分材料为由两种（含）以上符合《通用硅酸盐水泥》（GB 175—2007）第（3）条的活性混合材料或/和符合《通用硅酸盐水泥》（GB 175—2007）第（4）条的非活性混合材料组成，其中允许用不超过水泥质量 8%且符合《通用硅酸盐水泥》（GB 175—2007）第（5）条的窑灰代替。掺矿渣时混合材料掺量不得与矿渣硅酸盐水泥重复。

2. 材料

（1）硅酸盐水泥熟料

由主要含 CaO、SiO_2、Al_2O_3、Fe_2O_3 的原料，按适当比例磨成细粉烧至部分熔融所得以硅酸钙为主要矿物成分的水硬性胶凝物质。其中硅酸钙矿物不小于 66%，氧化钙和氧化硅质量比不小于 2.0。

（2）石膏

① 天然石膏：应符合 GB/T 5483 中规定的 G 类或 M 类二级（含）以上的石膏或混合石膏。

② 工业副产石膏：以硫酸钙为主要成分的工业副产物。采用前应经过试验证明对水泥性能无害。

（3）活性混合材料

符合 GB/T 203、GB/T 18046、GB/T 1596、GB/T 2847 标准要求的粒化高炉矿渣、粒化高炉矿渣粉、粉煤灰、火山灰质混合材料。

（4）非活性混合材料

活性指标分别低于 GB/T 203、GB/T 18046、GB/T 1596、GB/T 2847 标准要求的粒化高炉矿渣、粒化高炉矿渣粉、粉煤灰、火山灰质混合材料；石灰石和砂岩，其中石灰石中的三氧化二铝含量应不大于 2.5%。

（5）窑灰

符合 JC/T 742 的规定。

（6）助磨剂

水泥粉磨时允许加入助磨剂，其加入量应不大于水泥质量的 0.5%，助磨剂应符合 JC/T 667的规定。

1.7.3 强度等级

① 硅酸盐水泥的强度等级分为 42.5、42.5R、52.5、52.5R、62.5、62.5R 六个等级。

② 普通硅酸盐水泥的强度等级分为 42.5、42.5R、52.5、52.5R 四个等级。

③ 矿渣硅酸盐水泥、火山灰质硅酸盐水泥、粉煤灰硅酸盐水泥、复合硅酸盐水泥的强度等级分为 32.5、32.5R、42.5、42.5R、52.5、52.5R 六个等级。

1.7.4 技术要求

1. 化学指标

化学指标应符合表 1-7-2 规定。

表 1-7-2 通用硅酸盐水泥的化学指标（%）

<table>
<tr><th>品种</th><th>代号</th><th>不溶物（质量分数）</th><th>烧失量（质量分数）</th><th>三氧化硫（质量分数）</th><th>氧化镁（质量分数）</th><th>氯离子（质量分数）</th></tr>
<tr><td rowspan="2">硅酸盐水泥</td><td>P·Ⅰ</td><td>≤0.75</td><td>≤3.0</td><td rowspan="3">≤3.5</td><td rowspan="3">≤5.0[a]</td><td rowspan="8">≤0.06[c]</td></tr>
<tr><td>P·Ⅱ</td><td>≤1.50</td><td>≤3.5</td></tr>
<tr><td>普通硅酸盐水泥</td><td>P·O</td><td>—</td><td>≤5.0</td></tr>
<tr><td rowspan="2">矿渣硅酸盐水泥</td><td>P·S·A</td><td>—</td><td>—</td><td rowspan="2">≤4.0</td><td>≤6.0[b]</td></tr>
<tr><td>P·S·B</td><td>—</td><td>—</td><td>—</td></tr>
<tr><td>火山灰质硅酸盐水泥</td><td>P·P</td><td>—</td><td>—</td><td rowspan="3">≤3.5</td><td rowspan="3">≤6.0[b]</td></tr>
<tr><td>粉煤灰硅酸盐水泥</td><td>P·F</td><td>—</td><td>—</td></tr>
<tr><td>复合硅酸盐水泥</td><td>P·C</td><td>—</td><td>—</td></tr>
</table>

a 如果水泥压蒸试验合格，则水泥中氧化镁的含量（质量分数）允许放宽至 6.0%。
b 如果水泥中氧化镁的含量（质量分数）大于 6.0%时，需进行水泥压蒸安定性试验并合格。
c 当有更低要求时，该指标由买卖双方协商确定。

2. 碱含量（选择性指标）

水泥中碱含量按 $Na_2O+0.658K_2O$ 计算值表示。若使用活性集料，用户要求提供低碱水泥时，水泥中的碱含量应不大于 0.60%或由买卖双方协商确定。

3. 物理指标

（1）凝结时间

硅酸盐水泥初凝不小于 45min，终凝不大于 390min。

普通硅酸盐水泥、矿渣硅酸盐水泥、火山灰质硅酸盐水泥、粉煤灰硅酸盐水泥和复合硅酸盐水泥初凝不小于45min，终凝不大于600min。

（2）安定性

沸煮法合格。

（3）强度

不同品种、不同强度等级的通用硅酸盐水泥，其各龄期的强度应符合表1-7-3的规定。

表1-7-3 通用硅酸盐水泥的强度指标 （MPa）

品　种	强度等级	抗压强度		抗折强度	
		3d	28d	3d	28d
硅酸盐水泥	42.5	≥17.0	≥42.5	≥3.5	≥6.5
	42.5R	≥22.0		≥4.0	
	52.5	≥23.0	≥52.5	≥4.0	≥7.0
	52.5R	≥27.0		≥5.0	
	62.5	≥28.0	≥62.5	≥5.0	≥8.0
	62.5R	≥32.0		≥5.5	
普通硅酸盐水泥	42.5	≥17.0	≥42.5	≥3.5	≥6.5
	42.5R	≥22.0		≥4.0	
	52.5	≥23.0	≥52.5	≥4.0	≥7.0
	52.5R	≥27.0		≥5.0	
矿渣硅酸盐水泥 火山灰质硅酸盐水泥 粉煤灰硅酸盐水泥 复合硅酸盐水泥	32.5	≥10.0	≥32.5	≥2.5	≥5.5
	32.5R	≥15.0		≥3.5	
	42.5	≥15.0	≥42.5	≥3.5	≥6.5
	42.5R	≥19.0		≥4.0	
	52.5	≥21.0	≥52.5	≥4.0	≥7.0
	52.5R	≥23.0		≥4.5	

（4）细度（选择性指标）

硅酸盐水泥和普通硅酸盐水泥以比表面积表示，不小于$300m^2/kg$；矿渣硅酸盐水泥、火山灰质硅酸盐水泥、粉煤灰硅酸盐水泥和复合硅酸盐水泥以筛余表示，$80\mu m$方孔筛筛余不大于10%或$45\mu m$方孔筛筛余不大于30%。

1.7.5 试验方法

（1）组分

由生产者按GB/T 12960或选择准确度更高的方法进行。在正常生产情况下，生产者应至少每月对水泥组分进行校核，年平均值应符合本标准第“1.7.2 组分与材料”中的“（1）组分”中的规定，单次检验值应不超过本标准规定最大限量的2%。

为保证组分测定结果的准确性，生产者应采用适当的生产程序和适宜的方法对所选方法的可靠性进行验证，并将经验证的方法形成文件。

（2）不溶物、烧失量、氧化镁、三氧化硫和碱含量

按 GB/T 176 进行试验。

（3）压蒸安定性

按 GB/T 750 进行试验。

（4）氯离子

按 JC/T 420 进行试验。

（5）标准稠度用水量、凝结时间和安定性

按 GB/T 1346 进行试验。

（6）强度

按 GB/T 17671 进行试验。但火山灰质硅酸盐水泥、粉煤灰硅酸盐水泥、复合硅酸盐水泥和掺火山灰质混合材料的普通硅酸盐水泥在进行胶砂强度检验时，其用水量按 0.50 水灰比和胶砂流动度不小于 180mm 来确定。当流动度小于 180mm 时，须以 0.01 的整倍数递增的方法将水灰比调整至胶砂流动度不小于 180mm。

胶砂流动度试验按 GB/T 2419 进行，其中胶砂制备按 GB/T 17671 进行。

（7）比表面积

按 GB/T 8074 进行试验。

（8）80μm 和 45μm 筛余

按 GB/T 1345 进行试验。

1.7.6 检验规则

（1）编号及取样

水泥出厂前按同品种、同强度等级编号和取样。袋装水泥和散装水泥应分别进行编号和取样。每一编号为一取样单位。水泥出厂编号按年生产能力规定为：

① 10×10^4t/年以下，不超过 200t 为一编号。

② 10×10^4t～30×10^4t，不超过 400t 为一编号。

③ 30×10^4t～60×10^4t，不超过 600t 为一编号。

④ 60×10^4t～120×10^4t，不超过 1000t 为一编号。

⑤ 120×10^4t～200×10^4t，不超过 2400t 为一编号。

⑥ 200×10^4t/年以上，不超过 4000t 为一编号。

取样方法按 GB 12573 进行。可连续取，亦可从 20 个以上不同部位取等量样品，总量至少 12kg。当散装水泥运输工具的容量超过该厂规定出厂编号吨数时，允许该编号的数量超过取样规定吨数。

（2）水泥出厂

经确认水泥各项技术指标及包装质量符合要求时方可出厂。

（3）出厂检验

出厂检验项目为化学指标、凝结时间、安定性、强度。

（4）判定规则

① 化学指标、凝结时间、安定性、强度的检验结果符合《通用硅酸盐水泥》（GB 175—2007）的规定，即为合格品。

② 化学指标、凝结时间、安定性、强度的检验结果如果有任何一项指标不符合《通用硅酸盐水泥》（GB 175—2007）的规定，即为不合格品。

（5）检验报告

检验报告内容应包括出厂检验项目、细度、混合材料品种和掺加量、石膏和助磨剂的品种及掺加量、属回转窑或立窑生产及合同约定的其他技术要求。当用户需要时，生产者应在水泥发出之日起 7d 内寄发除 28d 强度以外的各项检验结果，32d 内补报 28d 强度的检验结果。

（6）交货与验收

① 交货时水泥的质量验收可抽取实物试样以其检验结果为依据，也可以生产者同编号水泥的检验报告为依据。采取何种方法验收由买卖双方商定，并在合同或协议中注明。卖方有告知买方验收方法的责任。当无书面合同或协议，或未在合同、协议中注明验收方法的，卖方应在发货票上注明“以本厂同编号水泥的检验报告为验收依据”字样。

② 以抽取实物试样的检验结果为验收依据时，买卖双方应在发货前或交货地共同取样和签封。取样方法按 GB 12573 进行，取样数量为 20kg，缩分为二等份。一份由卖方保存 40d，一份由买方按本标准规定的项目和方法进行检验。

在 40d 以内，买方检验认为产品质量不符合本标准要求，而卖方又有异议时，则双方应将卖方保存的另一份试样送省级或省级以上国家认可的水泥质量监督检验机构进行仲裁检验。水泥安定性仲裁检验时，应在取样之日起 10d 以内完成。

③ 以生产者同编号水泥的检验报告为验收依据时，在发货前或交货时买方在同编号水泥中取样，双方共同签封后由卖方保存 90d，或认可卖方自行取样、签封并保存 90d 的同编号水泥的封存样。在 90d 内，买方对水泥质量有疑问时，则买卖双方应将共同认可的试样送省级或省级以上国家认可的水泥质量监督检验机构进行仲裁检验。

1.7.7 包装、标志、运输与贮存

（1）包装

水泥可以散装或袋装，袋装水泥每袋净含量为 50kg，且应不少于标志质量的 99%；随机抽取 20 袋总质量（含包装袋）应不少于 1000kg。其他包装形式由供需双方协商确定，但有关袋装质量要求，应符合上述规定。水泥包装袋应符合 GB 9774 的规定。

（2）标志

水泥包装袋上应清楚标明：执行标准、水泥品种、代号、强度等级、生产者名称、生产许可证标志（QS）及编号、出厂编号、包装日期、净含量。包装袋两侧应根据水泥的品种采用不同的颜色印刷水泥名称和强度等级，硅酸盐水泥和普通硅酸盐水泥采用红色，矿渣硅酸盐水泥采用绿色；火山灰质硅酸盐水泥、粉煤灰硅酸盐水泥和复合硅酸盐水泥采用黑色或蓝色。

散装发运时应提交与袋装标志相同内容的卡片。

(3) 运输与贮存

水泥在运输与贮存时不得受潮和混入杂物，不同品种和强度等级的水泥在贮运中避免混杂。

1.8 水泥的种类、性能及适用范围

随着社会发展和现代工业化的进程，仅有硅酸盐水泥、石灰、石膏等胶凝材料已远远不能满足重要工程建设需要，生产和发展多用途、多品种水泥已成为市场的客观需求。目前已形成了三大类型系列品种水泥：

1.8.1 通用水泥

通用水泥指一般土木工程通常采用水泥的统称，是以硅酸盐水泥熟料为主，在粉磨时加入适量的石膏和不同品种、不同数量的混合材料而组成的水泥，其水泥品种名称也有所不同，共六个系列品种水泥，即：硅酸盐水泥、普通硅酸盐水泥、矿渣硅酸盐水泥、火山灰质硅酸盐水泥、粉煤灰硅酸盐水泥、复合硅酸盐水泥，是产量最大、使用面最广的水泥。

1. **硅酸盐水泥**

由硅酸盐水泥熟料、0%～5%粒化高炉矿渣或石灰石、适量的石膏磨细制成的水硬性胶凝材料，国际上称波特兰水泥。硅酸盐水泥又分两类，不掺加混合材料的称为Ⅰ型硅酸盐水泥（代号P·Ⅰ），掺加不超过水泥质量5%的粒化高炉矿渣或石灰石，称为Ⅱ硅酸盐水泥（代号P·Ⅱ）。

(1) 性能

凝结硬化快，早期强度高、水泥强度等级高；抗冻性、耐磨性好；水化热较高；耐酸、碱、硫酸盐类化学侵蚀性较差。

(2) 适用范围

主要用于配制高强度等级混凝土、早期强度要求较高的工程，在低温条件下需要强度发展较快的工程；也可用于一般地上工程和不受侵蚀的地下工程、无腐蚀性水中的受冻工程。

2. **普通硅酸盐水泥**

由硅酸盐水泥熟料、5%～20%混合材料、适量的石膏磨细制成的水硬性胶凝材料，称为普通硅酸盐水泥，简称普通水泥（代号P·O）。

(1) 性能

凝结硬化较快，早期强度较高；抗冻性较好；水化热偏高；耐酸、碱、硫酸盐类化学侵蚀性较差。

(2) 适用范围

用于配制较一般强度等级混凝土、在低温条件下需要强度发展较快的工程；也可用于一般地上工程和不受侵蚀的地下工程、无腐蚀性水中的受冻工程。

3. **矿渣硅酸盐水泥**

由硅酸盐水泥熟料、粒化高炉矿渣、适量的石膏磨细制成的水硬性胶凝材料，称为矿渣

硅酸盐水泥，简称矿渣水泥。按掺加矿渣质量的百分数分为两类：A类矿渣（代号P·S·A）掺加量20%～50%；B类矿渣（代号P·S·B）掺加量50%～70%。

（1）性能

对硫酸盐类侵蚀性的抵抗能力及抗水性较好；耐热性较好；水化热较低；在蒸汽养护中强度发展较快；在潮湿环境中后期强度增进率较大；但早期强度较低，凝结较慢，在低温环境下尤甚；干缩性较大，有泌水现象（水泥析出水分的性能，对制造均质混凝土有害，妨碍混凝土层与层之间的结合，将降低混凝土的强度和抗水性）。

（2）适用范围

用于地下、水中和海水中工程以及经常受高水压的工程，其对硫酸盐类侵蚀性的抵抗能力及抗水性优于硅酸盐水泥和普通硅酸盐水泥；也可用于大体积混凝土工程、蒸汽养护的工程和一般地上工程，不适用于冻融交替或干湿交替的工程。

4. 火山灰质硅酸盐水泥

由硅酸盐水泥熟料、20%～40%火山灰质混合材料、适量的石膏磨细制成的水硬性胶凝材料，称为火山灰质硅酸盐水泥，简称火山灰质水泥（代号P·P）。

（1）性能

对硫酸盐类侵蚀的抵抗能力较强；抗水性较好；水化热较低；在湿润环境中后期强度增进率较大；在蒸汽养护中强度发展较快；早期强度较低，凝结较慢，在低温环境中尤甚；抗冻性较差；吸水性大；干缩性较大。

（2）适用范围

主要用于大体积混凝土工程，地下、水中工程及经常受较高水压的工程和低强度等级混凝土，也可用于受海水及含硫酸盐类溶液侵蚀的工程、蒸汽养护的工程和远距离输送的砂浆和混凝土。但不适用于早期强度要求高的工程、冻融交替的工程、长期干燥和高温的地方。

5. 粉煤灰硅酸盐水泥

由硅酸盐水泥熟料、20%～40%粉煤灰、适量的石膏磨细制成的水硬性胶凝材料，称为粉煤灰硅酸盐水泥，简称粉煤灰水泥（代号P·F）。

（1）性能

对硫酸盐类侵蚀的抵抗能力及抗水性较好；水化热较低；耐热性较好；后期强度增进率较大；干缩性较小；抗拉强度较高；抗裂性好；早期强度较低；抗冻性较差；抗碳化性能较差。

（2）适用范围

主要用于水工大体积混凝土工程、一般民用和工业建筑工程配置低强度混凝土，也可用于混凝土和钢筋混凝土的地下及水中结构、用蒸汽养护的构件，但不适用于早期强度要求高的工程及受冻工程。

6. 复合硅酸盐水泥

由硅酸盐水泥熟料、20%～50%两种或两种以上的混合材料、适量的石膏磨细制成的水硬性胶凝材料，称为复合硅酸盐水泥，简称复合水泥（代号P·C）。

（1）性能

复合水泥与普通水泥、矿渣水泥、火山灰质水泥和粉煤灰制水泥一样，都是以硅酸盐水泥熟料为主要组分的水泥，因此，复合水泥与上述几种水泥的性能基本一致，但由于复合水泥复掺混合材料，其性能与所用复掺混合材料的品种和数量有关。当选用矿渣为主、配以其他混合材且混合材料掺加量较大时，接近矿渣水泥；若掺加火山灰或粉煤灰混合材为主、再配以其他混合材料且为混合材料掺加量较大时，其性能接近火山灰质水泥或粉煤灰质水泥；如选用少量的各类混合材料搭配，其特性接近于普通水泥。

（2）适用范围

复合水泥可广泛应用于工业与民用建筑工程中。

1.8.2　专用水泥

专用水泥指具有专门用途的水泥统称。“专用”是指专一用途，在此特定范围内，水泥能充分发挥其特性，起到最佳使用效果，如油井水泥、道路水泥、砌筑水泥等。

1. **油井水泥**

油井水泥又称堵塞水泥或固井水泥。是由水硬性硅酸钙为主要成分的硅酸盐水泥熟料、适量石膏和助磨剂磨细制成的水泥。

（1）性能

具有合适的密度和凝结时间，较低的稠度，用其配制的预拌油井混凝土具有良好的抗沉降性和可泵性。将其注入预定（温度、压力）的井段，能迅速凝结硬化并产生一定的机械强度。混凝土固化后具有良好的抗渗性、稳定性和耐腐蚀性。

（2）适用范围

专门用于油井、气井的固井工程的水泥。

2. **道路水泥**

由道路硅酸盐水泥熟料、0%～10%活性混合材料和适量石膏磨细制成的水硬性胶凝材料，称为道路硅酸盐水泥，简称道路水泥。这里所提到的道路硅酸盐水泥熟料是以适当成分的生料烧至部分熔融，所得以硅酸钙为主要成分和较多量的铁铝酸四钙的硅酸盐水泥熟料。熟料仍以硅酸盐水泥熟料为主要组分。

（1）性能

能经受着高速车辆的摩擦、载重车辆的冲击和震荡、路面与路基的温差和干湿度差产生的膨胀应力、冬季的冻融等，耐磨性好（比同等级的硅酸盐水泥磨耗低20%～40%），收缩变形小（干缩率优于硅酸盐水泥约10%以上），抗冻性强，水化热低、抗冻性及抗冲击性强，有较好的弹性。

（2）适用范围

应用于各类混凝土路面工程，也适应于耐磨、抗干缩等性能要求较高的其他工程。

3. **砌筑水泥**

由一种或一种以上活性混合材料或具有水硬性的工业废料为主要原料，加入适量硅酸盐水泥熟料和石膏，经磨细制成的水硬性胶凝材料，称为砌筑水泥，代号M。

（1）性能

强度较低，不能用于钢筋混凝土或结构混凝土。

（2）适用范围

主要用于工业与民用建筑的砌筑和抹面砂浆、垫层混凝土等。

1.8.3 特性水泥

指具有某种特殊性能的水泥统称。它不是专用的，可以在需要和规定的特性范围内使用。目前已有很多品种的特性水泥，如铝酸盐水泥、快硬水泥、中低热水泥、抗硫酸盐水泥、膨胀与自应力水泥、白水泥和彩色水泥等。

1. 铝酸盐水泥

以铝矾土和石灰石为原料，按适当比例配合后烧结或熔融，所得以铝酸钙为主要成分、氧化铝含量约50％的熟料，再磨制成的水硬性胶凝材料，称为铝酸盐水泥（又称矾土水泥）。铝酸盐水泥包括高温铝酸盐水泥、快硬高强铝酸盐水泥（高铝水泥、高铝水泥－65、膨胀铝酸盐水泥、自应力铝酸盐水泥），是继硅酸盐水泥之后的第二系列产品。

（1）性能

快硬、早强，1d强度可达最高强度的80％以上；水化热大且放热量集中，1d内放出的水化热为总量的70％～80％；耐高温性能好。

（2）适用范围

铝酸盐水泥是一种快硬早强水泥，适用于军事工程、紧急抢修工程、严寒下的冬季施工及早强的特殊工程。由于耐高温性能好，所以是配制耐火混凝土做窑炉内衬的最好材料。

2. 快硬硫铝酸盐水泥

以石灰石、矾土、石膏为原料，经煅烧制成含有适量无水硫铝酸钙的熟料，再掺适量的石膏共同磨细而制得早期强度高的水硬性胶凝材料，称为硫铝酸盐快硬水泥。

（1）性能

凝结时间快、初凝和终凝时间较短，早期强度高，抗冻抗渗性能好。

（2）适用范围

用于紧急抢修工程，如接缝、堵漏、锚喷支护、抢修飞机跑道、公路等，适合于冬季施工工程、地下工程、配制膨胀水泥和自应力水泥以及耐火性好的玻璃纤维增强水泥制品。

3. 快硬氟铝酸盐水泥

以铝质原料、石灰石质原料、萤石（或再加石膏）经适当配料，煅烧得到的以氟铝酸钙为主要矿物的熟料，再外掺石膏一起磨细而成的水硬性胶凝材料，称为快硬氟铝酸盐水泥。我国的双快（快凝、快硬）和国外的超速硬水泥属于此类水泥。

（1）性能

凝结速度快，初凝一般仅几分钟，而且初凝和终凝时间很短，终凝不超过半小时（在用于抢修工程时，根据使用和气候条件可加缓凝剂调节凝结时间）。

（2）适用范围

用于紧急抢修工程、低温施工工程，制造业用的砂型水泥。

4. **快硬铁铝酸盐水泥**

以适当成分的生料，经煅烧所得以铁相、无水硫铝酸钙和硅酸二钙为主要矿物成分的熟料，加入适量石灰石和石膏，磨细制成的早期强度高的水硬性胶凝材料。

（1）性能

具有凝结硬化快，早期强度高和高强、高抗冻性能特点，良好的抗海水和抗硫酸盐侵蚀性能，对钢筋不产生锈蚀。

（2）适用范围

适用于冬季施工工程、抢修和抢建工程；配置喷射混凝土及生产预制构件等。

5. **快硬硅酸盐水泥**

凡以硅酸盐水泥熟料和适量石膏磨细制成的，以 3d 抗压强度表示等级的水硬性胶凝材料，称为快硬硅酸盐水泥，简称快硬水泥。

（1）性能

快硬水泥凝结时间正常，而且终凝和初凝之间的时间间隔很短，早期强度发展很快，后期强度持续增长，与使用普通水泥相比，可加快施工进度。

（2）适用范围

快硬水泥可用来配置早强、高标号混凝土，适用于紧急抢修工程、军事工程、低温施工工程和高标号混凝土预制件等。但水化放热比较集中，不宜用于大体积混凝土工程。

6. **中热硅酸盐水泥**

由适当成分的硅酸盐水泥熟料、适量石膏磨细制成的，具有中等水化热的水硬性胶凝材料。

（1）性能

具有水化热较低，3d 和 7d 的水化热分别比相应的硅酸盐水泥低 15%～20%，而抗硫酸盐侵蚀性能则有明显提高，耐磨性和抗冻性良好。

（2）适用范围

适用于大坝溢流面的面层和水位变动区等要求较高的耐磨性和抗冻性工程。

7. **低热矿渣硅酸盐水泥**

由适当成分的硅酸盐水泥熟料加入矿渣、适量石膏磨细制成的具有低水化热的水硬性胶凝材料。按质量分数计，低热矿渣水泥中矿渣掺入量为 20%～60%，允许用不超过混合材总量 50%的磷渣或粉煤灰代替部分矿渣，简称低热矿渣水泥。

（1）性能

具有水化热低，抗硫酸盐性能良好、干缩小等性能。

（2）适用范围

主要用于对水化热有严格要求、而对抗冲击抗冻性及耐磨性要求不高的场合，如大坝或大体积混凝土的内部及水工工程。

8. **抗硫酸盐硅酸盐水泥**

抗硫酸盐硅酸盐水泥按其抗硫酸盐侵蚀程度分为中抗硫酸盐硅酸盐水泥和高抗硫酸盐硅酸盐水泥两类。以适当成分的硅酸盐水泥熟料，加入适量石膏，磨细制成的具有抵抗中等浓度硫酸根离子侵蚀的水硬性胶凝材料，称为中抗硫酸盐硅酸盐水泥。简称中抗硫水泥，代号P·MSR。以适当成分的硅酸盐水泥熟料，加入适量石膏，磨细制成的具有抵抗较高浓度硫酸根离子侵蚀的水硬性胶凝材料，称为高抗硫酸盐硅酸盐水泥。简称高抗硫水泥，代号P·HSR。

(1) 性能

抗硫酸盐侵蚀性能好，水化热低，耐磨性能好，胀缩、抗渗、抗冻等性能与硅酸盐水泥相似。

(2) 适用范围

主要用于受硫酸盐侵蚀的海港、水利、地下、隧道、涵洞、道路和桥梁基础等工程，也可以替代硅酸盐水泥和普通硅酸盐水泥用于工业与民用建筑工程。

9. 硫铝酸钙改性硅酸盐水泥

属于硅酸盐水泥系列的一个新品种水泥，在传统的硅酸盐水泥熟料中引入以含少量的无水硫铝酸钙的水泥熟料，与＞20%且≤50%的矿渣或＞20%且≤35%的粉煤灰或＞20%且≤50%的矿渣粉煤灰复合，但其中粉煤灰不超过35%，和适量的石膏共同磨细制成的具有早强微膨胀性的水硬性的胶凝材料，代号S·M·P。

(1) 性能

水化硬化快、早强和微膨胀，减小了传统硅酸盐水泥干缩率，提高了抗冻、抗渗和耐磨性能。

(2) 适用范围

用于防渗、堵漏、水工工程。

10. 膨胀水泥和自应力水泥

凡以硅酸盐水泥熟料、高铝水泥熟料、硫铝酸盐水泥熟料，加入适量石膏和其他有关天然或粒化高炉矿渣、粉煤灰、石膏等材料，按适当比例磨细制成的具有膨胀性的水硬性胶凝材料，称为膨胀水泥。一般来讲，在没有受到任何限制的条件下，所产生的膨胀称作“自由膨胀”，对此并不产生自应力。当受到单向、双向或三向限制时，则称为“限制膨胀”，这时会有自应力产生，而且限制越大，自应力值越高。

我国按其膨胀值和使用目的不同，分别称为膨胀水泥（膨胀值较小，用于补偿水泥混凝土收缩的水泥）和自应力水泥（膨胀值较大，用于产生预应力的水泥），主要有以下几个品种：

① 以硅酸盐熟料为主：硅酸盐膨胀水泥和自应力水泥（硅酸盐水泥熟料或水泥加高铝水泥和石膏）、明矾石膨胀水泥和自应力水泥（硅酸盐水泥熟料或水泥加煅烧或未煅烧的明矾石和石膏）、K型膨胀水泥（硅酸盐水泥熟料或水泥加膨胀剂）、S型膨胀水泥（含铝较高的硅酸盐水泥熟料加二水石膏）。

② 以硫酸盐熟料为主：硫铝酸盐早期微膨胀水泥、自应力硫铝酸盐水泥（由硫铝酸盐水泥熟料加二水石膏磨细制成）。

(1) 性能

具有抗裂性、抗腐蚀性、自愈性能；膨胀稳定，强度高。

（2）适用范围

主要用做防水层、浇灌机械底座、建筑物接缝和修补工程、加固结构、制作预应力混凝土构件（如水管和输气管道等）。

11. 白色水泥和彩色水泥

由适当成分的生料烧至部分熔融，所得以硅酸钙为主要成分，氧化铁含量少的硅酸盐水泥熟料，加入适量的优质纤维石膏（同时也允许加入不超过水泥质量5%的石灰石或窑灰作为外加剂）磨细制成的水硬性胶凝材料，称为白色硅酸盐水泥，简称白水泥。硅酸盐水泥熟料的颜色主要是氧化铁引起的，随着Fe_2O_3含量的不同，熟料的颜色也不同，Fe_2O_3含量越少，熟料的颜色越白。

在硅酸盐水泥生料中掺入着色剂煅烧水泥熟料，或在白水泥熟料中均匀掺入着色剂入磨粉磨，或将着色剂直接掺入水泥中并均匀混合所得到的具有某种颜色的硅酸盐彩色水泥，简称彩色水泥。

（1）性能

凝结硬化较快、早期强度高、后期强度稳步增长，强度等级比硅酸盐水泥档次低；抗碳化能力（二氧化碳与水泥石中的氢氧化钙作用，生成碳酸钙和水，它是二氧化碳由表及里向混凝土内部逐渐扩散的过程）强、表面不起砂，白色水泥特有白度指标。

（2）适用范围

用于建筑物的装饰，如楼板、阶梯、外墙等饰面，也可用于雕塑工艺制品。

除此之外，还有生态水泥（利用各种工业废渣、废料、生活垃圾作为原料和燃料，经过一定的生产工艺所制成的无公害、与环境和谐型的水泥的总称）、土聚水泥（采用高岭土、碱与碱盐、混合材及外加剂为原材料，在500～900℃的温度下煅烧而成，生产过程几乎无污染）、防辐射水泥熟料（对X射线、γ射线等起较好的屏蔽作用的水泥，有钡水泥、锶水泥、含硼水泥）等。

无论是哪一类水泥，都能在加入适量的水后拌合成塑性浆体，既能将砂、石等适量材料胶合在一起，又能在空气和水中硬化的粉状水硬性胶凝材料，我们把这一类水硬性胶凝材料统称为水泥。

2 生料制备

水泥生料制备是指入窑前对原料的一系列加工过程，即：原料的破碎（板式喂料机、破碎机）→原料的预均化（矩形或圆形预均化堆场）→原料入磨前配料（喂料机计量）→原料粉磨（烘干兼粉磨的球磨机或立式磨）→分级（选粉机）→合格生料→均化库（储存、均化），然后进入下一道工序——熟料煅烧。如图 2-1-1、图 2-1-2 所示。

2.1 制造水泥的原料及燃料

水泥的主要组分是熟料，煅烧优质熟料必须制备适当成分的水泥生料，而生料的化学成分是由原料提供的，自然界中很难找到一种单一原料能完全满足水泥生产的要求。因此需要采用几种不同的原料，根据所生产水泥的种类和性能进行合理搭配。不同的水泥熟料品种所采用的原料不完全相同，如表 2-1-1 所示。

表 2-1-1 各体系水泥熟料的主要原料

序号	水泥熟料种类	主 要 原 料
01	硅酸盐水泥熟料	石灰质原料、硅铝质原料、校正原料
02	铝酸盐水泥熟料	石灰质原料、铝质原料（铝矾土，Fe_2O_3含量＜5%）
03	硫铝酸盐水泥熟料	石灰质原料、铝质原料（铝矾土）、硫质原料（石膏）
04	铁铝酸盐水泥熟料	石灰质原料、铝质原料（铁矾土，Fe_2O_3含量＞5%）、硫质原料（石膏）
05	氟铝酸盐水泥熟料	石灰质原料、铝质原料（铝矾土）、萤石（或再加石膏）
06	抗硫酸盐水泥熟料	石灰质原料、铁质原料、高硅质原料
07	防辐射水泥熟料	钡或锶的碳酸盐（或硫酸盐）、硅铝质原料
08	道路水泥熟料	石灰质原料、硅铝质原料、铁质原料或少量矿化剂
09	白水泥熟料	石灰质原料、硅铝质原料（如高岭土）、少量矿化剂或增白剂
10	彩色水泥熟料	石灰质原料、硅铝质原料、金属氧化物着色原料、校正原料及矿化剂
11	土聚水泥熟料	高岭土、碱性激发剂、促硬剂
12	生态水泥熟料	固体废弃物（如城市垃圾焚烧灰或下水道污泥或工业废渣等）、石灰石、黏土

2.1.1 硅酸盐水泥的原料及质量要求

硅酸盐水泥是以硅酸钙为主要成分的熟料所制得的水泥的总称。如掺入一定数量的混合材料（高炉炼铁时排出的废渣、天然火山灰、煤矸石、火力发电厂排出的粉煤灰等），则硅酸盐水泥名称前冠以混合材料名称：如矿渣硅酸盐水泥、火山灰质硅酸盐水泥、粉煤灰硅酸盐水泥、复合硅酸盐水泥等，与硅酸盐水泥和普通硅酸盐水泥一起统称为通用硅酸盐水泥（简称通用水泥），是生产量最大、适用范围最广的水泥。不仅如此，在一些专用水泥和特性水泥中，如道路水泥、快硬早强水泥、抗硫酸盐水泥、膨胀水泥和自应力水泥及白水泥和彩色水泥等，其主要组分也是硅酸盐水泥熟料。

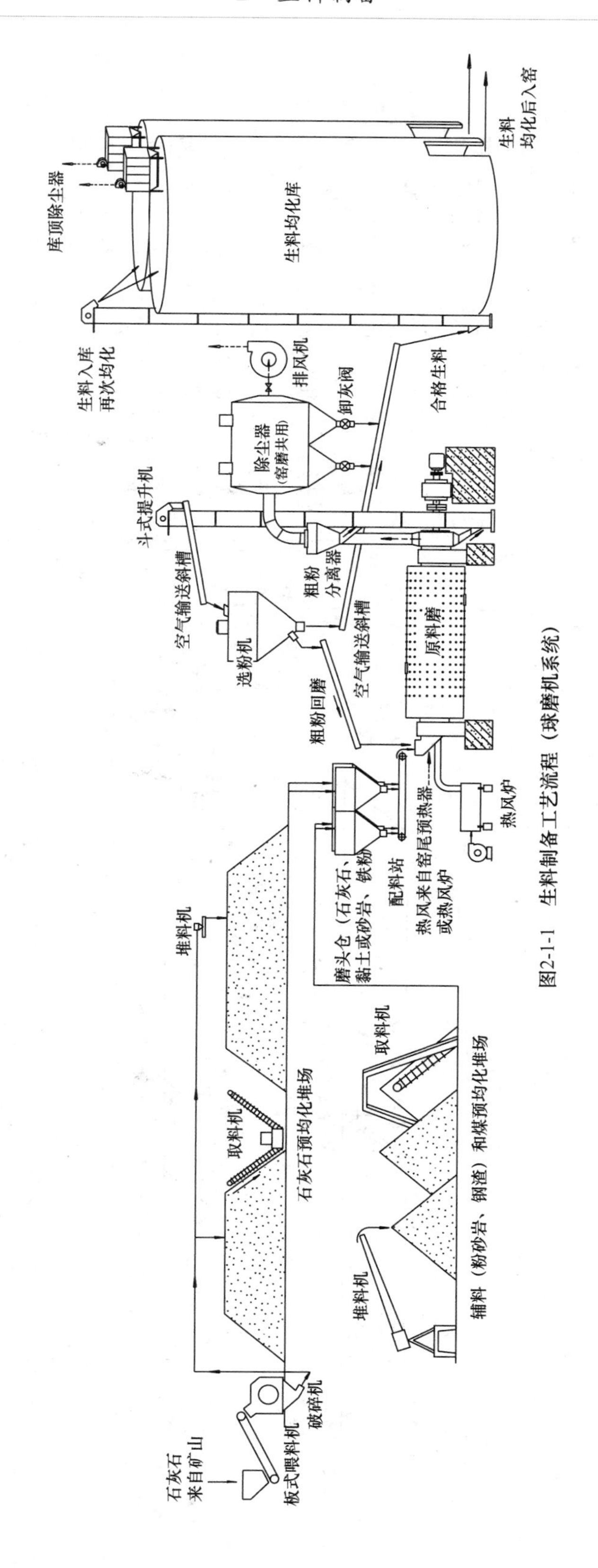

图2-1-1 生料制备工艺流程（球磨机系统）

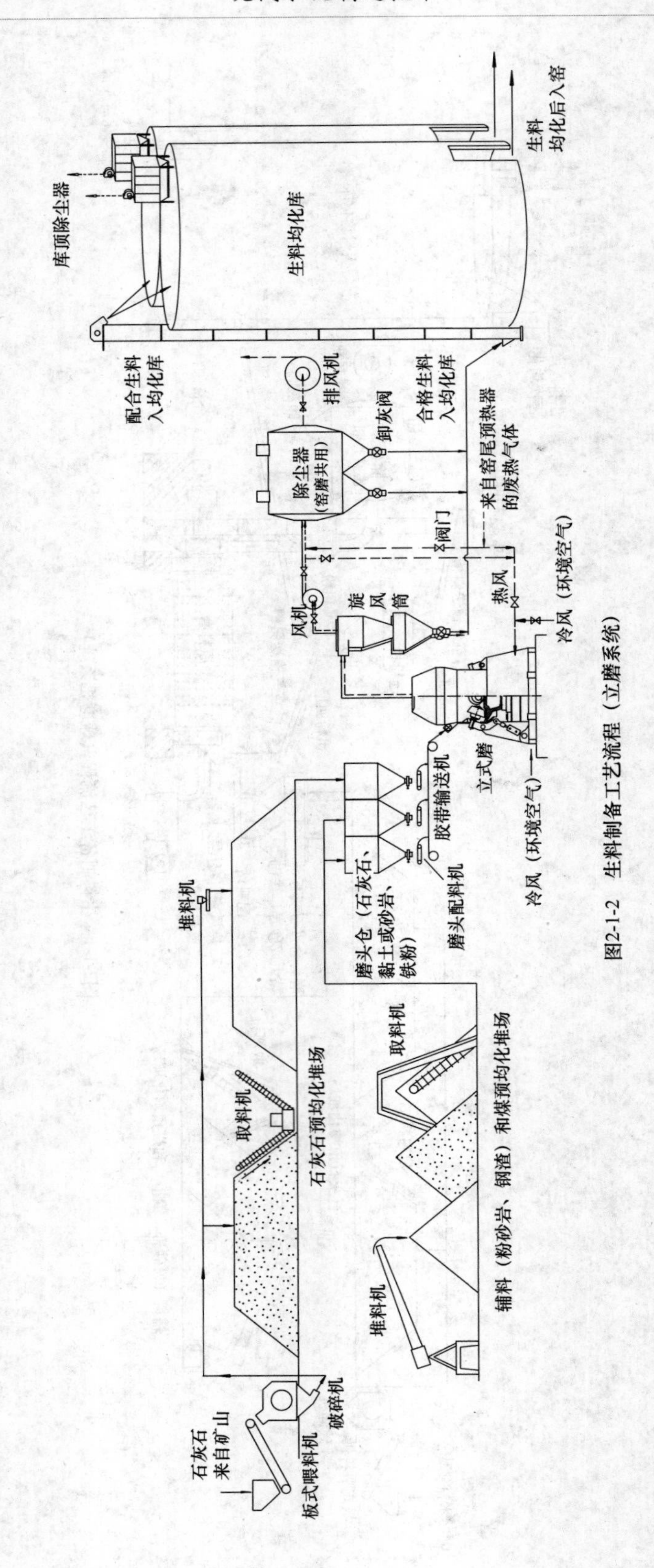

图2-1-2　生料制备工艺流程（立磨系统）

生产硅酸盐水泥的主要原料是石灰石质原料（主要提供 CaO）和黏土质原料（主要提供 SiO_2、Al_2O_3和少量 Fe_2O_3），有时还要根据原料、燃料的品质和水泥品种的不同，掺加硅质、铝质、铁质校正原料来补充某些成分（SiO_2、Al_2O_3、Fe_2O_3）的不足，生产硅酸盐水泥的原料如表 2-1-2 所示。

表 2-1-2 生产硅酸盐水泥的原料

类别		名称	备注
主要原料	石灰质原料	石灰石、泥灰岩、白垩、贝壳、电石渣、糖滤泥等	用于煅烧水泥熟料
	黏土质原料	黏土、黄土、页岩、粉砂岩、河泥、粉煤灰等	
校正原料	铁质校正原料	硫铁矿渣、铁矿石、钢渣、转炉渣、赤泥等	
	硅质校正原料	河砂、砂岩、粉砂岩、硅藻土、铁选矿碎屑等	
	铝质校正原料	炉渣、煤矸石、铝矾土、铁矾土、粉煤灰等	

2.1.2 石灰质原料

1. 种类和性质

石灰质原料是指以硅酸钙为主要成分的石灰石、泥灰岩、白垩、贝壳等天然石灰质原料和电石渣、糖滤泥等工业废渣，是硅酸盐水泥生产中用量最大的原料，约占 80%左右。现代化水泥生产所采用的石灰质原料主要是石灰石，少数厂家用泥灰岩加石灰石。白垩适用于立窑水泥生产，贝壳及珊瑚类在我国沿海一带省份的小水泥厂用做原料，在此不予叙述。

（1）石灰石

石灰石是由碳酸钙组成的化学与生物化学沉积岩。主要矿物是方解石（$CaCO_3$）微粒组成，并常常含有白云石（$CaCO_3 \cdot MgCO_3$）、石英（结晶 SiO_2）、燧石（又称玻璃质石英，主要成分是结晶 SiO_2）等含铁矿物和黏土质杂质，是一种具有微晶或潜晶结构的致密岩石，块状、中等硬度、性脆。纯净的石灰石为白色，但因含有杂质含量的不同而呈青灰色、灰白、灰黑、淡黄及红褐色等不同颜色。

（2）泥灰岩

泥灰岩是碳酸钙和黏土物质同时沉积所形成的均匀混合的沉积岩，属石灰石向黏土过渡的中间类岩石。泥灰岩因含有黏土量的不同，其化学成分和性质也随之波动。如果泥灰岩中的 CaO 含量超过 45%时，称为高钙泥灰岩；若 CaO 含量小于 43.5%时，称为低钙泥灰岩，低钙泥灰岩通常应与石灰石搭配使用。泥灰岩主要矿物也是方解石，常见的是粗晶粒状结构、块状构造。颜色决定黏土物质从青灰色、黄土色到灰褐色，颜色多样，质软，容易采掘和粉碎。

2. 对石灰质原料的质量要求

石灰质原料的主要成分为 $CaCO_3$，应用最广泛的是石灰石。纯石灰石的 CaO 最高含量为 56%，其品位由 CaO 的含量来确定。但用于水泥生产的石灰石原料不一定是 CaO 的含量越高越好，还要看它的酸性组成材料（SiO_2、Al_2O_3、Fe_2O_3 等）是否满足要求。石灰石中的主要有害成分为 MgO、R_2O（Na_2O+K_2O）、SO_3、Cl^- 和游离的二氧化硅等微量元素对水泥质量有一定的不利影响，因此要严格限制。

水泥工业通常将石灰石、泥灰岩根据其中氧化钙、杂质含量分成不同品位，其质量要求如表 2-1-3、化学成分如表 2-1-4 所示。

表 2-1-3　石灰质原料的质量要求（质量分数%）

品位		CaO	MgO	R_2O	SO_3	Cl^-	燧石或石英
石灰石	一级品	＞48	＜2.5	＜1.0	＜1.0	＜0.015	＜4.0
	二级品	45～48	＜3.0	＜1.0	＜1.0	＜0.015	＜4.0
泥灰岩		35～45	＜3.0	＜1.2	＜1.0	＜0.015	＜4.0

表 2-1-4　石灰质原料的化学成分（质量分数%）

产地	名称	CaO	SiO_2	Fe_2O_3	Al_2O_3	MgO	烧失量	总和
浙江	石灰石	55.45	0.57	0.19	0.09	0.33	43.40	99.99
广西		55.39	0.12	0.04	0.21	0.59	43.41	99.41
陕西		53.81	1.60	0.22	0.80	1.04	42.41	99.90
湖北		51.58	3.94	0.35	0.99	0.98	41.08	98.92
辽宁		49.61	3.04	0.64	1.02	3.19	41.84	99.34
贵州	泥灰岩	50.69	4.86	0.80	2.08	0.91	40.24	99.58

注：表中的“烧失量”又称灼减量，是指原料在烧成过程中所排出的结晶水、碳酸盐分解出的 CO_2、硫酸盐分解出的 SO_2，以及有机杂质被排除后物料量的损失。

现代水泥生产过程中，对破碎后的石灰石采用了预均化、生料均化等措施，为低品位石灰石的利用提供了保证，使 CaO 含量在 42%左右、MgO 含量在 3%～5%之间的低品位石灰石也能达到生产要求，有效地利用了资源，如浙江诸暨、河南七里港等，所用石灰石 CaO 含量为 40%～46%，SiO_2 含量为 10%～12%，石灰质原料的化学成分如表 2-1-5 所示。

表 2-1-5　低品位石灰石原料的化学成分（质量分数%）

名称＼化学成分	CaO	SiO_2	Fe_2O_3	Al_2O_3	MgO	烧失量	总和
低品位石灰石	46.49	6.37	0.39	0.85	4.08	40.81	98.99
	44.59	11.57	1.35	2.76	1.58	36.17	98.02

2.1.3　黏土质原料

1. 种类和性质

黏土质原料也称硅铝质原料，包含黏土、黄土、页岩、粉砂岩、河泥等，是由沉积物经过压固、脱水及结晶作用而成的岩石或风化物，主要成分为二氧化硅，其次是三氧化二铝、三氧化二铁和氧化钙，主要提供水泥熟料所需的酸性氧化物（SiO_2、Al_2O_3、Fe_2O_3），约占原料的 10%～17%。

（1）黏土

黏土类由钾长石、钠长石或云母等矿物经风化及化学转化，再经搬运、沉积而成，是具有可塑性、疏松、细粒状的岩石。黏土中常常含有石英砂、方解石、黄铁矿、碳酸镁、碱及有机物质等杂质，因杂质的含量不同，多呈现红色、黑色、棕色或黄色等，广泛分布在我国的华北、西北、东北、南方地区。纯黏土的组成近似于高岭石，但由于黏土在我国分布地区不同，矿物组成也有差异，常含有各种不同的矿物，因此不能用一个固定的化学式来表示。根据主导矿物的不同，可将黏土类分为高岭石类（$2SiO_2 \cdot Al_2O_3 \cdot 2H_2O$）、蒙脱石类（$4SiO_2 \cdot Al_2O_3 \cdot nH_2O$）和水云母类，其工艺性能参数如表 2-1-6 所示。

表 2-1-6　不同黏土矿物性能的工艺参数

种类	矿物名称	SiO_2/Al_2O_3（摩尔数比）	黏土中矿物分解温度（℃）	黏粒含量	可塑性	热稳定性	需水量
高岭石类	高岭石、多水高岭石 $2SiO_2 \cdot Al_2O_3 \cdot 2H_2O$	2	600～800	很高	好	良好	中
蒙脱石类	蒙脱石 $4SiO_2 \cdot Al_2O_3 \cdot nH_2O$	4	500～700	高	很好	优良	高
水云母类	水云母、伊利石等	3～2	400～700	低	差	差	低

（2）黄土

黄土类包括黄土和黄土状的亚黏土，是没有层理的黏土与微粒矿物的天然混合物，成因主要以风积为主，也有成积于冲击、洪积和淤积的，主要分布于华北和西北地区。

黄土中的矿物组成较复杂，其中黏土矿物以伊利石为主，其次为蒙脱石、石英、长石、白云母、方解石、石膏等，化学成分以 SiO_2 和 Al_2O_3 为主，其次有 Fe_2O_3、MgO、CaO 以及碱金属氧化物 R_2O（Na_2O+K_2O），其中 R_2O 的含量占 3.5%～4.5%，在窑外分解窑煅烧硅酸盐水泥熟料时，要求黏土中的碱含量小于 4.0%。

（3）页岩

页岩是黏土受地壳压力胶结而成的黏土岩，层理分明、颜色不定，一般为灰黄、灰绿、黑色及紫红色等，结构致密坚实，主要成分是 SiO_2、Al_2O_3 和少量的 Fe_2O_3、R_2O，化学成分类似于黏土，可以替代黏土使用。

（4）粉砂岩

粉砂岩属于沉积中的碎屑岩类（由 50%以上的矿物碎屑及岩石碎屑组成的岩石）。主要矿物是石英、长石、黏土，其次是水云母、一些重矿物和碳酸盐类矿物，颜色呈淡黄、淡红、棕色、紫红色等。随着现代水泥制造工艺技术的进步及粉磨、煅烧设备的优化，越来越多的水泥厂采用砂岩类硅质原料代替或部分代替黏土质原料。

2. **对黏土质原料的质量要求**

衡量黏土质原料质量的主要指标是化学成分（硅酸铝 n、铝氧率 p）、含砂量、含碱量及可塑性等，如表 2-1-7 所示，部分硅铝质原料的化学成分如表 2-1-8 所示。

表 2-1-7　黏土质原料的质量要求（质量分数%）

品位	硅酸率	铝氧率	MgO	R_2O	SO_3	Cl^-
一级品	2.7～3.5	1.5～3.5	<3.0	<4.0	<2.0	<0.015
二级品	2.0～2.7 2.0～2.7	不限	<3.0	<4.0	<2.0	<0.015

表 2-1-8　部分地区的硅铝质原料的化学成分（质量分数%）

产地	种类	SiO_2	Al_2O_3	Fe_2O_3	CaO	MgO	R_2O	SO_3	烧失量	合计	*n*
北京	黄土	68.42	13.85	4.85	2.52	2.90	—	—	4.38	96.02	3.66
青海	黄土	56.97	11.90	4.54	7.87	3.25	4.09	0.7	9.32	100.04	3.46
大同	黏土	58.35	17.14	5.85	3.08	2.94	—	—	8.66	96.02	2.54
吉林	棕壤	63.67	17.68	5.51	1.29	1.44	4.0～4.5	—	6.29	95.88	2.74
新疆	页岩	59.65	15.62	6.69	3.83	3.04	2.68	—	7.71	96.54	2.68
杭州	页岩	62.80	17.56	7.06	1.46	2.07	3.0～4.0	—	5.04	95.99	2.55
福建	粉砂岩	68.56	16.67	4.03	0.26	0.64	—	—	5.61	95.77	3.31

表 2-1-4、表 2-1-5、表 2-1-8 中的数据总和往往不等于 100%，这是由于某些物质没有分析测定，因而通常小于 100%，但不必换算成 100%，此时可以加上其他一些项补足为 100%，有时分析总和大于 100%，除了没有分析测定的物质以外，大都是由于该种原料、特别是一些工业废渣，含有一些低价的氧化物，如 FeO 甚至 Fe 等，经分析时灼烧后，被氧化为 Fe_2O_3 等增加了质量所致，这与熟料煅烧过程相一致，因此也可以不必换算。

2.1.4　校正原料

用石灰质原料和黏土质两种原料配料，多数情况下 Fe_2O_3、SiO_2 或 Al_2O_3 含量不足，此时应根据所缺少的组分而补充相应的原料，这就是校正原料。

1. **铁质校正原料**

当用石灰质和黏土质原料配料 Fe_2O_3 含量不足时，需要掺加 Fe_2O_3 含量较大的铁质校正原料。常用的铁质校正原料有硫铁矿渣、钢渣、铅矿渣、铜矿渣和低品位的铁矿石，其中硫铁矿渣（即铁粉）应用较普遍，它是硫酸厂的废渣，红褐色粉末状，含水量较大，Fe_2O_3 含量超过 50%。

钢渣是炼钢过程中排出的以 CaO 为主的废渣，依炉型分为转炉渣、平炉渣、电炉渣三大类，主要成分为 CaO，其次是 FeO 和 Fe_2O_3、SiO_2 和 MgO。铅矿渣是提炼铅后余下的废渣，铜矿渣是冶炼铜后余下的废渣，它们都含有较高的 Fe_2O_3，可以代替铁粉补充 Fe_2O_3 含量，在铅矿渣和铜矿渣中还含有 FeO，不仅可以做校正原料，还能降低熟料的烧成温度和液相黏度，促进熟料的烧成速度。几种铁质校正原料的化学成分如表 2-1-9 所示。

表 2-1-9　几种铁质校正原料的化学成分（质量分数%）

种类 \ 化学成分	SiO_2	Al_2O_3	Fe_2O_3	CaO	MgO	FeO	烧失量	合计
硫铁矿渣	26.45	4.45	60.30	2.34	2.22	—	3.18	98.94
钢渣	13.54	5.07	25.45	38.50	10.96	—	1.14	95.14
铅矿渣	30.56	6.94	12.93	24.20	0.60	27.30	3.10	105.63
铜矿渣	38.40	4.69	10.29	8.45	5.27	30.90	—	98.00
低品位铁矿石	46.09	10.37	42.70	0.73	0.14	—	—	100.03

2. **硅质校正原料**

现代化水泥生产采用的是窑外分解技术，水泥生料煅烧成熟料过程中碳酸钙的分解过程有 80%以上是在窑外的分解炉中进行的，使窑体本身的煅烧能力得到很大的提高，因此采用较高的硅酸率来操作控制，可以提高熟料质量。同时需要降低 Al_2O_3 含量，便于分解炉的操作控制，因此需掺加一部分含 SiO_2 多的硅质校正原料，如粉砂岩、砂岩、河砂等。但应注意，砂岩中的矿物主要是石英，其次是长石，石英是结晶的 SiO_2，对粉磨和煅烧都有不利的影响，因此尽可能少采用；河砂的石英结晶更为粗大完整，也尽量少采用。风化砂岩和粉砂岩易于生料粉磨、对熟料煅烧影响小，尽量采用。几种硅质校正原料的化学成分如表 2-1-10 所示。

表 2-1-10　几种硅质校正原料的化学成分（质量分数%）

种类＼化学成分	SiO_2	Al_2O_3	Fe_2O_3	CaO	MgO	烧失量	合计	硅酸率 n
粉砂岩	67.28	12.33	5.14	2.80	2.33	5.63	95.51	3.85
砂岩	62.92	12.74	5.22	4.34	1.35	8.46	95.03	3.50
河砂	89.68	6.22	1.34	1.18	0.75	0.53	99.70	11.85

3. **铝质校正原料**

当生料中的 Al_2O_3 不足时，需掺加铝质校正原料，如炉渣、铝矾土、煤矸石等，表 2-1-11 是几种常见的铝质校正原料的化学成分。

表 2-1-11　几种常见的铝质校正原料的化学成分（质量分数%）

种类＼化学成分	SiO_2	Al_2O_3	Fe_2O_3	CaO	MgO	烧失量	合计
炉渣	55.68	29.32	7.54	5.02	0.93	—	98.49
铝矾土	39.78	35.36	0.93	1.60	—	22.11	99.78
煤渣灰	52.40	27.64	5.08	2.34	1.56	9.54	98.56

2.1.5　工业废渣的利用

我国每年要从工矿企业排出大量的废渣，如煤矸石、石煤、粉煤灰、炉渣、电石渣、赤泥、铝渣、钢渣、碱渣、硫铁矿渣、高炉粒化矿渣等，这些废渣对于水泥生产来说可以替代部分石灰质或黏土质原料或校正原料，来制备成水泥生料，喂入窑内去煅烧水泥熟料；还有的工业废渣可以作为混合材料与水泥熟料一起磨制成水泥，提高水泥的产量。工业废渣的利用是节约矿山资源、变废为宝、减少环境污染、发展循环经济的有效途径，下面介绍几种常用作水泥原料的工业废渣。

1. **煤矸石、石煤**

煤矸石是原煤中夹在煤层的脉石，是含碳岩石（炭质灰岩及少量煤）和其他岩石（页岩、砂岩）的混合物，作为废弃物在开采和选煤中分离出来。随着煤层地质年代、成矿情况、开采方法的不同，煤矸石的组成也不相同，主要化学成分为 SiO_2 和 Al_2O_3，其次是 Fe_2O_3、

CaO 和 MgO，并含有 4100～9360kJ/kg 的热值。

石煤是一种含碳少、发热值低、低品位的多金属共生矿，由 4～5 亿年前地质时期的菌藻类等生物遗体在浅海环境下经腐泥化作用和煤化作用转变而成，主要化学成分为 SiO_2，热值 3000kJ/kg 左右。

煤矸石、石煤的化学成分如表 2-1-12 所示。

表 2-1-12 煤矸石及石煤的化学成分（质量分数%）

化学成分 / 产地及名称	SiO_2	Al_2O_3	Fe_2O_3	CaO	MgO
南栗赵家屯煤矸石	48.60	42.00	3.81	2.42	0.33
山东湖田矿煤矸石	60.28	28.37	4.94	0.92	1.26
邯郸峰峰煤矸石	58.88	22.37	5.20	6.27	2.07
浙江常山石煤	64.66	10.82	8.68	1.71	4.05

煤矸石、石煤可作为黏土质原料代替部分黏土组分生产普通水泥；采用中、高铝煤矸石代替黏土和矾土，可以提供足够的 Al_2O_3，制成一系列不同凝结时间、快硬性能的特种水泥；自燃或人工燃烧过的煤矸石，具有一定活性，可作为水泥的活性混合材料。

2. **粉煤灰**

粉煤灰是火力发电厂煤粉燃烧后残余的粉状灰烬，由结晶体、玻璃体及少量未燃碳组成，主要氧化物组成为：SiO_2、Al_2O_3、FeO、Fe_2O_3、CaO、TiO_2 等及没有完全燃烧的碳，可以替代部分黏土配制水泥生料，但由于 SiO_2 和 Al_2O_3 的相对含量波动大，所以大部分水泥厂用它作校正黏土中硅高、铝低而添加的。粉煤灰的化学成分如表 2-1-13 所示。

表 2-1-13　我国部分电厂的粉煤灰化学成分（质量分数%）

化学成分 / 编号	烧失量	SiO_2	Al_2O_3	FeO	Fe_2O_3	CaO	MgO	Na_2O	K_2O
01	4.94	46.20	33.80	2.2	7.78	3.07	0.85	0.85	0.30
02	2.42	51.10	33.30	1.8	5.94	2.93	1.20	0.31	1.30
03	7.53	54.90	29.20	1.0	1.48	1.95	0.90	0.37	0.80
04	3.17	46.90	31.10	4.3	11.5	3.42	0.75	0.28	1.40
05	7.06	53.10	24.20	1.8	7.46	2.93	1.30	0.43	1.90
06	7.34	50.70	30.00	2.3	4.65	2.09	1.30	0.51	1.30

我国的电力工业以燃煤为主，粉煤灰每年的排出量超过亿吨，粉煤灰加水拌合并不硬化，但与气硬性的石膏混合后再加水拌合后，不但能在空气中硬化，还能在水中硬化，因此它还可以作水泥的混合材使用，制造粉煤灰硅酸盐水泥，增加水泥的产量，减少了环境污染。

3. **钢渣**

钢渣是炼钢过程中排出的废渣，按其炼钢炉型区分有平炉渣、转炉渣、电炉渣三大类，主要氧化物组成为 CaO、SiO_2、Fe_2O_3、FeO、MgO、P_2O_5、MnO、CaS 等，可以作为铁的校正原料。化学成分如表 2-1-14 所示。

表 2-1-14 我国部分炼钢厂钢渣的化学成分（质量分数%）

编号＼化学成分	烧失量	SiO_2	Al_2O_3	Fe_2O_3	CaO	MgO	SO_3	Na_2O	K_2O
01	1.14	13.54	5.07	25.45	38.50	10.96	0.20	0.10	0.07
02	1.08	19.90	7.74	20.33	39.91	9.96	0.09	0.19	0.11

4. **电石渣**

电石渣是化工厂乙炔发生车间消解石灰排出的含水约 85%～90%的废渣，其反应式如下：

$$CaC_2 + 2H_2O \longrightarrow C_2H_2 \uparrow + Ca(OH)_2 \downarrow \tag{2-1-1}$$

部分电石渣的化学成分如表 2-1-15 所示。

表 2-1-15 部分电石渣的化学成分（质量分数%）

产地＼化学成分	烧失量	SiO_2	Al_2O_3	Fe_2O_3	CaO	MgO	硅酸率 n
吉林	23.0～26.0	3.5～5.0	1.5～3.5	0.2～0.3	65.0～69.0	0.22～1.32	1.03～1.78
吴松	22.0～24.0	2.0～5.0	2.0～4.0	0.3～0.6	66.0～71.0	0.30～0.50	0.95～1.25

从表 2-1-15 中可看出，电石渣的主要成分为 $Ca(OH)_2$，所以可替代部分石灰质原料生产水泥，但由于含水量高，因此必须脱水烘干（对于湿法生产水泥较适宜）。

2.1.6 燃料煤

1. **对煤的质量要求**

水泥工业是消耗燃料的大户。现代水泥生产都以烟煤作燃料用于熟料的煅烧，煅烧 1t 水泥熟料需消耗大约 100kg 的煤。煤的质量由发热量、灰分及挥发分来评价。

（1）挥发分 V_{ad}

挥发分指煤中有机物和部分矿物质加热分解后的产物，不全是煤中固有成分，还有部分是热解产物（全称为挥发分产率）。煤的挥发分和固定碳是可燃组分。

（2）灰分 A_{ad}

空气干燥基灰分，指煤在燃烧后留下的残渣。不是煤中矿物质总和，而是这些矿物质在化学和分解后的残余物。在煅烧水泥熟料时，煤灰全部或绝大部分进入熟料中，因此在生料配料计算时要把煤灰的化学成分考虑进去。

（3）全硫 $S_{t,ad}$

空气干燥基全硫，是煤中的有害元素，包括可燃硫和无机硫。可燃硫燃烧后会形成 SO_2 气体，不被吸收的部分则随烟气排除，污染环境，有的还会冷凝在预热器的内壁上产生结皮，对煅烧造成不利影响，因此应尽量不使用高硫煤。

（4）水分 M_{ad}

空气干燥基水分，指煤炭在空气干燥状态下所含的水分，也可以认为是内在水分。

水泥生产所使用的原煤质量要求如表 2-1-16 所示。

表 2-1-16 水泥熟料煅烧所用原煤的质量要求

项目 煤种	发热量 Q（kJ/kg）	挥发分 V_{ad}	灰分 A_{ad}	全硫 $S_{t,ad}$	水分 M_{ad}
		（质量分数%）			
烟煤	＞21000	20～30	＜30	＜2	＜15

实际上达不到表 2-1-16 中质量要求的煤也常有应用，但对热耗会有一定的影响。

2. **燃煤基准及其表示方法**

燃煤基准是指煤所处的状态，包括成分和热值，在使用时必须标明。

由于煤的开采、运输、储存的条件不同，同一种煤、同样取样条件和试验方法，所采用基准不同，得到的结果不同（甚至差别较大）。为了使煤的分析结果具有可比性，在表示煤的成分和热值时，必须指出用的什么基准。

（1）表示燃煤的成分基准

① 收到基 ar（旧式称为应用基“y”）：按煤的试样送到分析室时的状态进行分析所得到的结果。

② 空气干燥基 ad（旧式称为分析基“f”）：煤试样经空气干燥去掉外在水分后的状态再进行分析所得到的结果。

③ 干燥基 d（旧式称为干燥基“d”）：煤成分不含任何水分（外在和内在）的干燥煤状态来表示分析结果。

④ 干燥无灰基 daf（旧式称为可燃基“r”）：煤成分按不含水分和灰分的状态来表示分析结果。

（2）煤的热值基准

煤的热值是指单位质量的燃料煤完全燃烧后所放出的热量，单位用 kJ/kg 或 kJ/m^3 表示。表示煤的热值基准有：高热值 Q_{gr} 和低热值 $Q_{net,ad}$。

高热值是假定煤在燃烧中所有水汽所带热量全部得到回收所求的热值；低热值是从高热值中扣除煤的水分及由氢燃烧产生水汽所带走热量后的热值。生产上常用收到基热值 $Q_{net,ar}$ 计算标准煤，用空气干燥基热值 $Q_{net,ad}$ 进行配料计算。

（3）标准煤

标准燃料是国家统一以燃料热值为 29308kJ/kg 的能源单位。人为规定标准煤的收到基低热值为 29308kJ/kg（气体为 29308kJ/m^3，换算时可按 29300kJ/ m^3），这样便于各种能源比较和折算。

2.2 石灰石破碎

石灰石是制造水泥的主要原料。从矿山上利用爆破技术开采下来的石灰石多数都是粒度较大的块状物料，粒度一般都超过了粉磨设备允许的进料尺寸，给配料及粉磨作业带来困难。因此需要对它们在入磨之前破碎成均匀的小块状（最好 20mm 以下）或颗粒状物料，这样便于预均化以提高其化学成分的均匀性，更便于粉磨。

2.2.1　几个基本概念

（1）破碎比

根据处理物料要求的不同，破碎可分为粗碎、中碎和细碎三类，通常按如下范围进行划分：

① 粗碎：物料被破碎到100mm左右。

② 中碎：物料被破碎到100～30mm。

③ 细碎：物料被破碎到30～3mm。

不管是粗碎、中碎还是细碎，破碎过程都是将大块物料碎裂成小块物料的过程。物料破碎前的尺寸与破碎后的尺寸之比就是破碎比。由于所破碎的物料是成批量的，这里我们只能用平均破碎比 i_m 来表示物料在粉碎之前 D_m 和粉碎之后 d_m 的变化情况：

$$i_m=\frac{D_m}{d_m} \tag{2-2-1}$$

式中　i_m——平均破碎比；

D_m——破碎前物料的平均直径，mm；

d_m——破碎后物料的平均直径，mm。

平均破碎比可以作为衡量破碎机械性能的一项指标，在设备选型时作为参考。

还可以用物料破碎前允许最大进料粒度（破碎机最大进料口尺寸）和最大出料粒度（破碎机最大出料口尺寸）之比表示物料破碎前后尺寸的变化情况，我们把它称之为公称破碎比，即：

$$i_n=\frac{B}{b} \tag{2-2-2}$$

式中　i_n——公称破碎比；

B——破碎前允许最大进料粒度（也可用破碎机最大进料口尺寸表示），mm；

b——破碎后允许最大出料粒度（也可用破碎机最大出料口尺寸表示），mm。

在实际生产中，最大进料尺寸总是比破碎设备允许最大进料尺寸要小一些，所以，破碎物料时的实际破碎比总要比公称破碎比小一些，这在选择破碎设备时要加以注意。

（2）破碎系统与级数

破碎机的破碎比是有一定范围的，如果要将很大的物料破碎成很小的物料，靠单台设备要达到生产要求一般难度较大，此时可以将两台或两台以上的破碎机串联起来使用。我们把串联使用的破碎机的台数称为破碎级数（也称为破碎段数）。在串联系统中第一级破碎机的平均入料粒度和最后一级破碎机的出料平均粒度之比，称为总破碎比。总破碎比也可用各级破碎比的乘积来表示，即：

$$i=i_1 i_2 \cdots i_n \tag{2-2-3}$$

式中　i——多级破碎的总破碎比；

$i_1 i_2 \cdots i_n$——各级破碎机的破碎比。

（3）物料粒径的表示方法

在粉碎过程中，原料和破碎产品都是由各种粒径的混合料组成的颗粒群。这种颗粒群的粒径一般用平均粒径来表示，通常用质量平均法测算，其方法如下：

首先，取有一定代表性的试样，用套筛以筛析法把物料筛析成若干粒级；求出各粒级物料的平均粒径 d_m。其方法如下：设相邻两筛子的孔径为 d_i（大孔筛）和 d_{i+1}（小孔筛），在该两孔径级筛子之间的颗粒群可用算术平均粒径表示，即 $d_m=(d_i+d_{i+1})/2$。

然后，分别称出各粒级物料的质量 G_1、G_2、$G_3\cdots G_n$。

最后求出颗粒群的平均粒径 D_m，即

$$D_m=\frac{d_{m1}G_1+d_{m2}G_2+d_{m3}G_3+d_{mn}G_n}{G_1+G_2+G_3+G_n} \tag{2-2-4}$$

筛析的粒度级数越多，测得的颗粒群平均粒径越精确。

（4）粉碎产品的粒度特性

大块物料破碎后的颗粒尺寸不都是那么均齐的，有时可能较大颗粒占有大多数，有时可能较小颗粒占有大多数，要想了解粉碎产品中粗细粒度分布情况，可以采用产品粒度特性曲线来分析。粒度特性曲线的绘制方法如下：首先按“（3）物料粒径的表示方法”中粒径测定时的筛析方法，把试样筛分成若干粒级，把筛析所得的数据整理后绘制成曲线图，这样，就可以比较清楚地来分析试样的粒度特性，如图 2-2-1 所示。

图 2-2-1 粒度组成特性曲线

图 2-2-1 中曲线 2 表明此试样物料粒级大小分布均匀；图中凹形曲线 1 表示该试样物料中细小粒级比较多，粗粒级相对较少；曲线 3 则表明该试样物料中粗大颗粒较多，而细小颗粒较少。粒度特性曲线不仅可以求得筛析时没有设定的粒级范围的粒级百分数，同时还可以检查和判断破碎机械的工作情况。为了比较，可在同一破碎机械中粉碎各类不同的物料，或在不同破碎机械中粉碎同一种物料，依次将粒度特性曲线绘制在同一图表中，以便于比较。

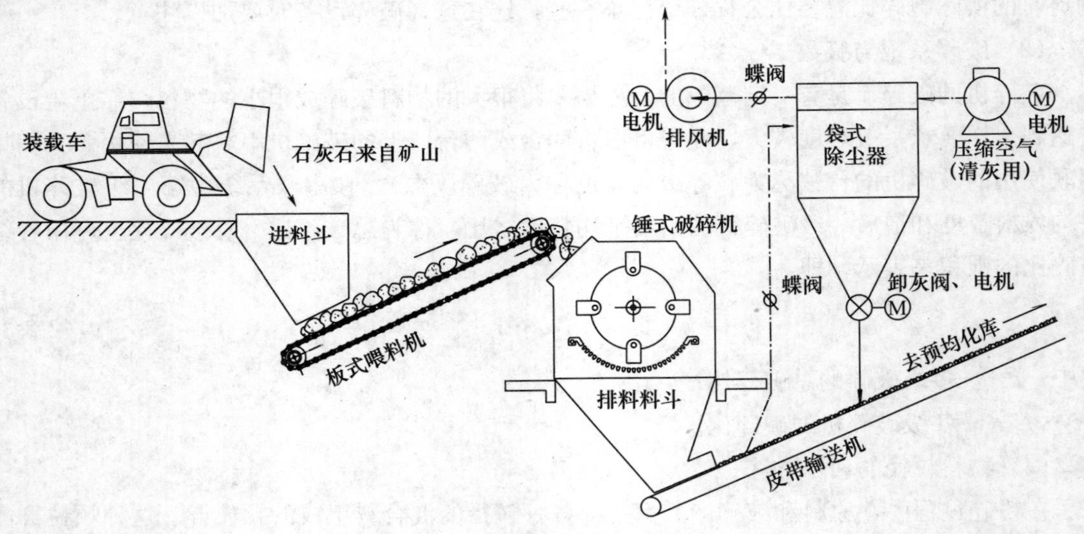

图 2-2-2 石灰石破碎工艺流程

2.2.2　破碎工艺流程

过去水泥厂多采用颚式破碎机作为一级破碎，锤式、反击式破碎机和圆锥破碎机作为二级破碎，才能使石灰石破碎粒度达到入磨要求。随着水泥工艺的技术进步，生产装备正朝着大型化方向发展，使单机产量大幅度提高。图 2-2-2 是典型的石灰石采用锤式破碎机破碎的单段破碎工艺流程。这样不仅简化了生产流程，减少了占地面积，也便于管理和实现自动化，有利于降低成本和提高劳动生产率。

2.2.3　破碎设备

1. 锤式破碎机

（1）构造及破碎过程

锤式破碎机具有大破碎比（可达 30～50）。它的主要工作部件为带有锤头的转子。主轴上装有锤架，在锤架上挂有锤头，机壳的下半部装着篦条。内壁装着衬板。由主轴、锤架、锤头组成的旋转体称转子。转子的圆周速度很高，一般在 30～50m/s。当物料进入破碎机中，受到高速旋转的锤头的冲击而被破碎。物料获得能量后又高速撞向衬板而被第二次破碎。较小的物料通过篦条排出，较大的物料在篦条上再次受到锤头的冲击被破碎，直至能通过篦条而排出，如图 2-2-3 所示。

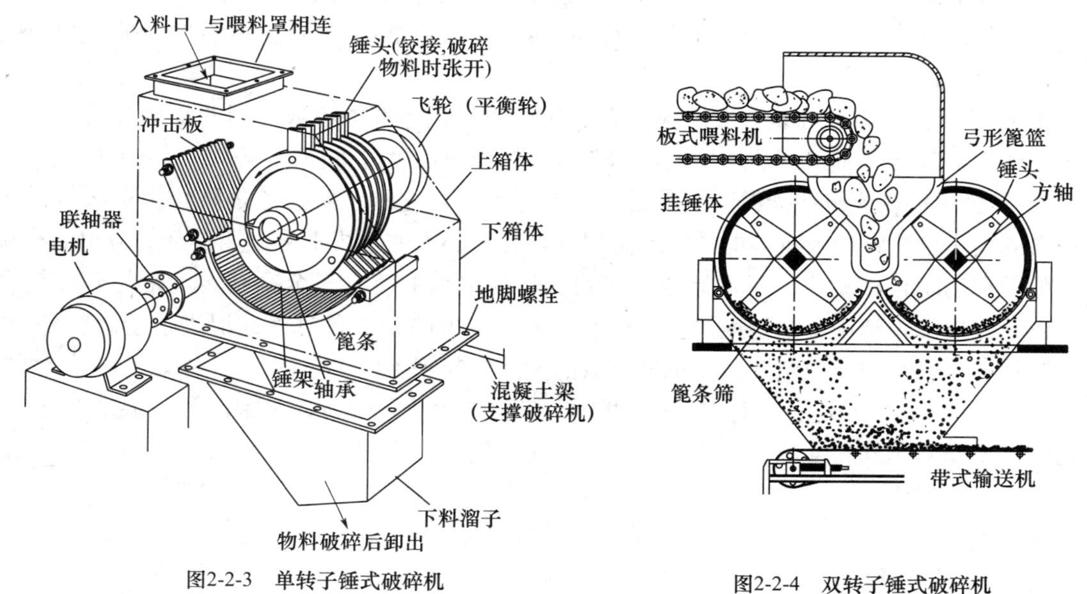

图2-2-3　单转子锤式破碎机

图2-2-4　双转子锤式破碎机

（2）主要类型

锤式破碎机类型很多，按结构特征可分类如下：

① 按转子数目，分为单转子锤式破碎机和双转子锤式破碎机（图 2-2-4）；

② 按转子回转方向，分为可逆式（转子可朝两个方向旋转）和不可逆式两类；

③ 按锤子排数，分为单排式（锤子安装在同一回转平面上）和多排式（锤子分布在几个回转平面上）；

④ 按锤子在转子上的连接方式，分为固定锤式和活动锤式（固定锤式主要用于软质物料的细碎和粉磨）。

（3）规格表示方法

锤式破碎机的规格型号用转子直径和长度来表示：PC K－Φ1000×600，P（破碎机）C（锤式）K（可逆式，不可逆式不注）表示型号为锤式破碎机，转子的直径为1000mm，转子长度为600mm。

（4）主要部件

① 锤头：锤头是直接击破物料的易损件，常用优质高碳钢锻造或铸造而成，也可用高锰钢铸造。近来，采用高铬铸铁铸造的锤头获得了良好效果。锤头的形状和质量直接影响破碎机的产量和使用寿命，一般根据被破碎物料的性质、进料粒度及检修情况进行选择。用于粗碎时，锤头质量要大，但个数要少；用于中细碎时，锤头质量要轻，而个数要多。

② 转子：转子是锤式破碎机回转速度较快的主要工作部件，由主轴、锤架和销轴组成。锤头用销轴铰接悬挂在圆盘上，当有金属物件进入破碎机时，因锤头是活动地悬挂在转子圆盘上的，所以能绕铰接轴让开，避免损坏机件。转子的平衡特别重要，在挂锤、换锤和锤架时应十分注意其质量的静动平衡，否则运转时会产生惯性离心力。此惯性力是周期性变化的，不仅加速轴承磨损，而且会引起破碎机的振动。

③ 篦条：在锤式破碎机的下部装有出料篦条，两端由可调节的悬挂轴支承。篦条的安装形式与锤头的运动方向垂直，锤头与篦条之间的间隙可通过螺栓来调节。在破碎过程中，合格的产品通过篦缝排出，未能通过篦缝的物料在篦条上继续受到锤头的冲击和研磨作用，直至通过篦缝排出。

④ 破碎板：进料部分装有破碎板，它由托板和衬板等部件组成，用两根轴架装在破碎机的机体上，其角度可用调节丝杆进行调整，衬板磨损后可以更换。

⑤ 安全保护装置：在排料篦子的后边装有保险门，它的主要任务是防止未被破碎的大块物料溢出，也能将误入机内的铁件或金属等，在离心力的作用下可迅速推开保险门顺利排出，随后自动闭合，破碎机照常运转；在破碎机的主轴上装有安全铜套，皮带轮套在铜套上，铜套与皮带轮则用安全销连接，一旦喂入破碎机内的物料量过多或混进了金属物件时，负荷激增过载销钉即被剪断，防止机械事故的发生，起到了保护作用。

⑥ 传动系统：电动机通过皮带轮、联轴节直接带动转子运转，主轴的另一端装有飞轮，飞轮的主要作用是储备动能、均衡负荷、减少转子旋转的不均匀性，确保设备平衡运转。

（5）运行操作与维护要点

① 各轴承是否过热，是否漏油，是否有异声。

② 电机是否过热。

③ 主体机架有无异声，异常振动。

④ 轴承润滑油油量是否在规定的范围内。

⑤ 出破碎机粒度有无变化。

⑥ 确认V形皮带张紧程度。

⑦ 确认轴承衬板紧固螺栓、地脚螺栓是否松动。

2. 反击式破碎机

（1）构造及破碎过程

反击式破碎机与锤式破碎机有很多相似之处，如破碎比大（可达50～60），产品粒度均匀等，其工作部件为带有打击板的作高速旋转的转子以及悬挂在机体上的反击板组成，如图 2-2-5 所示。从图中可以看出，进入破碎机的物料在转子的回转区域内受到打击板的冲击，并被高速抛向反击板，再次受到冲击，又从反击板反弹到打击板上，继续重复上述过程。物料不仅受到打击板、反击板的巨大冲击而被破碎，还有物料之间的相互撞击而被破碎。当物料的粒度小于反击板与打击板之间的间隙时即可被卸出。

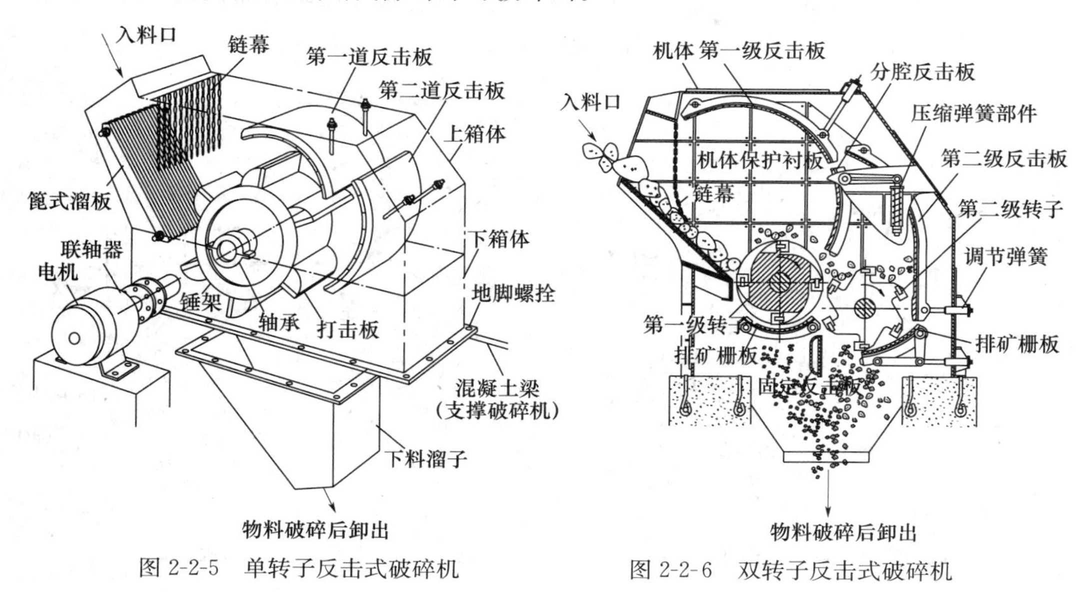

图 2-2-5 单转子反击式破碎机　　图 2-2-6 双转子反击式破碎机

（2）主要类型

反击式破碎机也有单转子和双转子两种类型，图 2-2-6 是双转子反击式破碎机，图 2-2-7 是组合式反击式破碎机，它们都装有两个平行排列的转子，第一道转子的中心线高于第二道转子的中心线，形成一定高差。第一道转子为重型转子，转速较低，用于粗碎；第二道转子转速较快，用于细碎。两个转子分别由两台电动机经液压联轴器、弹性联轴器和三角皮带组成的传动装置驱动，作同方向旋转。两道反击板的固定方式与单转子反击式破碎机相同。分腔反击板通过支挂轴、连杆和压力弹簧等悬挂在两转子之间，将机体分为两个破碎腔；调节分腔反击板的拉杆螺母可以控制进入第二破碎腔的物料粒度；调节第二道反击板的拉杆螺母可控制破碎机的最终产品粒度。

（3）规格表示方法

双转子反击式破碎机的规格采用直径乘长度前面加 2 来表示，如 2PFΦ500×400 则表示为转子的直径为 500mm，长度为 400mm 的双转子反击式破碎机。

（4）主要部件

反击式破碎机主要由转子、打击板（又称板锤）、反击板和机体等部件组成。机体分为上下两部分，均由钢板焊接而成。机体内壁装有衬板，前后左右均设有检修门。打击板与转子为刚性连接；反击板是一衬有锰钢衬板的钢板焊接件，有折线形和弧线形两种，其一端铰接固定在机体上，另一端用拉杆自由悬吊在机体上，可以通过调节拉杆螺母改变反击板与打击板之间的间隙以控制物料的破碎粒度和产量。如有不能被破碎的物料进入时，反击板会因受到较大的压力而使拉杆后移，并能靠自身重力返回原位，从而起到保险的作用。机体入口处有链幕，既可防止石块飞出，又能减小料块的冲力，达到均匀喂料的目的。

（5）运转操作与维护要点

① 地脚螺栓及各部位连接螺栓是否有松动或断裂。

② 各部位的响声、温度和振动情况。

③ 润滑系统的润滑情况，定期添加润滑油（脂）或更换新润滑油（脂）。

④ 各部位有无漏灰或漏油现象，轴封是否完好。

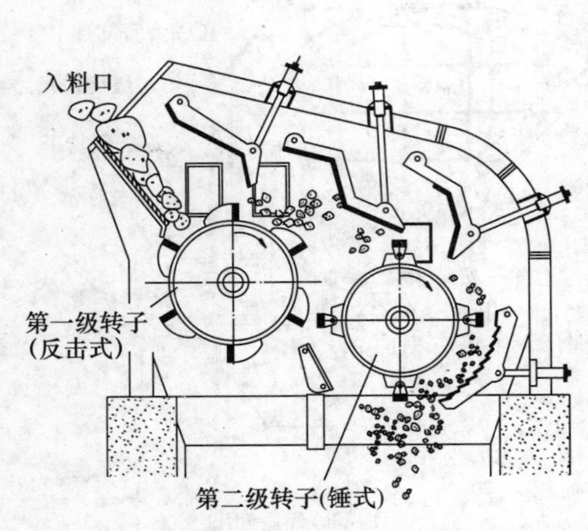

图 2-2-7　组合式反击式破碎机

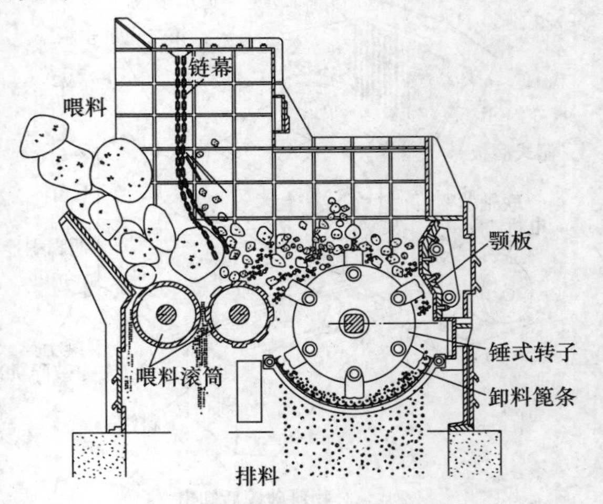

图 2-2-8　EV 型反击-锤式破碎机

3. EV 型反击-锤式破碎机

将锤式破碎机和反击式破碎机的部分部件组合在一起，就成了反击-锤式破碎机，如图 2-2-8 所示。其破碎过程是：进入破碎机的石灰石首先落到两个具有吸震作用的慢速回转的辊筒上（保护了转子免受大块石灰石的猛烈冲击），辊筒将石灰石均匀地送向锤头，被其击碎，并抛到锤碎机上部的衬板上进一步破碎，然后撞击到可调整的破碎板和出口篦条，最后冲击破碎并通过篦缝漏下，由皮带输送机送至预均化库储存均化。两个辊筒中的一个辊筒的表面是平滑的，而另一个则是有凸起的，两辊筒的中心距可调，转速不同，这样可防止卡住矿石，部分细料在这里通过两个辊筒间的间隙漏下。外侧的一个大皮带轮装在转子轴的衬套上，用剪刀销子与衬套相连，万一出现严重过载而卡住锤碎机时，受剪销子被切断，皮带轮在它的衬套上空转，与此同时，断开电动机供电。出料篦条安装在下壳体内。包括一套弧形篦条架和篦条，篦条间距决定篦缝的大小，这样也决定了产品的大小，出料篦条可以作为一个整体部件被卸下。破碎板和出料篦条相对于转子的距离是可以调整的，这样可补偿锤头的磨损。当 EV 破碎机的电动机负荷超过一定的预定值时，自动装置将停止向破碎机喂料直到功率降到正常，又自动重新喂料。当破碎机被不能破碎的杂物卡住时，这时自动安全装置停止向破碎机和喂料机供电。

2.3　原料预均化

水泥生产力求生料化学成分的均齐，以保证在煅烧熟料时热工制度的稳定，烧出高质量的熟料。但进厂的原料及煤的化学成分并非都那么均匀，有时波动还很大，这会给制备合格的生料、煅烧优质的熟料造成直接的困难，因此必须对它们进行均化处理。对于石灰石及其他辅助原料（如砂岩、粉煤灰、钢渣等物料）破碎后、入磨前所做的均化处理过程，我们称它为预均化过程，在预均化堆场内进行。在把原料磨制成生料后、入窑煅烧前还需要做进一步均化，这个过程是生料的均化，它在生料均化库内进行。

2.3.1　堆料及取料过程

在原、燃料的储存和取用过程中，利用不同的存、取方法，使入库时成分波动较大，经取用后波动变小，使得物料在入磨之前得到预均化。具体操作是这样：尽可能以最多的相互平行和上下重叠的同厚度的料层进行堆放，取用时要垂直于料层方向同时切取不同的料层，取尽为止。"人"字堆料、端面取料是预均化方式中最常见的一种方法，此外还有波浪形堆料、端面取料和倾斜堆料、侧面取料等预均化方法。不管是哪一种方法，堆料时堆放的层数越多，取料时同时切取的层数越多，预均化效果越好。原料在堆放时短期内的波动被均摊到较长的时间里成分波动减小了，使得所取物料的化学成分达到了比较均匀的效果，如图 2-3-1 所示。

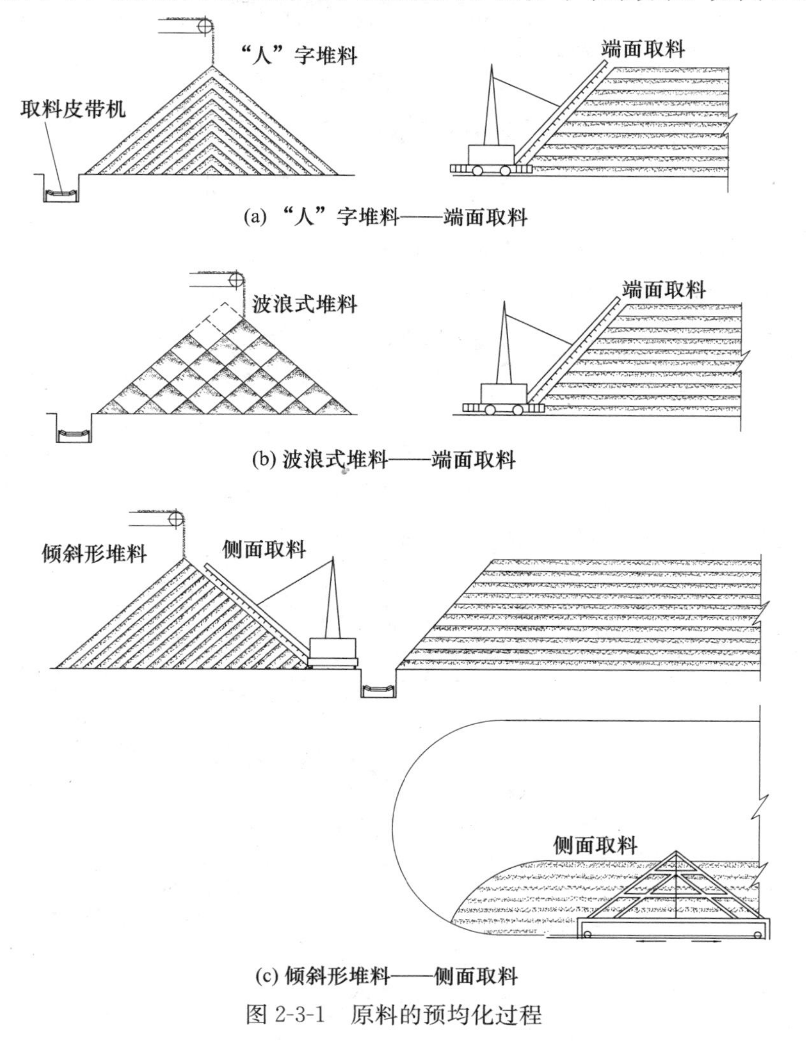

图 2-3-1　原料的预均化过程

2.3.2 预均化堆场

无论是用量最大的石灰石、还是用量较小的辅助原料物料（粉砂岩、钢渣、粉煤灰等），其预均化过程都是在有遮盖的矩形或圆形预均化堆场完成的，库内有进料皮带机、堆料机、料堆、取料机、出料皮带机和取样装置，下面来认识一下这两种预均化库。

（1）矩形预均化堆场

矩形预均化库内的堆场一般设有两个料堆，一个料堆堆料时，另一个料堆取料，相互交替进行。采用悬臂式堆料机堆料［图 2-3-2（a）、（b）］或在库顶有皮带布料［图 2-3-2（c）石灰石堆场］，取料设备一般采用桥式刮板取料机，在取料机桥架的一侧或两侧装有松料装置，它可按物料的休止角调整松料耙齿使之贴近料面，平行往复耙松物料，桥架底部装有一水平或稍倾斜的由链板和横向刮板组成的链耙，被耙松的物料从端面斜坡上滚落下来，被前进中的桥底链耙连续送到桥底皮带机。

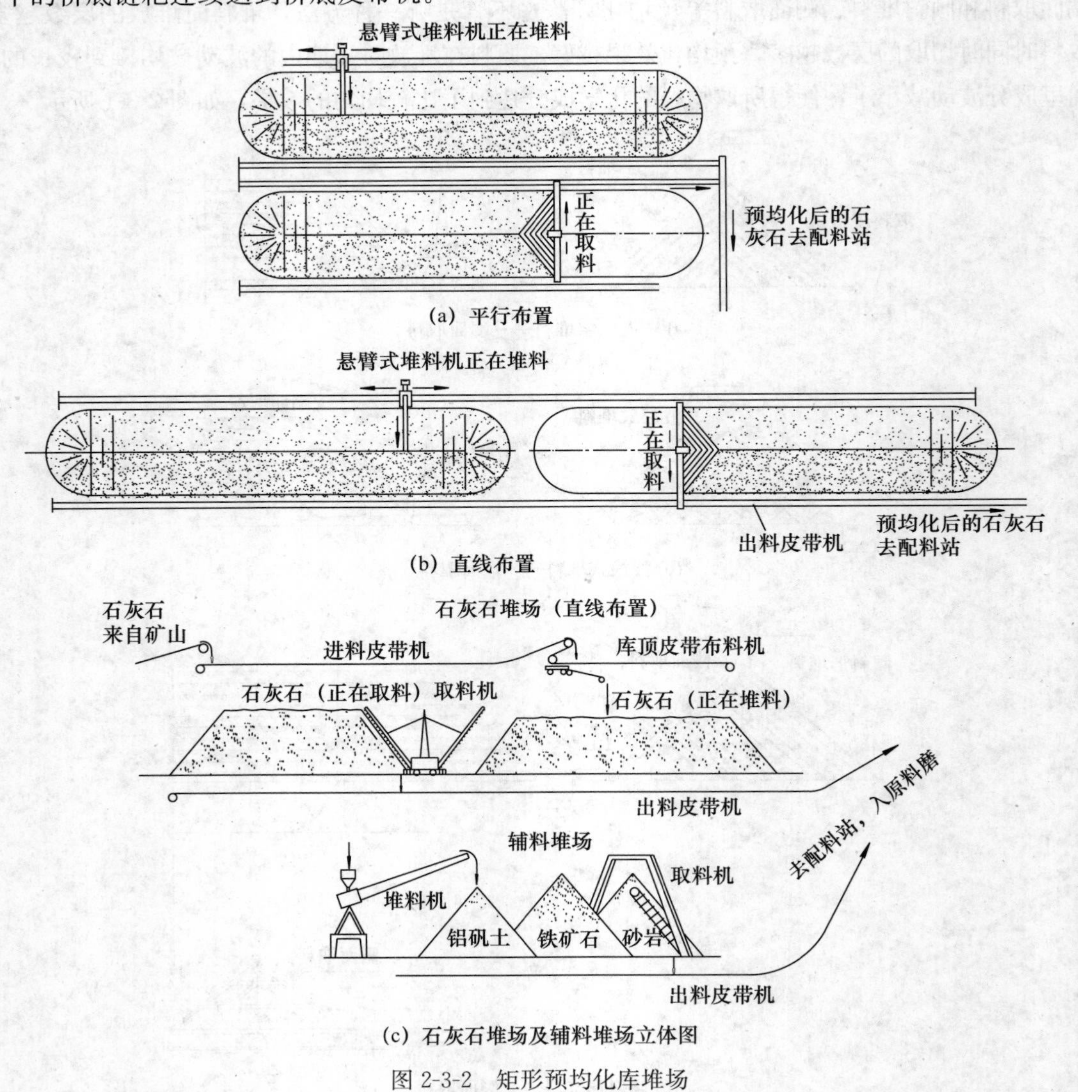

图 2-3-2 矩形预均化库堆场

库内堆场根据厂区地形和总体布置要求，两个料堆可以平行排列［图 2-3-2（a)］，也可以直线布置［图 2-3-2（b)］。两料堆平行排列的预均化堆场在总平面布置上比较方便，但取料机要设转换台车，以便平行移动于两个料堆之间。堆料也要选用回转式或双臂式堆料机，以适用于两个平行料堆的堆料。

在两料堆直线布置的预均化堆场中，堆料机和取料机的布置是比较简单的，不需设转换台车，堆料机通过活动的 s 型皮带卸料机在进料皮带上截取物料，沿纵向向任何一个料堆堆料。取料机停在两料堆之间，可向两个方向取料。

（2）圆形预均化堆场

这种堆场的布置与矩形堆场是完全不一样的，如图 2-3-3 所示。原料经皮带输送机送至堆料中心，由可以围绕中心做 360°回转的悬臂式皮带堆料机堆料，俯视观察料堆为一不封闭的圆环形，取料时用刮板取料机将物料耙下，再由底部的刮板送到底部中心卸料口，卸在地沟内的出料皮带机上运走。

在环形堆场中，一般是环形料堆的 1/3 正在堆料、1/3 堆好储存、1/3 取料。

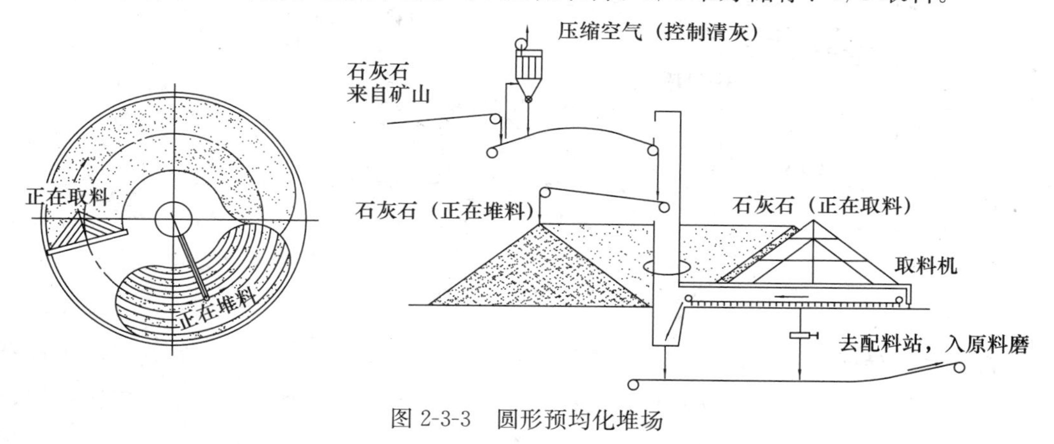

图 2-3-3 圆形预均化堆场

2.3.3 堆料机与取料机

1. **悬臂式堆料机**

（1）构造

悬臂式堆料机主要由旋臂部分、行走机构、液压系统、来料车、轨道部分、电缆坑、动力电缆卷盘、控制电缆卷盘、限位开关装置等部分组成。这种堆料机设在堆场的一侧，利用电机、制动器、减速机、驱动车轮构成的行走机构沿定向轨道移动，由俯仰机构支撑臂架及胶带输送机的绝大部分质量，并根据布料情况随时改变落料的高度，具备钢丝绳过载、断裂、传动机构失灵等故障预防的安全措施，如图 2-3-4 所示。

（2）主要部件

① 旋臂部分：悬臂架由两个工字型梁构成，横向用角钢连接成整体。在悬臂架上面安有胶带输送机，胶带机随臂架可上仰和下俯。胶带机采用电动滚筒，张紧装置设在头部卸料点处，使胶带保持足够的张力。胶带机上设有料流检测装置，当胶带机上无料时发出信号，堆料机停机。还设有打滑监测器、防跑偏等保护装置，胶带机头、尾部设有清扫器。

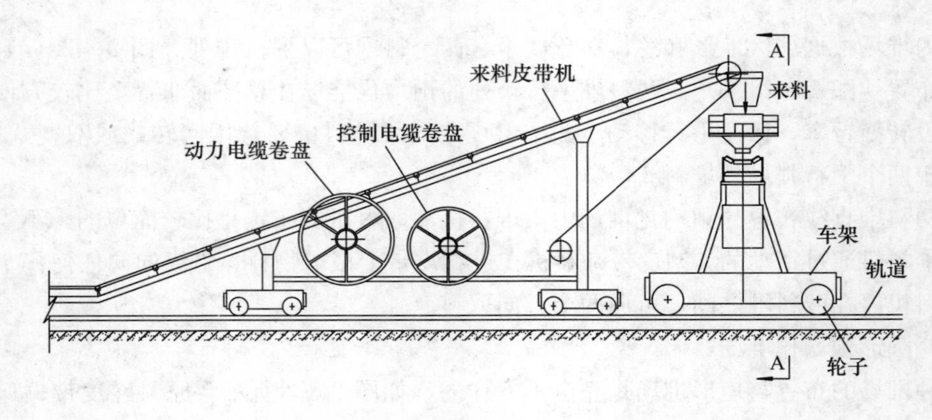

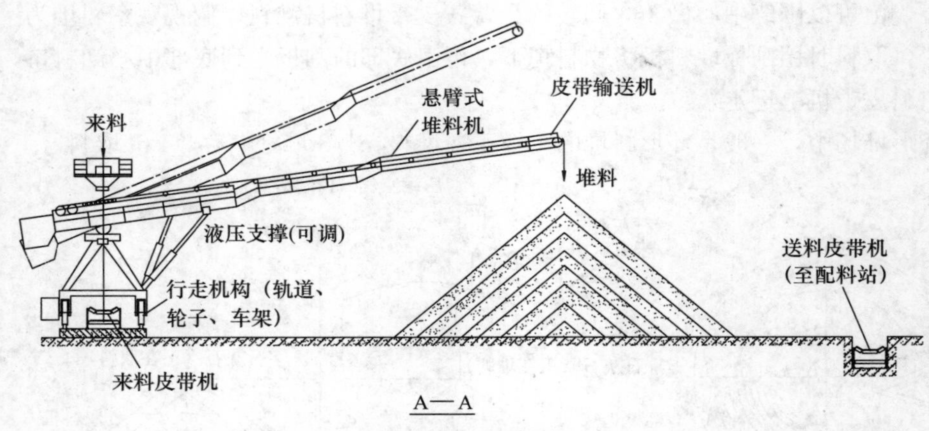

图 2-3-4　侧式悬臂堆料机

悬臂前端垂吊两个料位探测仪，随着堆料机一边往复运动，一边堆积物料，料堆逐渐升高。当料堆与探测仪接触时，探测仪发出信号，传回控制室。控制室开动变幅液压系统，通过油缸推动悬臂提升一个预先给定的高度。两个探测仪，一个正常工作时使用，另一个用作极限保护。

旋臂两侧设有走台，一直通到旋臂的前端，以备检修、巡视胶带机之用。旋臂下部设有两处支撑铰点。一处与行走机构的三角形门架上部铰接，使臂架可绕铰点在平面内回转；另一处是通过球铰与液压缸的活塞杆端铰接，随着活塞杆在油缸中伸缩，实现臂架变幅运动。

液压缸尾部通过球铰铰接在三角形门架的下部。

在悬臂与三角形门架铰点处，设有角度检测限位开关，正常运行时，悬臂在$-13°\sim16°$之间运行；当换堆时，悬臂上升到最大角度16°。

② 胶带输送机：胶带输送机的传动滚筒设在尾部。改向滚筒设在卸料端，下面设有螺旋拉紧装置。

③ 行走机构：行走机构由三角形门架和行走驱动装置组成。三角形门架通过球铰与上部悬臂铰接，堆料臂的全部质量压在三角形门架上。三角形门架下端外侧与一套行走驱动装置（摆动端梁）铰接，内侧与一套行走驱动装置（固定端梁）刚性连接成一体，每个端梁配一套驱动装置，驱动装置共两套。驱动装置实现软启动和延时制动。

在三角形门架的横梁处吊装一套行走限位装置，所有行走限位开关均安装在吊杆上，随堆料机同步行走，以实现堆料机的限位。三角形门架下部设有平台，用来安装变幅机构的液压站。

④ 液压系统：液压系统实现悬臂的变幅运动。液压系统由液压站、油缸组成，液压站安装在三角形门架下部的平台上，而油缸支撑在门架和悬臂之间。

⑤ 来料车：来料车由卸料斗、斜梁、立柱等组成。卸料斗悬挂在斜梁前端，使物料通过卸料斗卸到悬臂的胶带面上。斜梁由两根焊接工字型梁组成，梁上安有电气柜、控制室以及电缆卷盘。斜梁上设有胶带机托辊，前端设有卸料改向滚筒，尾部设有防止空车时飘带的压辊。大立柱下端装有四组车轮。

卸料改向滚筒处设有可调挡板，现场可以根据实际落料情况调整挡板角度、位置来调整落料点。

来料车的前端大立柱与行走机构的联接，通过连杆两端的铰轴铰接，使来料车能够随行走机构同步运行。堆料胶带机从来料车通过，将堆料胶带机带来的物料通过来料车卸到悬臂的胶带机上。

⑥ 电缆卷盘：动力电缆卷盘由单排大直径卷盘、集电滑环、减速器及力矩电机组成。外界电源通过料场中部电缆坑由电缆通到卷盘上，再由卷盘通到堆料机配电柜。控制电缆卷盘由单排大直径卷盘、集电滑环、减速器及力矩电机组成，主要功能是把堆料机的各种联系反映信号通过多芯电缆与中控室联系起来。

（3）控制操作

① 自动控制操作

自动控制下的堆料作业由中控室和机上控制室交互实施，当需要中控室对料堆机自动控制时，按下操作台上的操作按钮，堆料机上所有的用电设备将按照预定的程序启动，实现整机系统的启动和停车，操作进入正常自动作业状态。

② 机上人工控制操作

主要用于调试过程中所需要的工况或自动控制出现故障时，允许按非预设的堆料方式要求堆料机继续工作。

③ 机上控制室内操作

操作人员在机上控制室内控制操作盘上的相应按钮进行人工堆料作业。当工况开关置于机上人工控制位置时，自动、机旁工况均不能切入，机上人工控制可对悬臂上卸料胶带机、液压系统、行走机构进行单独的启动操作，各系统之间失去相互连锁，但系统的各项保护仍起作用。

④ 机旁现场控制

在安装检修和维护工况时需要有局部动作时，可以依靠机房设备的操作按钮来实现。在此控制方式下，堆料机各传动机构解除互锁，只能单独启动或停机。

2. 卸料车式堆料机

这种堆料机又称天桥皮带堆料机，把它架设在预均化库顶部房梁上、沿料堆的纵向中心线安装，一头连着从破碎机房下来的石灰石皮带输送机［图 2-3-2（c）石灰石堆场］，装上一台 S 型的卸料小车或移动式皮带机往返移动就可以直接堆料了，如图 2-3-5 所示。为了防止落差过大，一般要接一条活动伸缩管，或者接上可升降卸料点的活动皮带机。

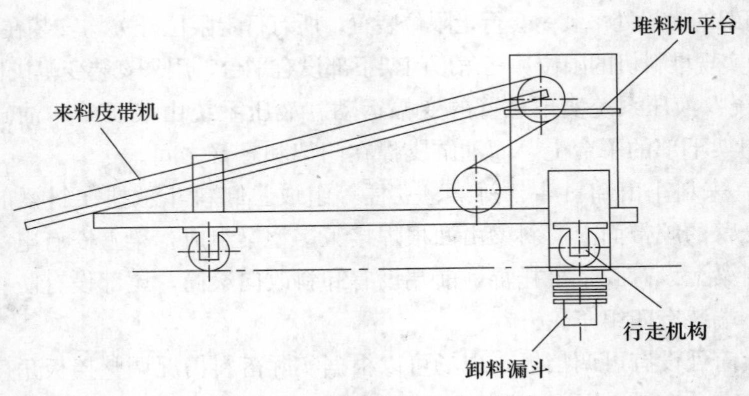

图 2-3-5 顶部卸料车式堆料机

3. **桥式刮板取料机**

(1) 构造

桥式刮板取料机是现代化水泥厂应用最普遍的取料设备，如图 2-3-6 所示。由两个对称的松料装置、仰俯机构、刮板取料装置（由链板、刮板、托轮、驱动机构、张紧机构组成，将刮到的物料卸入堆场侧面的出料皮带机）、大车运行机构、机架组成，可配合多种堆料设备在矩形和圆形预均化堆场中使用，从料堆的端面低位取料，通过刮板转运到堆场侧面的带式输送机上运走。

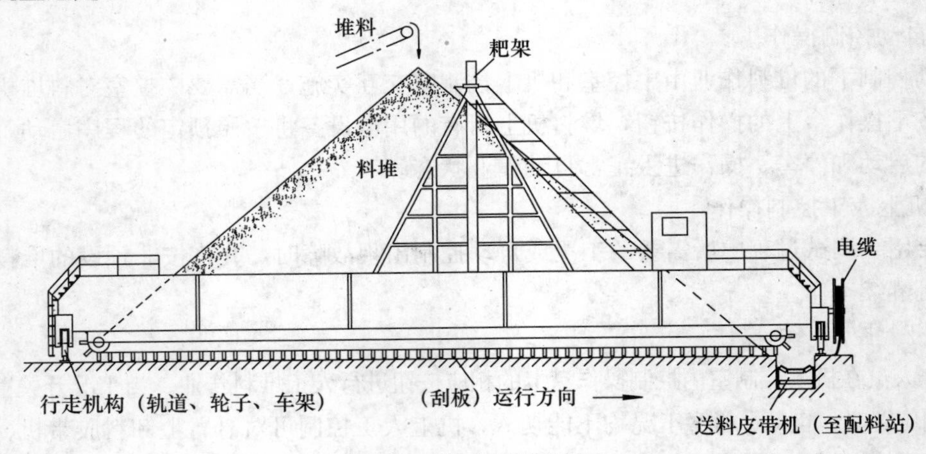

图 2-3-6 桥式刮板取料机

(2) 主要部件

① 松料装置：桥式刮板取料机上对称设置两个松料装置，主要由钢丝绳和耙架组成。耙架上均布耙齿。两根钢丝绳的下端固定在沿桥架下梁滑轨做往复移动的滑块上，另一端通过滑轮绕过桅杆的顶部，与桥架中部的塔架上的一个可移动的平衡锤相连，使钢丝绳保持张紧状态。仰俯机构调整桅杆的仰角，与料堆的自然休止角一致，能与料堆端面上的物料直接接触，掠过料堆端面，起到松料作用。

② 刮板取料装置：刮板取料装置又称料耙，由链条（链板）、刮板、托轮、驱动机构、

张紧机构组成，将刮到的物料卸入堆场侧面的出料皮带机。

③ 大车行走机构：具备横向进车取料和调节功能及刮板取料速度和空车行走速度，矩形堆场可以调车，圆形堆场可以空车运行调整位置。

（3）操作控制

正常生产时采用“中控室集中控制”，需要单机调试设备时采用“机旁控制”，现场有“开”、“停”按钮。

2.3.4　预均化效果

原料经过堆料机的层层堆积后再用取料机沿断面刮取，缩小了化学成分的波动范围，对稳定熟料煅烧、确保水泥质量起到了一定的作用。当然对于物料的均化不仅仅依赖于在预均化库内均化这一个环节上，就生料制备而言，从原料的开采到磨制成生料入均化库，整个过程本身就是一个不断均化的过程：原料的分片开采与搭配使用—预均化库均化—各种原料及校正原料配料磨制生料—生料均化库继续均化，使化学成分更加趋于均匀，力求达到入窑煅烧的要求，这几个环节构成了一个均化链，如表 2-3-1 所示。

表 2-3-1　生料均化链中各个环节的均化效果

均化环节	原料矿山分片开采与搭配使用	原料的预均化	配料控制与生料粉磨	生料均化
完成均化工作量的任务（%）	10～20	30～40	0～10	40

在这个均化链中，原料的预均化库内的均化效果占了 30%～40%的比例。评价预均化库对原料的均匀化能力通常用均化效果来表示，其定义为：

$$均化效果=\frac{入预均化库原料化学成分（石灰石是指 CaCO_3 或 CaO）的标准偏差}{出预均化库原料化学成分的标准偏差} \tag{2-3-1}$$

即入预均化库原料化学成分波动的标准偏差降低的倍数就是均化效果（又称均化倍数或均化系数），用下式表示：

$$H=S_{进}/S_{出} \tag{2-3-2}$$

式中　H——均化效果；

$S_{进}$——物料入预均化库之前的标准偏差；

$S_{出}$——物料出预均化库之后的标准偏差。

这里的标准偏差 S 又称均方差，是表示物料成分（如 $CaCO_3$、SiO_2 含量的）均匀性（波动幅度）指标，计算公式为：

$$S=\sqrt{\frac{1}{n-1}\sum_{i=1}^{n}(x_i-\overline{x})^2} \tag{2-3-3}$$

这里平均值$\overline{x}$为：

$$\overline{x}=\frac{1}{n}\sum_{i=1}^{n}x_i \tag{2-3-4}$$

式中　S—— 标准偏差，%；

n——试样总数或测量次数，一般 n 不应少于 20～30 个；

x_i——物料中某成分的各次测量值，即：$x_1 \sim x_n$；

$\overline{x}$——各次测量值的平均值。

标准偏差 S 值越小，物料的成分越均匀；均化倍数 H 值越大，均化效果越好。

目前多数水泥厂采用计算合格率的方法来评价物料的均匀性。合格率的含义是指若干个样品在规定质量标准上下线之内的百分率，称该范围的百分率。这种计算方法虽然可以反映物料成分的均匀性，但它并不能反映全部样品的波动幅度及其成分分布特性，下面的例子说明了这一点：

例题：有两组石灰石试样，其 $CaCO_3$ 含量介于 90%～94%的合格率为 60%（加下划线的数据），每组 10 个样品的 $CaCO_3$ 含量如下：

第一组（%）：99.5　<u>93.8</u>　<u>94.0</u>　<u>90.2</u>　<u>93.5</u>　86.2　<u>94.0</u>　<u>90.3</u>　98.9　85.4

第二组（%）：94.1　<u>93.9</u>　<u>92.5</u>　<u>93.5</u>　<u>90.2</u>　94.8　<u>90.5</u>　89.5　<u>91.5</u>　89.8

解：根据式（2-3-4）计算平均值：

第一组 $\overline{x}_1 = \dfrac{1}{n_1}\sum_{i=1}^{n} x_i = 92.58\%$

第二组 $\overline{x}_2 = \dfrac{1}{n_2}\sum_{i=1}^{n} x_i = 92.03\%$

虽然两组试样的合格率相同、平均值也很接近，但波动幅度相差很大。第一组波动幅度在平均值的 7%左右，即使合格，也不是接近上限，就是接近下限；第二组试样的波动幅度在 2%左右，比第一组小得多，用这两组原料去制备生料，其质量会大不相同。

如用标准偏差去衡量它们的波动幅度，将 $x_1 = 92.58$、$x_2 = 92.03$ 代入式（2-3-3），得：$S_1 = 4.68$；$S_2 = 1.96$。显然用合格率来衡量物料成分均匀性的方法是有很大缺陷的。

标准偏差不仅反映了数据围绕平均值的波动情况，而且也便于比较若干个数据的不同的分散程度。S 越大，分散程度越高；S 越小，成分越均匀。同时标准偏差和算术平均值一起，可以表示物料成分的波动范围及分布规律，通过多次等量试样的测定结果表明，成分波动于标准偏差范围之内的物料，在总量中大约占 70%左右，其余物料成分波动比标准偏差大。

2.4　原料配合

原料配合就是根据拟生产水泥的品种及等级、原燃料的品质、工厂具体的生产条件等，确定各种原料及煤的比例，使熟料中各种化学组分符合生产质量部门提出的矿物组成或率值要求，同时审查所配生料的有害成分是否在国标范围之内。

2.4.1　配料站

对石灰石和其他辅料（粉砂岩或黏土、铁矿石、钢渣或铁粉、煤矸石或粉煤灰等）经过预均化后，其化学成分基本趋于均匀，下一步将进入原料配料站，要将石灰石等原料按照一定的配比和喂料量送到磨机里去磨成生料。这一任务在原料配料站由喂料计量设备完成并经带式输送机喂入原料磨内。配料站常用的喂料计量设备有电子皮带秤、流量计、失重秤、电磁振动喂料机、带式输送机和除铁器等，料仓的下面装有螺旋闸门。对于不设预均化堆场而用圆库储存物料的厂家，配料站设在原料库的库底；对于现代化水泥厂来说，配料站一般设在预均化库附近或原料磨附近，如图 2-4-1 所示。

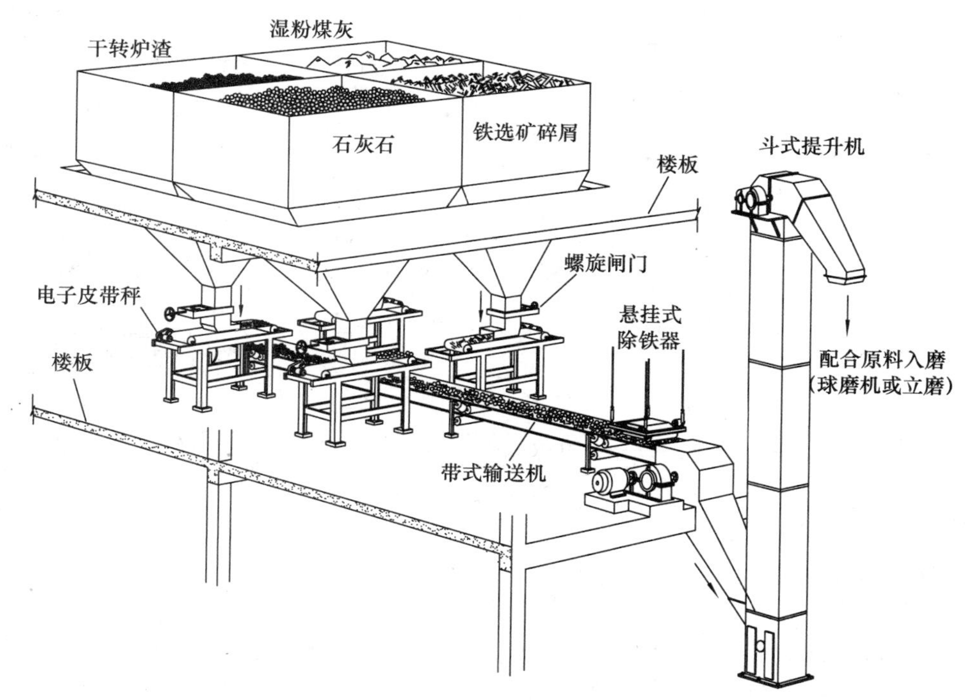

图 2-4-1 原料配料站（球磨机或立磨系统）

1. 配料站微机控制电子皮带秤系统

生料微机控制电子皮带秤系统包括控制微机系统、电子皮带秤、X 射线荧光分析仪、制样设备和取样设备等硬件，其流程如图 2-4-2 所示。

以前在生料粉磨过程中生料配料的控制，一般采用 X 射线荧光分析仪离线手段进行生产控制，即由人工进行取样、制样后，送入 X 射线荧光分析仪进行自动分析，将分析数据反馈回计算机，进而调整电子皮带秤，加大或减小目标料流，实现生料三率值（硅酸率 n 或 SM、铝氧率 p 或 IM、石灰饱和系数 KH）趋近设定的目标值，提高生料成分合格率与均匀性，获得质量稳定的合格生料。人工取回的生料试样有瞬时样与连续样之分，水泥厂一般尽可能选择收集连续样。新型干法工艺线越来越多的采用 QCX（Qunlity Control by Computer and X-raySystem）在线质量控制系统。在磨机出口处一侧适当地点，采用取样机对生料连续自动取样，经管道输送到化验室，由自动制样机压制生料标准样压片后送入 X 射线荧光分析仪进行连续分析测定，由 QCX 系统运行配料计算，中控室集散型过程控制系统自动指令调速电子皮带秤修正运行参数，追踪实现生料三率值设定目标值。QCX 在线质量控制系统渐趋普遍应用，其与中央控制 DCS 集散型过程控制系统紧密结合，进一步提高了生料成分合格率与均匀性，获得合格并且质量稳定的生料。

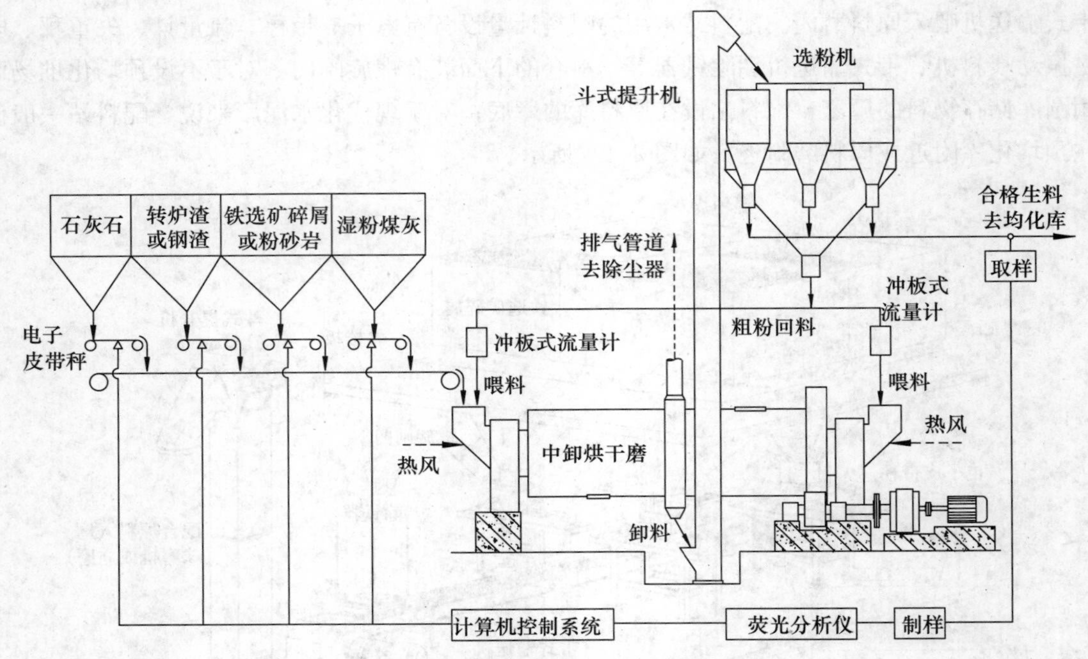

图 2-4-2 生料微机控制电子皮带秤系统

2. 喂料计量设备

(1) 失重秤

失重秤（又称失重式喂料机，失重给料机，失重配料秤）是一种间断给料连续出料的称重设备，其失重量控制在料斗中进行，可达到较高的控制精度，结构又易于密封，适用于原料配料时的喂料控制，如图 2-4-3 所示。

失重秤由料斗、喂料器（上料及卸料，主要是电磁振动喂料机或螺旋喂料器）、称重系统和调节器组成。根据称重料斗中物料重量的减少速率来控制卸料螺旋输送机或电振机，以达到定量给料的目的。当称重斗内的物料达到称重上限位置后，上料停止，物料通过卸料电磁振动喂料机或卸料螺旋喂料器卸出，将运行过程中对每个单位时间测量的“失重”与所需给料量进行比较，即实际（测量）的流量与期望的（预设）流量之间的差异会通过给料控制器指令卸料发出纠正信号，自动调节卸料速度，从而在没有过程滞后的情况下保持精确的卸料量。当称重斗内的物料达到称重下限位置时，控制器将对给料系统按容积给料（模式）进行控制，然后对称重斗快速重新装料，在卸出物料的同时，物料快速加入称重斗内，当装料到称重上限时停止装料。快速装料，有助于稳定给料系统，提高称重的准确度和控制精度。

(2) 电磁振动喂料机

我们在“图 2-4-3 失重秤”中已经看到了电磁振动喂料机，这是一种定量喂料设备，主要由电磁激振器、喂料槽、减振器和控制器组成（图 2-4-4），连接叉和槽体固定在一起，通过它传递激振力给喂料槽；衔铁固定在连接叉上，和铁芯保持一定间隙而形成气隙；弹簧组起储存能量的作用，铁芯用螺栓固定在振动壳体上，铁芯上固定有线圈，当电流通过时就产生磁场，它是产生电磁场的关键部件；壳体主要是用来固定弹簧组和铁芯，也起平衡质量的作用。

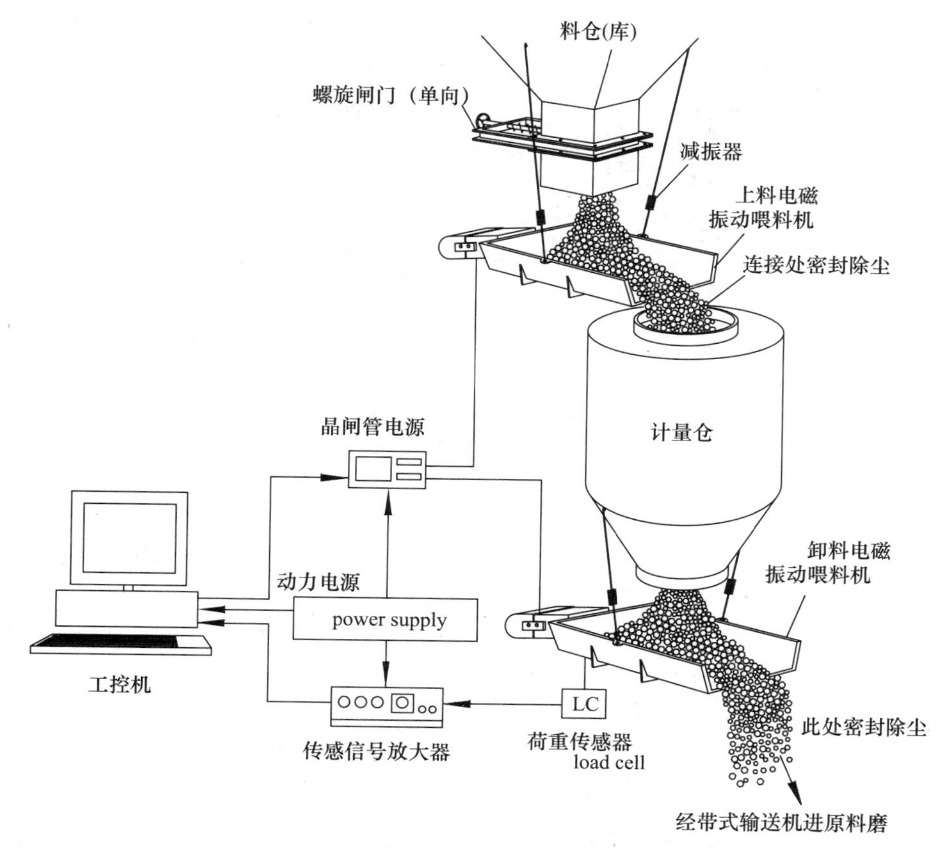

图 2-4-3　失重秤

喂料槽承受料仓卸下来的物料，并在电磁振动器的振动下将物料输送出去，电磁激振器产生电磁振动力，使喂料槽作受迫振动。激振器电磁线圈的电流是经过半波整流的，如图 2-4-4（a）、(b）所示。当在正半周有电压加在电磁线圈上时，在衔铁和铁芯之间产生一对大小相等、相互吸引的脉冲电磁力，此时喂料槽向后运动，激振器的弹簧组受压发生变形，储存了一定的势能；在负半周，线圈没有电流通过，电磁力消失，弹簧组恢复原形，储存的能量被释放，衔铁和铁芯朝相反的方向离开，此时喂料槽向前弹出，槽中物料向前跳跃式运动，如此电磁振动喂料机就以交流电源的频率作 3000 次/min 的往复振动。减振器的作用是把整个喂料机固定在料仓底下，它由隔振弹簧和弹簧座组成，与机体组成一个隔振系统，能减小送料时传给基础或框架的动载荷。

可控硅调节器作为控制器，用来调节输入电压，使激振力发生改变，从而达到控制喂料量的目的。

（3）调速定量电子皮带秤

调速定量电子皮带秤也是定量电子皮带秤的一种，但它的速度可调，且秤本身既是喂料机又是计量装置，是机电一体化的自动化计量给料设备。通过调节皮带速度来实现定量喂料，无须另配喂料机。主要由称重机架（皮带机、称量装置、称重传感器、传动装置、测速传感器等）和电气控制仪表（电气控制仪表与机械秤架上的称重传感器、测速传感器）两部分构成，传动装置为电磁调速异步电动机或变频调速异步电动机，皮带速度一般控制在 0.5m/s 以下，以保证皮带运行平稳、出料均匀稳定以及确保秤的计量精度（±0.5%～±1%），如图 2-4-5 所示。

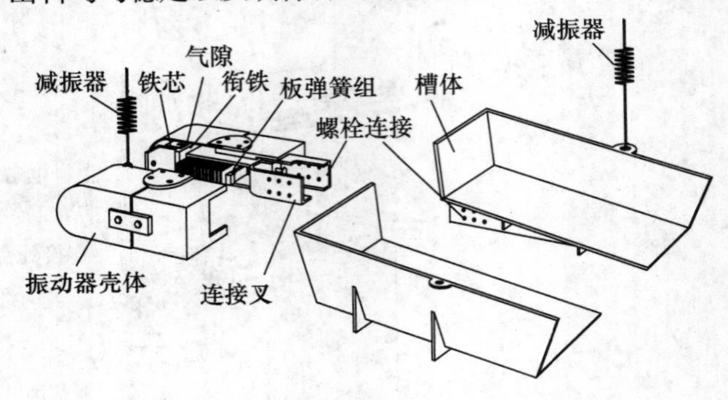

(a) 电磁振动喂料机结构图

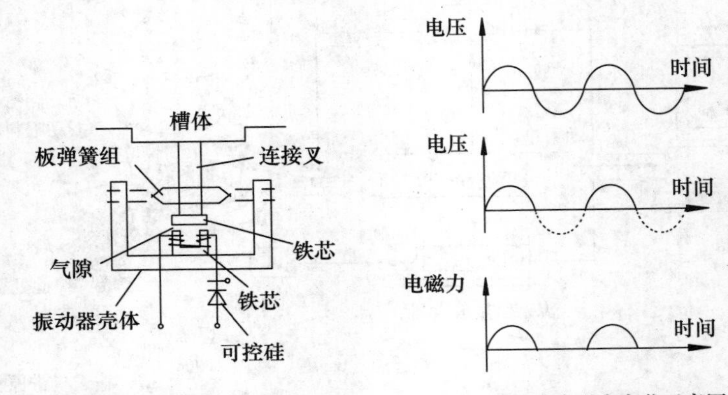

(b) 电磁振动喂料机工作原理图　　(c) 电压和电磁力变化示意图

图 2-4-4　电磁振动喂料机

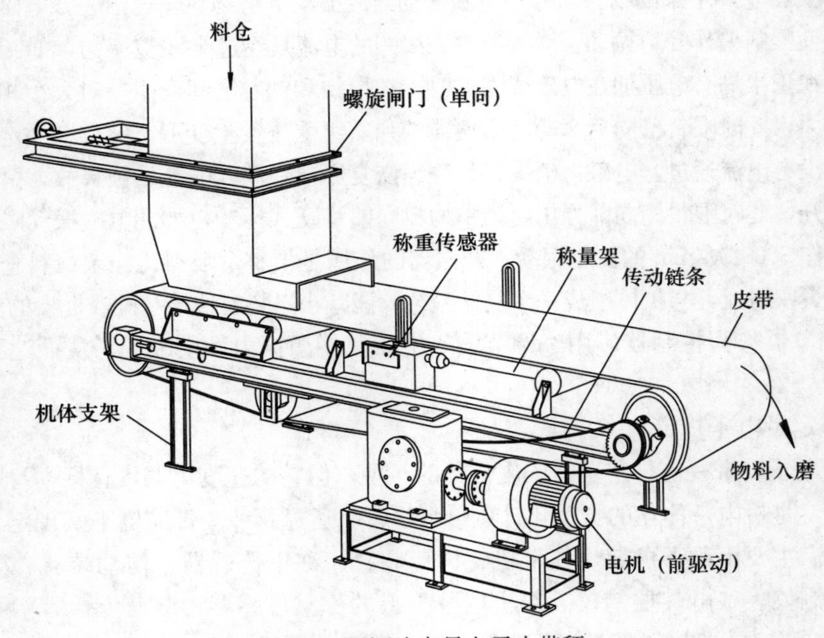

图 2-4-5　调速定量电子皮带秤

调速电子皮带秤在无物料时，称重传感器受力为零，即秤的皮重等于零，来料时物料的重力传送到重力传感器的受力点，称重传感器测量出物料的重力并转换出与之成正比的电信号，经放大单元放大后与皮带速度相乘，即为物料流量。实际流量信号与给定流量信号相比较，再通过调节器，调节皮带速度，实现定量喂料的目的。

调速电子皮带秤用于石灰石、钢渣、粉砂岩、铝矾土、粉煤灰等连续输送、动态计量、控制给料，使用时常选配适宜的预给料装置，如料斗溜子、振动料斗溜子、带搅拌器的料斗溜子、叶轮喂料机溜槽、流量阀-溜槽下料器等。

3. **除铁器**

电磁除铁器是一种用于清除散状非磁性物料中铁件的电磁设备，一般安装于皮带输送机的头部或中部，如图 2-4-6 所示。通电产生的强大磁力将混杂在物料中的铁件吸起后由卸铁皮带抛出，达到自动清除的目的，并能有效地防止输送机胶带纵向划裂，保证破碎机、磨机的正常工作。

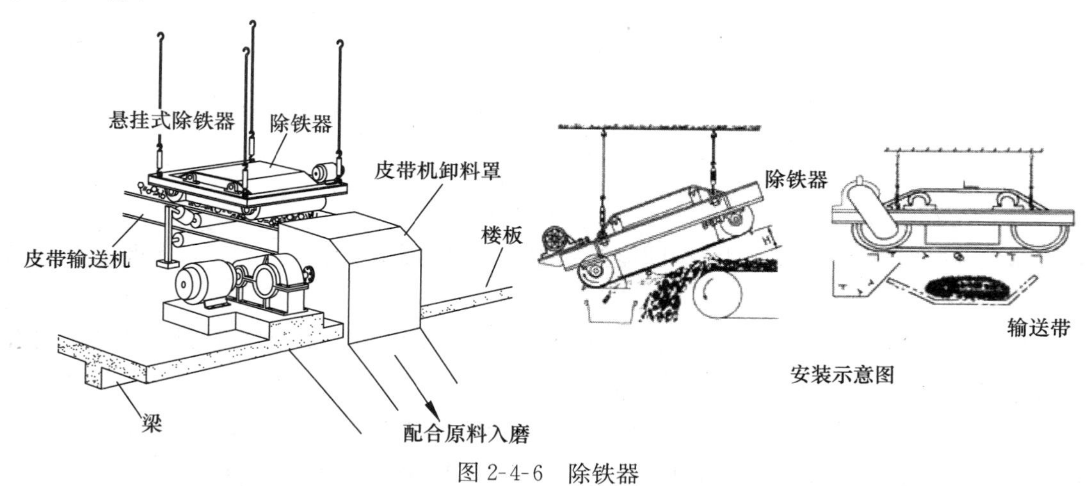

图 2-4-6　除铁器

4. **冲板式流量计**

冲板式流量计是一种固体散料流量计，广泛用于生料闭路粉磨（或水泥粉磨）工艺过程计量（“图 2-4-2 生料微机控制电子皮带秤系统”粗粉回料中）。它能在物料流动过程中连续、自动测量物料流量属动态称重计量和控制设备，由流量计外壳（包括钢板制成，密封防尘，有入口、出口法兰盘和维修门）、挡板（挡板经连杆与测量装置相连）、测量装置（包括落差补偿系统和带测力传感器、衰减装置的计量系统）三部分组成，如图 2-4-7 所示。它是基于动量原理来测量自由下落的粉、粒状物料流量的，当粉、粒状物料从具有一定高度的给料器自由下落时，打在检测板上产生一个冲击力并反弹起来后又落在检测板上流下去，此时物料又与检测板之间产生一个摩擦力，而冲击力和摩擦力的合力与被测物料的瞬时质量流量成正比。上述合力，可分解为水平分力和垂直分力。因此冲击流量计有两种测量方法，即测量水平分力或垂直分力。一般来说测垂直分力有很多困难，尤其黏附性物料，零点漂移现象较严重，故国内外目前均采用测量水平分力的冲击流量计通过仪表检测出总水平分力，即可得出物料的瞬时质量流量。

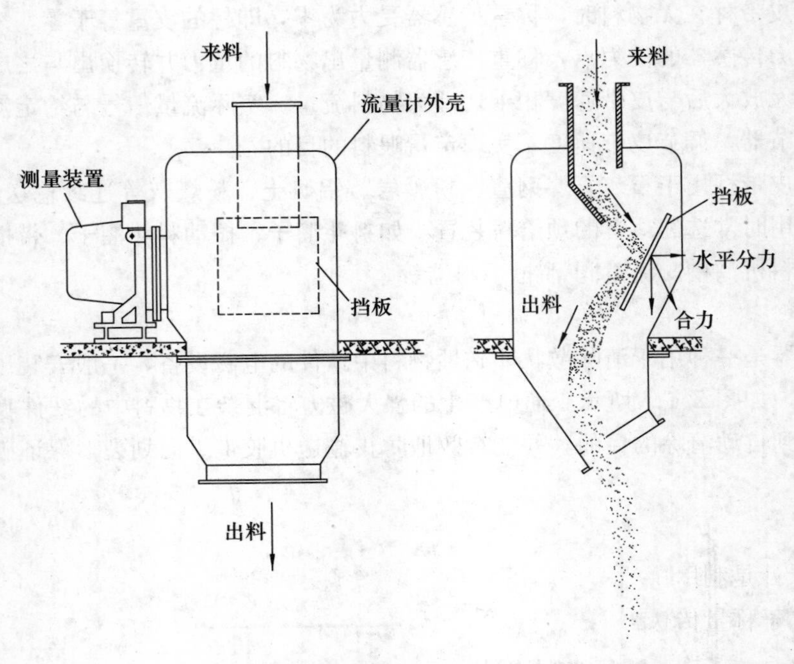

图 2-4-7　冲击流量计

冲板式流量计通过校验和调整后即能投入使用。为使流量计正常工作，使用时还应注意下列各点：

① 调整后不要前后上下用力扳动检测板，否则会影响流量计的测量精度，更不要在使用中推动它。

② 流通截面虽有一定的余量，但也应该避免大颗粒的物料或超过量程的物料进入，防止通道堵塞。若堵塞应用适当工具进行清理，切不可用锤子敲打损坏流量计。

③ 定期清扫检测板和活动主梁周围的粉尘，避免堆积物卡死主梁影响测量精度。

④ 防止气流随物料进入流量计造成测量误差。

5. **溜槽式流量计**

溜槽流量计主要由外壳、导向溜槽、计量溜槽、杠杆装置和称重传感器组成，如图 2-4-8 所示。外壳由薄钢板折弯焊接制成，下法兰与其他支承面相接，上法兰与导向溜槽相连；壳体内有计量溜槽，其管状横梁与壳体间用橡胶皮碗密封；壳体正面开设有供检修、调试的门盖。导向溜槽上下均有法兰，上法兰与外部输送设备相接，下法兰与壳体相接，槽体与水平面成 70°的斜角，槽体下部伸入壳体内与计量溜槽上部相距≤5mm，其底部与计量溜槽向槽内错开 2～3mm。

计量溜槽为一弧形槽，槽底为锰钢板，它由管状横梁与杠杆装置相连，槽底可根据不同特性的物料，粘贴不同材料的面板：有轻微腐蚀、无静电反应的黏性物料用不锈钢面板，有轻微腐蚀、粘接、有轻微静电反应的物料用聚四氟乙烯面板，不粘接的物料则不需粘贴面板。杠杆装置由起配重作用的框架和两组十字簧片组成。

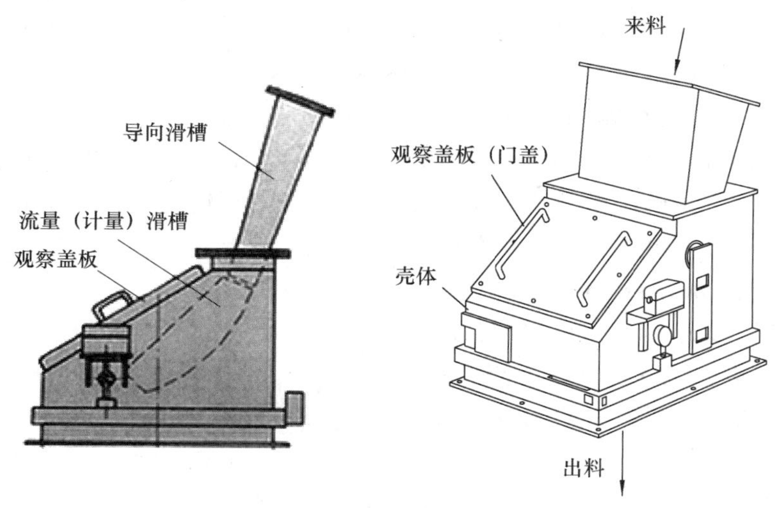

图 2-4-8　溜槽流量计

溜槽流量计是利用物料通过一弧形计量溜槽时所产生的动能和作用力，使计量机构偏转，将力作用于称量传感器上，输出电讯号，经过放大、转换处理，显示固体物料流量的瞬时值与累计值，通过调节器或计算机自动控制给料量。溜槽流量计的工作过程是：物料沿计量溜槽切线方向进入，由于物料的重力和沿弧形板的运动，对计量溜槽产生一个作用力，并使计量溜槽偏转，这个偏转力与物料的流量成正比。偏转力的大小由称重传感器检测，物料的瞬时流量和累计流量由二次仪表显示。为了自动定量控制给料量，将实际值与设定值比较，通过调节器或计算机自动控制喂料量并保持均匀稳定。

溜槽流量计主要用于生料（或水泥）闭路粉磨系统中粗粉回料的连续自动计量或定量给料控制。由于溜槽流量计秤体结构为全密封，对周围环境无污染，可用于空间受限制或环境条件恶劣的生产现场；无转动部件，十字簧片由不锈钢制成，不需维修；物料流对计量溜槽基本无冲击，因此不受冲击系数的影响；物料流沿平行的轨道通过溜槽，消除物料料粒之间的相互干扰。与冲击流量计相比，溜槽流量计更简单、体积较小、工作更稳定。

2.4.2　生料的配料计算

熟料的质量取决于熟料的矿物组成和岩相结构，而矿物组成和岩相结构又是由生料的配料方案和窑的煅烧过程决定的。为了烧制出优质的、符合性能要求的水泥熟料，首先要设计熟料的矿物组成，然后再根据原料的化学成分、物理性能和煤的发热量及灰分来确定各种原料的配比，以获得矿物组成符合要求的熟料所需的适当成分的生料。

1. 水泥熟料的化学组成

水泥熟料主要由钙、硅、铁、铝、氧这五种化学元素组成，即 CaO、SiO_2、Al_2O_3 和 Fe_2O_3 四种主要氧化物，它们占熟料的 95％以上，其中 CaO 含量 60％～70％，SiO_2 含量 20％～25％，Al_2O_3 含量 4％～6％，Fe_2O_3 含量 3％～5％，其余少量的氧化物是 MgO 、SO_3、Na_2O 、K_2O、TiO_2 和 P_2O_5 等，含量 1％～5％。

需要指出的是，在某些特定的生产条件下由于原料及工艺过程的差异，硅酸盐水泥熟料的各主要氧化物含量也可能略微偏离上述范围，如原料或燃料所带入的MgO或SO_3含量偏高，致使水泥熟料中的四种主要氧化物总量达不到95%。

2. 水泥熟料的矿物组成

在硅酸盐水泥熟料中，CaO、SiO_2、Al_2O_3和Fe_2O_3等并不是以单独的氧化物存在，而是以两种或两种以上的氧化物反应（经过水泥窑内经过高温煅烧）化合而成的各种不同的氧化物集合体，即以复杂的矿物形态存在，它们主要是：

① 硅酸三钙（$3CaO\cdot SiO_2$，简写成C_3S）。

② 硅酸二钙（$2CaO\cdot SiO_2$，简写成C_2S）。

③ 铝酸三钙（$3CaO\cdot Al_2O_3$，简写成C_3A）。

④ 铁铝酸四钙（$4CaO\cdot Al_2O_3\cdot Fe_2O_3$，简写成$C_4AF$）。

以上四种主要矿物的总和占95%左右，其中C_3S和C_2S占75%左右（最低要求>66%），称为硅酸盐矿物；C_3A和C_4AF占22%左右，称为熔剂矿物。它们在水泥与钢筋、砂石拌合成混凝土后，将在不同的时期内发挥着强度，维系着建筑物的寿命。除以上四种主要矿物外，还有少量的游离氧化钙（f－CaO）、方镁石（结晶氧化镁）、含碱矿物及玻璃体等。熟料矿物结晶细小，是一种多种矿物组成的、结晶细小的人造岩石。

3. 水泥熟料的率值

水泥熟料中的矿物组成是由CaO、SiO_2、Al_2O_3和Fe_2O_3四种主要氧化物化合而成的，为了方便表示熟料中的氧化物与矿物组成之间的关系，表示各氧化物含量对煅烧和熟料性能的影响，通常使用各氧化物间的比例即率值来表示熟料的成分。目前国内外采用的率值有多种，我国主要采用硅酸率、铝氧率和石灰饱和系数三个率值作为生产控制指标。

（1）硅酸率

硅酸率也称硅率，表示水泥熟料中SiO_2含量与Al_2O_3及Fe_2O_3含量之和的比值，反映了熟料中生成的硅酸盐矿物（C_3S、C_2S）与熔剂性矿物（C_3A、C_4AF）的相对含量。通常用n或SM表示：

$$n=\frac{SiO_2}{Al_2O_3+Fe_2O_3} \tag{2-4-1}$$

根据《水泥工厂设计规范》（GB 50295—2008），硅酸率控制在2.4～2.8范围之内，对于预分解窑，n值应控制在2.5～2.7之间。

（2）铝氧率

铝氧率也称铁率，是水泥熟料中Al_2O_3与Fe_2O_3的含量之比，通常用p（或IM）来表示：

$$p=\frac{Al_2O_3}{Fe_2O_3} \tag{2-4-2}$$

铝氧率反映了熟料中C_3A和C_4AF的相对含量的比例关系。根据《水泥工厂设计规范》（GB 50295—2008），铝氧率控制在1.4～1.9范围之内，对于预分解窑，p值一般控制在1.4～1.8之间。

（3）石灰饱和系数

硅酸率和铝氧率这两个率值只表示了各氧化物之间的相对含量，而没有涉及各氧化物之间的关系，石灰饱和系数（也称石灰饱和比）可以将各氧化物之间的关系表达出来。即水泥熟料中总的氧化钙（CaO）含量扣除饱和酸性氧化物（Al_2O_3、Fe_2O_3、SO_3）所需要的氧化钙后，所剩下的氧化钙与理论上二氧化硅（SiO_2）全部化合成硅酸三钙所需的氧化钙的含量之比。简言之就是石灰饱和系数表示了二氧化硅被氧化钙饱和生成硅酸三钙的程度，其数学表达式为：

$$KH=\frac{CaO-(f\text{-}CaO)-(1.65Al_2O_3+0.35Fe_2O_3+0.7SO_3)}{2.8SiO_2-(f\text{-}SiO_2)} \tag{2-4-3}$$

一般工厂熟料中的 f - CaO、f-SiO_2 含量较少，或配料计算时无法预先确定其含量时，通常采用简化式（2-4-4）进行 KH 的计算：

$$KH=\frac{CaO-1.65Al_2O_3-0.35Fe_2O_3-0.7SO_3}{2.8SiO_2} \tag{2-4-4}$$

若 SO_3 含量也很少，配料计算时也可忽略不计。

KH 值越高，C_3S 含量越多，C_2S 越少，如果煅烧充分，这种熟料制成的水泥硬化较快，强度高；但 KH 值过高，给煅烧也带来一定的困难，而且会出现过多的 f - CaO；KH 值过低，说明 C_2S 含量多，C_3S 含量少，这种熟料制成的水泥硬化较慢，早期强度低。根据《水泥工厂设计规范》(GB 50295—2008)，石灰饱和系数控制在 0.88～0.92 范围之内，对于预分解窑一般控制在 0.88～0.91 之间。

（4）率值与熟料矿物组成之间的关系

前已述及，率值不仅表示熟料中各氧化物之间的关系，同时也表示熟料中各矿物组成之间的关系。若已知熟料的矿物组成（质量分数），则按下式计算各率值：

$$KH=\frac{C_3S+0.8838C_2S}{C_3S+1.2356C_2S} \tag{2-4-5}$$

$$n=\frac{C_3S+1.2356C_2S}{1.4341C_3A+2.0464C_4AF} \tag{2-4-6}$$

$$p=\frac{1.1501C_3A}{C_4AF}+0.6383 \tag{2-4-7}$$

以上三式反映了率值与熟料矿物组成之间的关系。

（5）熟料矿物组成与率值之间的关系

$$C_3S=3.80(3KH-2)SiO_2$$

$$C_2S=8.60(1-KH)SiO_2$$

$$C_3A=2.65(Al_2O_3-0.64Fe_2O_3)$$

$$C_4AF=3.04Fe_2O_3$$

（6）熟料矿物组成与氧化物之间的关系

$$C_3S=4.07CaO-7.60SiO_2-6.72Al_2O_3-1.43Fe_2O_3-2.86SO_3 \tag{2-4-8}$$

$$C_2S=8.60SiO_2+5.07Al_2O_3+1.07Fe_2O_3-3.07CaO \quad (2\text{-}4\text{-}9)$$

$$C_4AF=3.04Fe_2O_3 \quad (2\text{-}4\text{-}10)$$

$$C_3A=2.65\ (Al_2O_3-0.64\ Fe_2O_3) \quad (2\text{-}4\text{-}11)$$

$$CaSO_4=1.70SO_3 \quad (2\text{-}4\text{-}12)$$

4. **配料计算**

配料计算可以采用代数法（矿物组成法、率值公式法）、尝试法（尝试误差法、递减试凑法）、优化法（线性规划法、最小二乘法）等，这些方法各有优缺点，同时存在计算过程繁复、计算工作量大、结果精度不高等问题。随着计算机技术的普及和应用，现在可以通过计算机程序方便地进行配料计算，各个水泥厂一般都有各种不同来源和版本的计算机配料程序，其实应用微软的 EXCEL 软件可以不必编写一行程序就可以方便地进行配料计算。

1）基本步骤

① 列出各种原料及煤灰的化学成分和煤的工业分析，原料中要写出碱、硫、氯等有害成分。

② 将原料干燥基成分（物料蒸发掉物理水之后，以干燥状态重量表示的计算单位）换算成灼烧基成分（去掉烧失量，即结晶水和二氧化碳）。

③ 确定熟料热耗及列出煤收到基（也称应用基，即物料的原始状态，包含水分、灰分）的低热值

④ 选择熟料率值或矿物组成（以预分解窑为代表的现代水泥生产工艺，水泥熟料率值的确定范围大致为：$KH=0.88\sim0.91$，$n=2.5\sim2.7$，$p=1.4\sim1.8$）。

⑤ 进行配料计算，列出经配料后的生料及熟料的化学成分并进行率值和有害成分的复核。

⑥ 将计算得出符合要求的灼烧基配比换算成干燥基配比，计算干料消耗定额，再换算成湿基（含水）原料配比，作为入磨粉磨质量控制用量。

2）计算机配料（EXCEL 法）操作

结合某水泥有限公司 5000t/d 熟料生产线的原燃料情况，用微软的 EXCEL 为工具介绍这种配料计算方法。

（1）准备工作

① 检查微软的 EXCEL 是否安装了“规划求解”宏。在安装微软各种版本的 Office 时，默认安装情况下，不会在 EXCEL 中安装“规划求解”宏。因此应加装该选项。方法是：运行 EXCEL，点击菜单“工具”，选择“加载宏”，在弹出的窗口中选择“规划求解”，按“确定”，如图 2-4-9 所示。

② 准备好各种原料及原煤煤灰的化学成分、原煤的工业分析和热值、熟料率值、熟料热耗等数据，将数据输入到 EXCEL 表中。采用三组分配料时，只需要控制两个率值，一般选择 KH 和 SM；采用四组分配料，则要控制三个率值，如 KH、SM、IM。

③ 在 EXCEL 表中填入假设的各干燥原料配比，以此计算生料化学成分、灼烧基生料成分、煤灰掺入量（煤灰占熟料的百分比）、熟料成分、熟料各率值等各项内容，其计算公式为：

生料化学成分＝各原料化学成分与其配比的乘积之和。

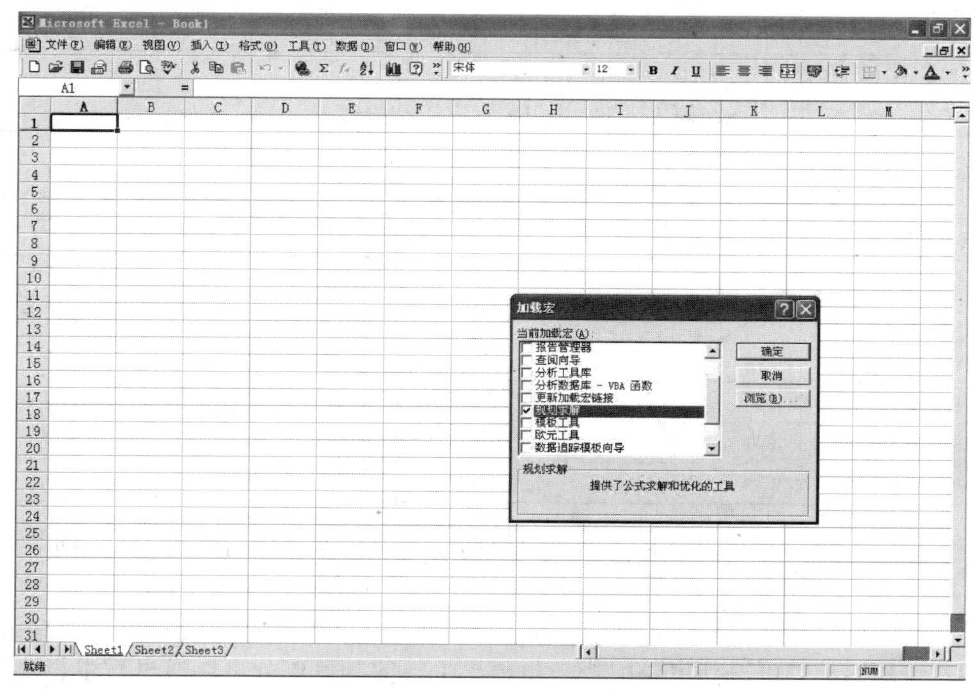

图 2-4-9　加载“规划求解”宏

灼烧基生料化学成分=生料化学成分÷(1-烧失量÷100)。

煤灰掺入量（煤灰占熟料的百分比）= 烧成热耗÷煤的热值×煤的灰分。

熟料成分=灼烧基生料成分+煤灰成分×煤灰掺入量。

计算熟料三率值计算见式（2-4-5)、(2-4-6)、(2-4-7)。

④ 求解原料配比。点击菜单“工具”，选择“规划求解”，在“可变单元格”及“添加(A)”栏目中输入约定条件，按“求解”，计算机按约定条件进行求解，最后显示出原料配比、生料成分、熟料成分和熟料率值等数据，计算出结果。

（2）计算步骤

操作计算格式如表 2-4-1 所示。

表 2-4-1　EXCEL 配料计算表格式

序号	A	B	C	D	E	F	G	H	I	J	K	L	M
1		烧失量	SiO_2	Al_2O_3	Fe_2O_3	CaO	MgO	K_2O	Na_2O	SO_3	Cl^-	合计	比例
2	石灰石	填入	填入	填入	填入	填入	填入	填入	填入	填入	填入	填入	M 2
3	黏土	填入	填入	填入	填入	填入	填入	填入	填入	填入	填入	填入	M 3
4	砂岩	填入	填入	填入	填入	填入	填入	填入	填入	填入	填入	填入	M 4
5	铁粉	填入	填入	填入	填入	填入	填入	填入	填入	填入	填入	填入	M 5
6	生料	B6	C6	D6	E6	F6	G6	H6	I6	J6	K6		
7	灼烧生料	B7	C7	D7	E7	F7	G7	H7	I7	J7	K7		M 7
8	粉煤灰	填入	填入	填入	填入	填入	填入	填入	填入	填入	填入	填入	M 8

续表

序号	A	B	C	D	E	F	G	H	I	J	K	L	M
9	熟料		C9	D9	E9	F9	G9	H9	I9	J9	K9		
10													
11													
12	熟料热耗（kJ/kg）		填入										
13	煤热值（kJ/kg）		填入										
14	煤灰分（%）		填入										
15	熟料率值	目标	计算										
16	熟料 *KH*	填入	C16										
17	熟料 *SM*	填入	C17										
18	熟料 *IM*	填入	C18										

① 计算生料成分：在生料化学成分对应的烧失量单元格中（表 2-4-1 中的 B6）输入“＝sumproduct（B2：B5，＄M2：＄M5）/100”，其中 M5＝100－M2－M3－M4，M2、M3、M4 均为假设的初始比例。此时 EXCEL 中的“sumproduct”函数可以将对应组相乘后求和，输入回车键可得到生料的烧失量值。生料的其他成分可以通过对生料烧失量单元格进行拖拉获得，即点击生料烧失量单元格并将鼠标移到该生料烧失量单元格的右下角，当光标变为黑十字时，按下鼠标左键向右拖拉至生料对应的 C1 单元格（表 2-4-1 中的 K6），然后松开鼠标左键即完成。

② 计算灼烧基生料成分：在灼烧生料 SiO_2 的单元格中（表 2-4-1 中 B7），输入“＝C6/(1－B6/100)”，按回车键得到灼烧生料的 SiO_2 值。灼烧基其他成分也是通过对 SiO_2 的单元格的拖拉获得。

③ 计算煤灰掺入量及灼烧生料的比例：在对应的煤灰比例单元格中（表 2-4-1 中 M8）输入“＝C12/C13＊C14”，再按回车键直接得到煤灰在熟料中的比例。灼烧生料的比例（表 2-4-1 中 M7）输入“＝100－ M8”。

④ 计算生料成分和率值：在对应熟料 SiO_2 单元格中（表 2-4-1 中 C9）输入“＝sumproduct（C7：C8，M7：M8）/100”，按回车键得到熟料的 SiO_2 值，其他熟料成分也是通过对 SiO_2 单元格拖拉获得的。

⑤ 熟料率值的计算：*KH* 的单元格（自选格，表 2-4-1 中的 C16）输入“＝（F9－1.65＊D9－0.35＊E9－0.7＊J9）/2.8＊C9”，计算 *SM* 时输入“＝C9/（D9＋E9）”，计算 *IM* 值时输入“＝D9/E9”。

⑥ 求解原料配比：点击菜单“工具”，选择“线性规划”，弹出规划求解参数窗口（图 2-4-10），清空“设置单元格（E）”，在“可变单元格（B）”中选择原料配比单元格（注意不能选中最后的比例单元格，表 2-4-1 中的 M5），在表 2-4-1 中为 ＄M＄2：＄M＄3：＄M＄4。按添加（A），弹出添加约束窗口，在该窗口的“单元格引用位置”（图 2-4-11），选择熟料实际 *KH* 单元格，在表 2-4-1 中为＄C＄16，中间约束符选“＝”，“约束值”选择熟料 *KH* 目标值的单元格，在表 2-4-1 中为＄B＄16，再按一次“添加（A）”，加入另一个约束条件

SM，四种配料时再按一次“添加（A）”，加入另一个约束条件 *IM*，以下步骤同上，最后按确定。在“规划求解参数”中，按“求解”，即可在 EXCEL 表上显示最后求解结果，即原料配比、生料成分、灼烧生料成分、熟料实际率值等，保存时，在“规划求解”中按确定。

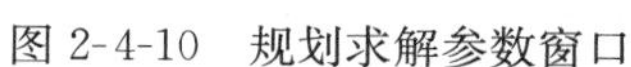
图 2-4-10　规划求解参数窗口

图 2-4-11　添加约束窗口

EXCEL 的规划求解实际上是不断改变可变单元格内的值，直至满足约束条件。因此实际上与我们过去用的试凑法配料计算相似。

3）原料基准换算

我们在“1）基本步骤”中已经得知，原料的基准有湿基、干基、灼烧基之分，所以在配料计算时必须分别对待，统一配比基准。在原料配料计算得出各灼烧基或干基物料配比，生产中还需要换算成含天然水分的湿物料配比，以便于生产运作。配料计算中不考虑生产损失，得出灼烧基配比，然后求出各原料之间干基和湿基的用量配比。换算关系如下：

（1）物料（原料、煤灰或生料）化学成分的基准换算

由干基换算成灼烧基：

$$灼烧基=\frac{100\times 干基氧化物成分}{100-L}\ (\%) \tag{2-4-13}$$

式中　L——该物料的烧失量，%。

（2）物料量的基准换算

由干基换算成湿基：

$$湿基物料量=\frac{干基物料量\times 100}{100-W}\ (kg) \tag{2-4-14}$$

式中　W——该物料的水分，%。

（3）物料配比基准换算

① 用量（由灼烧基配比换算）

干料量计算：
$$干料量=\frac{100\times 灼烧基配比}{100-烧失量}\ (kg_{干料}) \tag{2-4-15}$$

湿料量计算：
$$湿料量=\frac{100\times 干料量}{100-水分}\ (kg_{湿料}) \tag{2-4-16}$$

用干基配比换算成湿基配比：
$$用干基配比换算成湿基配比=\frac{100\times 干基配比}{100-水分}\ (kg) \tag{2-4-17}$$

② 配比

干基配比计算：　　$干基配比=\frac{该物料干基用量\times100}{物料干基用量总和}$（%）　　(2-4-18)

湿基配比计算：　　$湿基配比=\frac{该物料湿基用量\times100}{物料湿基用量总和}$（%）　　(2-4-19)

先按照式（2-4-15）、（2-4-16）或式（2-4-17）计算用量，后按照式（2-4-18）和（2-4-19）计算物料配比，由灼烧及配比 P 换算成干基配比 Y 和湿基配比 K，计算步骤、方式如表 2-4-2 所示。

表 2-4-2　物料成分、用量、配比基准换算表

<table>
<tr><td colspan="2">组分</td><td>1</td><td>2</td><td>…</td><td>n</td><td>换算系数说明</td><td colspan="2">成分基准换算系数</td></tr>
<tr><td colspan="2">灼烧及配比（%）</td><td>P_1</td><td>P_2</td><td>…</td><td>P_n</td><td>由配料计算得出</td><td>干基准</td><td>灼烧基</td></tr>
<tr><td rowspan="3">干基准</td><td>烧失量（%）</td><td>L_1</td><td>L_2</td><td>…</td><td>L_n</td><td>物料化学成分分析数据</td><td>1</td><td>1/（1−L）</td></tr>
<tr><td>用量（kg）</td><td>X_1</td><td>X_2</td><td>…</td><td>X_n</td><td>$X_n=100P_n/(100-L_n)$</td><td>1−L</td><td>1</td></tr>
<tr><td>配比（%）</td><td>Y_1</td><td>Y_2</td><td>…</td><td>Y_n</td><td>$Y_n=X_n/(X_1+X_2+\cdots+X_n)$</td><td colspan="2">符号说明</td></tr>
<tr><td rowspan="3">湿基准</td><td>水分（%）</td><td>W_1</td><td>W_2</td><td>…</td><td>W_n</td><td>由生产提供数据</td><td colspan="2" rowspan="3">L——物料烧失量，%；
W——物料水分，%；
P、Y、K——灼烧基、干燥基、湿料基物料配比，%。</td></tr>
<tr><td>用量（kg）</td><td>G_1</td><td>G_2</td><td>…</td><td>G_n</td><td>$G_n=100X_n/(100-W_n)$</td></tr>
<tr><td>配比（%）</td><td>K_1</td><td>K_2</td><td>…</td><td>K_n</td><td>$K_n=G_n/(K_1+K_2+\cdots+K_n)$</td></tr>
</table>

（4）煤质基准换算

煤质基准换算如表 2-4-3 所示。

表 2-4-3　煤基准换算表

基准	收到基（ar）	空气干燥基（ad）	干燥基（d）	干燥无灰基（adf）
收到基（ar）	1	$\frac{100-M_{ad}}{100-M_{ar}}$	$\frac{100}{100-M_{ar}}$	$\frac{100}{100-M_{ar}-A_{ar}}$
空气干燥基（ad）	$\frac{100-M_{ar}}{100-M_{ad}}$	1	$\frac{100}{100-M_{ad}}$	$\frac{100}{100-M_{ad}-A_{ad}}$
干燥基（d）	$\frac{100-M_{ar}}{100}$	$\frac{100-M_{ad}}{100}$	1	$\frac{100}{100-A_d}$
干燥无灰基（adf）	$\frac{100-M_{ad}-A_{ad}}{100}$	$\frac{100-M_{ad}-A_{ad}}{100}$	$\frac{100-A_d}{100}$	1

注：M_{ad}、M_{ar}分别表示煤的空气干燥基和收到基的水分；A_{ad}、A_{ar}、A_d分别表示煤的空气干燥基、收到基和干燥基灰分。

需要说明一点：在实际生产中，由于会有生产损失（输送、产生粉尘等），且粉尘的化学成分并不等于生料的成分，因此，生产计划统计部门提出的配料比例与质量控制部门配料方案中的配比会有所不同。

5. 熟料组成的选择及注意的问题

合理的配料方案，表现在熟料矿物成分的选择上，即对三个率值的确定，为获得优质熟料，应考虑以下几方面。

（1）水泥品种

为满足不同品种水泥的要求，应选择不同矿物组成。如生产快硬硅酸盐水泥，需要较高的早期强度，则应提高熟料中 C_3S 和 C_3A 的含量，低热水泥（中抗水泥）则要求水化热低，抗硫酸盐侵蚀性能好，则相应提高 C_2S 和 C_4AF 含量。

（2）原料的品种、生料易烧性

原料的化学成分与工艺性能，往往对熟料组成的选择有较大的影响。如石灰石、燧石多，黏土含砂量多，则应适当降低 KH 来适应原料的实际情况。生料易烧性好，可以选择较高的 KH、高 SM 的配料方案。反之，只能配低一些。

（3）燃料质量

燃料品质对率值及煅烧影响较大，燃煤不单供给热量，煤灰还起配料作用，煤质差，灰分大，应相应降低熟料 KH。

（4）石灰饱和系数 KH 的选择

若工艺条件好，生料均化性好，或使用矿化剂，操作水平高，可适当提高 KH。KH 高则 C_3S 含量增加，熟料强度高。综合考虑，要选择合适的 KH。

（5）硅酸率 n（或 SM）的选择

SM 选择应与 KH 相适宜，应避免以下倾向：

① KH 高，SM 也高，熔剂矿物少，吸收 f－CaO 反应不完全，熟料不易烧结，f－CaO 高。

② SM 高，KH 低，C_2S 高，易造成熟料粉化，熟料强度低。

③ KH 低，SM 低，熔剂矿物含量高，液相量多，易结大块，不易烧结，f－CaO 高，且熟料质量差，一般不用此方案。

（6）铝氧率 p（或 IM）的选择

IM 选择也应与 KH 相适应，一般情况下，当提高 KH 时，应相应降低 IM 值，以降低液相出现的温度与黏度，有助于 C_3S 形成。选择高铝、高铁方案，应结合原燃料特点及工艺设备、水泥性能，综合分析确定。

6. **配料自动控制**

（1）配料控制方法

① 钙铁控制。用稳定一两种组分来控制生料质量，以求达到稳定熟料率值的目的。这种方法虽简单但并不科学，因为熟料煅烧控制的指标是率值，要求入窑生料率值必须稳定。

② 率值控制。能全面反映生料成分，入窑生料三个率值稳定，熟料三个率值也基本稳定。率值控制系通过测定出磨的生料成分，并得到出磨生料的率值，与下达的率值控制指标对比，由计算机自动进行原料调整。用“生料率值控制的专家系统”入磨物料自动调整简单，使生料成分符合要求，显著提高率值合格率。

（2）控制系统

目前我国水泥生产采用的调节控制系统有三种：通用型生料控制系统、后置式生料质量控制系统、前置式在线生料质量控制系统，现代水泥生产多采用最先进的是后者。

① 通用型生料控制系统

采用 X 射线分析仪，存在着信息传递“长滞后性”：从给料机接到调整命令到执行新配比，加上取样分析时间，造成每次调整指令都是根据 30min（或更长时间）以前出磨生料成分波动情况而下达的。配料调整周期一般为 30min/次，对于块、粒状物料，还需经过对试样破碎、粉磨、制作料饼等工序后，进行分析测试，滞后时间将更长。

② 后置式生料质量控制系统

这种控制方式是在出磨生料后设置自动取样，采用在线控制 X 射线分析仪或多元素分析仪校正模式，进行成分分析配比调整，使配料调整时间缩短到 3～5min/次，这种方式也是知道结果后再去调整，仍存在滞后问题，还不能真正做到“在线”和“时效”。

③ 前置式在线生料质量控制系统

这种生料控制系统是将物料在线检测装备安装在入磨原料的混合皮带机上（或安装到石灰石进料皮带机上），以解决进磨前物料的“时效、在线、连续检测”的一种质量控制方式。这种控制方式是在物料未入磨前就知道物料的化学成分和率值，根据检测结果并传递给 DCS 系统，使之按照生料三个率值对入磨物料进行配比调整，以“时效、在线”解决“长滞后”问题，调整周期为 1～2min/次。该系统要求检测仪器的射线能穿透块状、粒状物料和实现连续、时效、快速、自动控制调节配比。

2.5 生料粉磨

生料粉磨就是将按照配料计算配合好的块状、颗粒状的石灰石、粉砂岩（铝矾土、砂岩）或铁选矿碎屑、转炉渣或钢渣（铁矿石）及粉煤灰等原料，由胶带输送机送进粉磨设备，通过机械力的作用变成细粉的过程，也是几种原料细粉均匀混合的过程。从下一个流程——熟料煅烧方面来考虑（出磨生料再进一步均化后，送至窑内煅烧），生料磨的越细、化学成分混合的越均匀，入窑煅烧水泥熟料时各组分越能充分接触、化学反应速度越快、越有利于熟料的形成且质量越高。不过生料细度也不能过细，要考虑电耗和产量，力争做到节能、环保、确保质量。

“细度”是指生料出磨后、入库前的粗细程度，通常以筛析法用 80μm（0.08mm）和 200μm（0.20mm）方孔筛的筛余值来表示，生料细度一般控制在 0.08mm 方孔筛的筛余 8%左右，0.20mm 方孔筛的筛余小于 1.0%。

随着水泥工业生产工艺、过程控制技术的不断升级，生料粉磨工艺和装备由过去的以球磨机为主，发展为现在的高效率的立式磨、辊压机等多种新型粉磨设备并用、设备的组合应用，而且在朝着粉磨设备大型化、提升工艺控制技术智能化方面发展，不断满足水泥生产现代化的要求。

2.5.1 生料粉磨过程

1. 球磨机系统粉磨工艺流程

球磨机是我国目前应用较为广泛的一种粉磨设备，对粉磨物料的适应性较强，能连续生产，粉碎比较大（300～1000），而且还可烘干兼粉磨同时进行，目前我国多数水泥厂仍然在使用。由球磨机组成的粉磨工艺流程有开路粉磨和闭路粉磨两种，开路粉磨流程简单，设备少，投资少，一层厂房即可。它的缺点是：要保证被粉磨物料全部达到细度合格要求后才能卸出，所以被粉磨物料从入磨到出磨的流速就要慢一点（流速受各仓研磨体填充高度的影响），粉磨的时间长一点，这样台时产量就低了，相对电耗高；而且部分已经磨细的物料颗粒要等较粗的物料颗粒磨细后一同卸出，大部分细粉不能及时排除在磨内继续受到研磨，就出现“过粉磨”现象了，对研磨体形成了缓冲垫层，妨碍粗颗粒的进一步磨细，正在逐渐被淘汰。目前采用更多的是由球磨机、分机设备、输送系统共同组成的闭路粉磨系统。粉磨后的物料通过提升机送到分级设备中，将细粉筛选出来作为合格生料送到下一道工序，粗粉再送入磨内重磨，这样物料在磨内受到粉磨时，从磨机的进料端到出料端的流速可以控制的快一点，把部分已经磨细的物料颗粒及时送到磨外，基本消除“过粉磨”现象和缓冲垫层，有利于提高磨机产量、降低电耗。

一般闭路系统比开路系统（同规格磨机）产量高15%～25%，不过这样一来大部分还没有磨细的粗颗粒也随之出磨了，使得细度不合格，这时我们需要加一台分级设备。图2-5-1（尾卸烘干球磨机工艺流程）、图2-5-3（中卸烘干球磨机工艺流程），图2-5-2、图2-5-4分别是它们的实际工艺流程立体图，从中可以清楚地看到球磨机与选粉机和输送设备、收尘设备之间的工艺关系。

（1）尾卸提升循环磨系统

球磨机的卸料方式不同，工艺流程也有所区别。尾卸提升循环烘干磨由磨头喂入、从磨尾排出，经提升机、选粉机选出符合细度要求的生料，送到下一道工序——生料均化库储存均化，粗粉回到磨内重新粉磨，形成闭路循环。来自窑尾预热器或窑头冷却机的废热气体从磨头随被磨物料一同入磨，如果热风温度不够，可启用磨头专用热风炉补充热量提升温度，如果停窑就由热风炉单独提供热气体。物料通过粉磨、提升、选粉循环过程来达到符合要求的生料细度，如图2-5-1、图2-5-2所示。

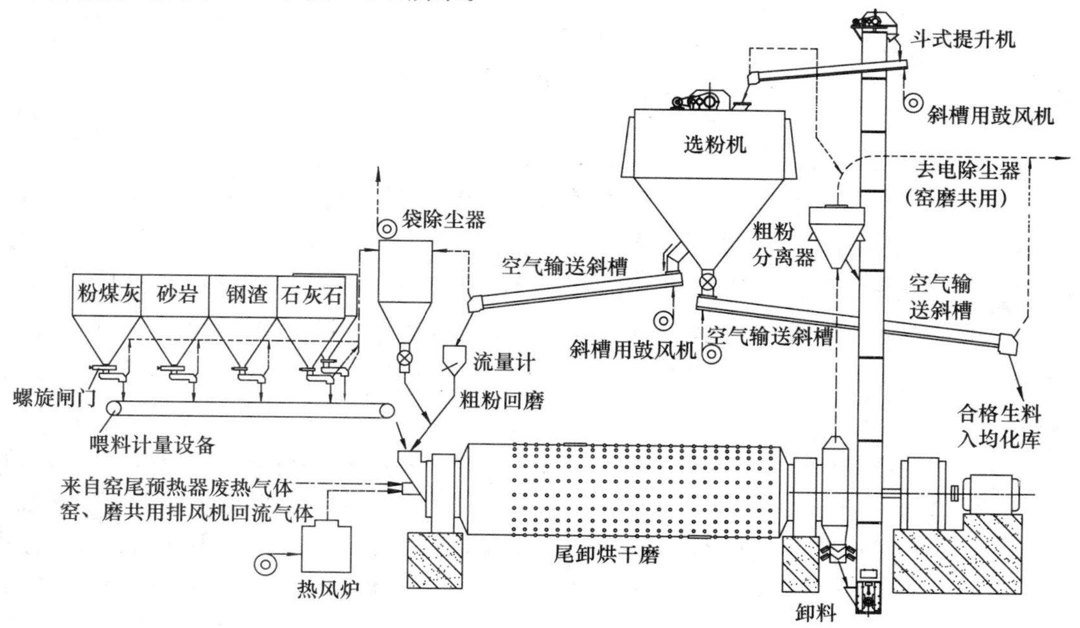

图2-5-1　生料闭路粉磨工艺流程（中心传动尾卸烘干球磨机）

大型磨机若以窑尾废气做热源时，物料入磨含水率允许<4%～5%，若同时加设热风炉，水分可允许8%左右。若要提高烘干粉磨效率，可将热风分别引入选粉机、提升机及磨前破碎机等，使其各自在完成作业过程的同时进行物料烘干。

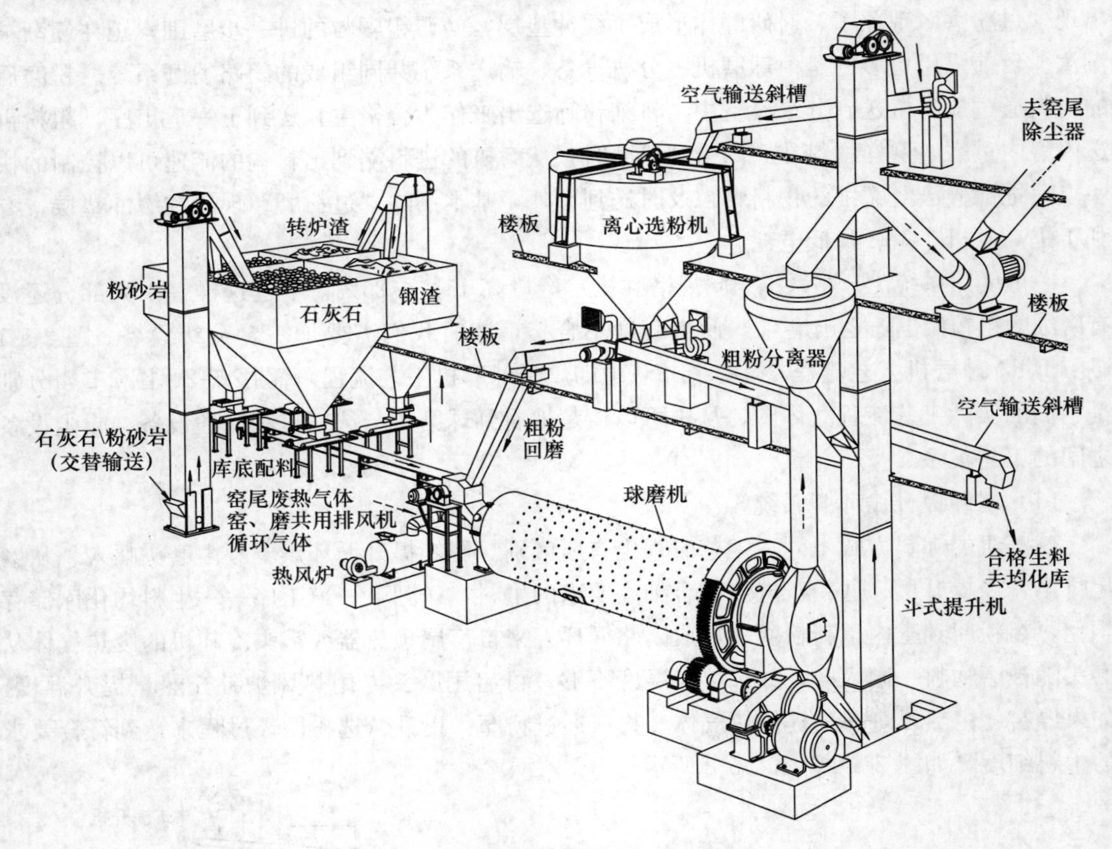

图 2-5-2　边缘传动尾卸烘干磨闭路系统

(2) 中卸提升循环磨系统

中卸提升循环烘干磨系统与尾卸提升循环烘干磨不同的是原料由磨头喂入、磨细后从中间仓卸出、选粉机选出的粗料再分别从磨头和磨尾喂入，选出的细粉即细度合格的生料送到生料均化库。烘干物料用的热气体来源与尾卸烘干磨相同，只是大部分从磨头喂入，少部分从磨尾喂入，通风量较大，粗磨仓的风速高于细磨仓，烘干效果较好，物料入磨含水率允许<8%，若同时加设热风炉，水分可放宽到14%左右。但供热、送风系统较复杂，如图2-5-3、图2-5-4所示。

不论是尾卸球磨机还是中卸球磨机所构成的闭路粉磨系统，球磨机与选粉机都是分别设置的，二者之间用提升机、螺旋输送机或空气输送斜槽等输送设备联络构成循环粉磨工艺系统，与开路粉磨相比较，工艺比较复杂，占有的地面和空间都比较大，因此投资大，操作、维护、管理等技术要求较高。但产量和质量都提高了，大型现代化水泥厂的球磨机系统都采用闭路粉磨流程。

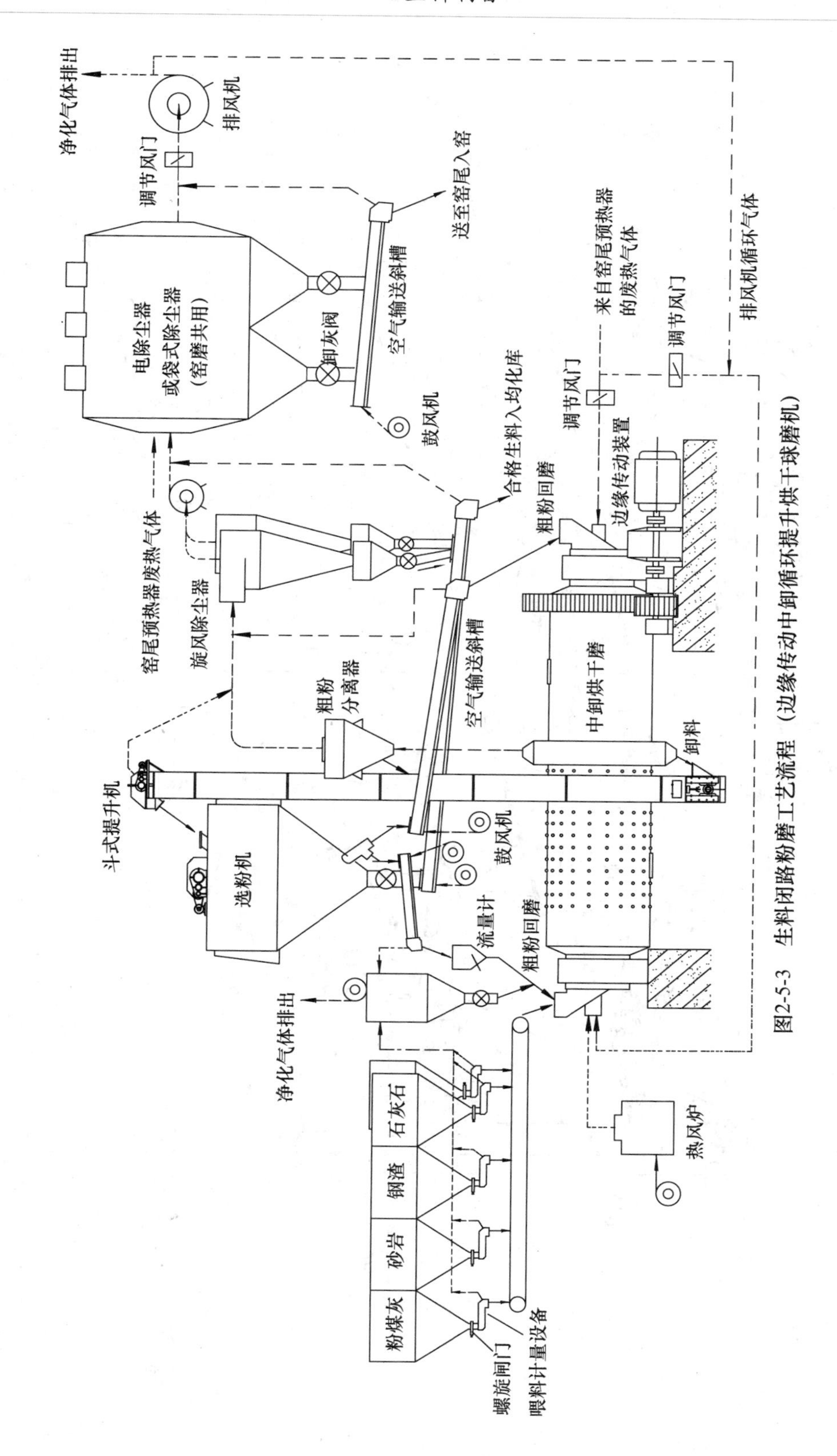

图2-5-3 生料闭路粉磨工艺流程（边缘传动中卸循环提升烘干球磨机）

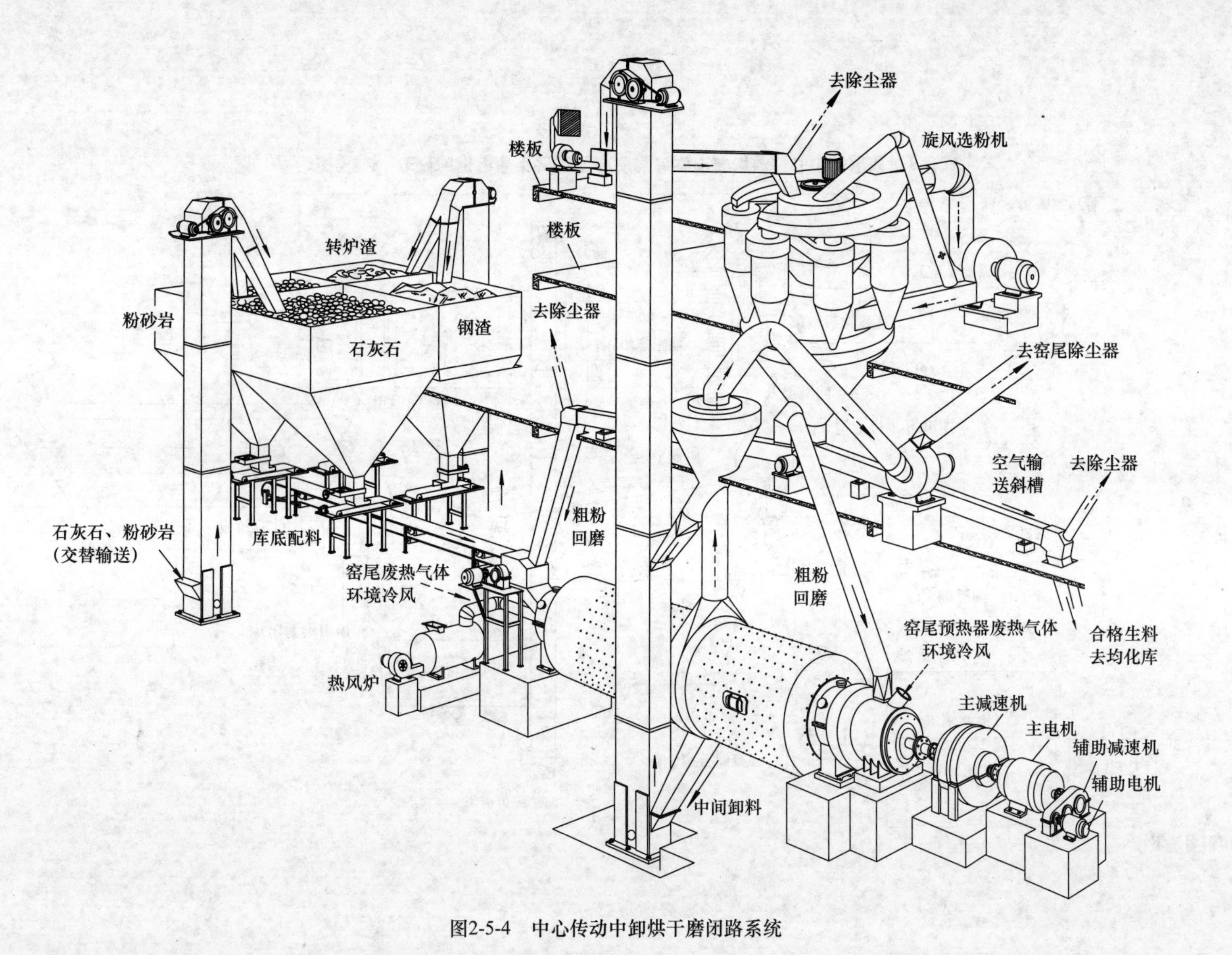

图2-5-4　中心传动中卸烘干磨闭路系统

2. 球磨机及其构造

球磨机主体是一个回转的筒体，两端装有带空心轴的端盖，空心轴由主轴承支撑，整个磨机靠传动装置驱动以 16.5～27r/min 的转速运转。筒体内被隔仓板分割成了若干个仓，不同的仓里装入适量的、用于粉磨物料用的不同规格和种类的钢球、钢锻作为研磨体（烘干仓和卸料仓不装研磨体），约 20mm 左右的块状物料磨成细粉。筒体内壁还装有衬板，以保护筒体免受钢球的直接撞击和钢球及物料对它的滑动摩擦，同时又能改善钢球的运动状态、提高粉磨效率。下面是几种典型的球磨机：

（1）边缘传动中卸烘干磨

图 2-5-5 是边缘传动的中卸烘干磨，传动系统由套在筒体上的大齿圈和传动齿轮轴、减速机、电机组成。磨内设有四个仓：从左至右分别为：烘干仓（仓内不加衬板和研磨体，但装有扬料板，磨机回转时将物料扬起）、粗磨仓、卸料仓、细磨仓，待粉磨的配合原料从烘干仓（远离传动的那一端，人们习惯称之为磨头）喂入，经过粗粉磨，从磨体的中部卸料仓卸出，被提升到上部的选粉机去筛选，细度合格的就是生料，较粗的物料再从磨机的两端喂入，中间卸料，形成闭路循环。热风来自回转窑窑尾或窑头冷却机，从磨机的两端灌入，在烘干仓端并备有热风炉。卸料仓长约 1m，在这一段的筒体上开设了一圈椭圆形或圆角方形的卸料孔。当然这些孔的开设会降低筒体强度，因此需把这一段筒体加厚，以避免运转起来使筒体拧成“麻花”。

（2）边缘传动尾卸烘干磨

图 2-5-6 是带有烘干仓的边缘传动的尾卸烘干磨外形图，它的传动与图 2-5-5 相似，但筒体结构与中卸烘干磨不太一样，它从一端喂料（磨头），另一端出料（靠近传动的那一端也称磨尾），烘干仓设在入料端，被磨物料先进入烘干仓，与来自窑尾的废气或热风炉的热气体充分接触，让物料中的水分蒸发掉（参照“图 2-5-1、图 2-5-2 生料闭路粉磨工艺流程”）。磨内装有隔仓板，将磨内分为粗磨仓和细磨仓，磨尾卸料处装有一道卸料篦板和提升叶片。

（3）中心传动主轴承单滑履中卸烘干磨

中心传动主轴承单滑履磨机是一端（传动端）靠主轴承支撑，另一端由滚圈、托瓦支撑，烘干仓较长，两端的进、出料口的直径较大。这种结构对长径比大的磨机来说，可以降低筒体的弯曲应力，从而可以降低筒体钢板的厚度，如图 2-5-7 所示。

除此之外，还有中心传动尾卸烘干磨、中心传动中卸烘干磨、中心传动双滑履中卸烘干磨，它们的筒体结构、传动、支撑部分等与图 2-5-5 和图 2-5-6 有相似的地方，在此不再复述。

3. 球磨机的规格表示方法

球磨机的规格用筒体的内径和长度来表示，如 Φ4.5×13.86，这里 Φ4.5m 是筒体的内径，13.86m 是筒体两端的距离，不含中空轴。Φ5.6×11＋4.4 中卸烘干球磨机，含义是：带烘干仓、中部卸料的球磨机，磨机筒体直径为 5.6m，烘干仓长度为 4.4m，粉磨仓总长度为 11m。

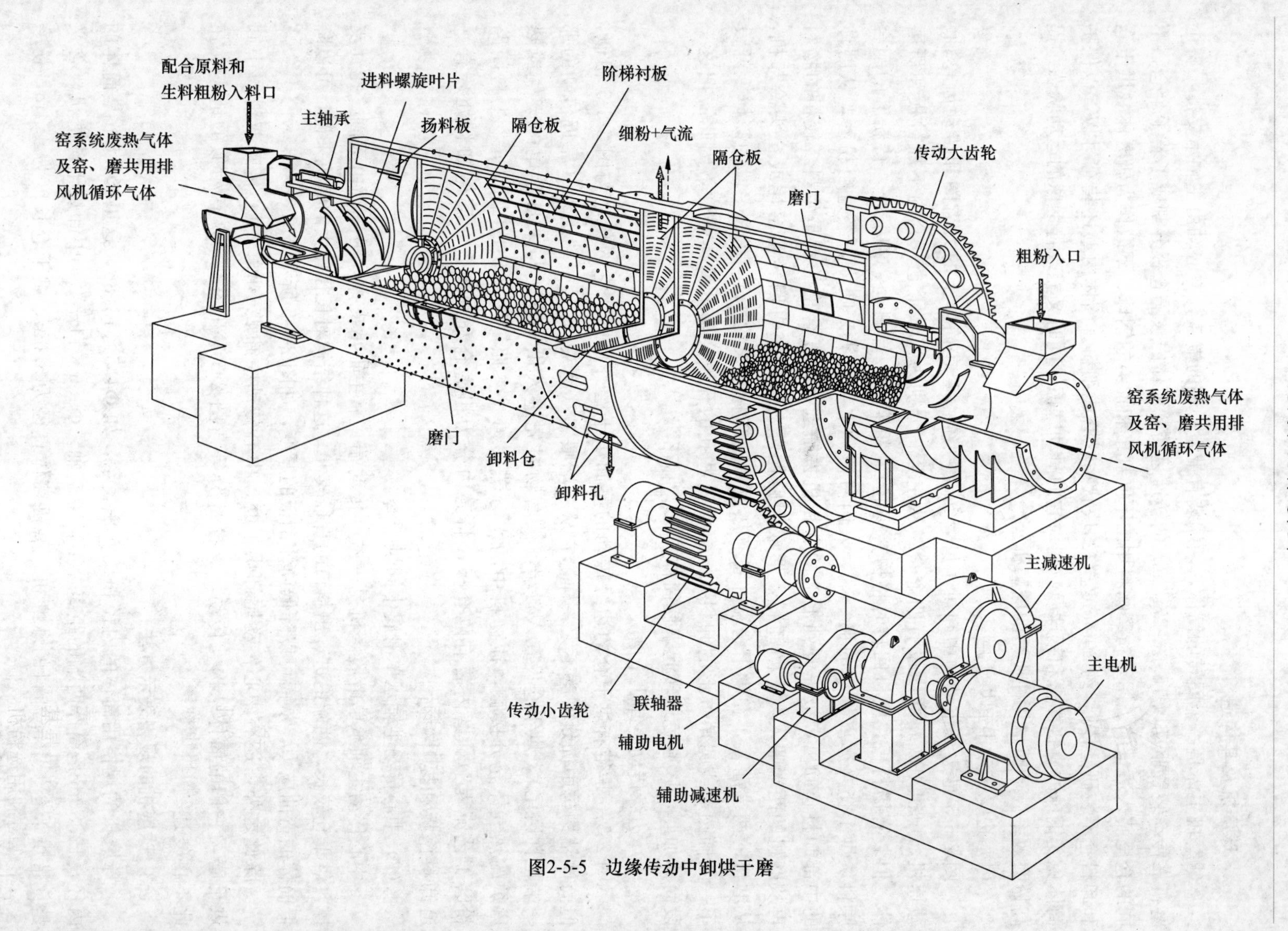

图2-5-5 边缘传动中卸烘干磨

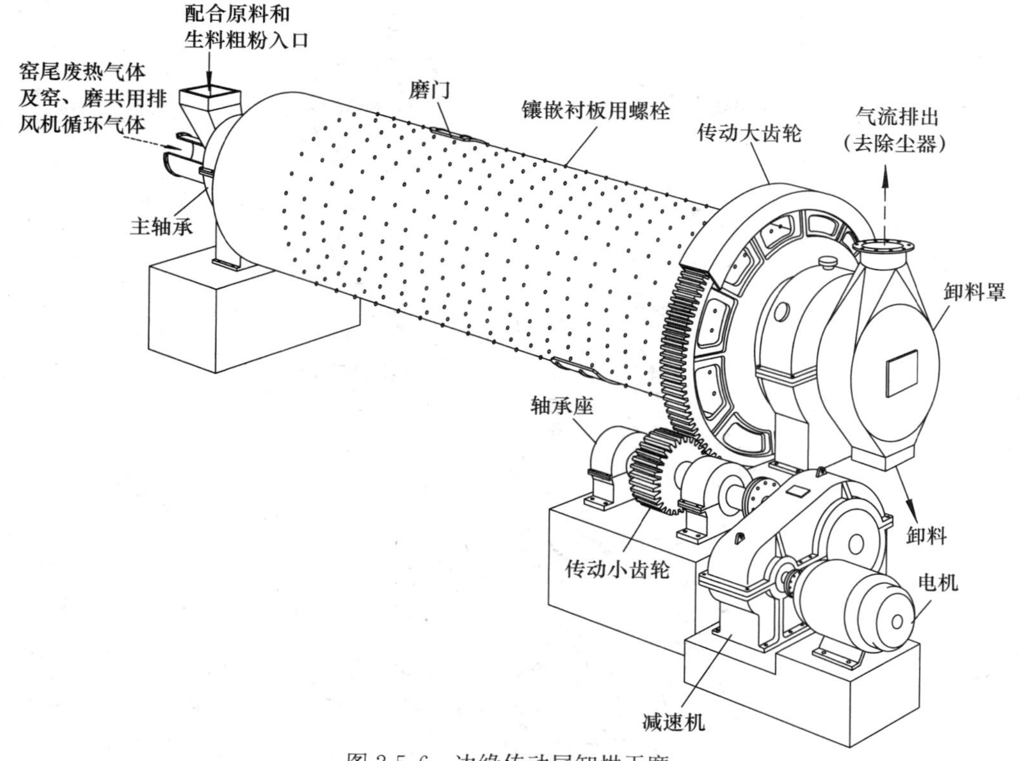

图 2-5-6 边缘传动尾卸烘干磨

4. 球磨机系统分级设备与分级过程

在图 2-5-1～图 2-5-4 中已经认识了的生料闭路粉磨工艺流程（又称圈流粉磨），配合原料在磨内经过研磨体对它的冲击和研磨后卸出，其颗粒尺寸并不均齐，有部分细小颗粒可以成为合格生料了，但还有相当一部分粗颗粒没有达到细度要求，这就需要把粗粉和细粉分开，这个任务是由安装在球磨机上面的分级设备来完成的，把出磨的粗粉和细粉分开，粗粉送入磨内再磨，细粉是合格的产品。

从粉磨工艺要求角度讲，分级的含义是指颗粒状物料按颗粒大小或种类进行分选的操作过程，而分离是将某种固体粒子从流体中排除出来的过程。不论分级还是分离都是利用颗粒在流体中做重力沉降和离心沉降的原理进行工作。用于现代化水泥生产的生料闭路粉磨的分级设备主要有离心式、旋风式、组合式选粉机及粗粉分离器等。

（1）离心式选粉机

离心式选粉机也称内部循环式选粉机，其外壳与内壳均由上部筒体、下部锥体组成，它们之间通过支架连接在一起构成壳体，外壳下部是细粉出口，内壳下部是粗粉出口。外壳的上部装有顶盖，传动装置（电机和减速机）固定在顶盖上，离顶盖中部较近的部位有一处开孔，这是入料孔。外壳有个铸铁底座，用螺栓与基础底座联接，如图 2-5-8 所示。

离心式选粉机是基于颗粒在流体中做重力沉降和离心沉降的原理把粗粉和细粉进行分离的。工作时利用选粉机立轴上的主风叶以一定转速回转所产生的内部循环气流，使不同大小的物料颗粒因其沉降速度的差别而被分离，如图 2-5-9 所示。

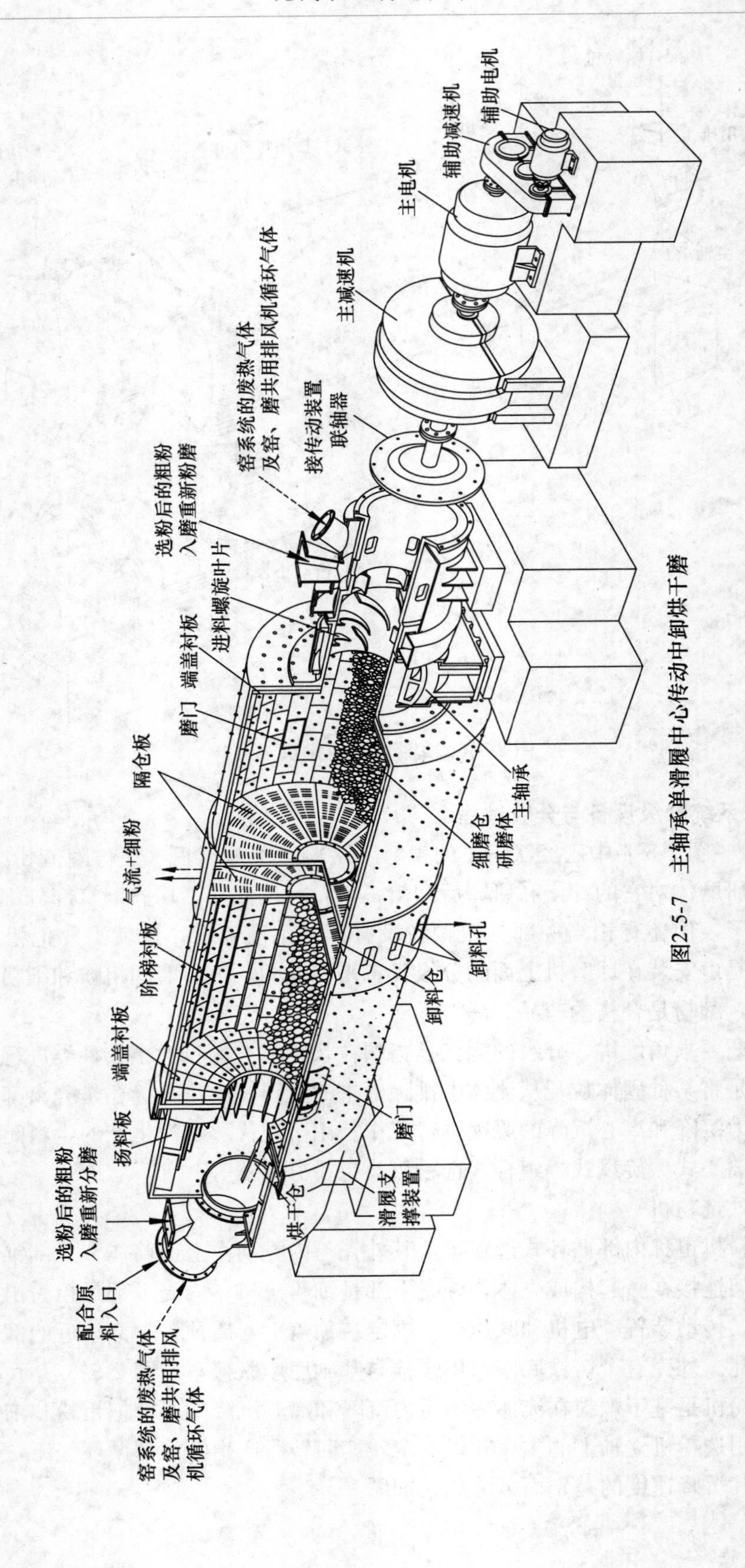

图2-5-7 主轴承单滑履中心传动中卸烘干磨

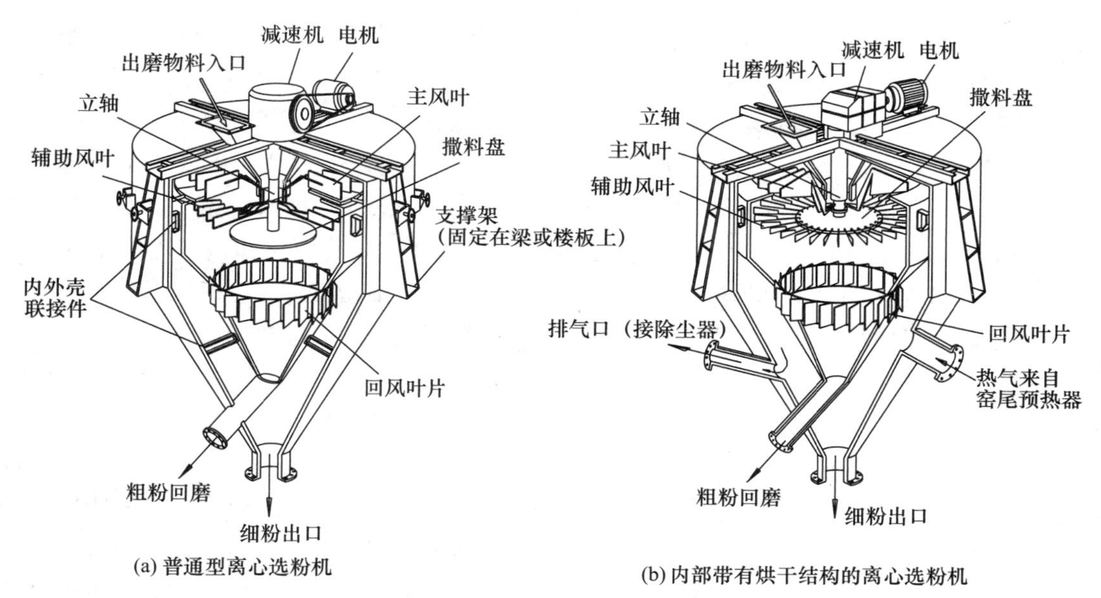

(a) 普通型离心选粉机

(b) 内部带有烘干结构的离心选粉机

图 2-5-8 离心式选粉机

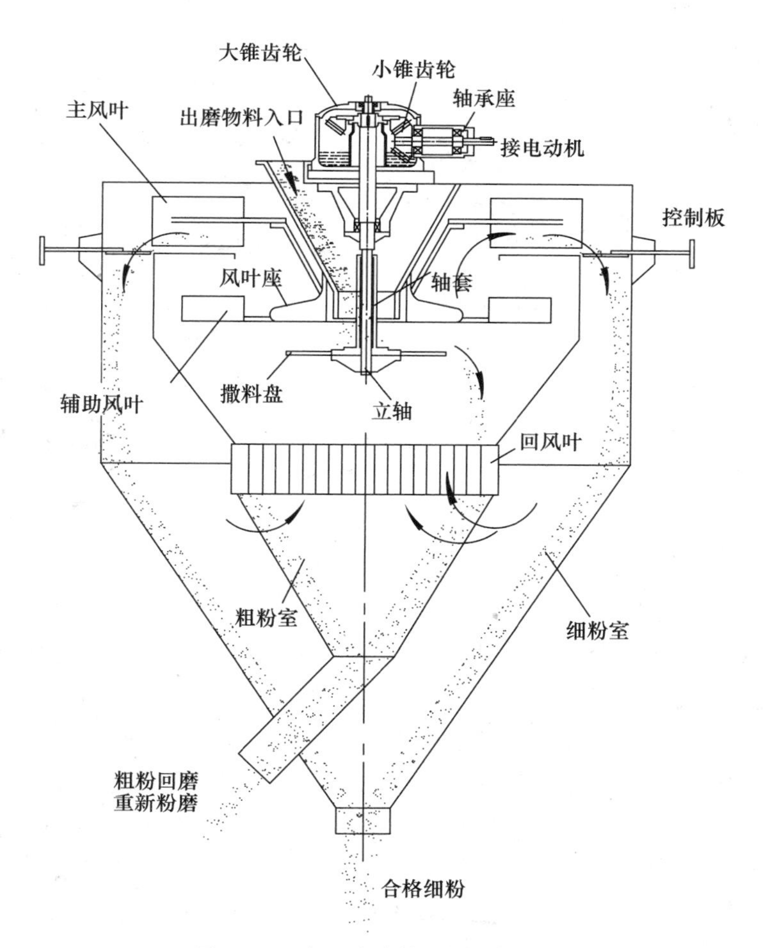

图 2-5-9 离心式选粉机的选粉过程

从图 2-5-9 中可以看出，被选粉的物料由选粉机的上部喂入，落到旋转的撒料盘上，料层受到惯性离心力的作用向周围抛撒出去，在气流中，大颗粒迅速撞到内壳筒体内壁，失去速度沿着内壁下滑。主风叶在回转中产生的螺旋形上升气流穿透被撒出的物料层，形成吹洗分离，被撒料盘抛出较粗或较重的物料颗粒，受重力作用而沉降在内壳锥底，并从出料管排出。较小或较轻的物料颗粒随气流上升而进入辅助风叶回转的分离区内，此时中等的颗粒在辅助风叶所产生的旋转气流作用下，沉降在内壳下锥体内。更细小的颗粒则被上升气流带走并穿过辅助风叶，进入内壳与外壳之间的细粉沉降区。由于通道面积的扩大，气流速度降低，以及外壳内壁的阻滞作用，使细粉下沉，并由细粉出口排出。气流则通过回风叶进入内壳循环使用。

（2）旋风式选粉机

旋风式选粉机主要由壳体（分级室）部分、回转部分（小风叶和撒料盘一起固定在垂直轴上）、传动部分和壳体周围的若干均匀分布旋风筒组成，选粉室的下部设有滴流装置，它既能让循环气流通过，又便于粗粉下落，鼓风机与选粉室之间的连接管道上设有调节阀，用于调节循环风的大小以调节产品细度和产量。在进风管切向入口的下面，设有内外两层锥体，分别收集粗粉和细粉，如图 2-5-10 所示。

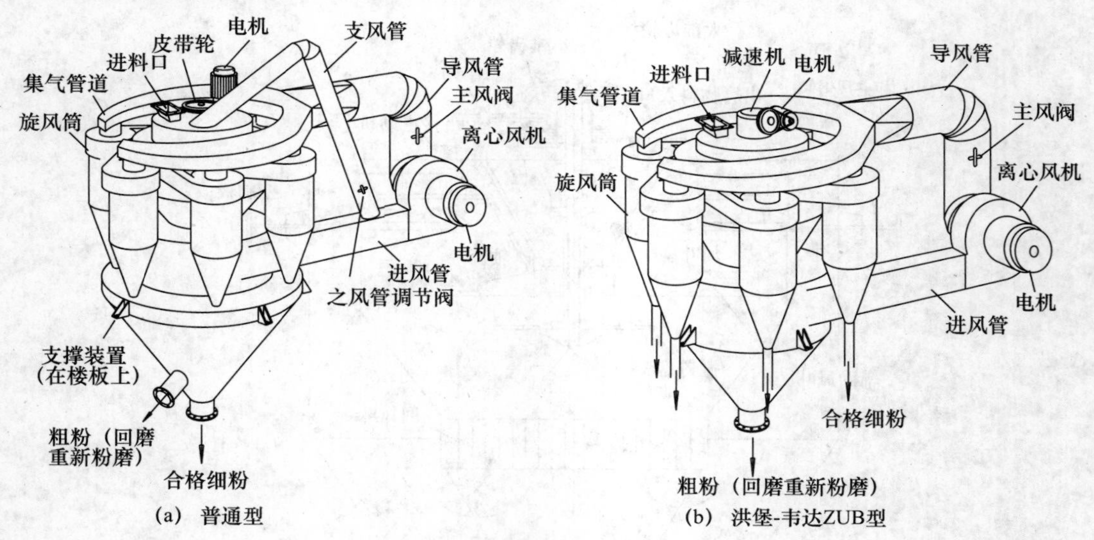

图 2-5-10　旋风式选粉机

与离心式选粉机不同的是，用外部专用风机和几个旋风筒分别替代离心选粉机内部的大风叶和内外筒之间的细粉分离空间，将抛粉分级、产品分离、流体推动三者分别进行。固定在立轴上的小风叶和撒料盘由电动机经过胶带传动装置带动旋转，在分级室中形成强大的离心力。进入到分级室中的气粉混合物在离心力的作用下，较大颗粒受离心作用力大，故被甩至分级室四周边缘，自然下落，便被收集下来，作为粗粉送回磨机重新粉磨；较小颗粒受离心力作用小，在被甩离运动过程中受气流影响被带至高处，顺管道运动至下一组件内被分级或收集，通过变频器调节转速便可调整分级室中离心力的大小，分离出指定粒度物料的目的，如图 2-5-11 所示。

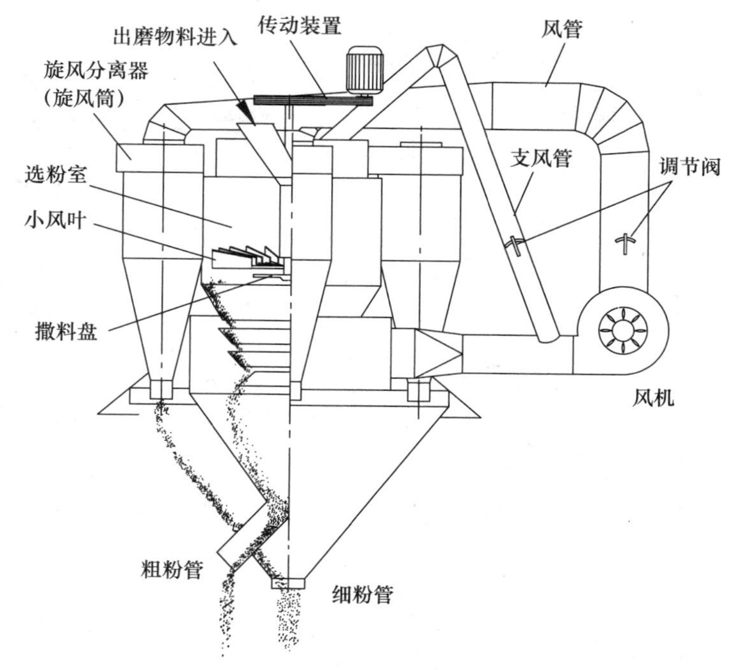

图 2-5-11　旋风式选粉机的分级过程

(3) 组合式选粉机

组合式选粉机集粗粉分离、水平涡流选粉（上部为平面涡流选粉机、下部为粗粉分离器）和细粉分离为一体的高性能选粉机。该设备主要由四个旋风子和一个分级筒组成。其分级过程是：进入选粉机的物料由两部分组成，大部分物料从顶部喂料口喂入，另一部分来自磨机高浓度含尘气体从下部进入。来自喂料口的物料通过转子旋转的撒料盘均匀撒向四周，物料在分散状态下撒落在导风叶和转子之间的选粉区。在选粉涡流中运动的粉尘颗粒将同时受重力、风力和旋转离心力的作用，所以不同初速度和不同粒径的粉尘颗粒将有不同的运动轨迹，细小轻微的颗粒随气流被吸入转子内部流经配风室分四路进入旋风收尘器，大部分成品细粉被分离出来，收尘后的空气从旋风收尘器上的排风管排出，进入下一级收尘设备。粗重颗粒则下落，经内锥体汇集到粗粉收料筒，返回磨机再磨。

来自磨机高浓度含尘气体从下部进入，经内锥整流后沿外锥体与内锥体之间的环形通道减速上升，在分选气流和转子旋转的共同作用下，粗粉在重力作用下沿外锥体边壁沉降滑入粗粉收集筒，送回磨内重磨。合格的生料随气流进入转子内，经由出风口进入旋风筒，由旋风筒将成品物料收集，经出口排出，送往均化库；废气由旋风筒顶部出口进入下一级收尘器内进一步除尘处理，如图 2-5-12 所示。

(4) 粗粉分离器

粗粉分离器又称气流通过式选粉机，为空气一次通过的外部循环式分级设备，安装在出磨气体管道（垂直段）上，其作用是将气流携带粉料中的粗粉分离出来，经提升机喂入选粉机（闭路系统），或直接成为成品（开路系统），细粉随流体排出后进收尘器收集下来，在进入下一道程序除尘器之前做了预先处理，减轻了除尘器的负担。

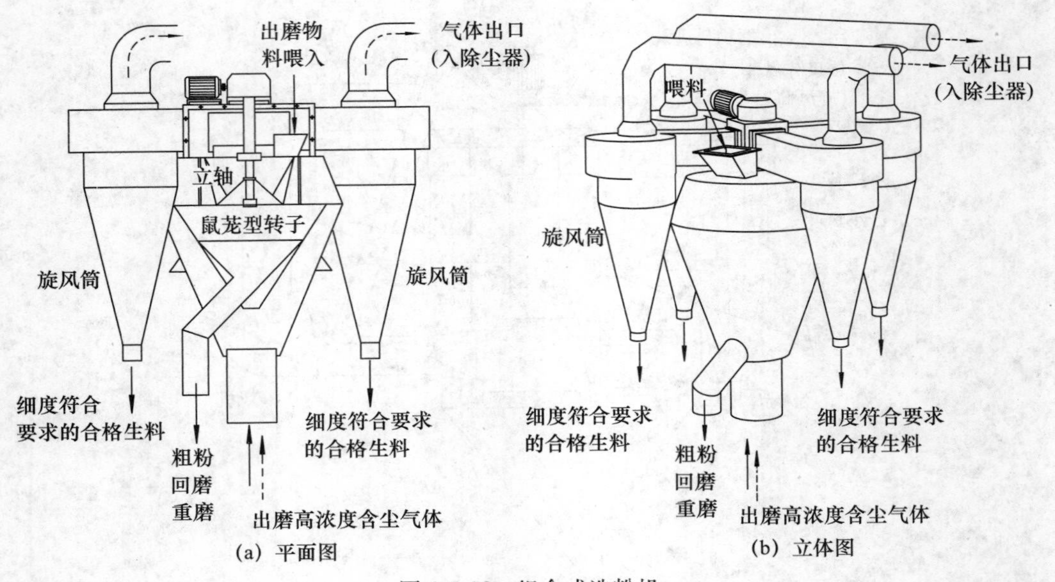

(a) 平面图　(b) 立体图

图 2-5-12　组合式选粉机

粗粉分离器的结构比较简单，如图 2-5-13 所示，由大小两个呈锥形的内外壳体、反射棱锥、导向叶片、粗粉出料管和进出风管等组成。

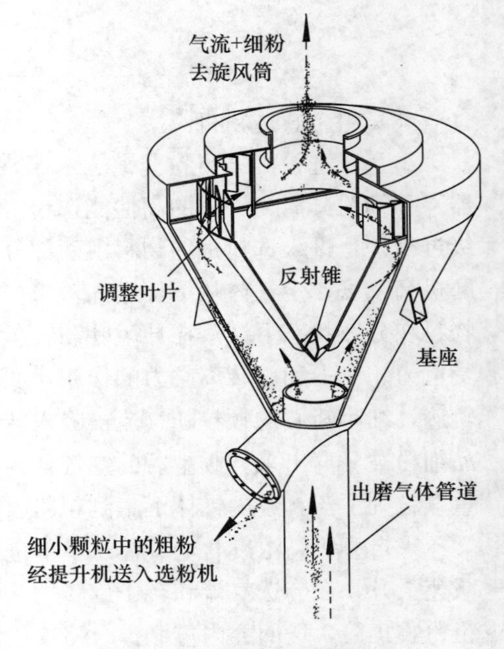

图 2-5-13　粗粉分离器

工作时，含尘气体（颗粒流体）以 15～20m/s 的速度从进气管进入内外壳体之间的空间，大颗粒受惯性作用碰撞到反射锥体，落到外壳体下部。气流在内外壳体之间继续上升，由于上升通道截面积的扩大，气流速度降至 4～6m/s，又有一部分较大颗粒在重力作用下陆续沉降，顺着外壳体内壁滑下，从粗粉管道排出。气流上升至顶部后经过导向叶片进入内壳中，运动方向突变，部分粗颗粒撞到叶片落下。同时气流通过与径向成一定角度的导向叶片后，向下作旋转运动，较小的粗颗粒在惯性离心力的作用下甩向内壳体的内壁，沿着内壁落下，最后也进入粗粉管。细小的颗粒随气流经排气管送入收尘设备，将这些颗粒（细粉）收集下来。粗粉分离器的存在两个分离区：一是在内外壳体之间的分离区，颗粒主要是在重力作用下沉降；二是在内壳体里面的分离区，颗粒在惯性离心力的作用下沉降。它们沉降下来的颗粒均作为粗粉，由粗粉管排出，回到磨内重磨。

（5）选粉机的操作参数

① 循环负荷率

什么是循环负荷率呢？这里先要搞清楚循环负荷量的概念：那就是经过粉磨后的物料进

入选粉机，分离出来的粗粉再次返回磨内重新粉磨，这个粗粉量（也称回料量）叫做循环负荷量，它与从该系统中排出的计划物料量（即选出来的细粉量，也是产量）之比称为循环负荷率，以百分数表示。

$$即：\quad L=\frac{T}{G}\times 100\ \% =\frac{c-a}{a-b}\times 100\ \% \tag{2-5-1}$$

式中 L——循环负荷率，%；

T——返回磨内的粗粉量，kg/h；

G——系统中排出的计划物料量，kg/h。

通过对 a、b、c 点的取样、筛析、测定，间接地计算出循环负荷率的值，如图 2-5-14 所示。

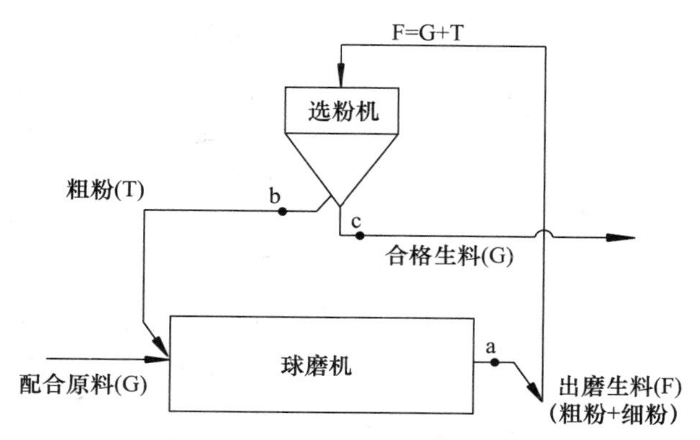

图 2-5-14 闭路粉磨系统物料平衡图

这里要讲清楚一点的是，系统中排出的计划物料量就是磨机的产量，也可以看成是喂入磨机的配合原料，尽管喂料量与产量在瞬时不相等，但整个磨机系统的进出料是平衡的。

选粉机是闭路粉磨系统中磨机的附属设备，其选粉效率、循环负荷率与磨机产量三者间有着密切关系。从选粉机本身来讲，循环负荷率小时物料的相互干扰作用也小，则选粉效率就高；从磨机来讲由于闭路系统可以加快物料在磨内的流动速度，减少了过粉磨现象，提高了生产率。从工艺角度讲，高循环负荷率，虽可提高产量，但产品粒度过于均匀，细粉量的减少对水泥早期强度增长不利。所以需要从总体来考虑，选粉效率、循环负荷率应控制在一定的合理范围之内。那么在什么范围内比较合适呢？一般讲，当产品细度为 0.08mm 筛余 5%～10%时，选粉效率为 60%～80%，循环负荷率为 200%～450%比较适宜。循环负荷与磨机规格、产品细度要求还有密切关系。闭路球磨机比闭路长管磨的循环负荷要大一些，这是因为球磨机比较短，需增加物料通过磨机的循环次数来增加粉磨时间，以达到要求的粉磨细度。

② 选粉效率

干法闭路粉磨系统的分级设备普遍采用的是离心式或旋风式选粉机，其作用是将出磨物料中细度达到要求的合格产品及时选出，以降低磨机电耗、提高磨机的产量并保证质量。

选粉效率是指选粉后成品中所含细粉量与喂入选粉机中的细粉量之比，如图 2-5-14 所示，即：

$$\eta=\frac{Gc}{Fa}\times100\%=\frac{Gc}{(G+T)\ a}\times100\ \% \tag{2-5-2}$$

式中　F——出磨物料量；

G——成品量；

T——粗粉回料量。

a、b、c 分别为喂料、成品及回料中通过某一筛孔的百分数。

由于 F、G、T 在生产中是不容易直接测得的，所以都在图 2-5-14 中的各测点取样做筛析，测得筛余值 a'、b'、c'，再求选粉效率 η 就方便多了。它们之间的关系可以用物料平衡原理来建立：

$$F=G+T \tag{2-5-3}$$

$$Fa=(G+T)\ a=Ga+Ta \tag{2-5-4}$$

将式（2-5-2）、（2-5-3）、（2-5-4）三式联立求解得：

$$\eta=\frac{c\ (a-b)}{a\ (c-b)}\times100\% \tag{2-5-5}$$

再将某一粒级的筛余（%）：$a'=100-a$，$c'=100-c$，$b'=100-b$ 关系代入上式，最后得：

$$\eta=\frac{(100-c')\ (b'-a')}{(100-a')\ (b'-c')}\times100\% \tag{2-5-6}$$

这个公式就是直接从筛分析计算选粉效率的公式，适用于离心式选粉机、旋风式选粉机和组合式选粉机。

③ 循环负荷率、选粉效率和磨机生产率之间的关系

磨机的循环负荷率与选粉效率、磨机产量三者之间的关系如图 2-5-15 所示。就选粉机本身而言，循环负荷率小，选粉机的喂料量也小，选粉过程中物料相互干扰作用减小，使选粉效率提高。对于磨机来说，减少了过粉碎现象，磨机生产率与循环负荷率呈对数曲线增长关系。

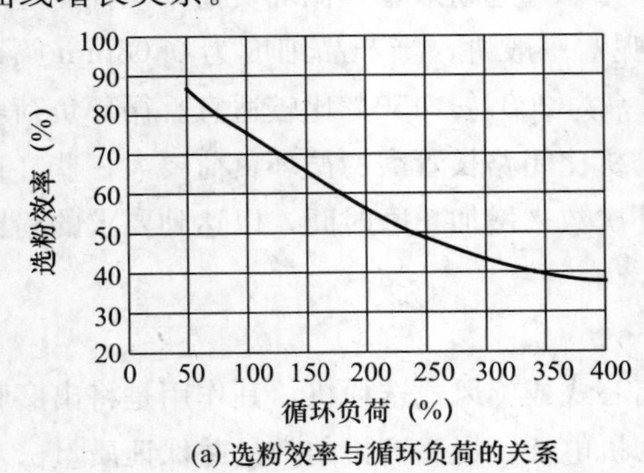

(a) 选粉效率与循环负荷的关系

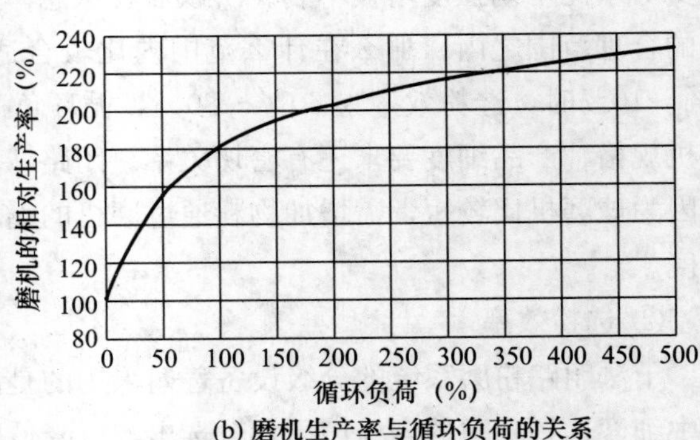

(b) 磨机生产率与循环负荷的关系

图 2-5-15　循环负荷率、选粉效率和磨机生产率之间的关系

从工艺角度分析，适当提高循环负荷率可使磨内物料流速加快，减少过粉磨现象，提高粉磨系统的产量。但若循环负荷率太高，会使产品粒度过于均匀，细粉量的减少对水泥早期强度增长不利。同时在高循环负荷率下，选粉效率很低、磨机产量增长缓慢，用于选粉和物料输送的能量消耗相对增长。所以应根据本厂具体情况从总体考虑，将选粉效率与循环负荷率控制在合理范围内，一般来讲，生料磨的循环负荷率在 $L=200\%\sim450\%$之间。

5. **球磨机工艺系统配置**

以中卸烘干磨的粉磨流程为例，参照“图 2-5-3、图 2-5-4 生料闭路粉磨工艺流程（边缘传动中卸磨）”，磨机与选粉、输送、除尘设备共同构成了闭路粉磨系统，主要配置实例如表 2-5-1 所示。

表 2-5-1 2000～2500t/d 生产线中卸提升循环磨主要配置实例

设备名称	旋风式选粉机配套系统	高效选粉机配套系统	
球磨机	中卸烘干磨：Φ4.6×7.5+3.5 产量：150t/h 功率：2500kW	中卸烘干磨：Φ4.6×13 产量：190t/h 功率：3550kW	中卸烘干磨：Φ4.6×13 产量：190t/h 功率：3550kW
选粉机	Φ4.5m 旋风式选粉机 风量：240000m³/h 功率：220kW 产量：140t/h	DSM—4500 组合式高效选粉机 风量：270000 m³/h 功率：160kW 产量：190t/h	TLS3100 高效选粉机 风量：290000 m³/h 功率：180kW 产量：190t/h
提升机	斗式提升机 B1250×3800mm 调速电机：110kW 输送能力：590t/h	NSE700 电机功率：130kW 输送能力：690t/h	NSE700 电机功率：130kW 输送能力：690t/h
主排风机	9—28—01№.23F 风量：315000m³/h 全压：6300Pa 功率：800kW	2400DI BBB50 风量：320000m³/h 功率：1000kW	2400DI BBB50 风量：320000m³/h 功率：1000kW
粗粉分离器	Φ6.5m 1台 处理风量：71000 m³/h		

从表 2-5-1 中可以看出，高效选粉机的应用能简化工艺流程，降低了设备投资，系统能力也可以得到提高。多家厂的粉磨经验表明，匹配高效选粉机的系统能力提高 10%左右。

6. **球磨机系统操作控制**

（1）控制依据

① 根据磨机的计划产量和细度要求：在确保生料细度的前提下，要提高产量，需加大符合配比要求的几种物料总量的喂料量。

② 根据碳酸钙滴定值（T_C）波动范围的变化量：若 T_C 值增加，表明入磨石灰石多，砂岩、钢渣、粉煤灰等辅助原料相对要少一些，这时应减少石灰石的喂入量；反之就要增加石灰石的喂入量了。一般化验室对生料每隔 1h 取样一次，用酸碱滴定法来测碳酸钙的含量，并及时将测定结果反馈给磨机操作系统，以便对入磨各种物料配比及时做出调整。配置荧光分析仪的工厂也可利用该仪器快速分析，及时进行调整。

③ 根据入磨物料的物理参数：粒度大、硬度高、水分多，应减少混合物料的喂入量，否则磨机不容易“嚼烂”，容易糊磨。这些参数也是由化验室提供，进厂一批原料测定一次。

④ 闭路磨机的回料量及循环负荷率、工艺管理规程和操作规程的控制指标，也是调整控制喂料量的依据。

(2) 入磨原料配料的自动调节控制

入磨原料采用电子皮带秤—X荧光分析仪—电子计算机喂料控制系统，根据原料化学成分的波动情况及设定的目标值来控制调节喂料配比，保证生料达到规定的化学成分。控制系统分为：对待磨各种原料进行取样分析和由分析得到的化学成分计算出各种原料的要求配比两个阶段。对入磨原料控制和配比控制调整方法主要有：

① 对使用取样器采集的样品，一般是间隔测量分析，同时考虑到原料在喂料机上的输送时间、在磨内的粉磨时间、制样、分析所用的时间，那么一次配料的时间周期大致为30～60min，生料配料程序控制就按照这个时间来定期启动。

② 配料计算中所用的生料目标率值，一般是熟料的率值，这主要是考虑了煤灰掺入的影响。

③ 采用修正控制加分控制的方法。由于给定的原料成分是某一段时间的平均值，入磨原料成分是在时刻波动的，这就使给定值与实际值出现了偏差，如果偏差是由于原料中所含比例最大的氧化物的波动而引起的，如石灰石中的CaO、砂岩中的SiO_2、页岩中的Al_2O_3和铁粉中的Fe_2O_3等，那么修正的要素就是这些原料中含量最多的那种氧化物；若偏差是由于几种原料中配合比例最大的那种原料的化学成分的波动引起的，或者是几种原料中的某一种原料化学成分波动最大而引起的，这样须根据两次取样间的原料配比及出磨生料中几种氧化物的含量计算下一周期所需的原料新配比，计算时要将煤灰考虑进去。

④ 消除累计偏差。对原料成分进行修正计算后，还不能消除每一次生料率值和瞬时值之间的微小偏差。需在每次新配比计算中考虑前几周期进入均化库的生料率值偏差将其消除，使平均值与设定的目标值趋于一致。

⑤ 出磨生料偏差的校正。校正不宜过急，过急（如1个周期）会造成新磨制的生料成分大幅度波动，校正也不宜太迟（如10个周期），可能会满库使偏差校正不过来。故在配料控制设计中应根据均化库的形式及容量，选用连续控制法，在3～5个周期内使生料的平均成分达到设定目标值。

⑥ 计算所得的各种原料新配比，由计算机通过电子定量皮带秤自动调节，也可由操作员根据打印的配比报告，用手动操作进行调节。

(3) 烘干磨热风的调整与控制

热风温度和风量影响着烘干速度，入磨热风的温度越高，风量越大，则烘干越快。但生产过程中由于影响因素多，情况复杂，所以在调节热风时应遵循如下原则：在保证设备安全的条件下，应达到较快的烘干速度，使磨机的烘干能力与粉磨能力相平衡，努力降低热耗，并使出磨废气不产生水汽冷凝现象。为此，必须根据具体情况来选择合理的热风温度和热风量，表2-5-2是某厂Φ3.5×10中卸烘干磨的热工测点及控制范围，可供参考。

表 2-5-2 Φ3.5×10 中卸烘干磨的热风测点及控制

测定点	测点项目和控制范围			
	风温（℃）		风压（mmH_2O）	
	范围	正常值	范围	正常值
热风入磨头	250～500	300～450	－100～0	－50
热风出磨尾	200～400	200～350	－100～0	－50
磨中	0～150	100	－300～0	－250
粗粉分离器出口	0～100	85	－700～0	－600
粗粉分离器进口			－600～0	－400
排风机出口		85	－100～0	－50
选粉机进口风机			－400～0	

① 入磨热风温度不能过高。过高会使磨机主轴承温度上升，磨内部件易变形损坏，因此，操作中应根据主轴承温度允许范围，尽量控制热风温度偏高些。

② 出磨废气温度的控制范围是根据烘干物料的需要和防止水汽冷凝来确定的。在正常情况下，出磨废气温度的高低，反映了磨内物料的烘干情况、入磨热风调节是否合适。如果出磨废气温度过低，说明磨内物料烘干不够，热风量偏少；反之，又造成热量浪费，加快磨内部件的损坏。操作越稳定，出磨废气温度的变化就越小；如果废气温度波动太大，物料被烘干的程度相差就大，对生料的产量、质量的影响就越大，故操作中应特别注意稳定。

另外，入磨物料水分太大、黏性大，在磨内有可能成团结块，影响热风与物料的热交换，热量不能被物料充分吸收，这时废气温度即使在控制范围，烘干情况也不好。所以在操作控制中，一般应控制入磨物料水分小于15%左右，同时结合听磨音和观察入磨物料的水分变化来判断烘干情况，及时采取措施，合理、正确地调整风量和风温。

③ 在调整入磨热风时，风温不能超过规定范围，过高时，要适当打开冷风阀板，降低热风温度，由于进入冷风，使整个系统的负压下降，因此，必须相应调整排风机风量，以便使负压维持在控制范围内。

(4) 磨机负荷控制

“负荷”是指磨内瞬时的存料量。磨机在运行中必须根据磨内存料量的变化随时调节喂料量，使粉磨过程经常处于最佳稳定状态。假如被粉磨物料的水分、硬度发生变化了，可能会出现满磨或堵磨等不正常情况，此时可以将“电耳”信号、提升机功率及选粉机回粉信号，输入计算机用数学模型进行分析控制或极值控制方法进行调节。“电耳”实际是一个放大器，可以取代人的耳朵监听磨音来判断磨内的粉磨情况，由一个声电转换器和一个电子放大器以及控制执行部分组成，由声电转换器接收磨音，把声音信号转换成电信号，由电子放大器把电信号放大后送到操作控制室的仪表显示出来，根据显示的参数变化，随产品指标的变动而调整喂料量。也可以把监听到的磨音经放大器把电信号放大后送到控制部分，来自动调节喂料机的喂料量，这就实现了喂料量自动控制，图 2-5-16 是电耳控制系统，声电转换器安装在磨机筒体附近，通常设在距磨头1m左右，用来接收粗磨仓的磨音。磨音减弱时，说明磨内存料量多，应减少喂料量，反之需增加喂料量。电子皮带秤喂料兼计量，它由直流电动机拖动，通过皮带速度和传感器的信号求得喂料量，用调节电机转速的方法改变喂料量。对于球磨机与选粉机同时烘干的磨机来讲，在采用微机自动控制磨机负荷时，一般输入以下几个参数：

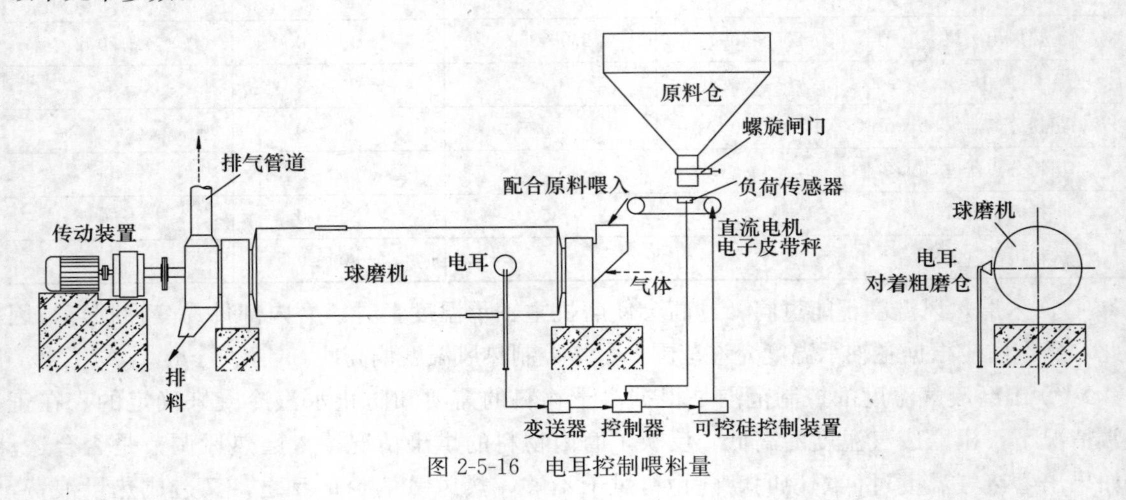

图 2-5-16　电耳控制喂料量

① 电子秤对原料的输出量。

② 磨机电耳的音压电声数据。

③ 磨机出口提升机的功率负荷和用冲击流量计测出的选粉机粗粉回料量，然后在微机上选择自动控制即可。

微机以磨音、回料量为主控参数，以提升机负荷为监控参数。

(5) 系统压力控制

磨机系统各处的压力是不一样的，这就形成了压差。磨机进出口压差的变化是反映磨内负荷量最有代表性的数据。在系统通风量没有改变的情况下，粉磨或选粉状况发生了变化，风压会敏感地反映出来。如烘干磨的部分隔仓板篦孔堵塞、立式磨的料床增厚，仪表会显示压差增大。通过磨机系统压力的控制，检测各部位的通风情况，来判断磨内的粉磨状况。一般情况下，在压差变化不大时，可适当调节排风机的风门，以保持磨机系统的正常通风，满足烘干粉磨的需要。但压差变化过大时，还是要从可能出现的几种不正常的情况来考虑，认真分析，找出原因，采取相应对策尽快处理。

(6) 选粉效率、循环负荷率的正常控制范围

前已述及，选粉效率是指选粉后的成品中所含的通过规定孔径筛网的精粉量与入选粉机物料中通过规定孔径筛网的精粉量之比；循环负荷率是粗粉回磨量与产量之比。选粉机本身不起粉磨作用，只能及时把粗细粉分离出来，有助于粉磨效率的提高。所以并不是选粉效率越高，磨机的产量就越高。适当提高循环负荷率，反而能增加磨机的产量。因此不论是选粉效率还是循环负荷率，一定要和粉磨过程相结合，才能提高磨机的粉磨效率。经验表明：闭路磨机的循环负荷率在80％～300％、选粉机的选粉效率在50％～80％范围之内是比较合

适的。不过这个范围也太大了，最理想的数值需根据不同类型、不同规格的磨机和选粉机通过多次标定的数据来确定。

（7）离心式选粉机的细度调整方法

① 控制板的调整

在设备运转中，控制板是控制产品细度和回磨的粗粉细度的一种辅助手段，通过调整它的位置来达到这一目的。控制板向里推，缩小了内筒气流出口处的断面，使流体阻力增加，特别是控制板下产生涡流引起的阻力，使较粗颗粒在控制板处沉降下来，所得的成品就较细。当成品过细时，可把控制板往外拉，则成品将变粗。但是这种调整方法只有在细度变动不大时才有效。如要求细度变动较大，需停机调整辅助风叶，甚至调整主风叶的片数。

控制板一般为八块，可用人工调整，有条件也可采用电动调整手段。根据细度要求可先推进或拉出几块，一般调整时最好按相对位置成对地拉出或推进。

② 辅助风叶的调整

辅助风叶的主要作用是控制成品细度。由于它的旋转在内壳体中形成旋转气流，可以分散物料，把不合格的粗颗粒分离出来。因此在辅助风叶的作用下，可以采用较高的风速；同时辅助风叶还能把一部分细颗粒聚结成的大颗粒打碎，使合乎要求的颗粒及时选出来。这些都有助于选粉机效率的提高。辅助风叶片数越多，成品越细。但是辅助风叶太多，会使合格的细粉落入粗粉中的数量增多，选粉效率下降。选择适当的辅助风叶片数，是保证成品细度和提高选粉效率的重要因素。

③ 主风叶的调整

在选粉机内，上升气流所能带走的物料颗粒的大小主要受气流速度的影响。而上升气流速度与循环风量成正比，循环风量增大，流速加快。流速越快，动能越大，带走的粗颗粒就越多，成品的细度随着变粗。影响气流速度的主要因素之一是主风叶的数量。主风叶片数越多，循环风量与速度就越大；相反就减小。合理选择主风叶片数，能在较大范围内调整选粉机出口的细度及选粉能力。由于它的变动对细度影响较大，因此，生产中在细度要求变动不大的情况下不调整它。

④ 回风叶处风口的调整

风口的作用是确定气流进入内壳里的方向，控制气体流量。风口过宽，使进入的气流含有较多的细粉；过窄阻力增大。风口角度应适当，便于气流循环与细粉沉降。所有风口叶片的方向必须一致，而且与中心轴转动方向相反，风口叶片固定后很少调整。

⑤ 主轴转数的调整

主轴转数的变化对循环风量的影响很大。要用变速传动装置，并且不易掌握，因此，选粉机的主轴转数一般不变。

（8）旋风式选粉机调节细度的方法

① 改变选粉室上升气流速度

提高选粉室上升气流速度，使产品细度变粗，反之则细。改变选粉室上升气流速度有两种方法：

一是开大或关小风机进风管上的风门，调节总风量，从而改变选粉室上升气流速度；二是开大或关小支风管上的调节阀门。开大调节阀门时，选粉室内上升气流速度降低，关小调节阀门时，选粉室内上升气流速度提高。这是旋风式选粉机常用的一种调节产品细度的方法。

② 改变辅助风叶的片数

与离心式选粉机相似，改变旋风式选粉机的辅助风叶片数也可以调节产品细度。其规律是：增加辅助风叶片数，产品细度变细；减少辅助风叶片数，产品细度变粗。

③ 改变主轴转速

改变主轴转速也就是改变辅助风叶和撒料盘的转速。转速加快，辅助风叶产生的气流侧压力和撒料盘的离心力增大，产品细度则细；转速减慢，气流侧压力和撒料盘的离心力减小，产品细度则粗。

(9) 选粉机的锁风问题

离心式和旋风式选粉机都是靠循环气流将料粉分散后进行分级，气流循环过程中有正压区和负压区，以保证气流正常循环不断对物料分散和进行分级。因此操作中一定要防止循环气流发生短路和漏风现象，否则将影响选粉机的正常工作。

离心式选粉机内壳体经过物料的不断摩擦，容易磨损，以致形成破洞，若定期检修安排不当，检查又不细致，则往往在生产中发生内壳破裂，不仅影响循环气流的正常流通，还可能影响细粉的分离，使粗粉直接从内壳破裂处漏入外壳成品中，使成品细度变粗。

旋风式选粉机更要注意锁风问题，因为选粉室周围的细粉分离器实际就是由单筒旋风收尘器组成的。如果底部发生漏风就直接影响细粉的收集，使选粉效率大幅下降。此外，旋风式选粉机进风口附近筒体易磨损且处在正压状态，从这里到粗粉出口部分如果发生向外漏风，不但造成车间粉尘飞扬，而且也破坏了循环气流平衡与稳定。旋风式选粉机如果不注意锁风问题，会使循环负荷率增大，选粉效率下降，选粉浓度增大，不仅造成风机磨损加快，而且破坏磨机与选粉机的平衡，影响生产。所以，在生产中要特别注意旋风式选粉机的锁风，在细粉下料管处可装设叶轮机、闪动阀，翻板阀或直接用管式螺运机进行密封锁风。

2.5.2 立磨粉磨工艺过程

1. 立式磨粉磨工艺流程

随着预热预分解技术的诞生和新型干法水泥生产线的大型化，与球磨机的结构、粉磨原理及粉磨过程完全不同的立式磨（也称立磨、辊式磨等）以它高效、综合地完成物料的中碎、粉磨、烘干、选粉和气力输送过程等集多功能于一体的优势近些年来得到了广泛的应用。立磨具有烘干能力强（烘干物料水分6%～8%，采用热风炉配套可烘干水分15%～20%的物料）、单机产量大、粉磨效率高（生产能力可达1000t/h，比大型球磨机Φ4.8×10+4的烘干磨产量230t/h高出了4倍多，粉磨电耗仅为球磨机50%～60%）等优点。由于立磨集物料破碎、烘干、粉磨、选粉为一体，自身构成了粉磨——选粉闭路循环粉磨系统，因而工艺流程简单、占地面积小，噪声与球磨机相比也小的多，而且负压操作无扬尘，易实现智能化、自动化控制，目前已成为现代化水泥生产线上对原料粉磨的首选，且正逐渐应用于煤粉制备和水泥粉磨工艺系统之中。图 2-5-17、图 2-5-18 是典型的立磨粉磨工艺流程：含有一定水分的配合原料从立磨的腰部（或顶部）喂入，在磨辊和磨盘之间碾压粉磨。同时来自窑尾预热器或窑头冷却机的废热气体、环境空气从磨机底部进入，对物料边烘干边粉磨。气流靠排风机的抽力在机体内腔造成较大的负压，把粉磨后的粉状物料吸到磨机顶部，经安装在顶部内置选粉机（分离器）的分选，粗粉又回落到磨盘与喂入的物料一起再粉磨，细粉随气流出磨进入除尘器，实现料、气分离，料即是细度合格的生料，气体经除尘净化后排出。

当然立磨对辊套和磨盘的材质要求较高，对液压系统加压密封要求严格，对岗位工人操作维护技术要求较高。

2. 立式磨的构造及其粉磨过程

立式磨主要由碾辊、磨盘、加压装置及选粉机（分离器），底座、机壳、传动装置及润滑装置组成，如图 2-5-19 所示。

1）结构组成

（1）碾辊和磨盘

如图 2-5-18 所示，立磨将石灰石、黏土或砂岩、铁粉或钢渣等原料碾碎并磨制成细粉，靠的是 2～6 个磨辊和一个磨盘所构成的粉磨机构，设计者使它具备了两个必要条件：那就是能形成一定厚度且均匀的料床和接触面上具有相等的比压。磨辊衬套和磨盘衬板采用高强耐磨金属材料。

（2）加压装置

辊磨与球磨的粉磨作业原理不同，它不是靠研磨体的抛落对物料的冲击和泻落及料球之间的研磨，而是需要借助于磨辊加压机构施压来对块状物料碾碎、研磨，直至磨成细粉。现代化大型立磨是由液压装置或由液压气动装置通过摆杆对磨辊施加压力。磨辊置于压力架之下，拉杆的一端铰接在压力架之上，另一端与液压缸的活塞杆连接，液压缸带动拉杆对磨辊施加压力，将物料碾碎、磨细。

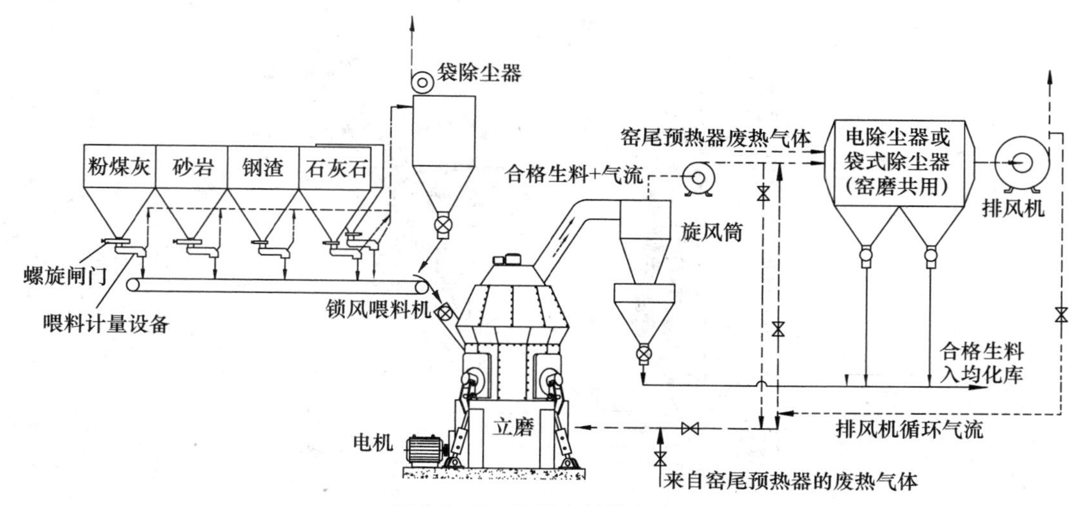

图 2-5-17 立磨生料粉磨流程

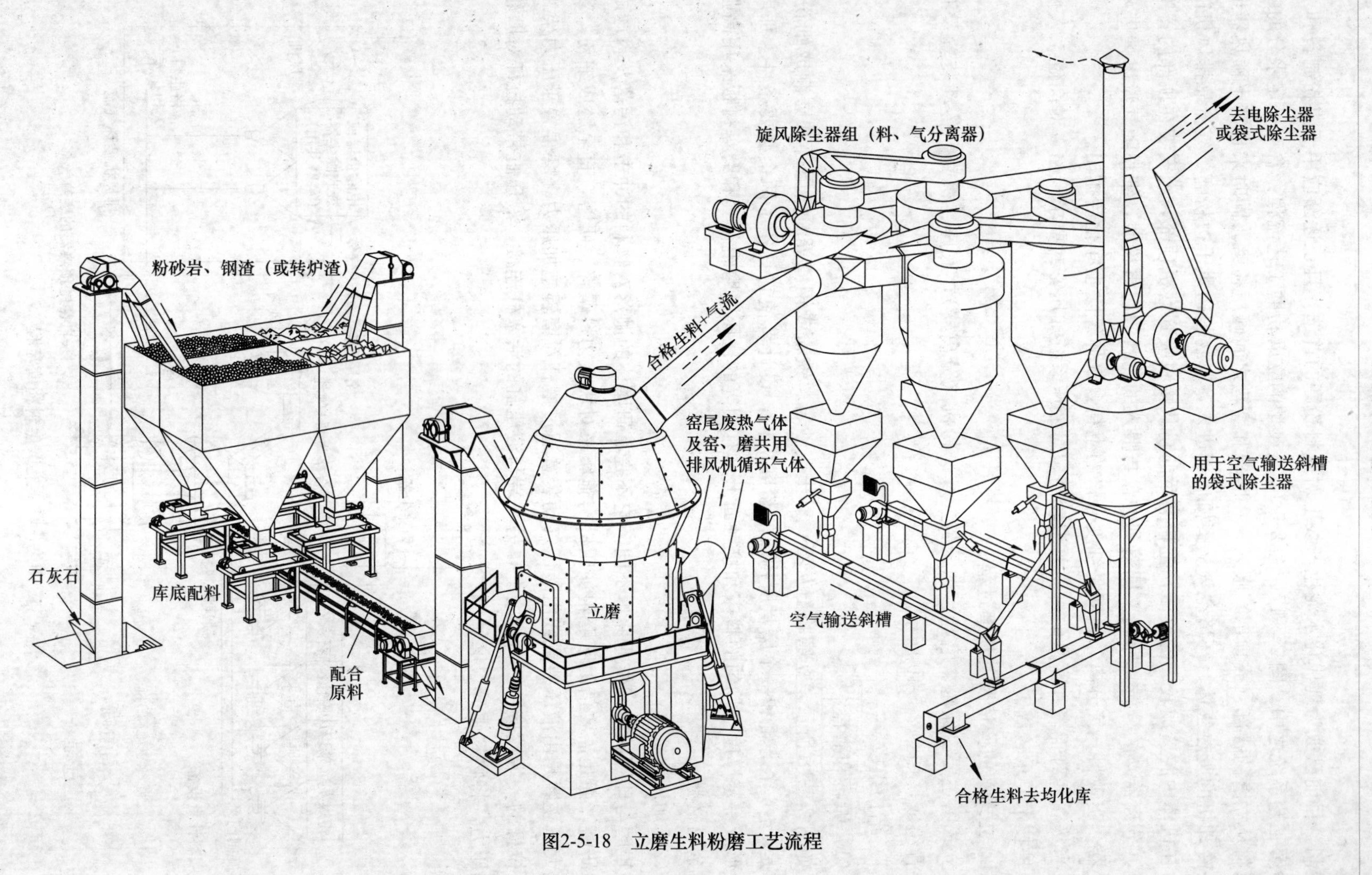

图2-5-18　立磨生料粉磨工艺流程

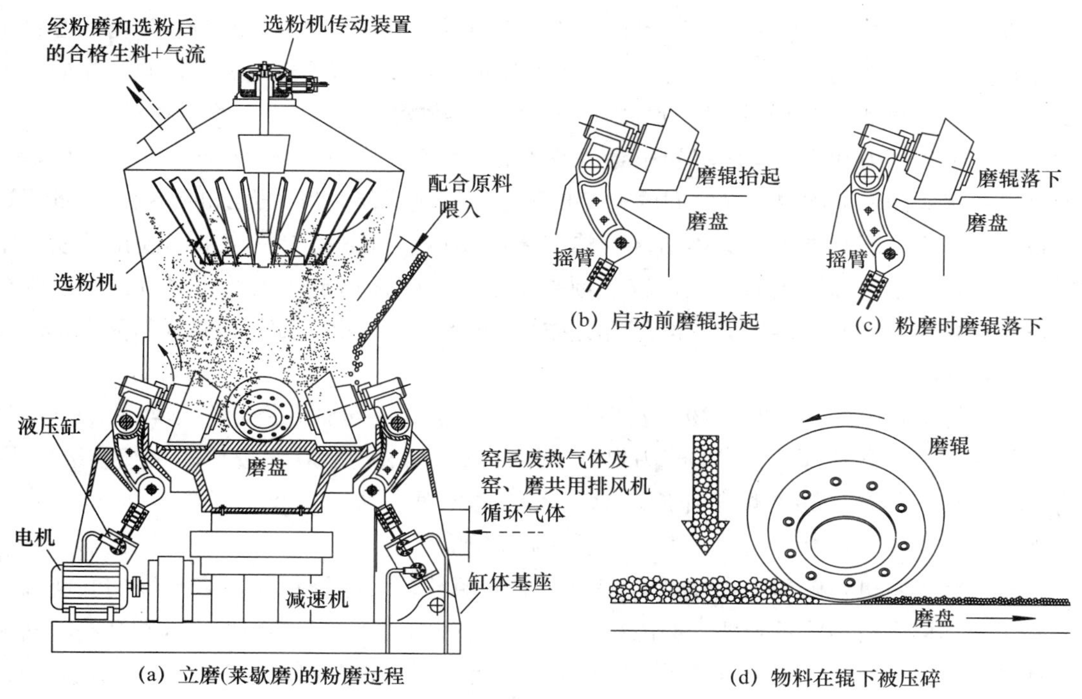

图 2-5-19　立磨（莱歇磨）的构造及工作原理

(3) 分级机构

立磨自身已经构成了闭路粉磨系统，它不像球磨机组成的闭路系统那样设备多而分散、庞大、复杂，它只摘取了选粉机的风叶，与转子组成了分级机构，装在磨内的顶部，构成了粉磨——选粉闭路循环，简化了粉磨工艺流程，减少了辅助设备，同时也节省了土建投资。

我们把这种分级机构分为静态、动态和高效组合式选粉机三大类。

① 静态选粉机：工作原理类似于旋风筒，不同的是含尘气流经过内外锥壳之间的通道上升，并通过圆周均布的导风叶切向折入内选粉室，边回转边再次折进内筒。结构简单，无可动部件，不易出故障。但调整不灵活，分离效率不高，新型立磨已不再采用静态选粉机。

② 动态选粉机：这是一个高速旋转的笼子，含尘气体穿过笼子时，细颗粒由空气摩擦带入，粗颗粒直接被叶片碰撞拦下，转子的速度可以根据要求来调节，转速越高时，出料细度就越细，与离心式选粉机的分级原理是一样的。它有较高的分级精度，细度控制也很方便。

③ 高效组合式选粉机：将静态选粉机（导风叶）和动态选粉机（旋转笼子）结合在一起，即圆柱形的笼子作为转子，在它的四周均布了导风叶片，使气流上下均匀地进入选粉区，粗细粉分离清晰，选粉效率高。不过这种选粉机的阻力较大，叶片的磨损也大。

2) 粉磨过程

被磨物料从立式磨腰部喂入，堆积在回转的磨盘的中间。机壳内磨盘由传动装置带动旋转，磨辊在磨盘的摩擦作用下围绕磨辊轴自转，物料通过锁风喂料装置和进料口落入磨盘中央，受到离心力的作用向磨盘边移动。经过碾磨轨道时，被啮入磨辊与磨盘间碾压粉碎，如图 2-5-19 所示。磨辊相对物料及磨盘的粉碎压力由液压拉伸装置提供，物料在粉碎过程中，同时受到磨辊的压力和磨盘与磨辊间相对运动产生的剪切力作用。物料被挤压后，在磨盘轨道上形成料床，而料床物料颗粒之间的相互挤压和摩擦又引起棱角和边缘的剥落，起到了进一步粉碎的作用。磨盘周边设有喷口环，热气流由喷口环自下而上高速带起溢出的物料上升，其中大颗粒最先降落到磨盘上，较小颗粒在上升气流作用下带入选粉装置进行粗细分级，粗粉重新返回到磨盘再粉磨，符合细度要求的细粉作为成品，随气流带向机壳上部出口进入收尘器被收集下来。

从上述可知，立磨工作时对物料发挥的是综合功能。它包括在磨辊与磨盘间的粉磨作用；由气流携带上升到选粉装置的气力提升作用；以及在选粉装置中进行的粗细分级作用；还有与热气流进行热传递的烘干作用，对于大型立磨而言（指入磨粒度在 100mm 左右），实际上还兼有中碎作用，故大型立磨又多了一项功能。

在对块状物料进行碾压粉磨中，有相当一部分颗粒较大的物料从机壳下部的吐渣口排出，利用外部提升机械将重新喂入磨内粉磨，以减轻磨内气力提升物料所需风机负荷，有利于降低系统阻力和电耗，因为机械提升电耗显著地低于气力提升出现的较高电耗，这种方法称为物料的外循环。

3. **立磨的类型**

立式磨有多种类型，如 LM（莱歇磨，图 2-5-19）、ATOX 磨、RM（伯力鸠斯磨）、MPS 磨、OK 磨、CK 磨、TRM 磨、HRM 磨等，各种立磨的粉磨原理和结构组成基本相同，主要差异是在磨盘的结构和磨辊的形状及数目上有所不同，在选粉装置上也作了较大改进，提高了选粉效率，更能方便地调节成品细度，如图 2-5-20 和表 2-5-3 所示。还有对磨辊的加压方式也各有不同等，在功能效果上各有千秋。

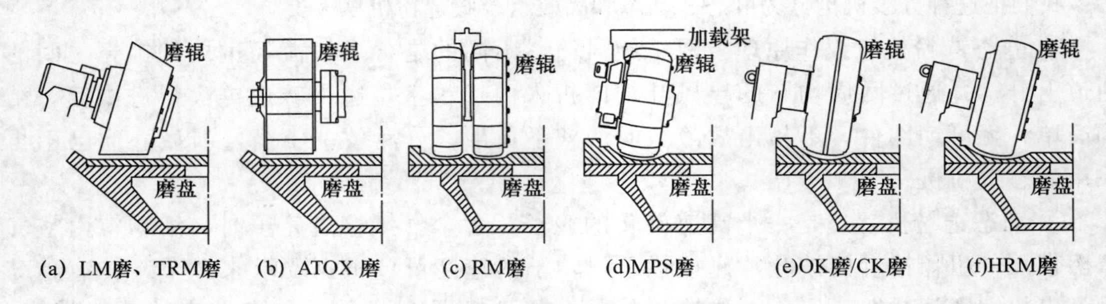

图 2-5-20　立磨的磨辊和磨盘形状

表 2-5-3　立磨的主要形式

序号	立磨型号	立磨装置性状	选粉机形式	磨辊能否抬起翻出	磨辊个数
1	LM（莱歇磨）	锥形磨辊、平磨盘	回转笼式	启动时磨辊能自动从磨盘上抬起，减小启动力矩	2～6

续表

序号	立磨型号	立磨装置性状	选粉机形式	磨辊能否抬起翻出	磨辊个数
2	ATOX	圆锥磨辊、平盘形盘	静态选粉机 回转笼式	否	3
3	RM（伯力鸠斯磨）	轮胎分半辊、碗形平盘	回转笼式	否	2组4辊
4	MPS	轮胎斜辊、环沟形盘	回转笼式	否	3
5	CK/OK	轮胎斜辊、环沟形盘	回转笼式	能	2～4
6	HRM（合肥院）	轮胎辊、沟槽盘	回转笼式	能	3～4
7	TRM（天津院）	圆锥磨辊、平盘形盘	回转笼式	能	2～4

（1）LM型系列磨

德国莱歇（Loesche）公司技术并制造，如图2-5-20（a）所示。该磨采用圆锥形磨辊和水平磨盘，有2～6个磨辊，磨辊轴线与水平夹角成15°，无辊架，磨辊与磨盘间的压力由相应辊数的液压拉伸装置提供，如图2-5-21、图2-5-22所示。

粉磨物料时，通过摇臂作为一个杠杆，把油缸对拉伸杆产生的拉力传递给磨辊，进行碾磨。其特点是液压拉伸杆可通过控制抬起磨辊，使拖动电机所需的起动转矩减至最小值。因而可使用具有70%或80%起动转矩的普通电动机，无辅传；还设有液压式磨辊翻出装置以简化维修工作。检修时，只要与液压装置相连，即可使磨辊翻出机壳外，可使磨辊皮更换在一天内完成。液压控制杆在磨机外部，不需要空气密封，但是当磨辊在粉磨位置时，辊子的气封必须保持抵住磨内一定的负压，以防止过量含尘气体渗入轴承。

LM型立磨规格表示方法：以LM60.4为例（设计生产能力480t/h）：LM表示莱歇磨，磨盘直径ϕ6000mm，磨辊四个。

（2）ATOX型立磨

该磨为丹麦史密斯（F.L.Smidth）公司设计并制造，如图2-5-23所示。采用圆柱形磨辊和平面轨道磨盘，磨辊辊套为拼装组合式，便于更换。磨辊一般为三个，相互成120°分布，相对磨盘垂直安装。三个磨辊由中心架上三个法兰与辊轴法兰相联为一体（图2-5-24）。再由三根液力拉伸杆分别通过与三个辊轴另一端部相联，将液压力向磨盘与料层传递，该液力张拉伸杆可将磨辊和中心架整体抬起（图2-5-25）。该立磨不设辅传，启动时直接开动主传动系统。磨体内顶部的选粉装置由原来的静态惯性分离器发展到现在的高效选粉机（SEPAX），其结构分为一圈静态导向叶片和中间一个由窄叶片组成的动态笼形转子，在笼型转子上加了水平分隔环构件，该构件有利于旋转气流呈分层水平旋转，气流运动清晰，气流层与层间干扰小，使选粉分级功能更加高效。静态叶片可预先设定倾角，有辅助调整产品细度的作用。运转中还可以用机顶外部调整螺栓来调整叶片角度。喂料口锁风装置采用机械传动的回转叶轮结构，既锁风又可控制喂料量。进料溜管底部为通热风的夹层结构，有防堵作用。吐渣口采用密闭的电磁振动给料机出料，具有料封功能。

ATOX型立磨规格表示方法：以ATOX—50为例（设计生产能力480t/h，磨辊三个）：磨盘直径ϕ5000mm。

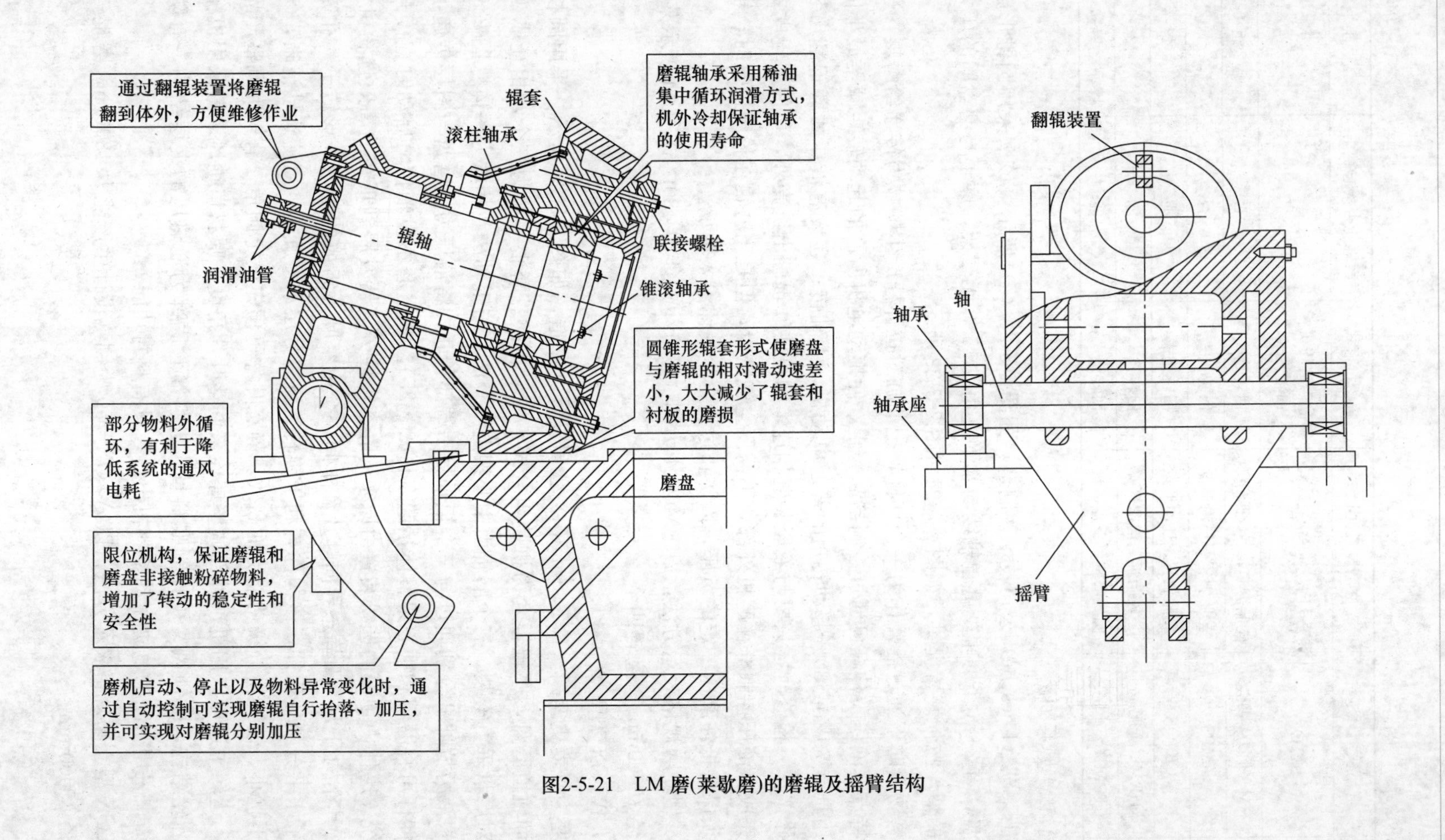

图2-5-21 LM磨(莱歇磨)的磨辊及摇臂结构

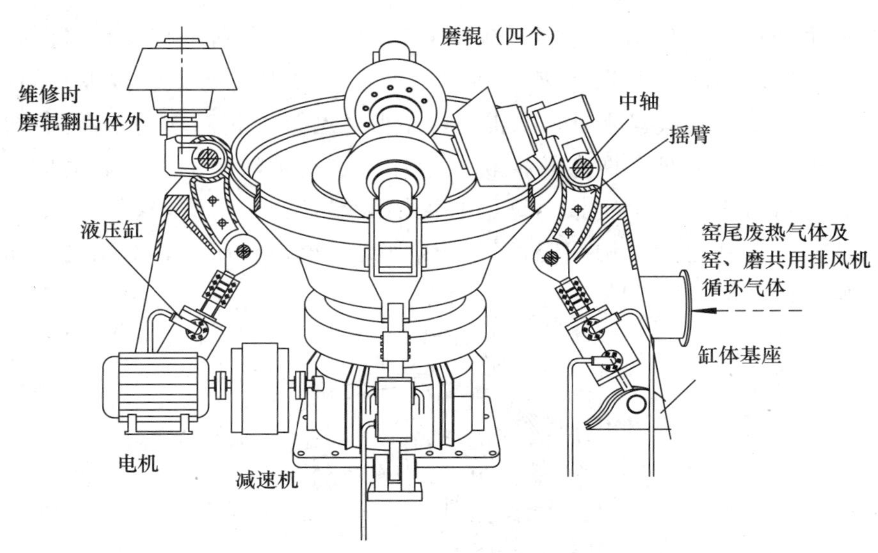

图 2-5-22　LM 磨（莱歇磨）磨盘、磨辊及加压装置

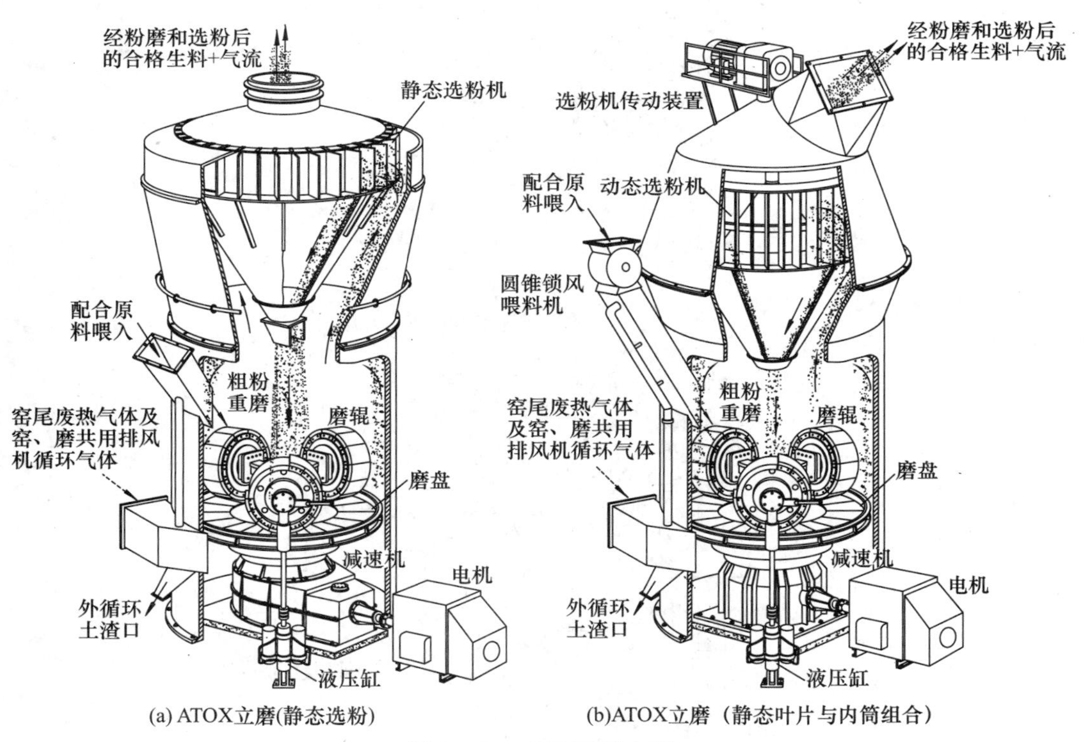

图 2-5-23　ATOX 型立磨

（3）RM 型立磨

该磨为西德伯力鸠斯（Polysius）公司技术并制造，如图 2-5-26 所示。该磨于 1965 年开始生产以来，主要销售欧洲。RM 磨经历了三代技术改造，目前的结构和功能与其他类型立磨有较大区别：主要体现在以两组拼装磨辊为特点，每组辊子由两个窄辊拼装在一

起，两组共四个磨辊，各自调节它们对应于磨盘的速度，有利于减少磨盘内外轨道对辊子构成的速度差，从而减轻摩擦带来的磨损，可延长辊皮（辊套或衬板）的使用寿命，并削减了辊和盘间物料的滑移，每个磨辊为轮胎形，磨盘上相对应的是两圈凹槽形轨道，磨盘断面为碗形结构，磨盘上两个凹槽轨道增加了物料被碾磨的次数和时间，有利于提高粉磨效率。每组磨辊有一个辊架，每个磨辊架两端各挂一吊钩，各吊钩由一个液压拉杆相联，共四根。拉杆通过吊钩和辊架传递压力到磨辊与料床上，对物料碾压粉碎。碾压力连续可调，以适应操作要求。

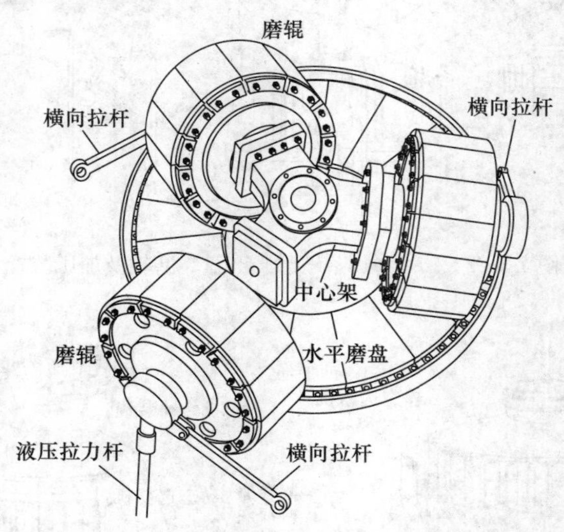

图 2-5-24　ATOX 型立磨的磨盘、磨辊及中心架

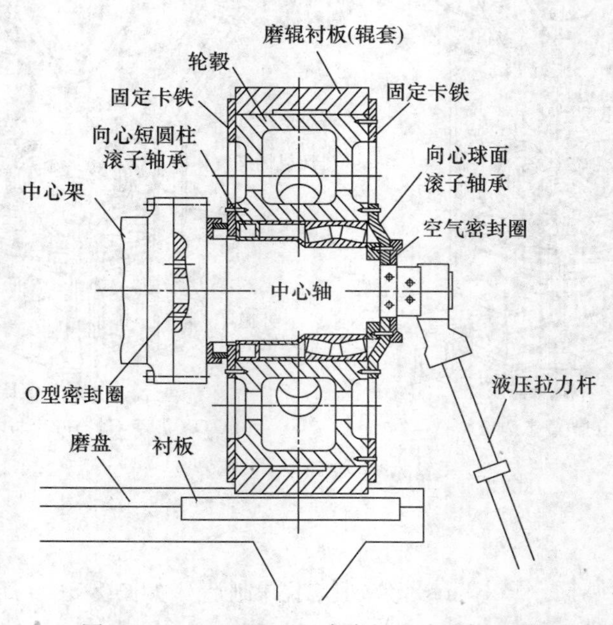

图 2-5-25　ATOX 型立磨磨辊及液压拉力杆

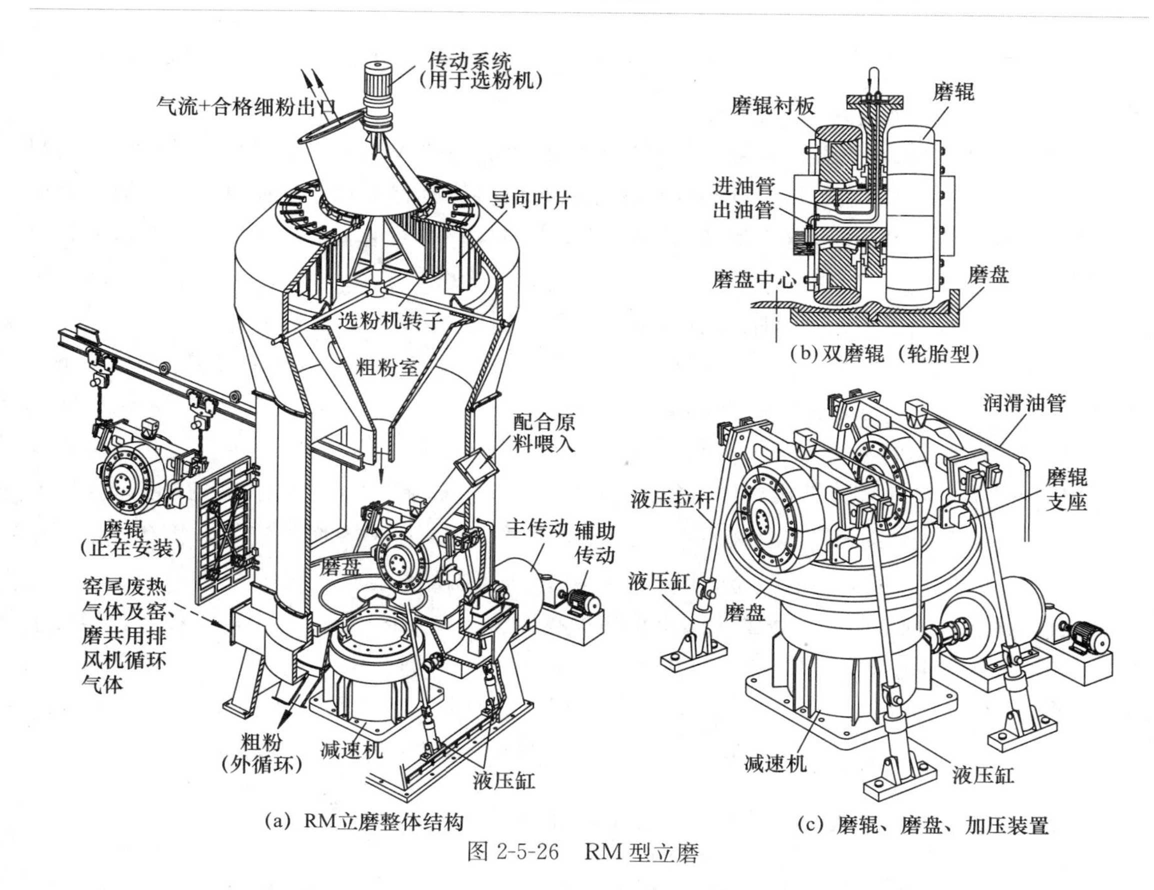

(a) RM立磨整体结构　(b)双磨辊（轮胎型）　(c) 磨辊、磨盘、加压装置

图 2-5-26　RM 型立磨

液压拉紧系统可让每组双辊在三个平面上自由移动，如：垂直面上升下降和相对辊轴轴面偏摆以及少量沿辊子径向的水平移动。如果靠磨盘中间的内辊被粗料抬高，那么外辊对物料的压力就会加大，反之亦然。每组磨辊中的每个窄辊的这种交互作用的功能也能做到高效研磨。

研磨轨道的形状和辊面经磨损变形后能影响吊钩的偏移量。可通过测量其磨损量并相应调整吊钩吊挂方位来弥补。这样有利于使提供给双辊的压力均衡，维持粉磨效果。

双辊组的辊面还可在被不均衡磨损后，还可整体调转 180°安装使用。

喷口环出风口面积设计成可从机壳外部调整，调整装置为 8 个定位销挡板，通过推进和拉出一定许可量并用插销定位即可改变喷口环面积，从而改变气流在磨内的上升速度以适应不同的产量的需要。喷口环导向叶片垂直装设，有利于减少通风阻力。

选粉装置采用了 SEPOL 型高效选粉机，与史密斯 ATOX 型采用的 SEPAX 型不同的地方有：笼形转子上无水平隔环，但外围的静态叶片倾角可调，调整机构设在机壳顶部。磨机运转时也可通过人工转动调整机构改变叶片倾角，有利于根据需要辅助动态叶片调整产品细度。粗粉漏斗出口设分流板，使粗粉朝两个粉尘浓度较低区域下落。用于磨煤的 RMK 立磨的选粉装置其粗粉锥斗，还设计成剖分组合式，有利于维修选粉装置时，将两半锥斗绕销轴向两边分开，方便维修操作。

每台立磨由两台外部提升机共同负责提升由吐渣口排出的外部循环物料，然后分别送入机壳顶部两个回料进口，进入选粉装置的撒料盘或直接进入立磨，进行外部再循环粉磨。

进料口锁风喂料装置是由叶轮式机械传动喂料阀均匀喂入物料，该喂料阀既可调节喂料量又可实现泄漏风量的最小化。并设计成用热风对粗料喂料阀中心加热和热风通入溜管夹层加热的结构，有利于防止水分大的物料在喂料阀中和溜管中粘结堵塞，吐渣口装有重力式锁风阀门。

传动装置中设辅助传动，因为磨辊不能由液力拉杆抬起。

RM 型立磨规格表示方法：以 RM46/23 为例（设计生产能力 340t/h，磨辊 2 对 4 个）：磨盘直径 ϕ4600 mm，磨辊直径 ϕ2300mm。

（4）MPS 型立磨

MPS 型立磨为西德普费佛（Pfeiffer）公司技术，也称非凡磨，如图 2-5-27 所示。该磨采用鼓形磨辊和带圆弧凹槽形的碗形磨盘，三个磨辊，相对于磨盘倾斜安装，相互成 120°排列。辊套为拼装组合式，如图 2-5-28 所示。MPS 是德国的叫法，这里的 M——磨；P——摆动支撑；S——碗形磨盘，我国沈阳重型机械有限公司于 1985 年引进了这一技术，经过消化吸收再创新，制造出了 MLS（N）立磨，这里的 M——磨；L——立式；S——生料（原料），N——水泥（熟料）。

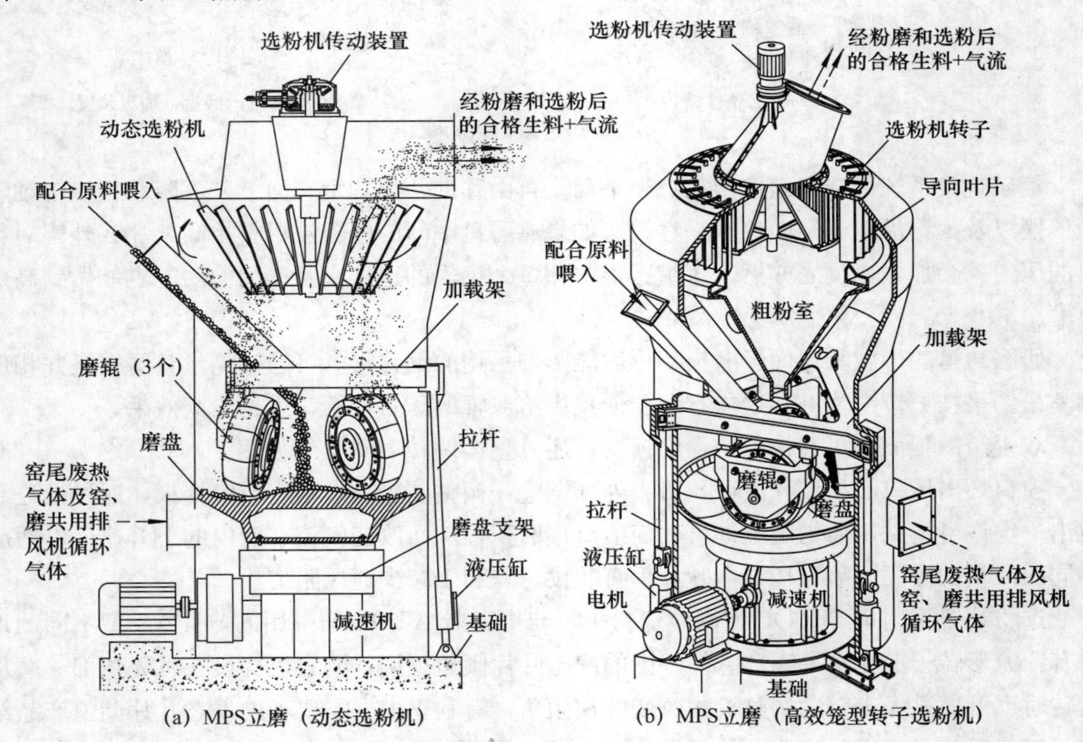

(a) MPS立磨（动态选粉机）　(b) MPS立磨（高效笼型转子选粉机）

图 2-5-27 MPS 型立磨

从图 2-5-28 中可知：三根液压张紧杆传递的拉紧力通过压力框架传到三个磨辊上，再传到磨辊与磨盘之间的料层中。该液压张紧杆不能将磨辊和压力框架在启动磨机时同时抬起，故设有辅助传动装置。启动时先开辅传，间隔一定时间再开启主传动装置。选粉装置由静态叶片按设定倾角布置，起引导气流产生旋转，以强化分离物料的作用。由机顶传动装置带动设在选粉装置中部的动态笼型转子转动，并且可方便地实现无级调速。有强化选粉装置中部旋转风速的作用，增强选粉效率和方便地通过调整转速来调整成品细度。喷口环导向叶片为固定斜度安装，有利于引导进风成为螺旋上升趋势，可使粗粉在进入选粉装置前，促进部分粗粒分离出上升气流回到磨盘。可在运转前进入磨内用遮档喷口环的截面方法来改变风环通风面积，从而改变风速，以适应不同比重物料的风速需要。检修时液力张紧杆只可将联在辊上的压力框架抬起，但应先拆除压力框架与磨辊支架间的联接板，并用装卸专用工具将磨辊固定。喂料口锁风装置采用液压控制的三道闸门，既有锁风功能，又有控制喂料量的作用，吐渣口锁风采用两道重力翻板阀控制。

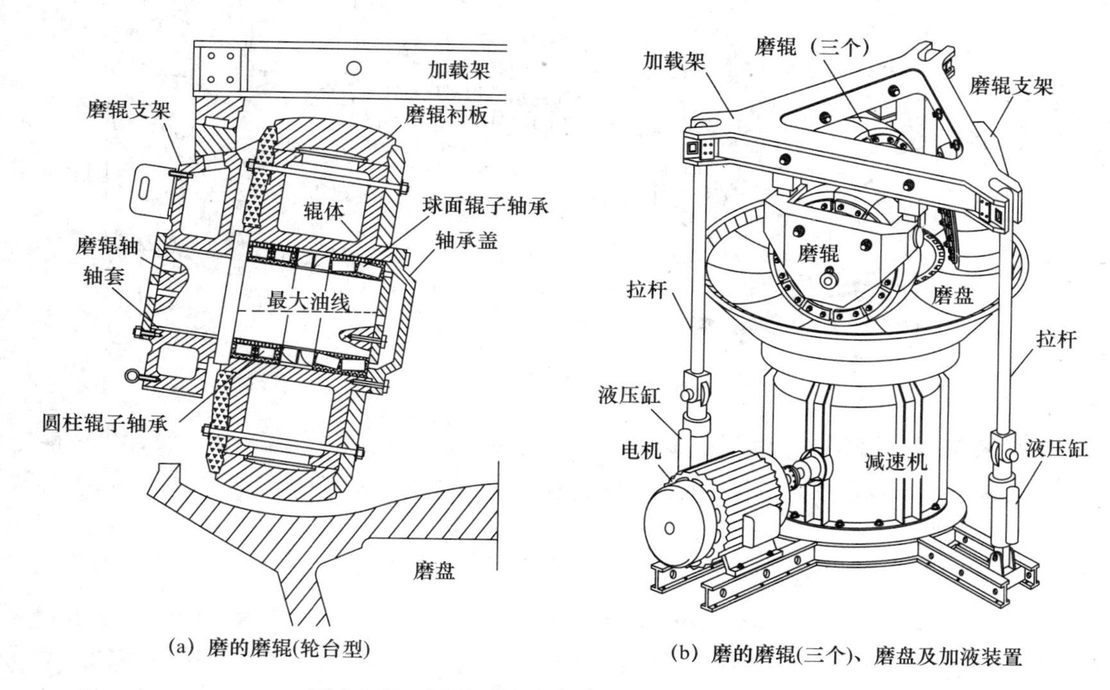

(a) 磨的磨辊(轮台型)　　(b) 磨的磨辊(三个)、磨盘及加液装置

图 2-5-28　MPS 型立磨得磨辊、磨盘、加压装置

MPS 型立磨规格表示方法：例如 MPS3150（设计生产能力 150t/h，磨辊三个），磨盘直径 3150mm。

(5) OK/CK 型立磨

日本应用了欧洲不同辊磨发展的原理，组合成自己的辊磨，如 Onoda 公司的 OK 磨（图 2-5-29），其磨辊具有球面形状，其中央有一个槽，磨盘呈曲线状，在磨辊和磨盘之间形成一个楔形挤压和粉磨区（实际上 OK 磨的磨盘及磨辊搭配形式是沟槽形盘和轮胎斜辊搭配形式与双凹槽磨盘和两套对辊搭配形式的融合与发展）。物料通过低压区进行料床预先布置，磨辊中间的槽型结构起排除物料中气体的作用，不至于使物料过分的流化，最终由高压区进行挤压粉磨。通过选粉后粗物料循环以上过程，细物料排出磨外。

日本 Kawasaki 的 CK 磨与 OK 磨有很多相同的地方（图 2-5-30）。两种立磨开始是为粉磨混合水泥或矿渣而研制的，易于控制颗粒大小分布，目前也适应于原料粉磨。

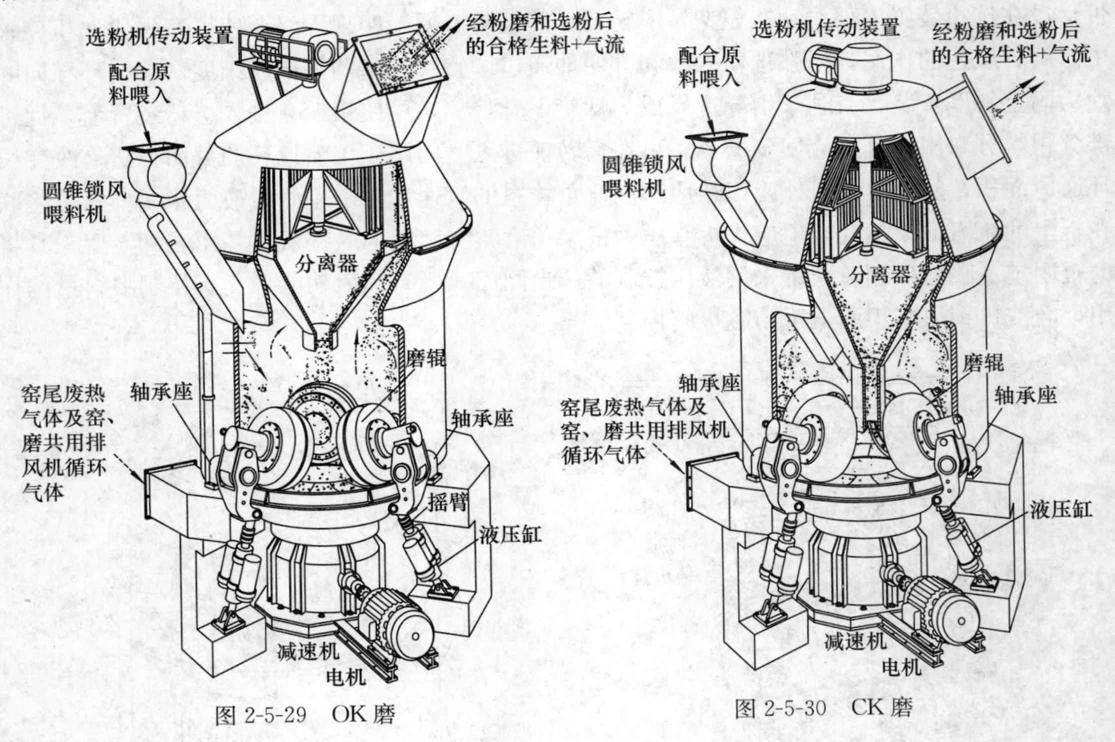

图 2-5-29 OK 磨　　　图 2-5-30 CK 磨

OK/CK 型立磨规格表示方法：以 OK19-3 为例：磨盘直径 ϕ1900mm，设计生产能力 450t/h 磨辊三个。以 KC450 为例：磨盘直径 ϕ4500mm；设计生产能力 450t/h，磨辊四个。

（6）HRM 型立磨

合肥水泥研究设计院自 1984 年就开始进行立式磨的研究，在广泛吸取国外各家公司立磨结构优点的基础上，结合不断积累的经验，研究设计出了结构形式与国内外各家的立磨均有所不同的 HRM 型立磨，具有自主知识产权。首台 HRM1250（H—合肥水泥研究设计院，RM-Roller mill，表示立磨，1250-磨盘研磨区域中径，单位：mm）原料立磨于 1989 年投入运行，随后开发了 HRM 系列立式磨。1993 年“HRM 型原料立磨”项目通过国家级技术鉴定。经过 30 多年不间断的研究与开发，目前 HRM 型立式磨已经形成四大系列、30 多个规格的产品，不仅能够用于粉磨水泥原料，而且也适合煤粉磨以及难磨的高炉矿渣、水泥熟料等，如图 2-5-31 所示。

目前 HRM4800 立磨是国产生产能力最大的原料立磨，其研磨区域中径为 4.8m，研磨区域外径为 5.6m，磨盘最大外径为 6.1m，台时产量可达 500t，可与 5000～7000t/d 水泥熟料生产线配套。

HRM4800 立磨的规格表示方法：HRM 表示合肥水泥设计研究院立式磨，4800 表示磨盘中经 ϕ4800mm。

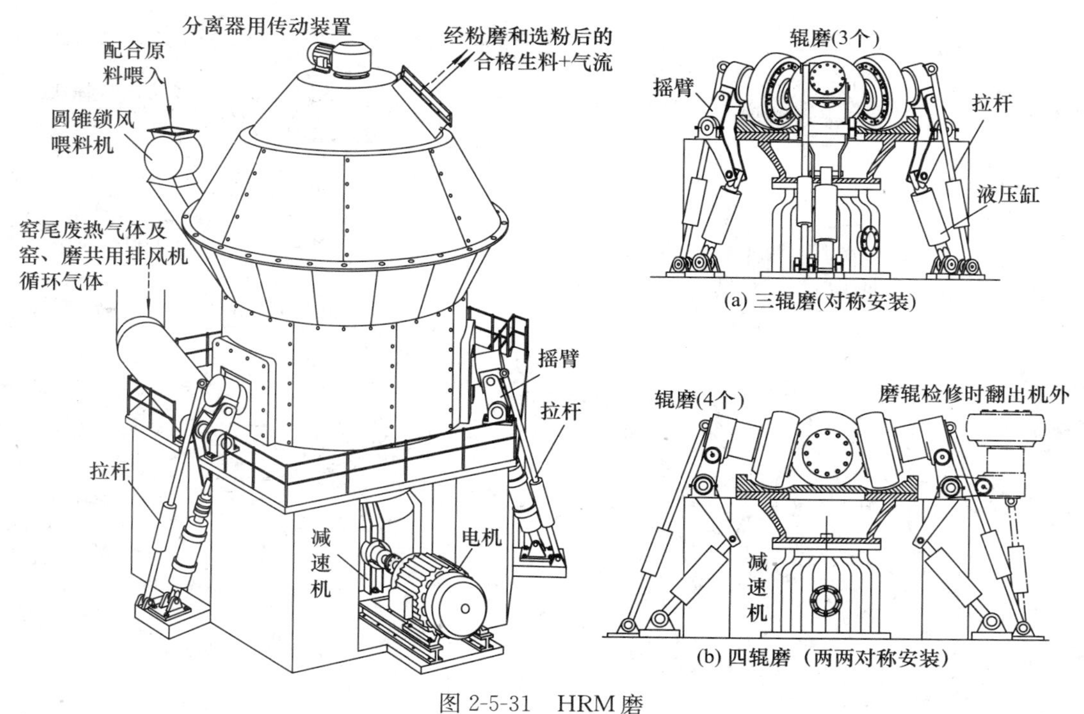

图 2-5-31 HRM 磨

（7）TRM 型立磨

天津水泥工业设计研究院早在 20 世纪 70 年代末开始进行的开发研究出 TRM 系列立式磨。首台 TRM2500 立式磨于 1991 年成功用于 1000t /d，其后相继完成 TRM3240、TRM4541 等多种规格立式磨的设计开发，按照生产要求可配置两个、三个或者四个磨辊，可粉磨水泥原料、熟料、矿渣和煤。图 2-5-32 是用于粉磨水泥原料的 TRM53.4 立磨，配置四个磨辊（每一个磨辊相互间互为 90°等距布置，低位置时磨辊轴与磨盘水平面夹角 15°），每个磨辊都由固定的摇臂、安装摇臂的支架、翻辊装置，以及液压系统组成粉磨的单元。被粉磨的配合原料通过三道锁风阀进入到通过分离器侧面的下料管，在重力作用下落到磨盘中央。磨盘与减速机相连，以恒速旋转。通过磨盘的旋转将物料均匀地分布在磨盘的衬板上，在液压系统的压力作用下，磨辊咬住物料并将其碾碎并粉磨。碾碎、粉磨后的物料在离心力作用下被甩至磨盘的边缘，甩至磨盘外面的物料在风环高速气体的作用下大部被吹回磨盘继续粉磨，粉状物料随高速气体经磨机中部壳体上升到分离器中。在此过程中物料与热气体进行了充分的热交换，水分迅速被蒸发，使剩余的水分不到 1%。尚未被粉磨到规定要求的物料由分离器选出。并被送回至磨盘，进行再粉磨，通过分离器的细粉随气流进入收尘器收集，送往生料均化库。

4. 立磨工艺系统配置

立式磨工艺系统配置参照“图 2-5-17、图 2-5-18 立磨生料粉磨流程”，磨机与旋风筒（料、气分离器）、输送、除尘设备共同构成了粉磨系统，其主要配置实例如表 2-5-4 所示。

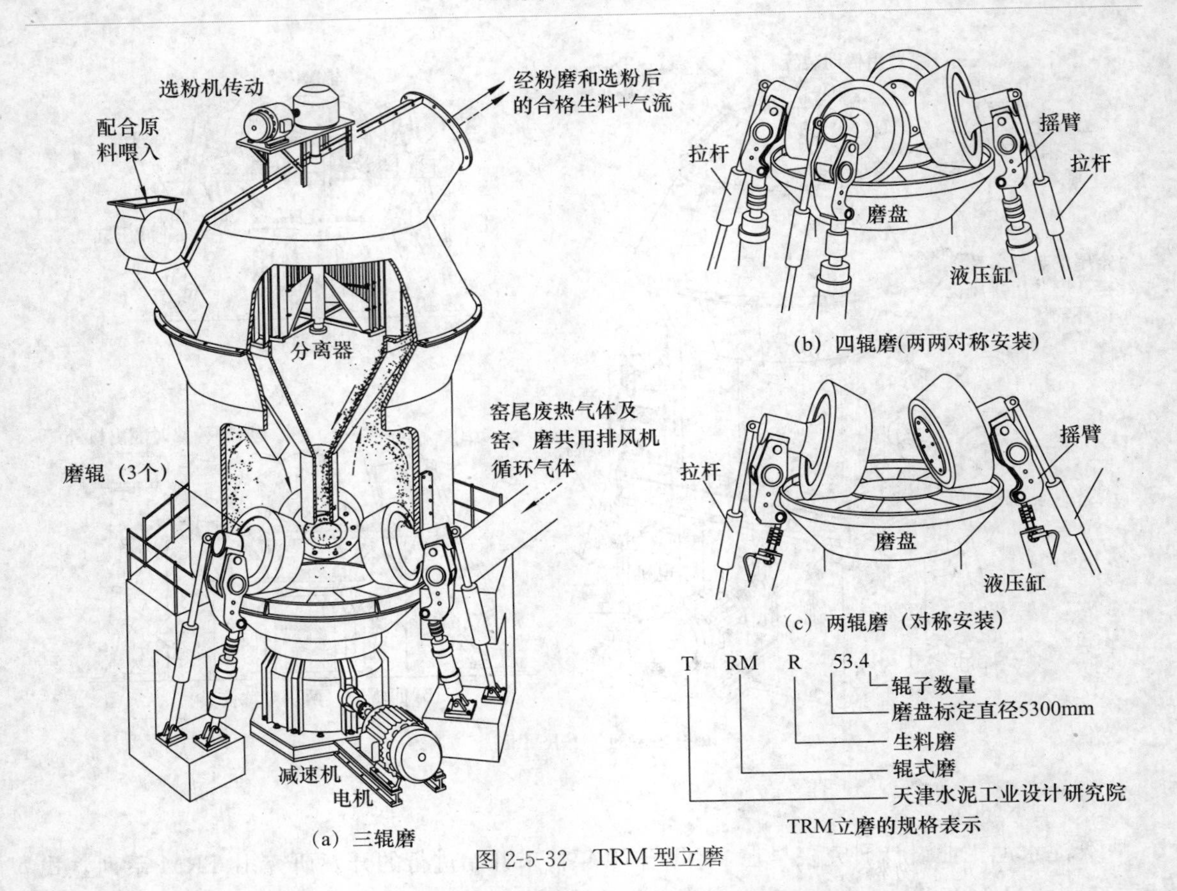

(a) 三辊磨

(b) 四辊磨(两两对称安装)

(c) 两辊磨（对称安装）

图 2-5-32 TRM 型立磨

表 2-5-4 5000t/d 生产线立式生料磨系统主要配置实例

工艺设备	TRM 立磨系统	HRM 立磨系统	ATOX—50 立磨系统
生产能力（t/h）	400～450	420～460	400～410
入料粒度（mm）	<80	<100	2%>100mm
产品细度：R0.08	≤12	≤16	≤12
处理风量（m^3/h）	640000～714441	820000～900000	850000～950000
入磨水分（%）	≤7	≤6	≤8
出磨水分（%）	≤1	≤1	≤0.5
入磨风温（℃）	253	250	250
出磨风温（℃）	90	90	80～95
立磨规格	TRM53.4 磨辊直径：2450mm 磨辊数：4 个 磨盘直径：ϕ5300mm 磨盘转速：25.57r/min	HRM4800 磨辊直径：2600mm 磨辊数：4 个 磨盘中径：ϕ4800mm 磨盘转速：25.6r/min	ATOX—50 磨辊直径：3000mm 磨辊数：3 个 磨盘直径：ϕ5000（mm） 磨盘转速：25r/min
电机	型号：YRKK900—6 电压：6kV 功率：4200kW	型号：YRKK900—6 电压：6kV 功率：3800kW	型号：YKK900—6 电压：10kV 功率：3800kW
减速机	型号：JLP400—WX3 速比＝39.368：1	型号：MLX400 速比＝38.9：1	型号规格：KMP710 速比＝39.42：1

5．立磨系统操作控制

由于立磨的诸多优点，在新建的现代化水泥厂中已成为水泥生料粉磨的首选设备。在表2-5-3中所列几种立磨的主要技术参数是设计参数，而在生产操作中，不同型号的立磨、不同的生产工艺线上，操作控制参数需根据出磨生料的目标值来进行调整、确定，使系统温度、压力合理分布，保持立磨压差、料层厚度、主电机电流及磨体振动等参数波动处于正常范围，风量、料量、压力之间的始终处于平衡状态，稳定操作制度，使之达到优质、高产、降耗、环保。下面我们以ATOX－50为例，先分析一下它的主要经济技术指标及影响因素，再根据这些指标要求，看一看怎样操作立磨。

（1）稳定料床

维持稳定料床，这是辊式磨料床粉磨的基础，正常运转的关键。料层厚度可通过调节挡料圈高度来调整，合适的厚度以及它们与磨机产量之间的对应关系，应在调试阶段首先找出。料层太厚粉磨效率降低，料层太薄将引起振动。如辊压加大，则产生的细粉多，料层将变薄；辊压减少，磨盘物料变粗，相应返回的物料多，料层变厚。磨内风速提高，增加内部循环，料层增厚，降低风速，减少内部循环，料层减薄。在正常运转下辊式磨经磨辊压实后的料床厚度不宜小于40～50mm。

（2）粉磨压力控制

粉磨压力是影响磨机产量、粉磨效率和磨机功率的主要因素。立磨是借助于对料床施以高压而粉碎物料的，压力增加产量增加，但达到一定的临界值后不再变化，压力的增加随之而来的是功率的增加，导致单位能耗的增加，因此适宜的辊压要产量和能耗二者兼顾。该值决定于物料性质、粒度以及喂料量。在试生产时要找出合适的粉磨压力以及压力合理的风速可以形成良好的内部循环，使磨盘上的物料层适当、稳定，粉磨效率高。在生产工艺中，当风环面积一定时，风速由风量决定与生产工艺能力之间的对应关系，来保证粉磨效果。

（3）入磨及出磨风温控制

立磨是烘干兼粉磨系统，出磨气体温度是衡量烘干作业是否正常的重要指标。为了保证原料烘干良好，出磨物料水分小于0.5%，一般控制磨机出口温度在80～95℃之间。如温度太低则成品水分大，使粉磨效率和选粉效率降低，有可能造成收尘系统冷凝；如太高，表示烟气降温增湿不够，也会影响到收尘效果。

（4）控制合理的风速

入磨热风主要来源于回转窑系统的废气（也有的工艺系统采用热风炉提供热风，为了调节风温和节约能源，在入磨前还可兑入冷风和循环风）。采用预分解窑废气作热风源的系统，希望废气能全部入磨利用。若有余量则可通过管道将废气直接排入收尘器。如果废气全部入磨仍不够，可根据入磨废气的温度情况，确定兑入部分冷风或循环风。风量由风速决定，而风量则和喂料量相联系，如喂料量大，风量应大；反之则减小。风机的风量受系统阻力的影响，可通过调节风机阀门来调整。磨机的压降、进磨负压、出磨负压均能反映风量的大小。压降大、负压大表示风速大、风量大；反之则相应的风速风量小。这些参数的稳定就表示了风量的稳定，从而保证了料床的稳定。

（5）立磨的拉紧杆压力

ATOX型立磨的研磨力主要来源于液压拉紧装置。通常状况下，确定拉紧压力的大小主要考虑物料特性及磨盘料层厚度。挤压力越大，破碎程度越高，因此，越坚硬的物料所需拉紧力越高；同理，料层越厚所需的拉紧力也越大，否则，粉磨效果不好。

对于易碎性较好的被磨物料，拉紧力过大是一种浪费，在料层薄的情况下，还往往造成振动，而易碎性较差的物料，所需拉紧力大，料层偏薄会取得更好的粉碎效果。拉紧力选择的另一个重要依据为磨机主电机电流。正常工况下不允许超过额定电流，否则应调低拉紧力。

（6）控制生料细度

影响产品细度的主要因素是分离器的转速和该处的风速。在分离器转速不变时，风速越大，产品细度越粗，而风速不变时，分离器转速越快，产品颗粒在该处获得的离心力越大，能通过的颗粒直径越小，产品细度越细。通常状况下，出磨风量是稳定的，该处的风速的变化也不大。因此控制分离器转速是控制产品细度的主要手段。一般0.08mm筛筛余控制在12%左右可满足回转窑对生料细度的要求，过细不仅降低了产量，浪费了能源，而且提高了磨内的循环负荷，造成压差不好控制。

分离效果是影响循环负荷的主要因素之一。分离效果取决于由分离器转速和磨内风速所构成的流体流场。通常状况下，分离器转速提高，出磨产品变细，在风量和负荷不变的情况下，细度可以通过手动改变转速来调节，调节时每次最多增或减2r/min，过大会导致磨机振动加大甚至跳闸。

（7）立磨吐渣的控制

正常情况下，ATOX－50立磨喷口环的风速为50m/s左右，这个风速即可将物料吹起，又允许夹杂在物料中的金属和大密度的杂石从喷口环处跌落经刮板清出磨外，所以有少量的杂物排出是正常的，这个过程称为吐渣。但如果吐渣量明显增大则需要及时加以调节，稳定工况。造成大量吐渣的原因主要是喷口环处风速过低。

造成喷口环处风速低的主要原因有：

① 系统通风量失调。由于气体流量计失准或其他原因，造成系统通风大幅度下降。喷口环处风速降低造成大量吐渣。

② 系统漏风严重。虽然风机和气体流量计处风量没有减少，但由于磨机和出磨管道、旋风筒、收尘器等大量漏风，造成喷口环处风速降低，使吐渣严重。

③ 喷口环通风面积过大。这种现象通常发生在物料易磨性差的磨上，由于易磨性差，保持同样的台时能力所选的立磨规格较大，产量没有增加，通风量不需按规格增大而同步增大，但喷口环面积增大了。如果没有及时降低通风面积，则会造成喷口环的风速较低而吐渣较多。

④ 磨盘与喷口环处的间隙增大。该处间隙一般为5～8mm，如果用以调整间隙的铁件磨损或脱落，则会使这个间隙增大，热风从这个间隙通过，从而降低了喷口环处的风速而造成吐渣量增加。

⑤ 磨内密封装置损坏。磨机的磨盘座与下架体间，三个拉架杆也有上、下两道密封装置，如果这些地方密封损坏，漏风严重，将会影响喷口环的风速，造成吐渣加重。

（8）立磨压差的控制

压差是指运行过程中分离器下部磨腔与热烟气入口静压之差，这个压差主要由两部分组成，一是热风入磨的喷口环造成的局部通风阻力，在正常工况下，大约有2000～3000Pa，另一部分是从喷口环上方到取压点之间充满悬浮物料的流体阻力，这两个阻力之和构成了磨床压差。在正常运行的工况下，出磨风量保持在一个合理的范围内，喷口环的出口风速一般在50m/s左右，因此喷口环的局部阻力变化不大，磨床压差的变化就取决于磨腔内流体阻力的变化。这个变化的由来，主要是流体内悬浮物料量的变化，而悬浮物料量的大小一是取决于喂料量的大小，二是取决于磨腔内循环物料量的大小，喂料量是受控参数，正常状况下是较稳定的，因此压差的变化就直接反映了磨腔内循环物料量的大小。

正常工况磨床压差应是稳定的，这标志着入磨物料量和出磨物料量达到了动态平衡，循环负荷稳定。一旦这个平衡被破坏，循环负荷发生变化，压差将随之变化。如果压差的变化不能及时有效地控制，必然会给运行过程带来不良后果，主要有以下几种情况：

① 压差降低表明入磨物料量少于出磨物料量，循环负荷降低，料床厚度逐渐变薄，薄到极限时会发生振动而停磨。

② 压差不断增高表明入磨物料量大于出磨物料量，循环负荷不断增加，最终会导致料床不稳定或吐渣严重，造成饱磨而振动停车。

③ 压差增高的原因是入磨物料量大于出磨物料量，一般不是因为无节制的加料而造成的，而是因为各个工艺环节不合理，造成出磨物料量减少。出磨物料应是细度合格的产品。如果料床粉碎效果差，必然会造成出磨物料量减少，循环量增多；如果粉碎效果很好，但选粉效率低，也同样会造成出磨物料减少。

6. 立磨运行操作中的注意事项

① 密切监控磨机进出口压差变化和原料稳定供给，尽可能避免原料配料仓内结拱堵料或塌料而造成原料磨供料不足或喂料过量。

② 密切监控磨机进出风的温度变化，防止烧成系统生产异常时出预热器废气温度骤变而使进磨热风温度与风量发生过大变化、进而可能引起磨机工况波动剧烈和综合连锁反应、导致事故紧急停车。

③ 对正常运行中可能出现的磨机主减速机轴承温度过高、磨振过大等重大故障之一时，都必须停磨，平时必须密切监控磨机主轴承，主减速机轴承，主电机轴承和三大风机（预热器风机，磨机排风机，电收尘排风机）的轴承温度。

④ 无论发生哪一种故障，首先要对故障原因、对工艺生产与设备安全保护的影响程度以及排除故障预计所需时间能够及时作出准确的判断，然后根据轻重主次，以先单机停车、其次分组停车、最终迫不得已才系统停车的原则来实施故障处理，尽可能快地恢复正常生产。

⑤ 建立车间日常的维护保养制度，每班必须对磨机、等进行检查，通过勤监视、勤检查、勤联系，以便及时发现问题，尽快采取正确的应变措施，使系统工作状态能时时稳定在最佳的操作控制范围内。

⑥ 磨机负荷控制回路只允许在系统工作基本稳定的情况下才能投入使用。

⑦ 出口风温通常控制在80～95℃之间（温度太低，成品水分大，可能造成收尘系统冷

凝，影响收尘效果。但最高不允许超过120℃，否则软连接要受损失）。控制措施：通过调整增湿塔喷水量调整一定的入磨风温。

⑧ 在一定喂料量下，若成品细度粗，磨内进出料平衡将被破坏，虽然产量高，但磨机料层变薄，磨机负荷减小，易使磨机振动，成品细度不合格，在监控参数上表现为立磨料层薄，主电机电流低于规定值，应减少系统风量或增加分离器转速。反之应增大系统风量或减少分离器转速。

7. **立磨的主要经济技术指标及影响因素**

立磨的主要经济技术指标有产量、电耗、化学成分合格率、出磨生料细度及水分等，其影响因素如下：

(1) 影响出磨生料细度的主要因素

分离器转速和该处风速是影响出磨生料细度的主要因素，操作中一般风速不能任意调整，因此调整分离器转速为产品细度控制的主要手段，分离器是变频无级调速，转速越高，产品细度越细。立磨的产品细度是很均齐的，但不能过细，应控制在要求范围内，理想的细度应为9%～12%（0.08mm筛）。产品太细，既不易操作又造成浪费。

(2) 影响出磨生料水分的因素

入磨风温和风量影响出磨生料的水分。操作中要尽量做到风量基本恒定，不应随意变化，因此入磨风温就决定了物料出磨水分。在北方，为防均化库在冬季出现问题，一般出磨物料水分应在0.5%以下，不应超过0.7%。

(3) 影响磨机产量的因素

物料本身的性能和磨辊的拉紧压力、料层厚度的合理配合等影响折磨机产量。拉紧压力越高，研磨能力越大，料层越薄，粉磨效果越好。但必须要在平稳运行的前提下追求产量，否则事与愿违。当然磨内的通风量应满足要求。

(4) 产品的电耗

产品的电耗与磨机产量紧密相关。产量越高，单位电耗越低。另外与合理用风有关，产量较低，用风量很大，势必增加风机的耗电量，因此通风量要合理调节，在满足喷口环风速和出磨风量含尘浓度的前提下，不应使用过大的风量。

2.5.3 出磨生料质量控制

生料质量是熟料质量的基础。生料的质量控制，是水泥生产全过程中的一个十分重要的控制环节。生料质量好坏，直接影响熟料质量和煅烧操作。随着水泥工业的发展，生产工艺技术在不断提升，这对出磨物料各种化学成分的分析精度和速度的要求也越来越高，化学分析方法已满足不了快速测定的要求，用于生产控制的荧光分析方法正逐步取代传统的化学分析方法。X—荧光分析仪由光源、衍射晶体、探测器三个基本部件组成，它采用的是核物理技术，测定出磨生料时不需要对样品进行液化，只需将样品压片后就可以进行测定了。当被测物料受X光源发出的X射线照射时，样品中各元素被激发，产生各自特征的次级X射线，其强度与各元素的含量成正比，探测各元素X射线的强度，即可得到这些被测元素的含量值。

在水泥生料质量控制中，将多元素分析仪、离线钙铁分析仪或在线钙铁分析仪等荧光分析仪与出磨物料的取样系统、配料控制微机、配料电子皮带秤一起构成生料配料控制系统。

（1）离线钙铁分析仪的生料成分配料控制系统

多元素分析仪、离线钙铁分析仪用于离线分析方式，分析仪器与配料微机联机，采用间断控制。在每个控制周期内，由人工取样、人工制样，送入仪器内进行分析。将生料中的 CaO 和 Fe_2O_3 含量分析的结果，自动输送到配料微机。按预定的控制策略进行数据处理、运算出新的配比，输出控制信号，调整各原料给料秤的流量设定值。

（2）在线钙铁分析仪的生料成分配料控制系统

在线钙铁分析仪与定时取样分析间断性工作的离线钙铁分析仪不同的是，仪器直接安装在水泥生产线上，连续自动取样、自动制样，连续分析出磨生料的钙铁含量，自动回到生产料流中去。分析结果联机传送给配料计算机，经数据处理后，与控制目标比较。采用定值、倾向、累计等控制策略，计算出新的配比，约每 5min 输出新的控制信号，自动调整定量给料秤的下料量，使出磨生料的 $CaCO_3$ 和 Fe_2O_3 的成分稳定在要求的范围内。在生料磨配料控制系统中采用荧光分析法测定出磨生料成分，速度快，准确度高。通过计算机反馈信息调节生料磨各种原料的配比，以提高出磨生料的合格率或减少生料成分的标准偏差，大大提高了出磨生料的质量。

（3）生料质量控制内容及要求

化验室会同有关部门制定半成品的质量管理和控制方案，经企业质量负责人批准后执行，化验室负责监督、检查方案的实施。

配合原料在入磨前已经过破碎、预均化等工序，其化学成分较为均匀稳定，粒度和水分也应符合入磨的质量要求。降低入磨物料水分和粒度，不仅可以提高配料准确性，还能充分发挥磨机的粉磨能力，提高磨机产量，降低粉磨电耗。对于球磨机来说，如果入磨物料水分高，由于磨内温度较高，形成的水蒸气又不能及时排出时，会造成糊磨、包球和堵塞隔仓板等现象，这样不但降低了粉磨效率，而且破坏了磨内的平衡状态，因而使生料成分产生波动。入磨物料粒度过大或粒度严重不均匀；也会影响磨机产量和出磨生料质量。物料粒度过大，易使喂料量产生较大波动，各种物料的配合比不能按照要求的数量较准确的喂料。另外，粒度不均匀的物料，在料仓中易产生离析，进入生料磨后平衡遭到破坏，也会使生料成分、细度不易控制而影响质量。因此各厂应根据各自的工艺，制定入生料磨、煤磨物料质量控制指标，如表 2-5-5 所示。

表 2-5-5 配合原料入磨质量控制指标

物料	控制项目	指标	合格率	检验频次	取样方式	备注
钙质原料	CaO	自定	≥80%	自定	瞬时	每月统计 1 次
	粒度					
	水分					
硅铝质原料	SiO_2、Al_2O_3					
铁质原料	Fe_2O_3					

为保证生料质量，应配备精度符合配料需求的计量设备，并建立定期维护和校准制度，生料配料应按化验室下达的通知进行，配料过程应及时调控，确保稳定配料。

测定出磨生料碳酸钙滴定值（T_C）可以基本上判断生料中的石灰石与其他原料的配合比例。石灰石除含有大量碳酸钙外，往往还含有少量碳酸镁，而用生料碳酸钙滴定值所测的结果是碳酸钙和碳酸镁的合量。当使用的石灰石中碳酸镁的含量较少或碳酸镁的含量较稳定时，控制生料碳酸钙滴定值基本上可以达到稳定生料中氧化钙的目的；但是，当使用石灰石中碳酸镁的含量波动较大时，就不宜用碳酸钙滴定值来控制，而应该用测定生料中氧化钙的方法进行控制。还要测定出磨生料的三氧化二铁的含量；最终还要测定计算生料中三个率值，即 *KH*、*n*（*SM*）*p*（*IM*），是否达到配料要求。

出磨生料细度用 80μm 筛余和 0.2mm 筛余来表示，生料细度对熟料煅烧时的固相反应速度影响极大，大于 0.2mm 的颗粒影响尤为显著。指标中还规定回转窑工艺的出磨生料水分应小于 1%，出磨水分过大会影响生料均化工序的正常作业。

出磨生料的质量控制要求应符合《指标要求》的规定。如表 2-5-6 所示：

表 2-5-6　出磨生料的质量控制要求

<table>
<tr><th>控制项目</th><th>指标</th><th>合格率</th><th>检验频次</th><th>取样方式</th><th>备注</th></tr>
<tr><td>CaO（T_C）</td><td>控制值±0.3%（±0.5%）</td><td>≥70%</td><td>1 次/1h</td><td rowspan="7">瞬时或连续</td><td rowspan="7">每月统计 1 次</td></tr>
<tr><td>Fe_2O_3</td><td>控制值±0.2%</td><td>≥80%</td><td>1 次/2h</td></tr>
<tr><td>KH 或 LSF</td><td>控制值±0.02（KH）</td><td>≥70%</td><td rowspan="2">1 次/1h～1 次/24h</td></tr>
<tr><td>n（SM）p（IM）</td><td>控制值±0.10</td><td>≥85%</td></tr>
<tr><td>80μm 筛余%</td><td>控制值±2.0%</td><td rowspan="3">≥90%</td><td>1 次/1h～1 次/2h</td></tr>
<tr><td>0.2mm 筛余%</td><td>≤2.0%</td><td>1 次/24h</td></tr>
<tr><td>水分</td><td>≤1.0%</td><td>1 次/周</td></tr>
</table>

入窑生料氧化钙合格率的提高，主要靠生料的调配和均化。出磨生料不得直接入窑，应按化验室指定的库号入、出库。要采取必要的均化措施，并保持合理的库存量。入窑生料的质量控制要求应符合《指标要求》的规定。如表 2-5-7 所示。

表 2-5-7　入窑生料的质量控制要求

<table>
<tr><th>控制项目</th><th>指标</th><th>合格率</th><th>检验频次</th><th>取样方式</th><th>备注</th></tr>
<tr><td>CaO（$TCaCO_3$）</td><td>控制值±0.3%（±0.5%）</td><td>≥80%</td><td>分窑 1 次/h</td><td>瞬时或连续</td><td rowspan="5">每季度
统计 1 次</td></tr>
<tr><td>分解率</td><td>控制值±3%</td><td>≥90%</td><td>分窑 1 次/周</td><td rowspan="3">瞬时</td></tr>
<tr><td>KH 或 LSF</td><td>控制值±0.02（KH）</td><td>≥90%</td><td rowspan="2">分磨
1 次/4h～1 次/24h</td></tr>
<tr><td>n（SM）p（IM）</td><td>控制值±0.10</td><td>≥95%</td></tr>
<tr><td>全分析</td><td>根据设备、工艺要求决定</td><td>—</td><td>分窑 1 次/24h</td><td>连续</td></tr>
</table>

2.6　生料均化

尽管原料在破碎后、粉磨前已经做过预均化处理了，使化学成分的波动缩小了许多，可即使预均化的十分到位，在入磨前的配料过程中，也会可能由于设备误差、操作因素及物料在输送过程中某些离析因素的影响，使得出磨生料的化学成分仍会有较大的波动，它的均齐性（颗粒大小和级配）和稳定性（CaO、SiO_2、Al_2O_3和Fe_2O_3的化学成分的波动范围）是远远满足不了入窑生料控制指标的要求的，因此出磨生料必须要均化。

2.6.1　生料均化库

随着新型干法水泥工艺技术的发展，均化技术在生产中得到了迅速发展和广泛的应用，已形成了一个与生料粉磨并存的生料制备系统，目前国内外水泥行业生料（水泥也是如此）均化系统中普遍采用的是连续式生料均化库，它既是生料均化装置，又是生料磨与窑之间的缓冲、储存装置。

1．**生料均化库的类型及均化原理**

（1）CP型均化室（混合室）均化库

克拉得斯·彼得斯（Claudius Peters）公司（德国）的连续式生料均化库（CP库）是最早采用连续式生料均化库的公司之一，库内设有圆柱形均化室（图2-6-1）或圆锥形混合

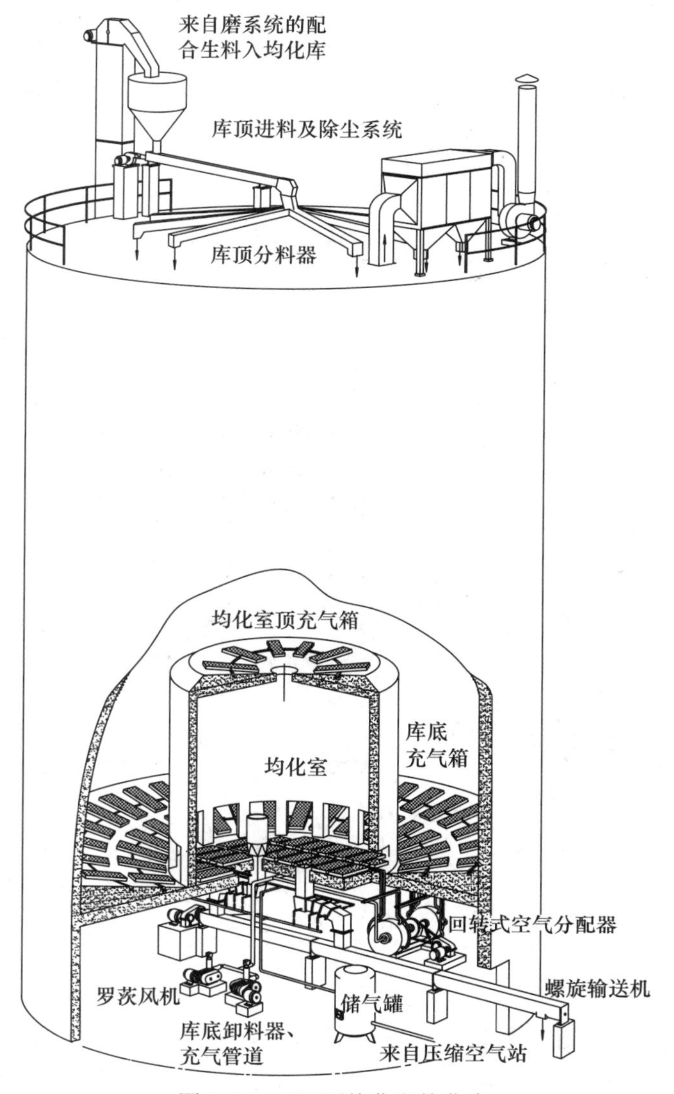

图2-6-1　CP型均化室均化库

室、8～12 个环形库底充气区等（向库中心倾斜，斜度 13%左右）。出磨生料经库顶生料分配器和放射状布置的小斜槽送入库内，受到库底分配阀的轮流充气，使生料膨松活化，向中央的均化室（混合室）流动，这样，当每个活化生料区向下卸料时，都产生“漏斗效应”，使向下流出的生料能够切割库内已平铺的所有料层，依靠重力进行均化，进入均化室（混合室）的生料则由空气进行搅拌均化。

（2）IBAU 型中心室均化库

这种均化库也是由德国制造的，结构如图 2-6-2 所示。生料入库装置类似 CP 型均化库，由分料器和辐射型空气输送斜槽基本平行的铺入库内。库底中心有一个大的圆锥体，通过它将库内生料重量传到库壁上。圆锥周围的环形空间被分成向库中心倾斜的 6～8 个区，每个区都装有充气箱。充气时生料首先被送至一条径向布置的充气箱上，再通过圆锥体下部的出料口，经斜槽进入库底部中央的搅拌仓中。

该库的均化机理与 CP 型均化库相似，当某一区充气时，该区上部物料下落形成一漏斗状料流，漏斗下部横断面上包含好几层不同时间的料层。因此，当生料从库顶达到库底时，依靠重力发生混合作用，在生料进入搅拌仓后，又依靠连续空气搅拌得到气力均化，最后从搅拌仓下部卸出。

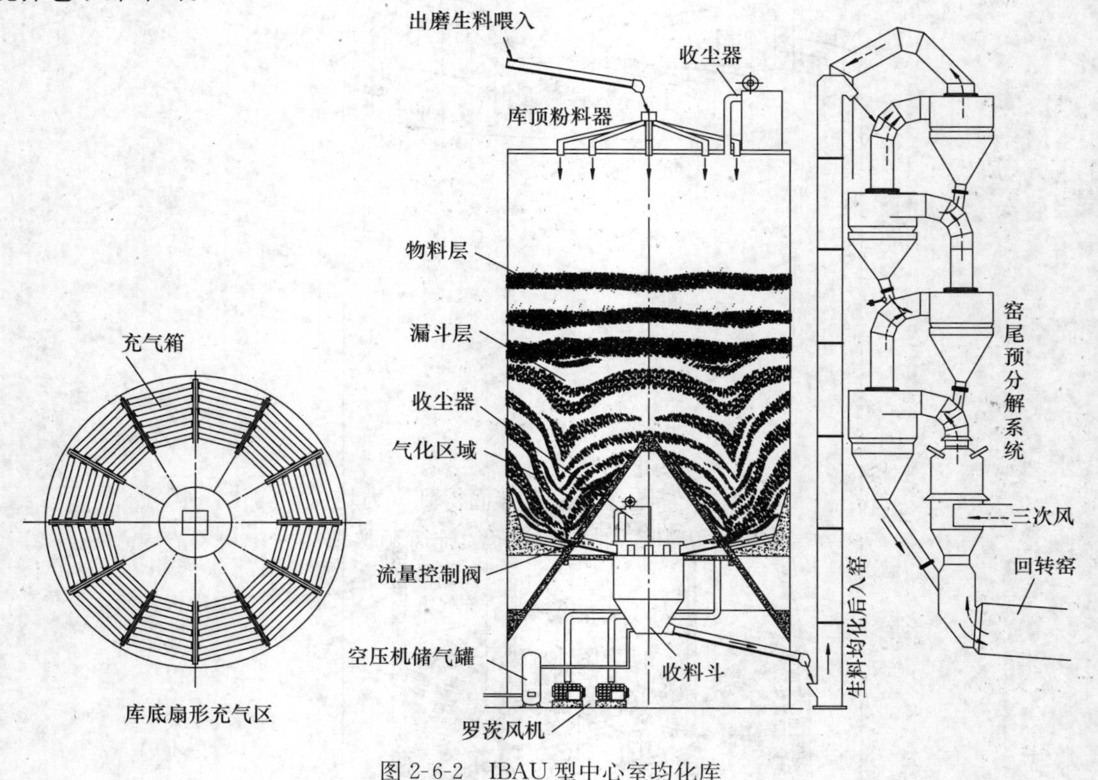

图 2-6-2　IBAU 型中心室均化库

（3）CF 型控制流式均化库

F. L. Smindth 公司控制流库（Controlled Flow Silo，简称 CF 库）这种均化库与其他均化库不同的是，生料入库方式为单点进料。库底分为七个六边形卸料区域，每个卸料区域中心设置一个卸料口，上边由减压锥覆盖。卸料孔下部与卸料阀及空气斜槽相联，将生料送到库底中央的小混合室中，库底的多个三角形充气箱充气卸料。由于依靠充气和重力卸料，物料在库内实现轴向及径向混合均化，各个卸料区可控制不同流速，再加上小混合室的空气搅拌，因此，均化效果较高，生料卸空率亦较高。

这种库的库内结构比较复杂，充气管路多，自动化水平高，维修比较困难。

（4）MF 型多料流式均化库

伯力休斯流式均化库（Polysius Mulliflow Silo，简称 MF 库）的库顶设有生料分配器及输送斜槽，使入库生料水平铺料，库底为锥形，略向中心倾斜。库底设有一个容积较小的中心室，其上部与库底的联接处四周开有许多入料孔。中心室与均化库壁之间的库底分为 10～16 个充气区，每个充气区装设 2～3 条装有充气箱的卸料通道。通道上沿径向铺有若干块盖板，形成 4～5 个卸料孔。卸料时，充气装置向两个相对区轮流充气，以使上方出现多个漏斗凹陷，漏斗沿直径排成一列，随着充气变换而使漏斗物料旋转，从而使物料在库内产生重力混合，同时也产生径向混合，增加均化效果。库下中心室连续充气，再进行搅拌均化，因此均化效果较高，生料卸空率较高。

20 世纪 80 年代以后，MF 库又吸取 IBAU 库和 CF 库的经验，库底设置一个大型圆锥，每个卸料口上部也设置减压锥，这样可使土建结构更加合理，又可减轻卸料口的料压，改善物料流动状况。

（5）TP 型多料流式化库

我国天津 TP 生料型多料流式均化库是在总结引进的混合室、IBAU 型均化库实践经验基础上研发的一种库型。库内底部设置大型圆锥结构，使土建结构更加合理，同时将原设在库内的混合搅拌室移到库外，减少库内充气面积。入均化库由分料器和辐射形空气斜槽将生料基本平行地铺入库内，通过大型圆锥将库内生料重量传到库壁上，圆壁与圆锥体周围的环形空间分 6 个卸料大区、12 个充气小区，每个充气小区向卸料口倾斜，斜面上装设充气箱，各区轮流充气。当某区充气时，上部形成漏斗流，使生料粉向下降落时切割尽量多层料面予以混合。同时，在不同流化空气的作用下，使沿库内平行料面发生大小不同的流化膨胀作用，有的区域卸料，有的区域流化，从而使库内料面产生径向倾斜。根据二次搅拌的原理，库底设有大容量生料计量均化仓，生料由库内卸出进入均化仓又靠连续充气搅拌而得到气力均化，均化仓中的生料经流量控制阀、流量计计量后经充气斜槽、提升机送入到窑尾的旋风预热器中。中央料仓上面的收尘器，可防止设备运行时产生的任何粉尘污染，库底充气可用压缩空气，也可用罗茨鼓风机供气。

（6）NC 型多料流式均化库

我国南京 NC 型多料流均化库是在吸收引进的 MF 型均化库基础上研发的一种库型。该库顶多点下料，平铺生料。根据各个半径卸料点数量多少确定半径大小，以保证流量平衡。各个下料点的最远作用点与该下料点距离相同，保证生料层在平面上对称分布。库内设有锥形中心室，库底共分 18 个区，中心室内为 1～10 区，中心室与库壁的环表区为 11～18 区。生料从外环区进入中心室再从中心室卸入库下称重小仓，在向中心室进料时，外环区充气箱仅对 11～18 区中的一个区充气，对更多料层起强烈的切割作用。物料进入中心仓后，在减压锥的减压作用下，中心区 1～8 区也轮流充气，并同外环区充气相对应，使进入中心区生料能够迅速膨胀、活化及混合均化。9～10 区一直充气，进行活化卸料。卸料主要通过一根溢流管进行，保证物料不会在中心仓短路。

2. **生料均化库的构成**

均化库是一个圆柱形的水泥构筑物，库顶要设有分料器和辐射形空气斜槽（便于入库生料水平铺料）、稳流仓、袋式除尘器；库内底部设有均化库或混合室、充气箱及充气管道、卸料口；库外库底布满了充气管道、卸料器、回转式空气分配阀、螺旋输送机、罗茨风机、储气罐等，它们在均化生料的过程中发挥着各自的功能，下面以 CP 型均化室均化库为例说明之（图 2-6-1）。

（1）均化室

现代化水泥厂的生料均化库的容量都很大（存料量在 1 万 t 左右），若使库内的全部物料剧烈翻腾起来而均化是很困难的，而且耗电巨大，太不经济了。因此可以在均化库内设置一个小的搅拌室，专门给物料提供一个充分搅拌的“单间”，让库内下部的生料在产生充气料层后，沿着库底斜坡流进（粉状物料是有一定的流动性的）库底中心处的搅拌室，在这里受到强烈的交替充气，使料层流态化，充分搅拌趋于均匀。

混合室内装有一高位出料管，一般高出充气箱 3～4m，经过空气搅拌均化后的生料从高位管溢流而出，由库底卸料器卸出。低位出料管比充气箱约高 40mm 用于库底检修卸空物料之用。

（2）充气箱

充气箱是由箱体和透气性材料组成，铺设在均化库的库底和混合室的顶部。充气箱的形状有条形、矩形、方形、环形或阶梯形等，用得最多的是矩形充气箱，其箱体用钢板、铸铁或混凝土浇制而成，透气层采用陶瓷多孔板、水泥多孔板或化学纤维过滤布，由罗茨风机产生的低压空气的一部分，沿库内周边进入充气箱，透过透气层，对已进入库内的生料在库的下部充气形成充气料层，可以具备良好的流动性。不过库的容量很大，我们不要认为整个一个大库都能使全部的物料在这里剧烈“翻腾”起来，也就是说在此是不能完全均化的，如图 2-6-3 所示。

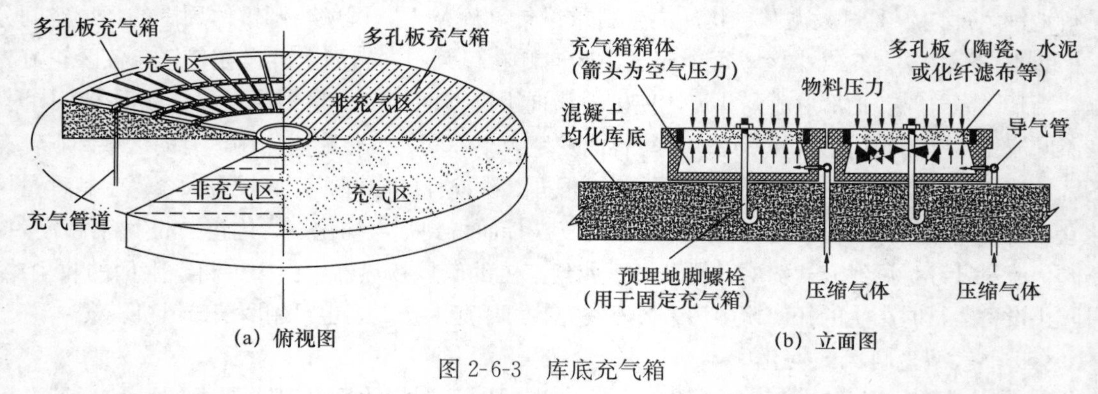

图 2-6-3　库底充气箱

（3）充气装置

连续式空气均化库的工作特点是局部充气、连续操作，所需空气压力一般不超过 5000mmHg，空气消耗量较大，可达 $45m^3/min$ 以上。均化库的气源来自罗茨风机，（通过库底若干条充气管路分别送给库底卸料器和各个充气箱，在库底环形充气区和混合室底部平面充气区对应分区充气，）经回转式空气分配阀分配，通过库底若干条充气管路分别送给搅拌室和环形充气箱、进入隧道区充气箱及混合室充气箱。在库底环形充气区（倾斜度为

13%）和混合室底部平面充气区是对应分区充气的，回转式空气分配阀与均化库相匹配，有四嘴和八嘴两种，由一组传动装置驱动，转动时向库底充气区轮流供气，如图 2-6-4 所示。

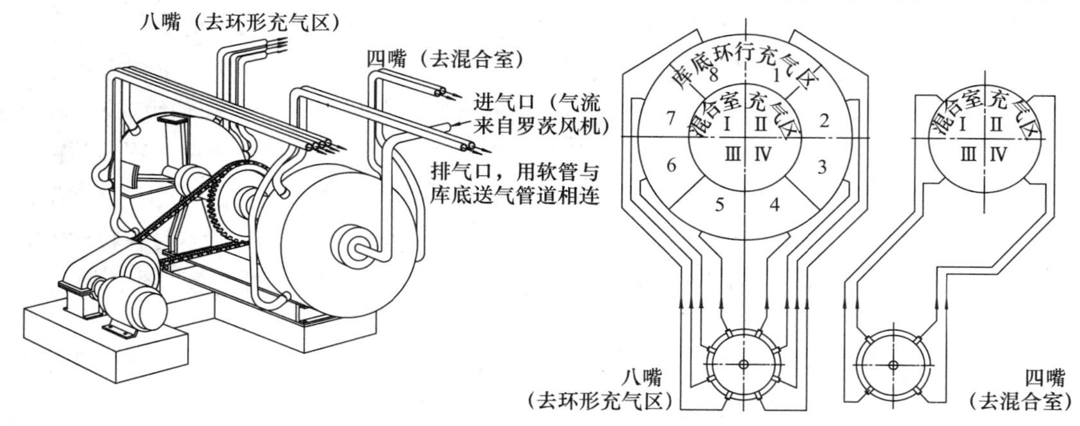

图 2-6-4 回转式空气分配阀

（4）卸料装置

经过均化合格的生料从库底卸出，采用气动控制卸料装置控制卸料如图 2-6-5 所示，出口接输送设备送入窑内煅烧。

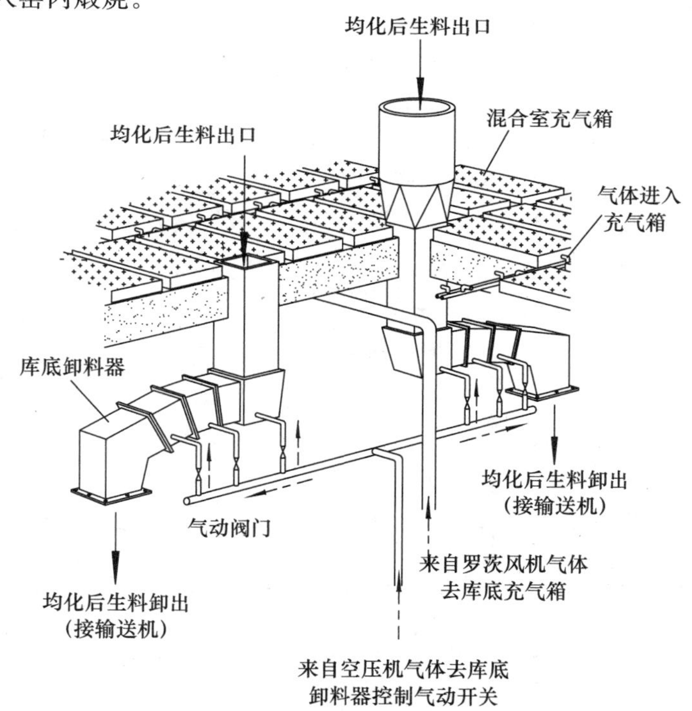

图 2-6-5 气动控制卸料器

（5）罗茨风机

罗茨风机属于容积式风机，与常见的离心式风机在性能上有很大差别。它所输送的风量取决于转子的转数，与风机的压力关系甚小，压力选择范围广，可承担各种高压力状态下的送风任务，在水泥生产国中，多用于气力提升泵、气力输送、气力清灰、生料均化库内的均化搅拌等，见“图 2-6-9 生料均化库（MF 库）工艺流程”的 7#、8#、9#、20#。

罗茨风机有卧式（两根转子在同一水平面内）和立式（两根转子在同一垂直平面内）两种形式（图 2-6-6）。主要部件基本相同，由转子、传动系统、密封系统、润滑系统和机壳等部件组成，其中用于输送气流的主要工作部件是两只渐开线腰形的转子（叶轮和轴组成），依靠主轴上的齿轮，带动从动轴上的齿轮使两平行的转子作等速相对转动，完成吸气过程。两转子机之间及转子与壳体之间均有一极小间隙（0.25～0.4mm），否则气体是不能吸进来的，也就没有气体可送出去了。部件中只有叶轮为运动部件，而叶轮与轴承为整体结构，叶轮本身在转动中磨损极小，所以可长时间连续运转，性能稳定、安全性高。图 2-6-7 是罗茨风机的立体图（卧式）。

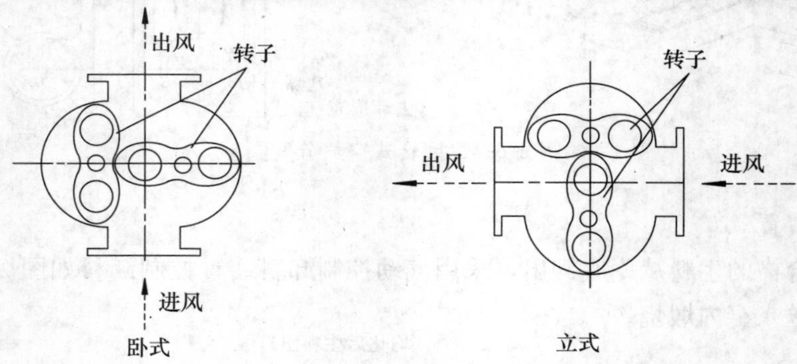

图 2-6-6 罗茨风机的类型

罗茨风机的轴承一般采用滚动轴承（较大型的罗茨风机采用滑动轴承），定位段轴承和联轴器端轴承采用调心滚子轴承（以解决轴向定位），自由端轴承、齿轮端轴承选用圆柱滚子轴承（解决热膨胀问题）。密封方式有机械密封式（效果较好，但结构复杂，成本高）、骨架油封（密封圈容易老化，需定期更换）、填料式（效果不是太好，需经常更换，新更换的填料不宜压得过紧，运转一段时间后再逐渐压紧）、涨圈式和迷宫式（这两种属于非接触式密封，寿命长，但泄漏量较大），各厂根据情况选用密封装置。

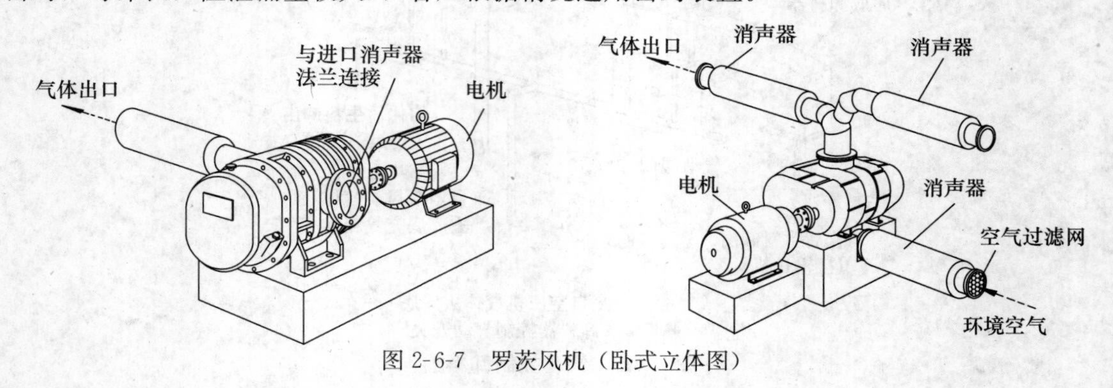

图 2-6-7 罗茨风机（卧式立体图）

3. **生料均化工艺过程**

生料均化库的位置设在生料磨系统与窑煅烧系统之间，均化过程在封闭的圆库里完成。现代化干法水泥厂采用连续式空气搅拌均化库，生料从均化库的库顶进料→库内均化→库底或库侧卸料进出料及均化动作在同一时间内进行，也就是说把进料储存、搅拌和出料进行了更加合理的贯通，其均化工艺过程如图 2-6-8 所示，均化效果按“2.3.4 预均化效果”来评价。

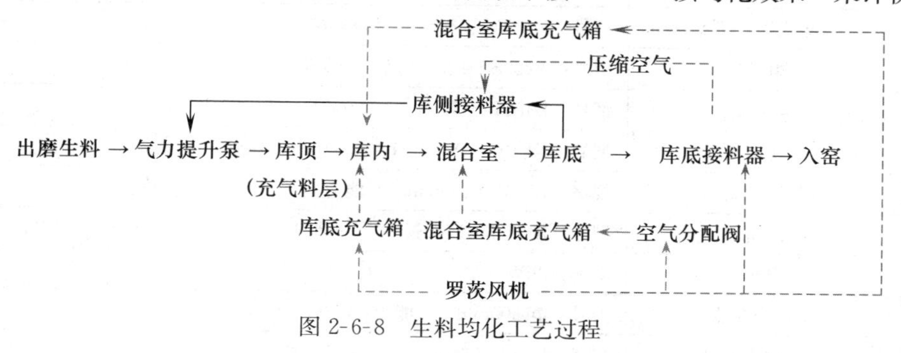

图 2-6-8　生料均化工艺过程

4. **生料均化系统配置**

均化库的库顶、库底配有很多附属设备，它们各自有自己的任务，共同构成生料均化系统。对照“图 2-6-9 生料均化库（MF 库，也称伯力鸠斯多点流生料均化库）工艺流程”，把这些附属设备配置整理成表 2-6-1。

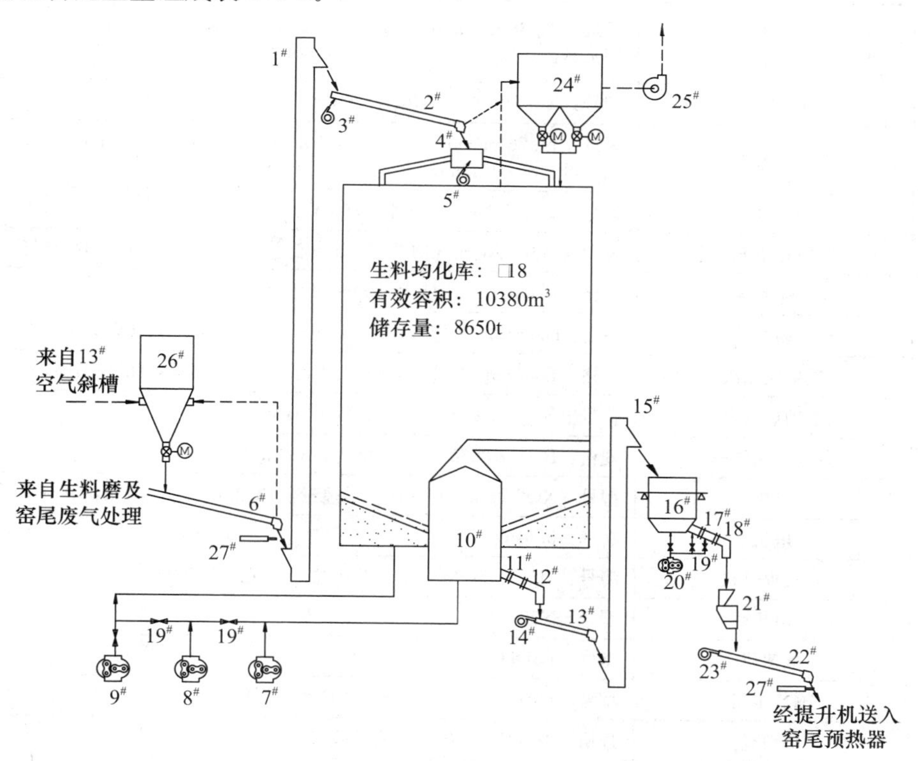

图 2-6-9　生料均化库（MF 库）工艺流程

1#、15#—提升机；2#、13#—空气斜槽；3#、5#、14#、23#、25#—风机；4#—生料分配器；6#—均化库环行区充气系统；7#、8#、9#、20#—罗茨风机；10#—均化库中心室充气系统；11#—充气螺旋闸门；12#、18#—气动开关阀；16#—喂料仓；17#—充气螺旋阀；19#—流量控制阀；21#—冲板式流量计；24#、26#—袋式除尘器；27#—取样器

表 2-6-1　生料均化库（MF库）及其入喂料窑系统主要设备

序号	设备名称	规格及技术参数
01	斗式提升机	型号：N－TGD630－55.150－左　能力：310t/h
01M1	电机	型号：Y280S－4　功率：75kW
01P	减速机	型号：B3DH9－50
01M1	输传电机	型号：KF100－A100－L4　功率：4kW
02	空气输送斜槽	规格：B500×9100mm　能力：330m³/h　角度：8°
03	风机	型号：XQⅡ№4.7A逆90　风量：908m³/h　风压：5416Pa
	电机	功率：3kW
04	生料分配器	型号：Φ1600mm　能力：330m³/h
04a	空气输送斜槽	规格：B200×5360mm　角度：8°
04b	空气输送斜槽	规格：B200×3340mm　角度：8°
05	风机	型号：XQⅡ№5.4A逆0　风量：1125m3/h　风压：6432Pa
05M	电机	功率：4kW
06	均化库环行区充气系统	每套含 a 充气系统 b 中心室充气管路系统 c 气力搅拌电控系统
07	罗茨风机 罗茨风机（备用一台）	风量：23.68 m³/min　风压：58.8kPa 转速：1730r/min 用水量：10L/min
07M	电动机	型号：Y225S－4　功率：30kW
08	罗茨风机	风量：14.76 m³/min　风压：58.8kPa 转速：1450r/min 用水量：8～10L/min
08M	电动机	型号：Y200L－4　功率：30kW
09	均化库中心室充气系统	每套含 a 中心室充气槽系统　b 中心室充气管路系统　c 卸料充气装置
10	充气螺旋闸门	规格：B500mm　能力：50～320m³/h
11	气动开关	规格：B500mm　能力：50～320m³/h　气缸型号：QGB－E100×160－L1
12	流量控制阀	规格：B500mm　能力：50～320m³/h　型号：DKJ－3100
12M	电动执行器	信号电流：4～20mA　功率：0.1kW
13	空气输送斜槽	规格：B500×8500mm　能力：330m³/h　角度：8°倾角
14	风机	型号：XQⅡ№4.7A顺90　风量：1392m³/h　风压：535Pa
14M	电机	功率：5.5kW
15	斗式提升机	型号：N－TGD630－67.6150－左　能力：260t/h
$15M_1$	电机	型号：Y280M－4　功率：90kW
15P	减速机	型号：B3DH9－50
$15M_2$	输传电机	型号：KF100－A100－L4　功率：3kW
16	喂料仓	规格：Φ5000×7000　有效仓容 120 m³
16a	荷重传感器	称重范围：0～70t
17	充气螺旋闸门	规格：B500mm　能力：50～320m³/h
18	气动开关	规格：B500mm　能力：50～320m³/h　气缸型号：QGB－E100×160－L1
19	流量控制阀	规格：B500mm　能力：50～320m³/h　型号：DKJ－3100
19M	电动执行器	信号电流：4～20mA　功率：0.1kW

续表

序号	设备名称	规格及技术参数
20	罗茨风机	风量：11.8 m^3/min　风压：58.8kPa　转速：980r/min 用水量：8～10L/min
20M	电动机	型号：Y200L2－6　功率：22kW
21	冲板式流量计	能力：30～280t/h　精度：±（0.5%～1.0%）
22	空气输送斜槽	规格：B500×20000mm　能力：320m^3/h　角度：8°
23	风机	型号：9－19№57A 逆 90　风量：1986m^3/h　风压：5980Pa
	电机	功率：7.5kW
24	袋式除尘器 脉冲阀 提升阀	型号：PPCS64－4　处理风量：11160m^3/h　压损：1470～1770Pa 过滤风速：1.0m/min　净过滤面积：186 m^2　耗气量：1.2 Nm^3/ min 气压：（5～7）×105MPa　入口含尘浓度：<60g/ N m^3　出口含尘浓度：<100mg/ N m^3　规格：Φ65mm
24M	回转锁风阀电机	提升阀阀板直径规格：Φ595mm　气缸直径规格：Φ100mm 功率：1.1kW
25	风机	型号：9－19№11.2D　风量：115973m^3/h　风压：2800Pa 转速：960r/ min　型号：Y225M－6
25M	电机	功率：30kW
26	袋式除尘器	处理风量：8500 m^3/h　压损：<1200Pa　过滤风速：1.4m/min 净过滤面积：816m^2　耗气量：0.35N m^3/min 气压：（4～5）×105MPa　入口含尘浓度：<200g/ Nm^3 出口含尘浓度：<50mg/ Nm^3　规格：Φ65mm
27	风机电机	型号：Y132S2－2　功率：7.5kW
28	压力平衡阀	规格：Φ450×450mm
29	量仓孔盖	规格：Φ250mm
30	库顶人孔门	规格：700×800mm
31	库侧人孔门	规格：600×800mm
32	斗式提升机	根据预热气提升高度确定

注：以上所配设备数量各为一台。

5. 生料均化库的操作控制

（1）控制适宜装料量

搅拌库的生料粉经充气后，体积膨胀，在装料时要注意留下一定的膨胀空间。如果装得太满，既影响均化效果，又恶化库顶操作环境。搅拌时物料膨胀系数为 15%左右，所以装料高度一般为库净高的 70%～80%。

（2）入库生料水分控制

当环形区充气时，库内上部生料能均匀下落，积极活动区范围较大，不积极活动区（料面下降到这一区域时，该区生料才向下移动）较小。

当生料水分较高时，生料颗粒的黏附力增强，流动性变差。因此，向环形区充气时，积极活动区缩小，不积极活动区和死料区范围扩大，其结果是生料的重力混合作用降低。另外，水分高的生料易团聚在一起，从而使搅拌室内的气力均化效果也明显变差。为确保生料水分低于0.5%（最大不宜超过1%），生产中要严格控制烘干原料和出磨生料的水分。

(3) 库内最低料面高度的控制

当混合室库内料位太低时，大部分生料进库后很快出库，其结果是重力混合作用明显减弱，均化效果降低。当库内料面低于搅拌室料面时，由于部分空气经环形区短路排出，故室内气力均化作用又将受到干扰。为保证混合室库有良好的均化效果，一般要求库内最低料位不低于库有效直径的0.7倍，或库内最少存料量约为窑的一天需要量。

虽然较高的料面对均化效果有利，但是为了使库壁处生料有更多的活动机会，可以限定库内料面在一定高度范围内波动

(4) 稳定搅拌室内料面高度

搅拌室内料面越高，均化效果越好。但要求供气设备有较高的出口静压，否则，风机的传动电机将因超负荷而跳闸。如搅拌室内料面太低，气力均化作用将减弱，均化效果不理想。当搅拌时的实际料面低于溢流管高度时，溢流管停止出料。

如果室内料位过高时，应减少或短时间内停止环形区供风；当室内料位太低时，应增加环形区的供风量。

(5) 混合室下料量控制

均化效率与混合室下料量成反比。库设计均化效率是指在给定下料量时应能达到的最低均化效率。因此，操作时应保持在不大于设计下料量的条件下，连续稳定地向窑供料，而不宜采用向窑尾小仓间歇式供料的方法，因为这种供料方式往往使卸料能力增加1～2倍。

对于设有两座混合室库的水泥厂，如欲提高均化效率，可以采用两库同时进出料的工艺流程，并最好使两库库内的料面保持一定高度差。

2.6.2 生料均化库应用实例

以冀东发展集团有限公司某分公司生料均化工艺为例：该厂一期是引进日本的日产熟料4000t的大型干法水泥厂，混合室连续式生料均化库采用的是德国彼得斯公司设计制造的，是我国从国外引进的第一套连续式生料均化库，于1983年底投入使用，混合室库的工艺流程如图2-6-10所示。

生料由石灰石、砂土、煤矸石和铁粉四种原料配料，各种原料和熟料烧成用煤都分别设有预均化堆场，入磨原料的化学成分比较稳定，磨头配料采用在线X—射线荧光分析仪和电子计算机自动控制，可以使出库生料标准偏差达$T_C\pm0.3\%$。出磨生料和电收尘器收下的窑灰经混合后用斗式提升机送至库顶，经生料分配器和放射状布置的小斜槽送入两个库中（也可以用电动闸板控制生料只进入一个库）。库底部为向中心倾斜的圆锥体，上面均匀地铺满充气箱。在库底中心处有一圆锥形混合室，其底部分为4个充气区。混合室外面的环形区分为12个小充气区。在混合室和库壁之间由一隧道接通。每个库底空间装有3台空气分配阀。每个库底安装约220个条形充气箱，都向库中心倾斜，采用涤纶布透气层。混合室内经过搅

拌后的生料入隧道，并在隧道空间中进一步均化。在隧道末端库壁处有高、低两个出料口。低位出料口紧贴充气箱，可用来卸空混合室和隧道内的生料。高位卸料口离隧道底部约3.5m，一般情况下使用高位卸料口出料。在每个出料口外面顺序装有手动闸板、电动流量控制阀和气动流量控制阀。手动闸板供检修流量控制阀时使用；电动流量控制阀用于调节生料流量；气动流量控制阀可快速打开或关闭，控制生料流出。另外有一个库设有一个单独的库侧高位卸料口，当生料磨停车而窑继续生产时，可通过这一卸料口直接从库内卸出生料，并与电收尘器收的窑灰混合后再用提升泵送入库中。这样可避免因只向库内送窑灰而造成出库生料的化学成分波动超过规定值。冀东水泥厂均化系统突出的优点是结构简单，基建投资和生料均化电耗较低，操作使用可靠，而且均化效果也较好。

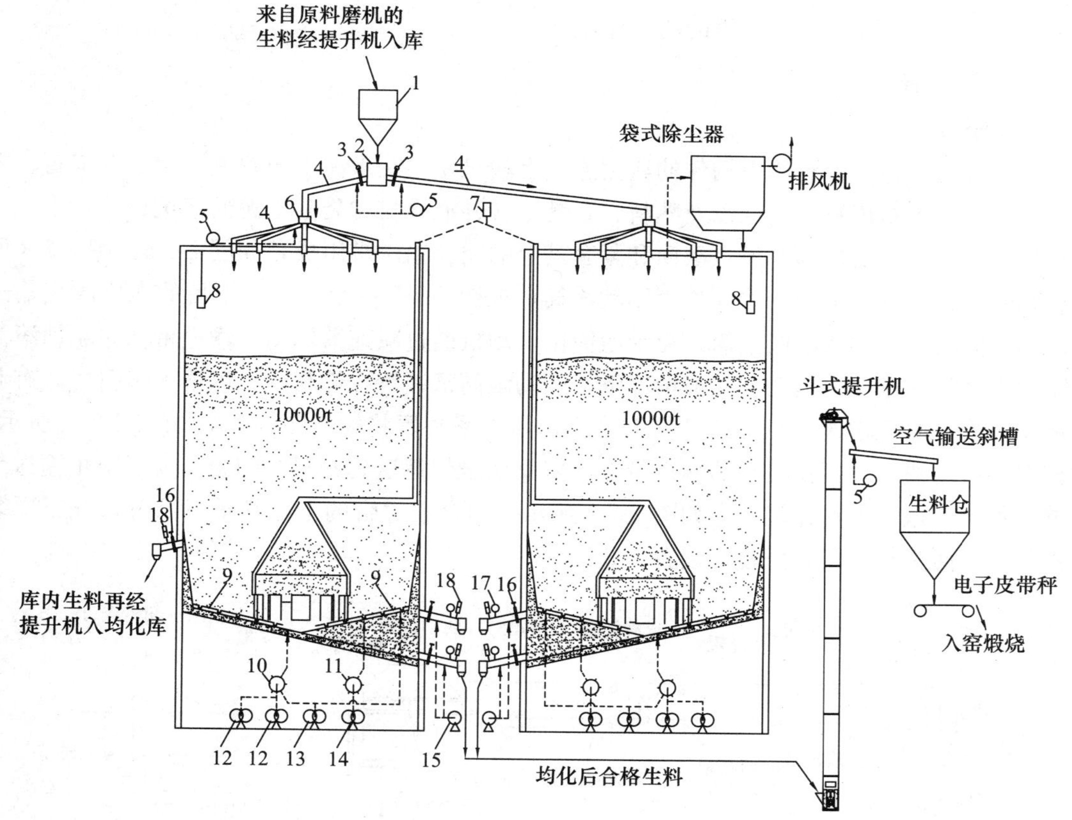

图 2-6-10　冀东发展集团有限责任公司某厂混合室均化库流程示意图

1—膨胀仓；2—二嘴生料分配器；3—电动闸板；4—空气输送斜槽；5—斜槽用鼓风机；6—八嘴空气分配阀；7—负压安全阀；8—重锤式连续料位计；9—充气箱；10—四嘴空气分配阀；11—八嘴空气分配器；12——罗茨鼓风机（强气，一台备用）；13—罗茨鼓风机（环形区给气）；14—罗茨鼓风机（弱气）；15—卸料用鼓风机；16—卸料闸板；17—电动流量控制阀；18—气动流量控制阀

2.7　生料制备系统中的物料输送

在水泥生料制备过程中，石灰石从矿山开采下来破碎后送至原料预均化堆场、经预均化后入磨粉磨后再入生料均化库，这个过程需要由输送设备把破碎机、预均化堆场、磨机、分

机设备、生料均化库连接起来，共同构成了一条完整的水泥生料制备工艺线。

输送设备按类型分类有机械输送（斗式提升机、螺旋输送机、带式输送机、链式输送机等）和气力输送（空气输送斜槽、仓式气力输送泵、螺旋气力输送泵和气力提升泵等）两类。按输送方式来分有间歇输送机械和连续输送机械，间歇输送机械是间断性进行物料输送，其装载和卸载是在输送过程停顿的情况下进行的，如原、燃的进厂和成品的出厂；连续输送机械是使物料沿一定路线、以一定速度、在装载和卸载点之间进行连续输送令物料到达接收地点的设备，例如在生料闭路粉磨系统中，出磨生料要用提升机、螺旋输送机或空气输送斜槽送到选粉机里将粗粉和细粉筛选出来，粗粉返回磨机重新粉磨，合格的生料送至均化库去搅拌、均化、储存，以满足入窑煅烧的要求，因此，输送设备在水泥生料制备和整个水泥制造过程中起着联接各个主机的纽带作用。

2.7.1 机械输送

1. 带式输送机

带式输送机是一种有牵引构件的典型连续运输机械，在水泥生产中主要用于石灰石、粉砂岩、钢渣、湿粉煤灰、碎煤以及熟料、石膏、各种混合材和袋装水泥的输送。

带式输送机主要由两个端点滚筒和紧套其上的闭合输送带组成，如图 2-7-1、图 2-7-2 所示。起牵引作用主动转动的滚筒称为驱动滚筒，如图 2-7-3 所示，另一个目的在于改变输送带运动方向的滚筒称为改向滚筒。驱动滚筒由电动机通过减速器驱动，输送带依靠驱动滚筒与输送带之间的摩擦力拖动。一般情况下，驱动滚筒都装置在卸料端，以增大牵引力，有利于拖动。为了避免输送带在驱动滚筒上打滑，用拉紧装置将输送带拉紧，如图 2-7-4 所示。物料由喂料端喂入，落在转动的输送带上，依靠输送带运送到卸料端卸出。为了防止输送带负重下垂，输送带支在托辊上，如图 2-7-5 所示。闭合输送带的上面是承载部分，托辊要装置密些，下面为空载段，托辊可装置少些。

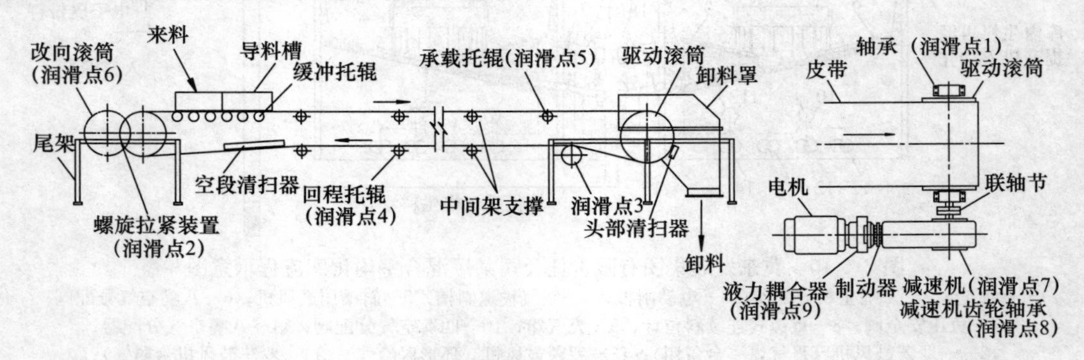

图 2-7-1 带式输送机

带式输送机的运送量大、动力消耗低，受地形、路线条件限制较小，根据输送路线不同，带式输送机的工艺布置由图 2-7-6 所表示的五种基本布置形式，对于长距离的复杂路线输送，可由这五种基本形式组合而成。带式输送机的应用范围广，除了生料、水泥等粉状物料不宜输送外，从原料预均化库到袋装水泥出厂，到处都能见到它。

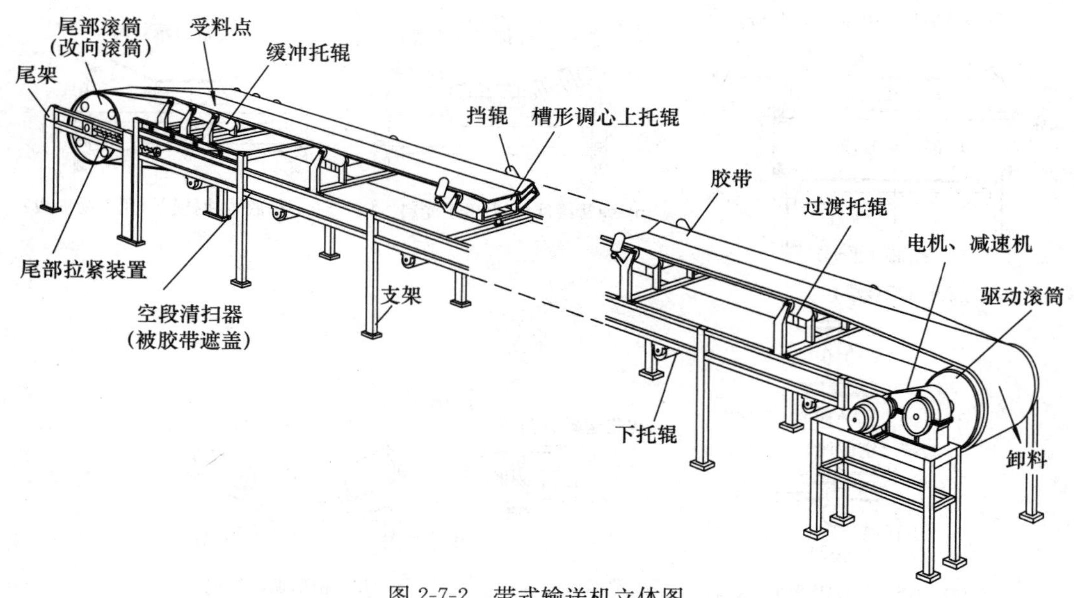

图 2-7-2 带式输送机立体图

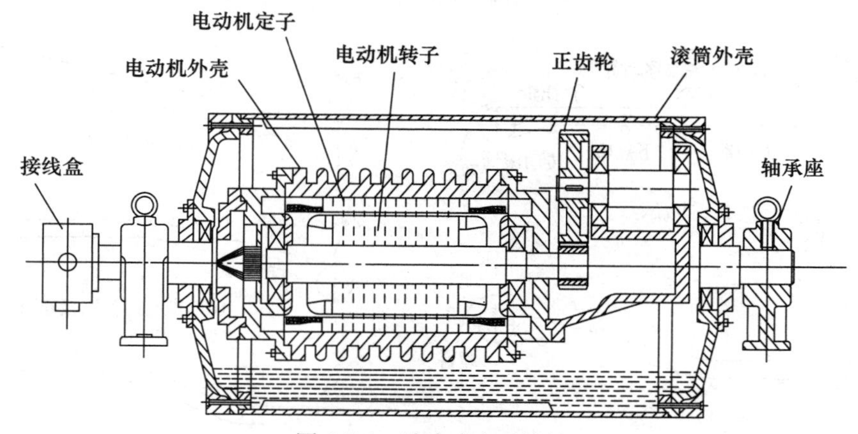

图 2-7-3 油冷式电动滚筒

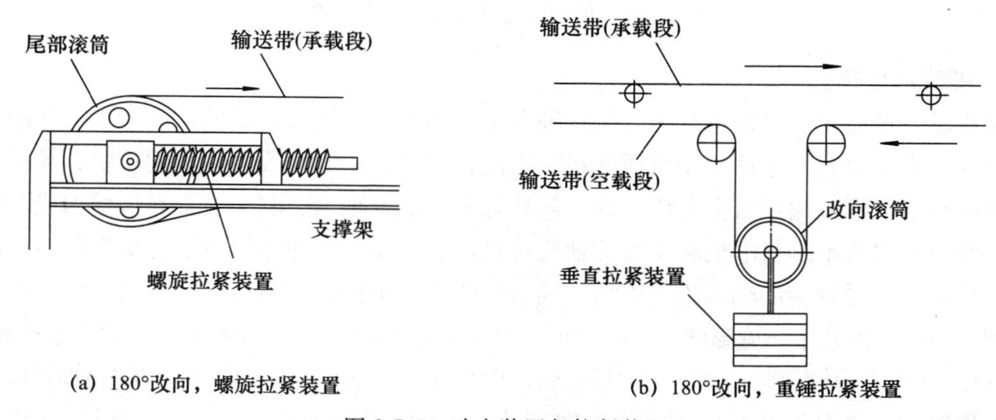

图 2-7-4 改向装置与拉紧装置

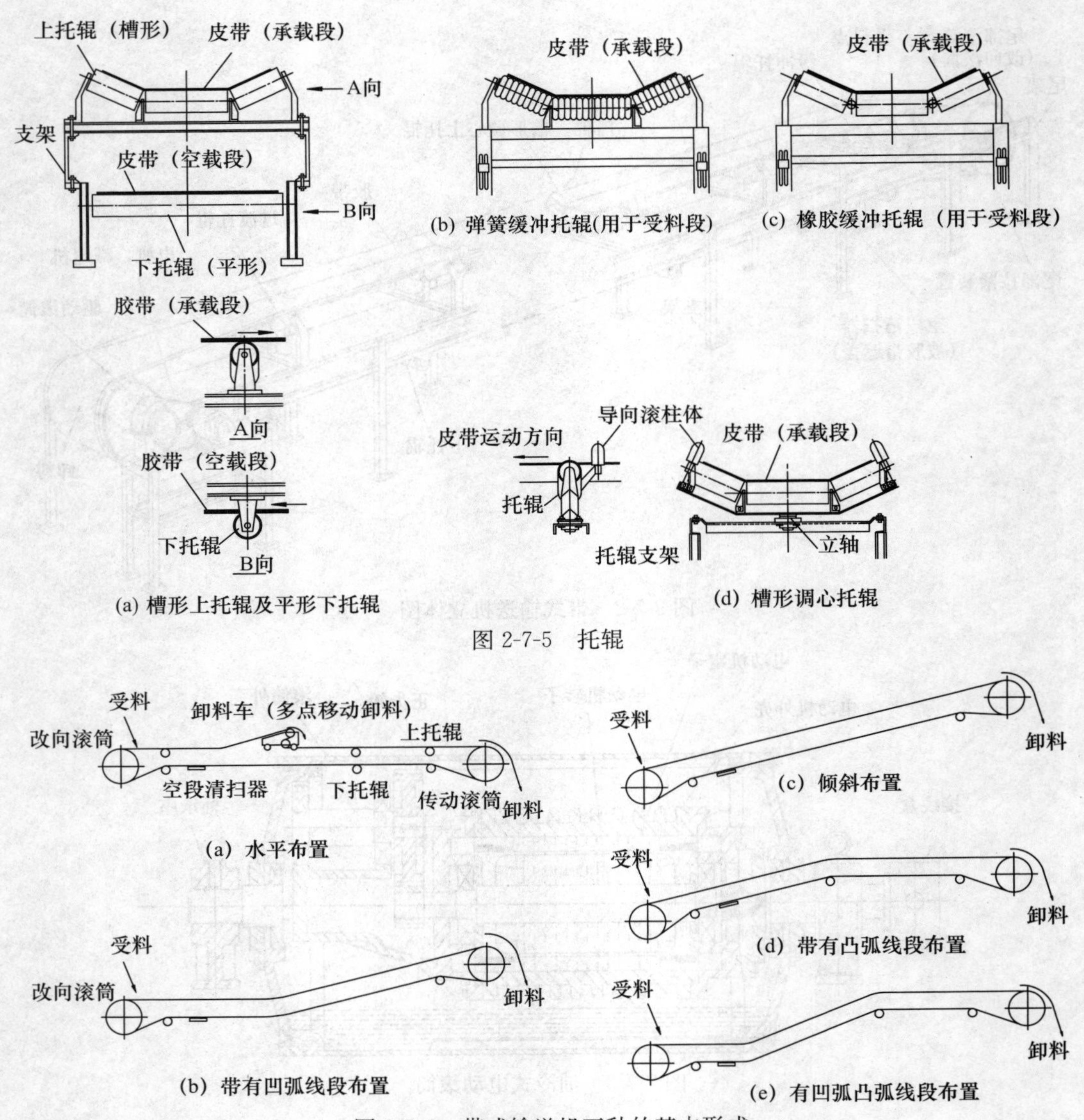

图 2-7-5　托辊

图 2-7-6　带式输送机五种的基本形式

2. **螺旋输送机**

螺旋输送机在工厂里俗称绞刀，是一种无牵引构件的连续输送机械，适于小块状的石灰石、碎煤、水泥生料（也适用于水泥熟料、水泥、煤粉、矿渣）等黏性小的粉状、粒状及小块物料的输送，螺旋输送机主要由螺旋、悬挂轴承、端部轴承、驱动装置和机槽构成，如图 2-7-7、图 2-7-8 所示。当电机驱动螺旋轴旋转时，加入到槽内的物料由于自重作用不能随螺旋叶片旋转，但受螺旋的轴向推力作用，朝着一个方向被推到卸料口处，完成送料任务。

螺旋输送机的使用环境温度－20～50℃，物料温度＜200℃，一般情况下设计为水平输送，也可以在 20°角度内倾斜向上或向下输送，输送距离在 3～70m 之间，以 50m 左右最适宜。

根据被输送物料种类及性质不同，螺旋叶片形状有实体螺旋（称“S”制法）、带式螺旋（称为“D”制法）和叶片式螺旋。图 2-7-9 是前两种常用的螺旋叶片。

电机
减速机
入料口
联轴节和悬挂轴承
油壶
悬挂轴承
螺旋叶片
接口
悬挂轴承叶片
油壶
螺旋叶片
悬挂轴承
止推轴承
基础预埋螺栓
与支架固定
被输送的物料
卸料口

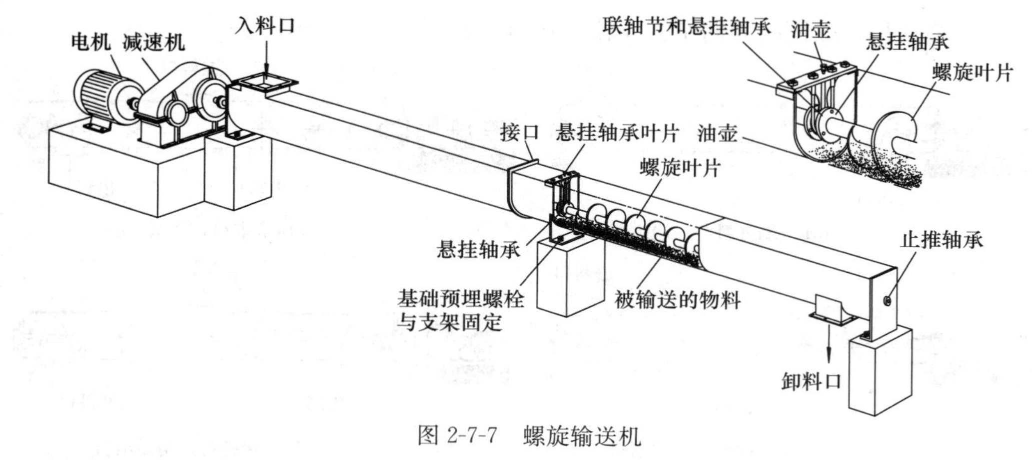

图 2-7-7　螺旋输送机

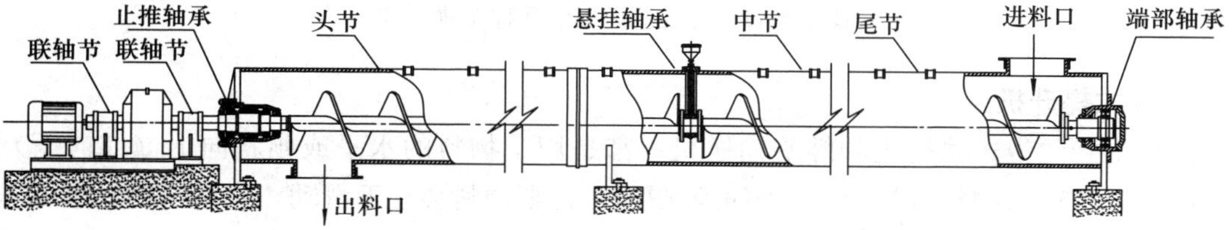

止推轴承
联轴节
联轴节
头节
悬挂轴承
中节
尾节
进料口
端部轴承
出料口

图 2-7-8　螺旋的构成及安装情况

螺旋叶片有左旋和右旋之分，确定旋向的方法如图 2-7-10 所示。物料被推送方向由叶片的方向和螺旋的转向所决定。如图 2-7-10 所示的螺旋中，当螺旋按 n 方向旋转时，物料的推送方向向左；当螺旋按反方向旋转时，物料的推送方向向右。若采用左向螺旋，物料被推送的方向则相反。

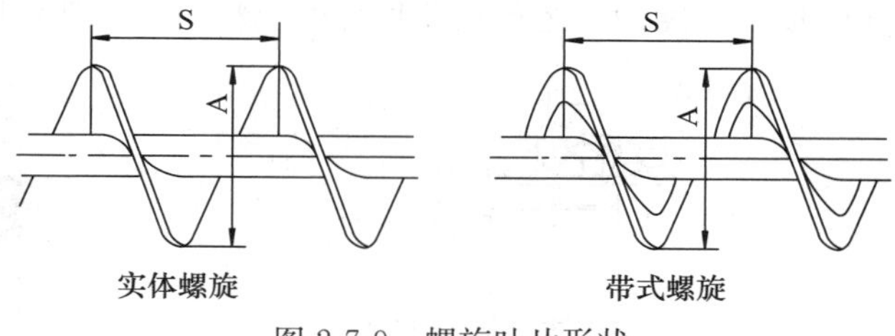

S
A
S
A
实体螺旋
带式螺旋

图 2-7-9　螺旋叶片形状

左旋
右旋
n
物料推进方向

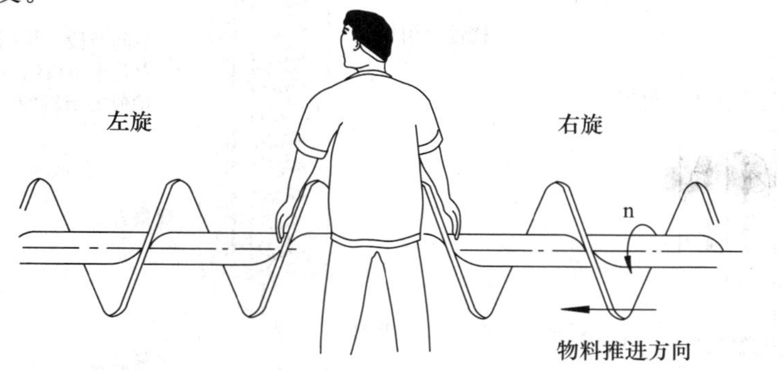

图 2-7-10　确定螺旋旋向的方法

螺旋输送机的主要特征是结构比较简单、紧凑；工作可靠、物料在封闭的壳体内输送，对环境污染较小。输送物料可以在线路任意一点装载，也可以在许多点卸载；且输送是可逆的，对一台输送机可以同时向两个方向输送物料，如图 2-7-11 所示。

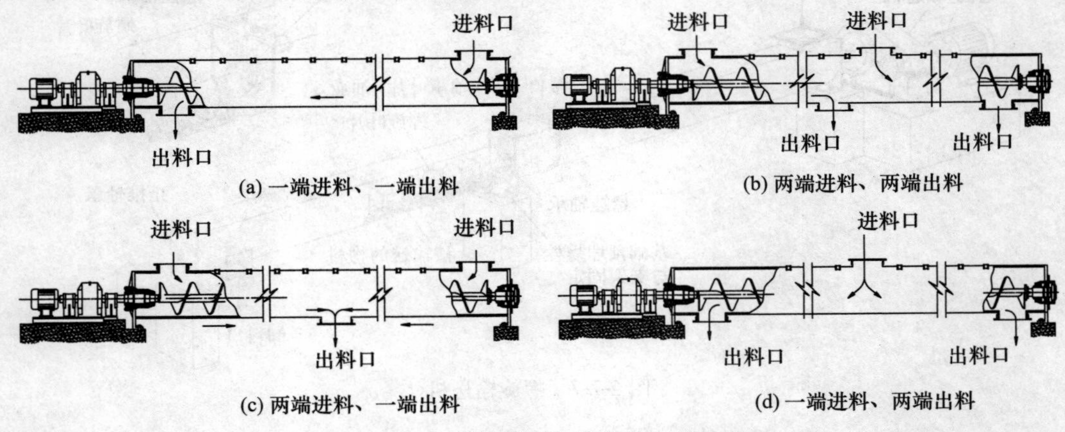

图 2-7-11　螺旋输送机的几种布置形式

3. **斗式提升机**

前面讲到的带式输送机和螺旋输送机，都是用于物料的水平或倾斜向上（或向下）输送，倾斜向上输送物料时是受一定倾角限制的，否则物料会往下滑动，降低输送效率或送不到目的地。斗式提升机（图 2-7-12）是垂直向上的输送设备，无论是块状、颗粒状还是粉状物料，都可以输送，而且可以把物料送到很高的地方去，如生料均化库、水泥储存库以及 90m 以上高度的窑尾预热器顶部的喂料口处，都可以送到。

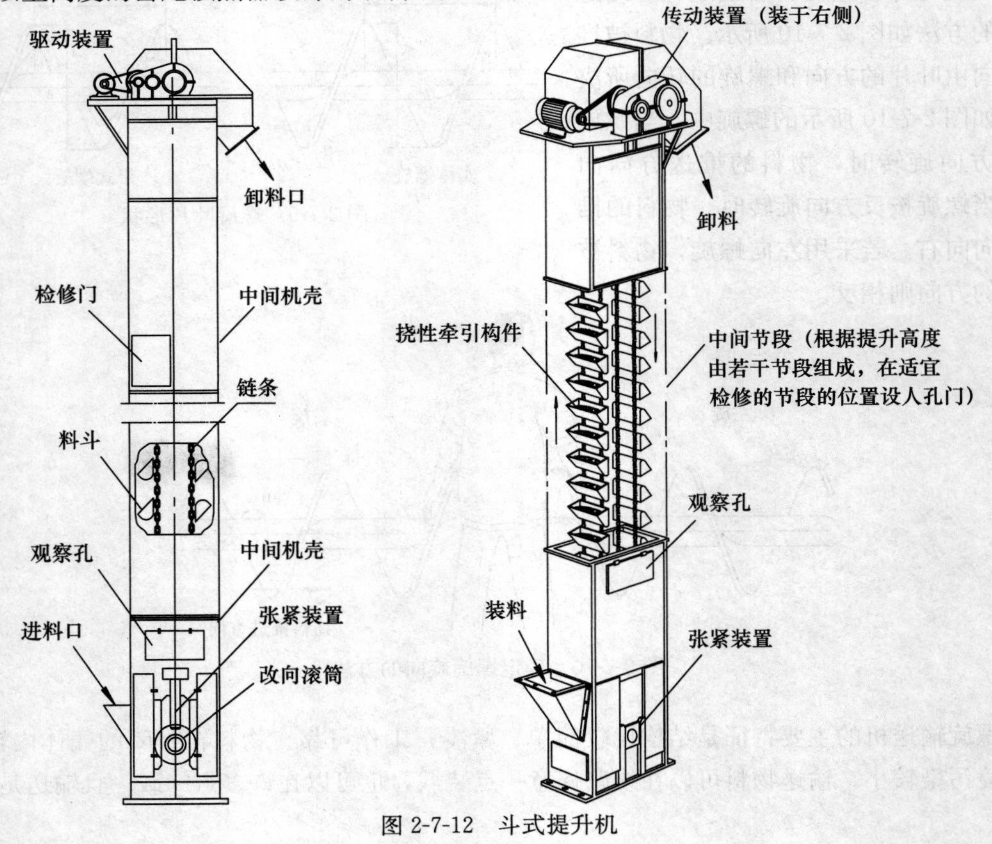

图 2-7-12　斗式提升机

斗式提升机主要由驱动装置（由电动机、圆柱齿轮减速器、联轴器、皮带或链传动和棘轮逆止器等五部分组成，图 2-7-13～图 2-7-15）、牵引构件及料斗（图 2-7-16）、张紧链轮

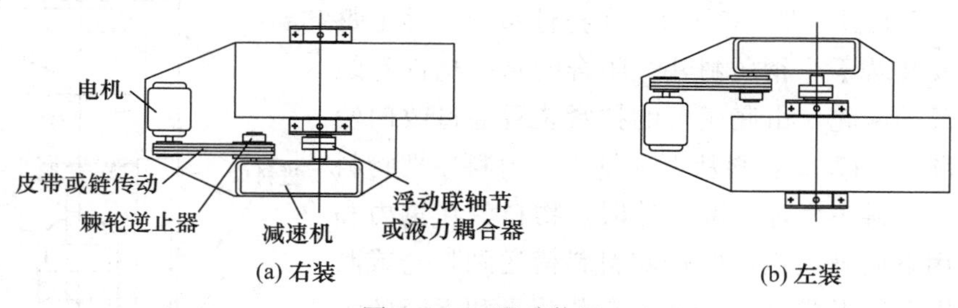

图 2-7-13　驱动装置

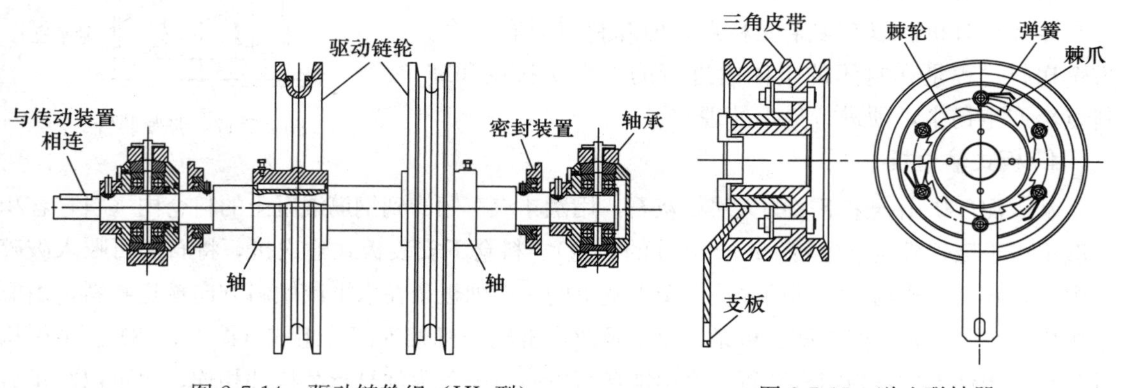

图 2-7-14　驱动链轮组（HL 型）

图 2-7-15　逆止联轴器

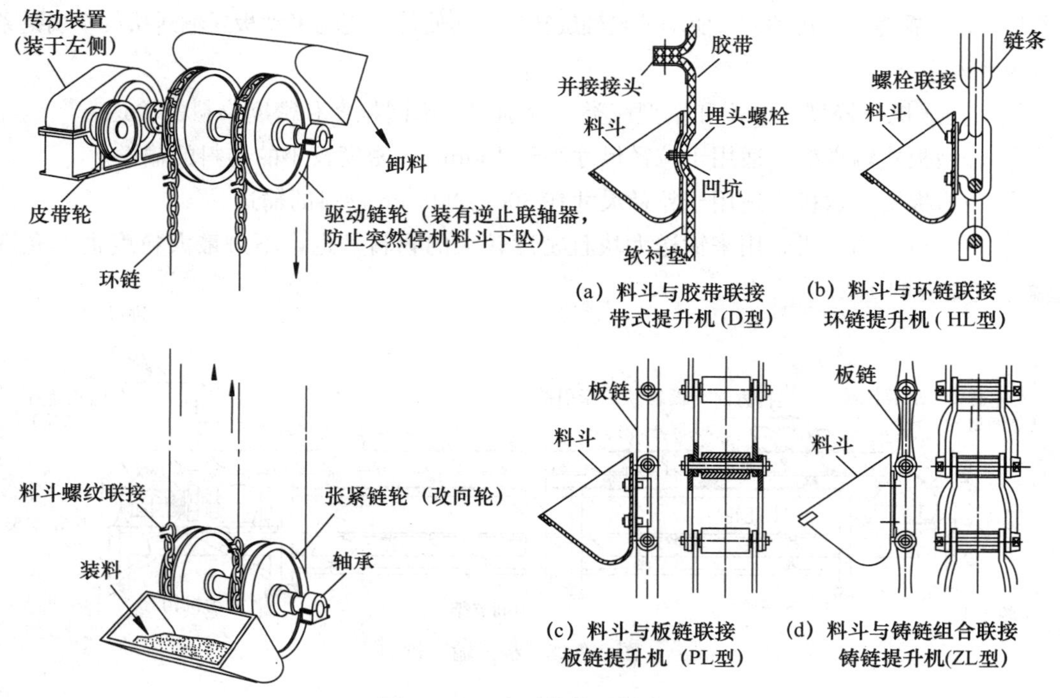

图 2-7-16　牵引构件及料斗

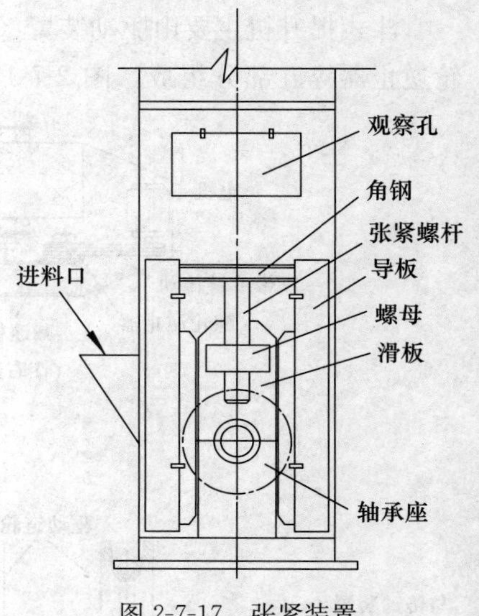

图 2-7-17　张紧装置

(改向轮，图 2-7-17)、机壳等组成。整套驱动装置都安装在机壳上部区段的平台上，根据布置要求，可配置成右装或左装两种形式（图 2-7-13）。在挠性牵引构件上每隔一定间距安装若干个钢质料斗，闭合的牵引构件卷绕过上部和下部的滚轮，由底座上的拉紧装置通过改向轮进行拉紧（图 2-7-17）。物料从下部供入，由料斗把物料提升到上部，当料斗绕过上部滚轮时，物料就在重力和离心力的作用下向外抛出，经过卸料斜槽送到料仓或其他设备中。提升机形成具有上升的有载分支和下降的无载回程分支的无端闭合环路。

斗式提升机可以有多个受料点，但卸料点只有一个。整个送料过程是在封闭的机体内进行的，在受料点和卸料点会产生扬尘，须进行除尘处理。

4. **板式输送机**

从水泥厂矿山开采下来的大块石灰石，用翻斗汽车倾卸到钢筋混凝土的料仓内（料仓容积一般不小于破碎机连续运转 15～20min 的产量）。料仓下安装板式输送机，将石灰石喂入破碎机内去破碎。板式输送机利用固接在牵引链上的一系列板条在水平或倾斜方向输送物料，由驱动机构、张紧装置、牵引链、板条、驱动及改向链轮、机架等部分组成（图 2-7-18）。牵引构件与承载构件组成链板组合装置，牵引链条可以通过链条附件与承载构件相连，也可以与承载构件直接相连。承载构件自身承载，并通过滚轮或固定在支架上的托辊来支承。传动链轮通过联轴器与驱动装置连接。传动装置驱动链轮轴旋转，从而使传动链轮带动板式输送机的牵引链条和承载构件运行。

板式输送机分轻型、中型和重型三类，分别用于不同粒度和密度物料的输送：

① 轻型板式输送机。适用于粒径尺寸小于 160mm、密度较小的物料的输送。

② 中型板式输送机。适用于粒径尺寸在 300～400mm 物料的输送。

③ 重型板式输送机。用来输送大块且密度较大的物料输送，不过最大粒度也不允许超过输送机宽度的 1/2。

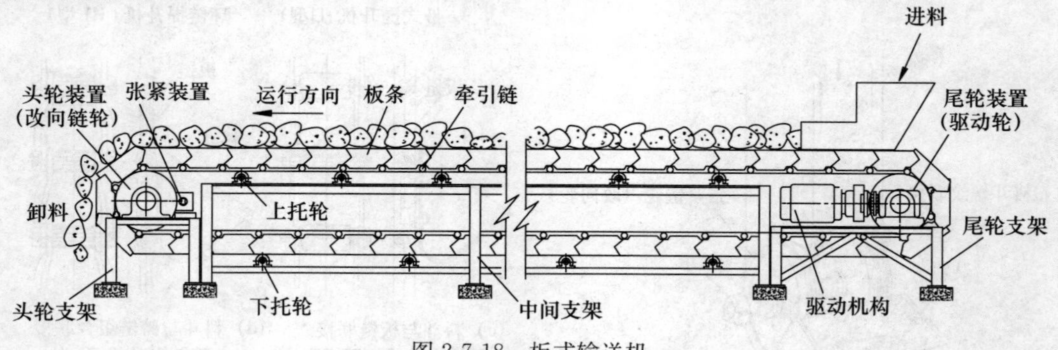

图 2-7-18　板式输送机

2.7.2 气力输送

生料（水泥、煤粉等）粉状物料除了可以用运输机械输送外，还可以采用气力输送。气力输送设备是以压力空气作为输送介质沿管道将粉状物料送至收料地点的输送设备，它是利用空气的动压和静压，使物料颗粒悬浮于气流中或成集团沿管道输送的，气力输送设备布置灵活、占地小、能耗低、噪声小、不扬尘、环境整洁；即可水平输送，也可倾斜方向的输送。

1. 空气输送斜槽

空气输送斜槽是利用空气使固体颗粒在流态化的状态下沿着斜槽向下流动的输送设备，如图2-7-18所示。这种输送方式属于气—固密相输送，水泥厂在生料、水泥、煤粉等具有一定流动性的粉状物料出磨、入选粉机粗细粉分离后，粗粉返回磨机、合格生料（或水泥）入库过程中广泛应用，如图2-5-1至图2-5-4球磨机生料粉磨工艺流程和图2-5-18立磨生料粉磨工艺流程所示。

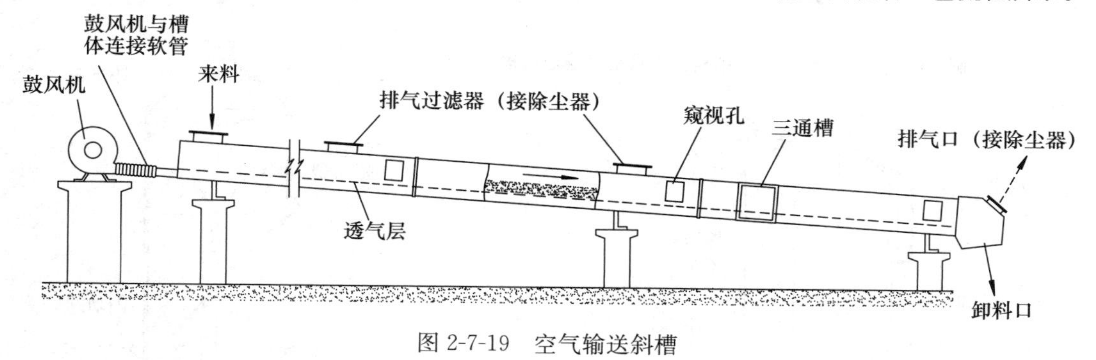

图2-7-19 空气输送斜槽

从图2-7-19中可以看出，空气输送斜槽主要由上槽体（物料和空气通路）和下槽体（只通空气）组成，中间用透气层隔开。送料时物料由斜槽高端连续加在斜槽的透气层上，由鼓风机提供气源，进入槽体下层，经过透气层微孔，使上层物料充气呈流态化（微悬浮流动起来），在其自重分力作用下在透气层上沿槽体向下流动，由卸料口卸出。逸出物料层的空气经过上槽顶部的过滤层通过除尘设备后排入大气。

透气层是承托物料、使空气均匀透过、流化物料的装置，常用透气层有：纤维织物和陶瓷多孔板、水泥多孔板等，目前多用化纤织物作透气层。化纤织物透气层与槽体的装配形式如图2-7-20（a）所示，陶瓷多孔板、水泥多孔与槽体的装配形式如图2-7-20（b）所示。

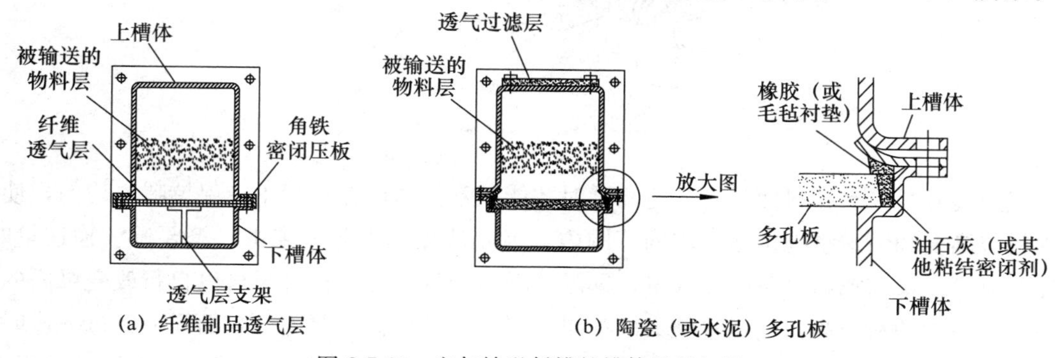

图2-7-20 空气输送斜槽的槽体及透气层

2. **气力提升泵**

上面介绍了空气输送斜槽，它的结构决定了它的输送距离短而且不能提升，如果要把出磨生料或水泥送到 60m 左右高的储库内，它却“一筹莫展”，实在无能为力。不过气力提升泵可“助君一臂之力”，气力提升泵相当于一台低压流态化仓罐，泵的上部为泵体（用于接收来自上一级连续送来的物料的容器），下部为流态化室，中间隔有多孔透气板，配有管道（连接泵体与顶部的膨胀仓的垂直管道）、顶部的膨胀仓和罗茨鼓风机等。粉状物料由泵体上部连续加入提升泵内（物料在泵内要保持不超过泵体 3/4 的高度），压缩空气由提升泵下部通入泵体内，使物料随同气流经管道进入膨胀仓和受料设备内。在膨胀仓中，物料与空气分离，物料由下部卸出，空气由上部排入除尘设备，如图 2-7-20 所示。

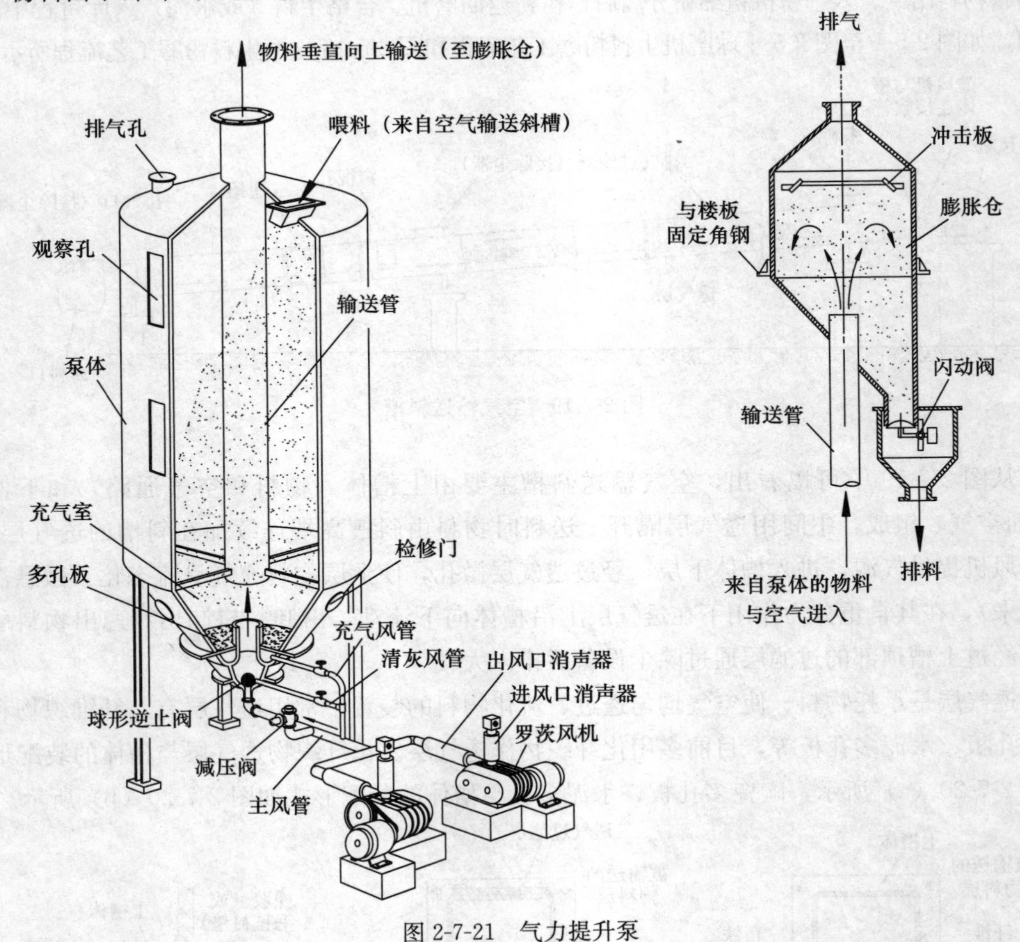

图 2-7-21　气力提升泵

气力提升泵只有在料面具有一定高度时才能正常工作，在运行中应保持喂料均匀，使泵体内料位高度和输送量稳定在要求的范围内。因此从操作工艺上来讲，需要调整输送量时，首先要改变入泵前喂料设备的喂入量，即随着喂料量的改变，提升泵可以自行改变泵内的料位高度，泵内的料位高，输送量就大。如果喂料量突然增大，泵内的料面需要经过一段时间才能稳定在一个新的料面高度，一般需要滞后几分钟，但总体是喂入量与输送量动态平衡。

当然各测点的压力也是随之改变的，我们可以从观测窗看到料面的高低，掌握输送情况，根据输送量的要求，来调节向泵体的喂入量。

2.8 生料制备系统的除尘与通风

2.8.1 除尘

在水泥生产过程中，从物料的破碎、烘干、原料粉磨（湿法磨除外）、生料均化、煤粉制备、熟料煅烧、水泥粉磨到水泥包装和散装出厂等每一道工序以及物料的输送，粉尘点达50多个。据统计，每生产1t水泥，大约要产生10m^3的废气，这其中含有5.5～10kg的粉尘颗粒，这些粉尘将对人体（粉尘吸入人体，会造成呼吸系统疾病、硅肺病、肺部硬化等，还会引起弥漫性湿疹和皮肤感染等）、工业生产（加速各种机件的磨损、降低控制设备的精度及可靠性、破坏电器设备的绝缘性）、农业生产（粉尘落在植物叶面上，会减弱植物的光合作用，使植物正常生长受到影响，特别是在植物开花时期，大量粉尘会引起作物显著减产）、企业经济效益带来消极的影响（粉尘如果不回收利用，会增加原料、材料和能量的消耗，提高产品成本，降低企业的经济效益）。所以对水泥生产中的各尘源点要求必须要进行除尘处理，以保护水泥厂各车间及周边的生态环境整洁、确保人民身体健康，在水泥生产系统中必须要采取封闭、通风手段，选择除尘效率高、技术可靠的除尘设备，控制粉尘飞扬，减轻环境污染，改善操作环境，同时也降低了物料的损失（粉尘本身就是颗粒微小的物料），对保护人体健康、提高生产效率、降低生产成本、保护生态环境都有着非常重要的意义。

1. 除尘效率

除尘效率是指除尘器收下的粉尘量占进入除尘器粉尘量的百分数，通常用η表示，它是评价除尘器性能好坏的重要参数，也是选择除尘器的主要依据。

（1）总除尘效率

除尘器对不同大小尘粒捕集的综合效率，称为除尘器的总除尘效率。

通常总除尘效率可根据除尘器进出口粉尘的质量来计算：

$$\eta=\frac{G_2}{G_1}\times 100\% \tag{2-8-1}$$

式中 η——除尘器的总除尘效率，%；

G_1——原来气体的含尘量，g/s；

G_2——收集的粉尘量，g/s。

也可用进出除尘器的粉尘量来计算：

$$\eta=\frac{G_{入}-G_{出}}{G_{入}}\times 100\% \tag{2-8-2}$$

式中 η——除尘器的总除尘效率，%；

$G_{入}$——进入除尘器的粉尘量，g/s；

$G_{出}$——排出除尘器的粉尘量，g/s。

由于连续生产，难以直接测定气体的粉尘量，而气体的含尘浓度较易测得，此时，除尘效率可用下式计算：

$$\eta=\frac{C_{入}-C_{出}}{C_{入}}\times100\%=\left(1-\frac{C_{出}}{C_{入}}\right)\times100\% \tag{2-8-3}$$

式中　η——除尘器的总除尘效率，%；

$C_{入}$——进入除尘器的气体的含尘浓度，g/Nm^3；

$C_{出}$——排出除尘器的气体的含尘浓度，g/Nm^3。

若两台除尘器串联使用（即二级除尘系统），其总除尘效率为：

$$\eta=\eta_1+(1-\eta_1)\eta_2 \tag{2-8-4}$$

式中　η——除尘系统的总除尘效率，%；

η_1——第一级除尘器的除尘效率，%；

η_2——第二级除尘器的除尘效率，%。

（2）分级除尘效率

所谓分级除尘效率，是指除尘器对某一粒经范围粉尘的除尘效率。当测出除尘器进出口气流中各种粒经范围的粉尘的质量分数，可用下式计算除尘器的分级除尘效率：

$$\eta_x=\frac{G_{x1}-(1-\eta)G_{x2}}{G_{x1}}\times100\%=\left[1-(1-\eta)\frac{G_{x2}}{G_{x1}}\right]\times100\% \tag{2-8-5}$$

式中　η_x——除尘器对某一粒经范围粉尘的除尘效率，%；

G_{x1}——除尘器进口气流中某一粒经范围的粉尘的质量分数，%；

G_{x2}——除尘器出口气流中某一粒经范围的粉尘的质量分数，%；

η——除尘器的总除尘效率，%。

2. 旋风式除尘器

旋风式除尘器是利用含尘气体高速旋转产生的离心力将粉尘从气体中分离出来的除尘设备。它构造简单，容易制造，投资省，尺寸紧凑，没有运动部件，操作可靠，适应高温高浓度的含尘气体。这种除尘器对较大颗粒粉尘的处理有用武之地，但对微小粉尘的处理却无能为力了，一般除尘效率约为60%～90%。

旋风式除尘器由带有锥形底的外圆筒、进气管、排气管（内圆筒）、储灰箱、排灰阀组成，如图2-8-1所示。从图中可以看到，排气管是插入外圆筒顶部中央，与外圆筒、排灰口中心在同一条直线上的，含尘气体由进气管以高速（14～24m/s）从切向进入外圆筒内，形成离心旋转运动，由于内外圆筒顶盖的限制，迫使含尘气体由上向下离心螺旋运动（又称外旋流），气体中的颗粒由于旋转产生的惯性离心力要比气体大的多，所以它们被甩向筒壁，失去能量沿壁滑下，外圆筒下部又是锥形的，空间越往下越小，到排灰口处就形成了料粒浓集区，经排灰口进入储灰箱中。那么气体是否也跟着进储灰箱了呢？不是的，这时的气体和粉尘颗粒就该分道扬镳开了（太细小的颗粒与气流在这是分不开的）。外旋流向下离心螺旋运动时，随着圆锥体的收缩而向收尘器的中心靠拢，又由于靠近排灰口处形成的料粒浓集区成封闭状态，所以迫使气流又开始旋转上升，形成一股自下而上的螺旋线运动气流，称为核心流（又称内旋流）。最后经过除尘处理的气体经排气管排出。

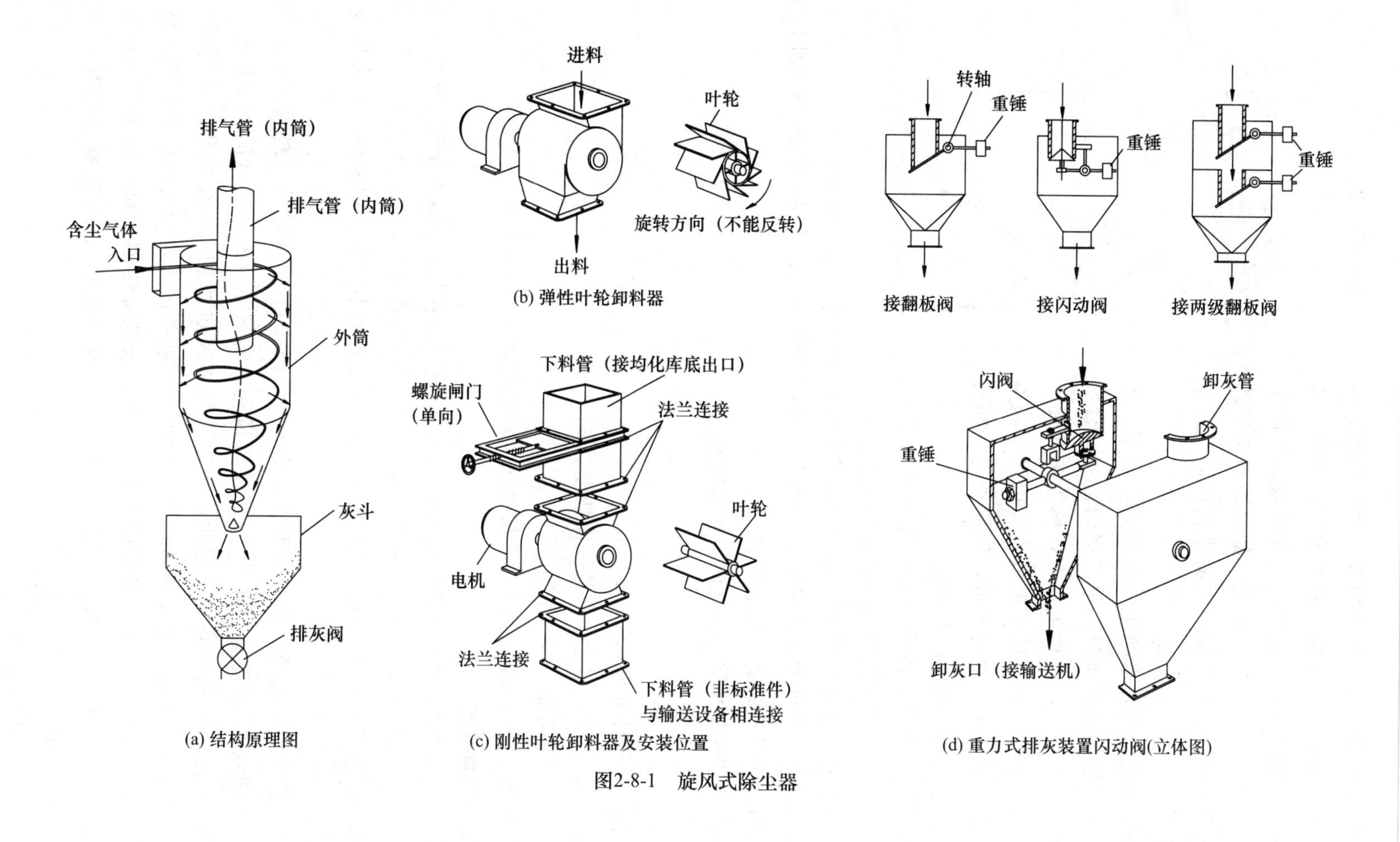
排气管（内筒）
排气管（内筒）
含尘气体
入口
外筒
灰斗
排灰阀
(a) 结构原理图
进料
叶轮
旋转方向（不能反转）
出料
(b) 弹性叶轮卸料器
下料管（接均化库底出口）
螺旋闸门
（单向）
法兰连接
叶轮
电机
法兰连接
下料管（非标准件）
与输送设备相连接
(c) 刚性叶轮卸料器及安装位置
转轴
重锤
重锤
重锤
接翻板阀
接闪动阀
接两级翻板阀
闪阀
卸灰管
重锤
卸灰口（接输送机）
(d) 重力式排灰装置闪动阀(立体图)

图2-8-1 旋风式除尘器

旋风除尘器可以一台（单筒）独立使用，但更多的是双筒组合（并联）和多筒组合（串、并联）在一起使用（图 2-8-2），能获得较高的除尘效率或处理较大的含尘气体量（如立磨系统中的料、气分离器，如图 2-5-18 立磨生料粉磨工艺流程立体图）。

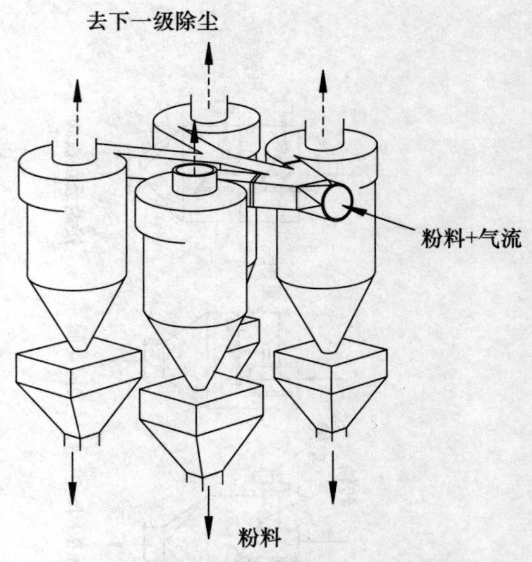

图 2-8-2　旋风除尘器的串、并联应用

串联使用：当要求净化效率较高，采用一次净化方式不能满足要求时，可考虑两台或三台旋风除尘器串联使用，这种组合方式称为串联旋风除尘器组，它们可以是同类型的也可以是不同类型的，直径可相同，也可不同，但同类型、同直径旋风除尘器串联使用效果较差。

为了提高处理高粉尘浓度废气的除尘效率，旋风除尘器也可以与其他除尘设备串联使用，如与袋式除尘器、电除尘器或湿式除尘器串联使用，作为它们的一级除尘。

并联使用：当处理含尘气体量较大时，可将若干个小直径旋风除尘器并联使用，这种组合方式称之为并联式旋风除尘器组。

并联使用的旋风除尘器气体处理总量为：

$$Q=nQ_{单} \tag{2-8-6}$$

式中　Q——气体处理总量，m^3/h；

$Q_{单}$——单个旋风除尘器的气体处理量，m^3/h；

n——旋风除尘器的个数。

并联除尘器组的阻力约为单个旋风除尘器的阻力损失的 1.1 倍。

3. 袋式除尘器

旋风式除尘器是靠粉尘颗粒的离心、沉降将其“俘获”的，这对于较大颗粒（有一定的质量）来说是很好的收尘方法，但对于细小微粒（因为质量太轻）就无能为力了，没有被收下而随风带走了。下面要介绍的袋式除尘器可以把细小的颗粒拦截住，大大提高了除尘效率。

袋式除尘器由滤袋（透气但不透尘粒的纤维织物）、清灰机构（对阻留在滤袋上的粉尘要定时清理）、过滤室（箱体）、进出口风管、集灰斗及卸料器（回转卸料器、翻板阀锁风等）组成，利用过滤方法除尘：当含尘气体通过滤袋时，尘粒阻留在纤维滤袋上，使气体得到净化排除，定期清理滤袋上的积尘，继续截留含尘气体中的粉尘。滤袋能把 0.001（mm）以上的微小颗粒阻留下来，如果把袋式除尘器与旋风除尘器或粗粉分离器串联起来，作为第二级除尘，收尘效率可稳定在 98%以上，完全能够达到国家环保要求，如图 2-8-3 所示。

常用的袋式除尘器有：

（1）气环反吹袋式除尘器

含尘气体由进入口引入机体后进入滤袋的内部，粉尘被阻留在滤袋内表面上，被净化的气体则透过滤袋，经气体出口排出机体。滤袋清灰是依靠紧套在滤袋外部的反吹装置上下往复运动进行的，在气环箱内侧紧贴滤布处开有一条环形细缝，从细缝中喷射从高压吹风机送来的气流吹掉贴附在滤袋内侧的粉尘，每个滤袋只有一小段在清灰，其余部分照常进行除尘，因此，除尘器是连续工作的，如图 2-8-4。

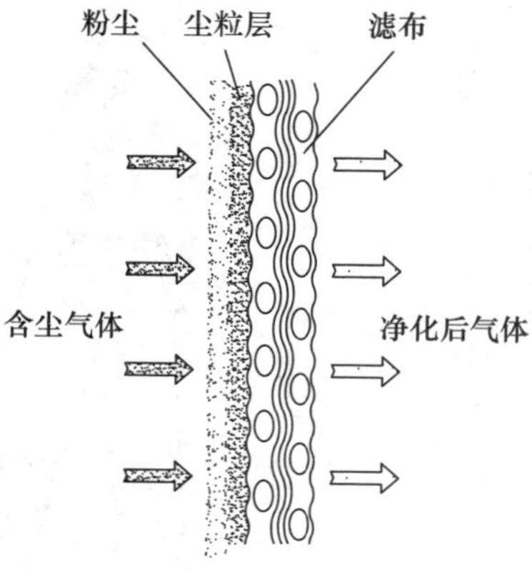

粉尘 尘粒层 滤布
含尘气体 净化后气体

图 2-8-3 粉尘通过滤布过滤

（2）气箱式脉冲袋式除尘器

这种除尘器的制造技术从美国富勒公司引进，具有分室反吹和喷吹式脉冲清灰特点。由上箱体、中箱体、下箱及灰头，梯子、平台，储气罐、脉冲阀、龙架、螺旋输送机、卸灰阀、电器控制柜、空压机等组成，本体分隔成若干个箱区，当除尘器滤袋工作一个周期后，清灰控制器就发出信号，第一个箱室的提升阀开始关闭切断过滤气体，箱室的脉冲阀开启，以大于 0.4MPa 的压缩空气冲入净气室，清除滤袋上的粉尘；当这个动作完成后，提升阀重新打开，箱体重新进行过滤工作，并逐一按上述程序完成全部清灰动作，如图 2-8-5 所示。

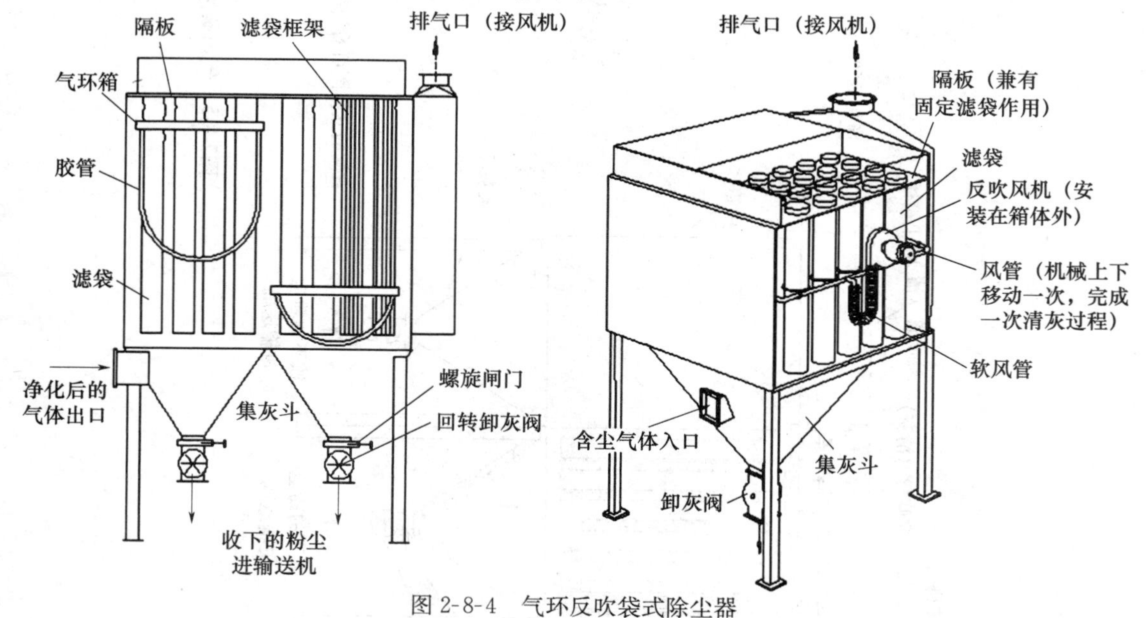

图 2-8-4 气环反吹袋式除尘器

（3）回转反吹袋式收尘器

这种除尘器的清灰机构包括小型高压离心风机、反吹管路、回转臂和传动装置（转速 1.2r/min），在过滤过程中，随着粉尘的不断增厚，通风阻力也在增大，当这阻力达到一定值时，反吹风机和回转装置同时启动，高压气流依次由滤袋上口向滤袋内喷出，使原来被吸瘪的滤袋瞬时膨胀，粉尘抖下，随即高压气流离开，滤袋正常过滤，如图 2-8-6 所示。

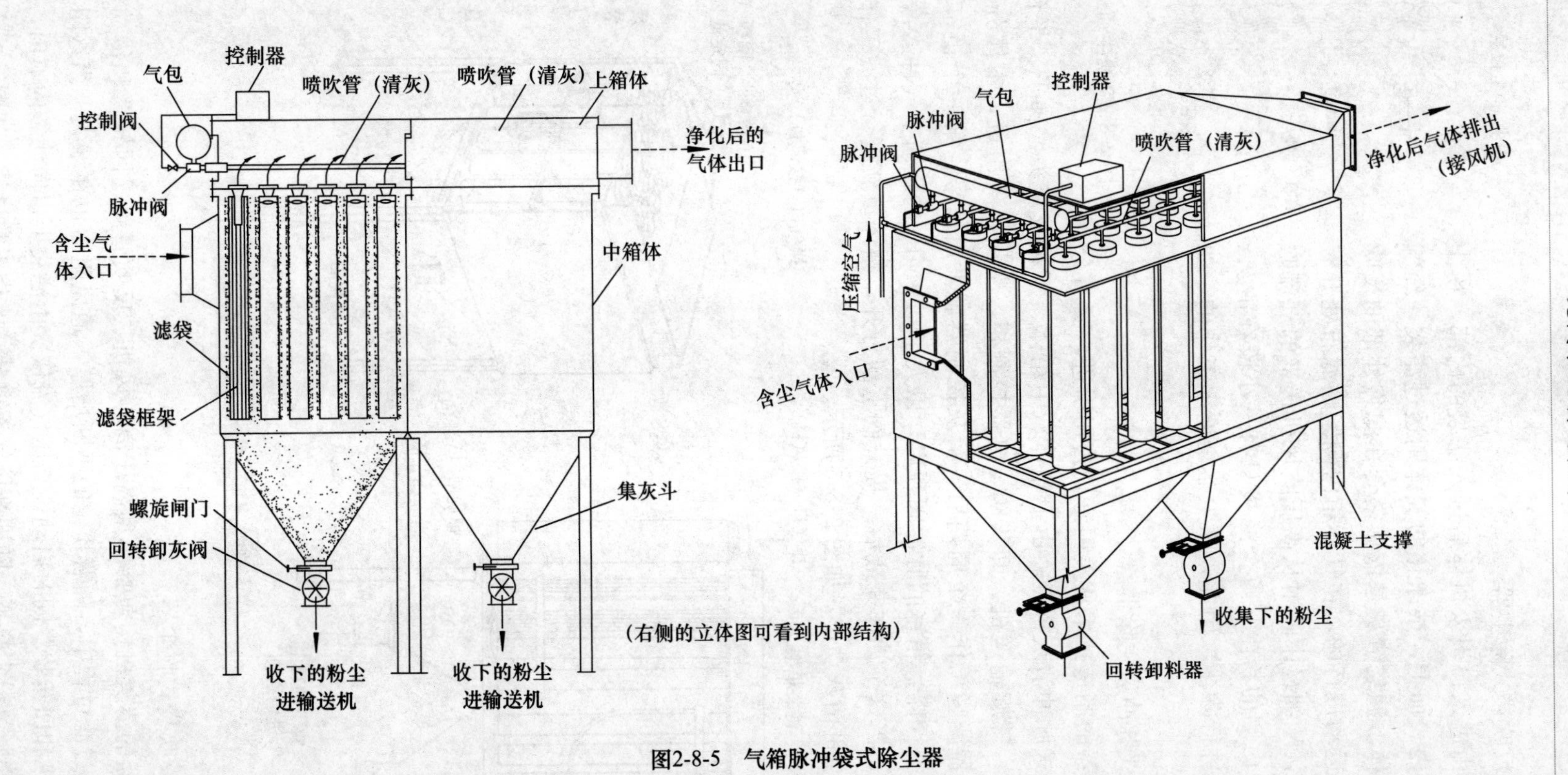

（右侧的立体图可看到内部结构）

图2-8-5　气箱脉冲袋式除尘器

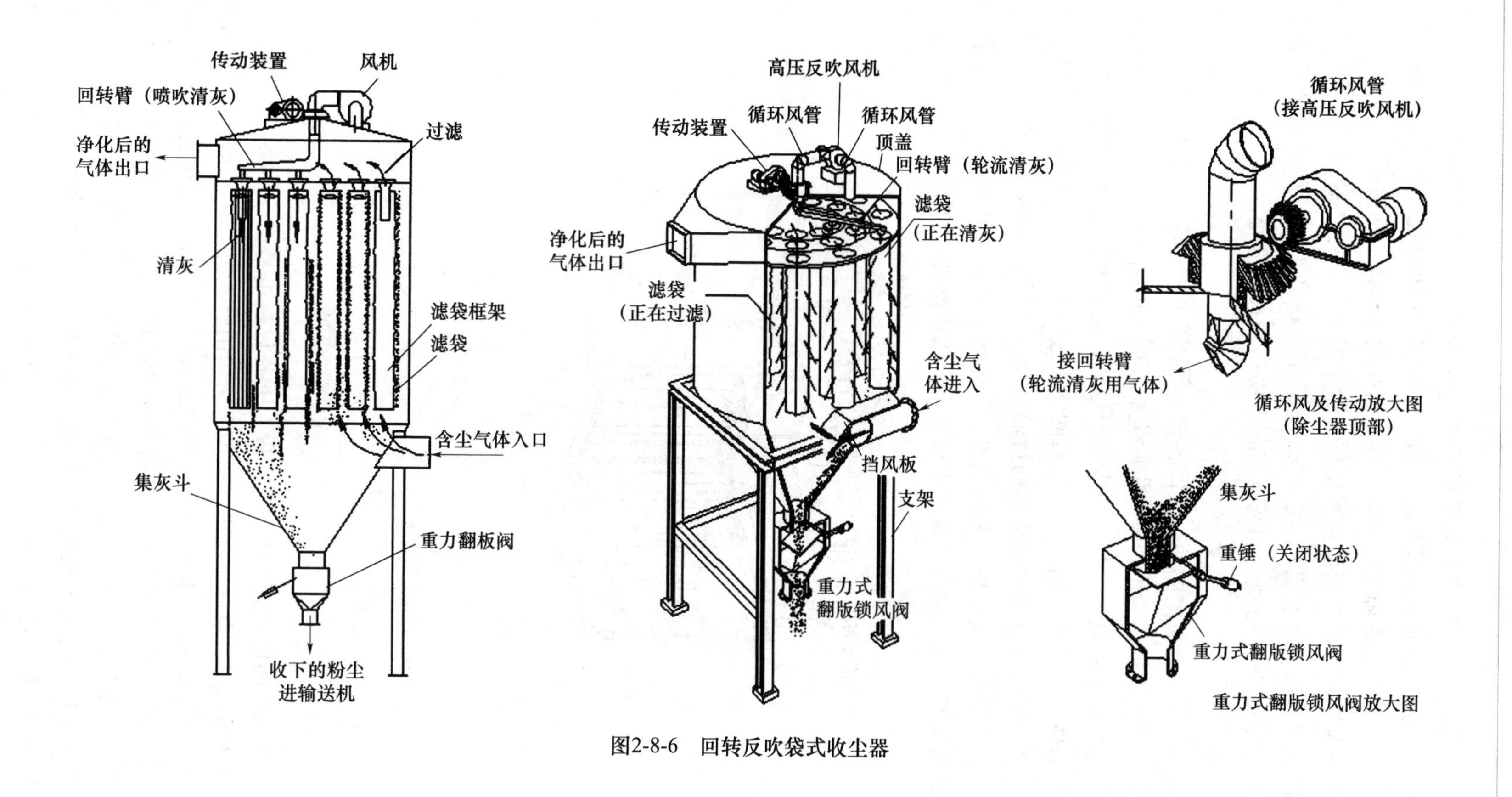

图2-8-6 回转反吹袋式收尘器

此外还有中部振打（ZX 型）袋式收尘器（从顶部振打传动，通过摇杆、打击棒和框架，在收尘中部摇晃滤袋而达到清灰的目的）、中心喷吹脉冲袋式收尘器（利用脉冲阀按规定程序定时用压缩空气对滤袋进行喷吹）等等，在此不做详细陈述了。

在生料制备系统中，很多扬尘点采用袋式除尘器除尘，见“图 2-5-1 生料闭路粉磨工艺流程（中心传动尾卸烘干球磨机）、图 2-5-3 生料闭路粉磨工艺流程（边缘传动中卸循环提升烘干球磨机）、图 2-5-17 立磨生料粉磨流程”中的袋式除尘器。

4. **电除尘器**

电除尘器一般用于原料磨的粉尘及回转窑窑尾废气的处理，二者可共用一台大的电除尘器；当然，窑头冷却机的粉尘由另一台电除尘器处理。电除尘器既是减轻引风机磨损、保证机组安全可靠运行的生产设备，又是减少烟尘排放、防止大气污染的环保装置。

电除尘器的体积大，电耗高，电除尘器的除尘过程也不是简单的离心沉降（旋风除尘器的沉降原理）或过滤收尘（袋式除尘器的过滤原理），结构比旋风除尘器、袋式除尘器要复杂得多，主要有电晕极、沉淀极、振打装置、气体均布装置、电除尘的壳体、保温箱、排灰装置和高压整流机组组成，电晕极和集尘极是主要工作部件，如图 2-8-7 所示。

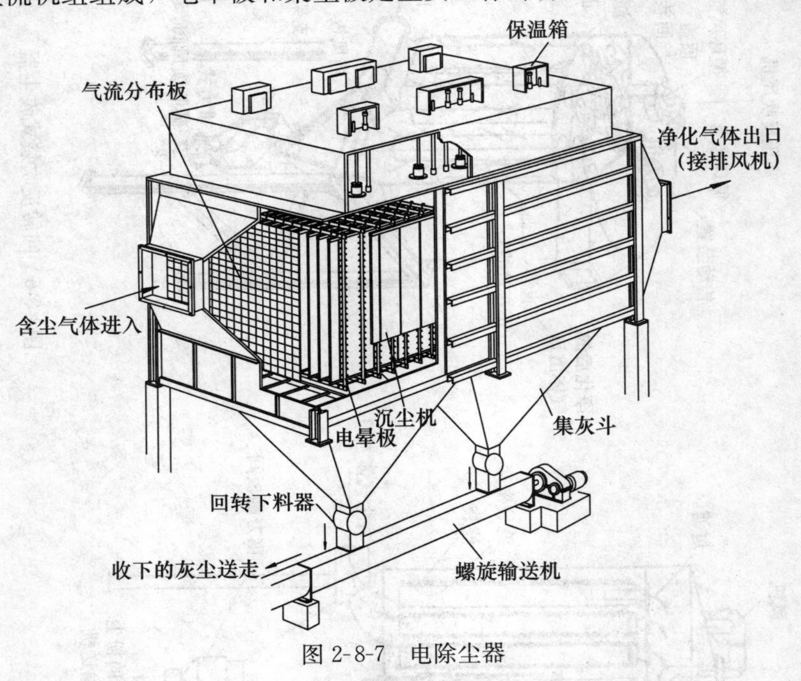

图 2-8-7　电除尘器

电源的负极又叫阴极、放电极、电晕极，主要包括电晕线、框架、悬吊杆、绝缘套管、清灰振打装置和重锤等。电源的正极（接地）又叫阳极、集尘极、沉淀极，有板式和管式两种（安装在两极板之间），当电压升高到一定数值时，在阴极附近的电场强度迫使气体发生碰撞电离，形成大量正负离子。由于在电晕极附近的阳离子趋向电晕极的路程极短，速度低，碰上粉尘的机会很少，因此，绝大部分粉尘与路程长的负离子相撞而带上负电，飞向集尘极，只有极少数粉尘沉积于电晕极，如图 2-8-8 所示。定期振打（清除沉淀极板上的积尘，多采用反转锤头振打清灰方式，如图 2-8-9 所示），集尘极及电晕极，两级吸附的粉尘落入集灰斗中，通过卸灰装置卸至输送机械运走。

电除尘器通常是把市电（220V 或 380V）通过一套自动调压设备＋整流变压器＋硅整流组件调压，为除尘的极板送去直流高压电，产生电晕现象，静电吸引粉尘，达到静电除尘的效果。

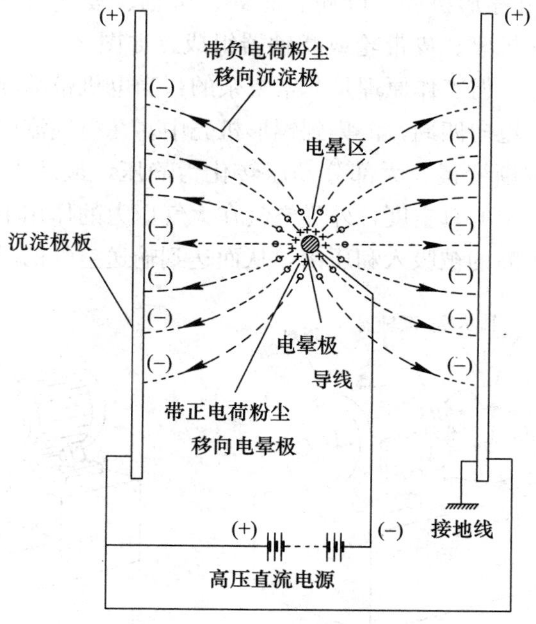

图 2-8-8　电除尘器的工作原理

电除尘器的主体结构是钢结构，全部由型钢焊接而成，外表面覆盖蒙皮（薄钢板）和保温材料。在集灰斗的出口处都需安装锁风装置（如回转卸料器本身就具备锁风功能），这样可防止已收回的粉尘再次悬浮飞扬起来。

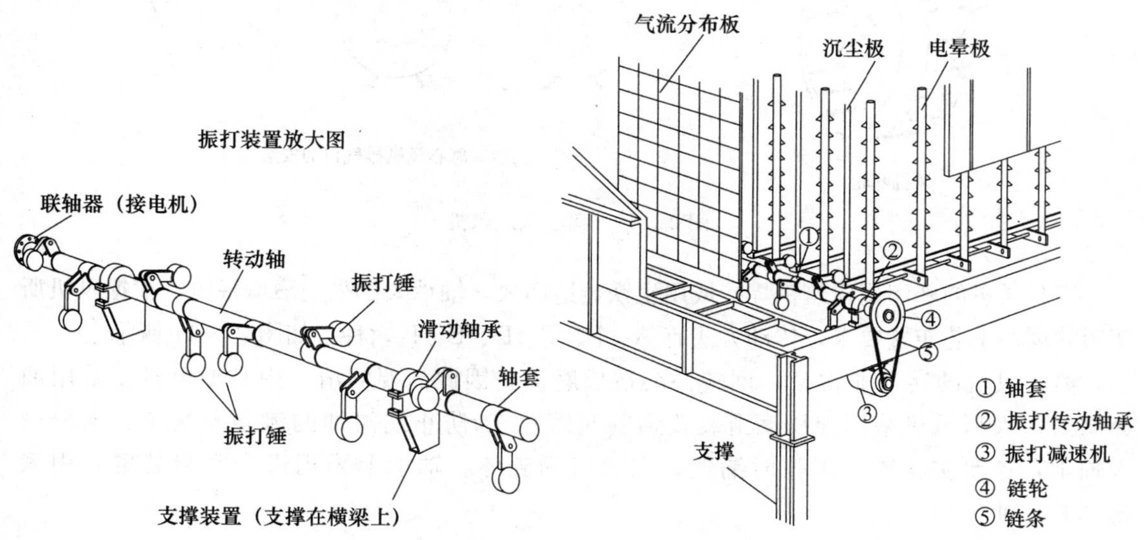

图 2-8-9　电除尘器的主要部件

2.8.2 通风

水泥生料制备过程中的原料的粉磨系统需要通风、生料均化库需要供风，不同的扬尘点都需要除尘的，这些都离不开通风机，它与除尘器共同构成了除尘系统。

离心式通风机主要由螺形机壳、叶轮、轮毂、机轴、吸气口（进口是负压）、排气口（出口是正压）、轴承座和机座、皮带轮或联轴器组成，如图 2-8-10 所示。离心式通风机的构造看上去虽然比较简单，但工作原理是非常复杂的：当电机带动叶轮转动时，空气也随叶轮旋转并在惯性的作用下甩向四周，汇集到螺形机壳中。在空气流向排气口的过程中，由于截面积不断扩大，速度逐渐变慢，大部分动压转化为静压，最后以一定的压力从排气口压出，此时叶轮中心形成一定的真空度，外界空气在大气压力的作用下又被吸进来，由于叶轮在不停地旋转，空气就不断的被吸入和压出，从而达到输送空气的目的。

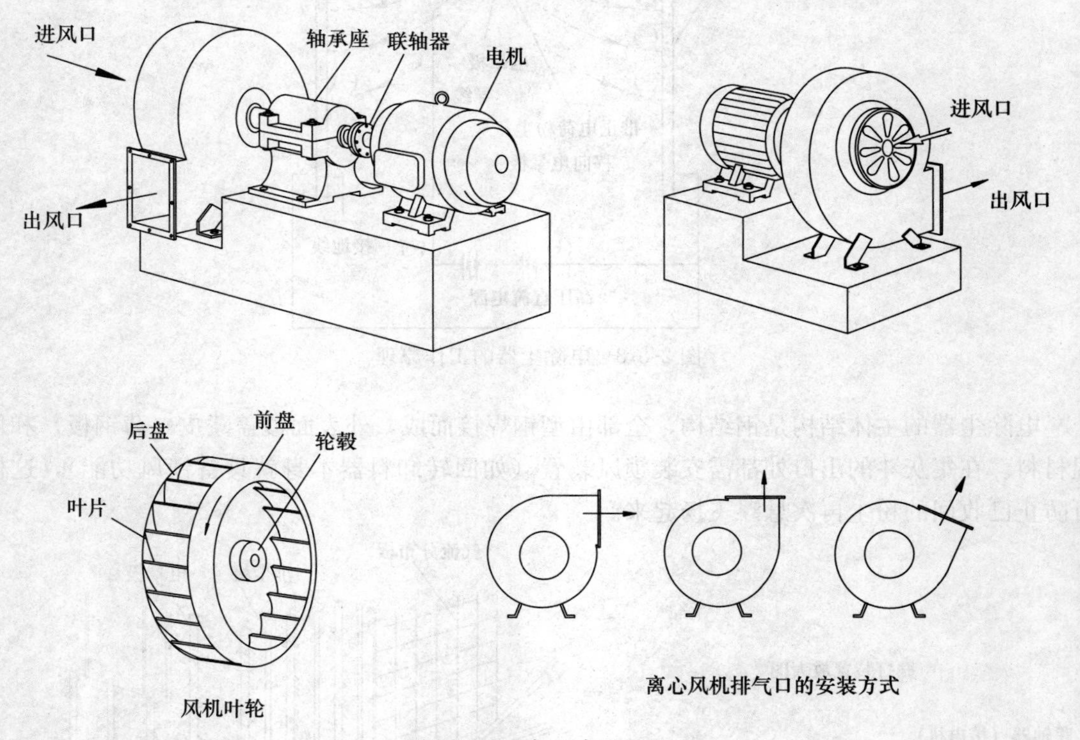

图 2-8-10 离心式通风机

安装风机的基座用建筑钢焊接或用生铁铸造而成，轴承大都采用滚珠轴承，根据风机所使用的现场工艺布置要求，传动方式有 A、B、C、D、E、F 六种，如图 2-8-11 所示。

离心风机的转速非常高，回转件会造成磨损，因此需要润滑（中小型风机多采用油杯润滑，大型风机采用液压润滑装置强制润滑）。为防止润滑油的泄漏及灰尘、水分进入轴承，还要防止风机工作时漏气，在风机的壳体、轴承上采用组合密封装置，用来封气和封油。

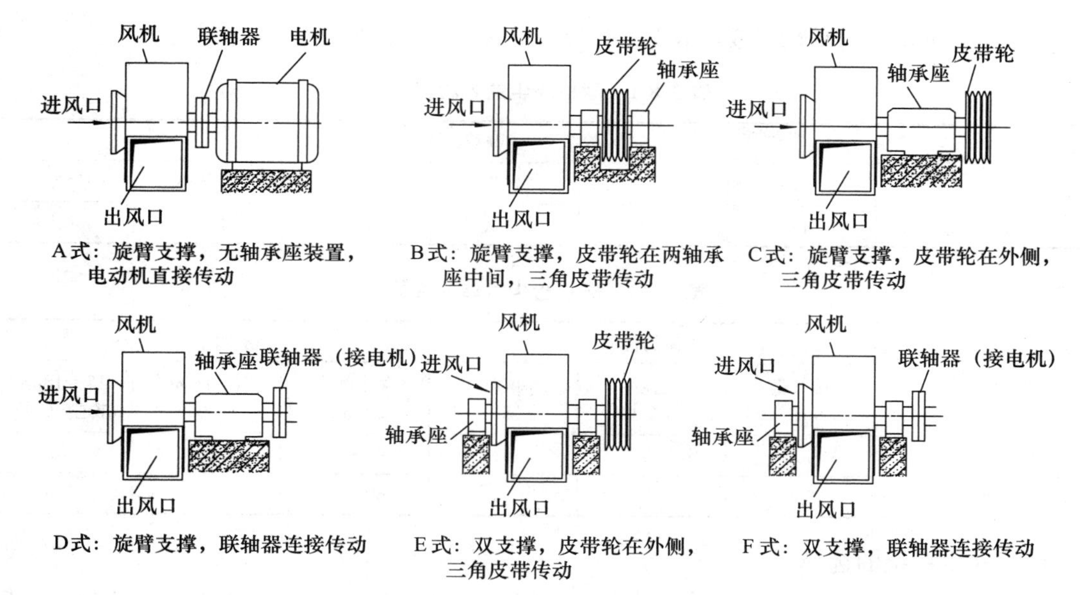

图 2-8-11 离心式通风机机座的六种传动方式

2.8.3 主要尘源点的除尘

水泥厂各尘源点的除尘设备选择需综合考虑以下因素：

① 国家排放标准的要求。

② 尘粒的性质及其变化。主要有尘粒的分散度、含尘浓度、比重、粉尘比电阻、亲水性、黏附性及磨损性等。

③ 气体的性质及其变化。主要有气体量及其变化、温度、黏度及露点。

④ 各种型号除尘器的性能、特点、净化能力、动力消耗、适用范围、材料及价格等有关资料。

⑤ 设备投资、金属耗量、材料消耗、运行费用、使用寿命、占地面积及管理等项指标。

1. 破碎机的除尘

破碎机的排风量和含尘浓度随破碎机的形式不同而有较大差别，一般颚式、圆锥式、辊式破碎机排放气体中的含尘浓度为 10～15g/Nm^3，锤式破碎机为 15～75 g/Nm^3，反击式破碎机为 40～100 g/Nm^3。

对于颚式、圆锥式和辊式破碎机，一般选用袋式除尘器一级除尘系统。对于锤式和反击式破碎机一般应选用二级除尘系统，第一级采用旋风除尘器，第二级采用袋式除尘器。

2. 粉磨设备的除尘

(1) 粉磨设备废气的性质

干法生产的生料磨是水泥厂的主要尘源，磨机的排尘量与通风量及含尘浓度有关。磨机的通风量一般根据粉磨系统的形式和磨机有效断面风速来确定，开路磨机风速一般为 0.5～0.8m/s。闭路磨机循环负荷率与选粉效率匹配，所以过粉磨现象少，磨内风速一般控制在 0.3～0.5m/s 范围内。从磨机中抽出的气体含尘浓度，与气流在磨尾排气管中的速度有关，

表 2-8-1 是磨机粉尘的颗粒组成，表 2-8-2 为磨机含尘气体的性质。

表 2-8-1　磨机粉尘的颗粒组成

粉尘部位	颗粒组成（μm）					
	<15	15～20	20～30	30～40	40－88	>88
干法原料磨	43	6.8	21.4	7.8	17.5	3.5

表 2-8-2　磨机含尘气体的性质

磨机名称	气体的性质			粉尘的性质		
	排气量（Nm^3/t）	温度（℃）	露点（℃）	含尘浓度（g/Nm^3）	<15μm 粉尘（%）	15～18μm 粉尘（%）
干法原料磨	400	70	43	60～90	80	15
水泥磨	500	75	25	60～80	50	45

（2）除尘系统的选择

由于从磨机抽出气体的含尘浓度较高，一般为 40～80g /Nm^3，且粉尘颗粒比较细，所以一般采用二级除尘系统。第一级选用旋风除尘器，第二级选用袋式除尘器或电除尘器。选用袋式除尘器时，过滤风速不大于 1.5m/min，排风机风压选用 3kPa 左右为宜。

3. **输送设备及储库的除尘**

（1）斗式提升机的除尘

为防止粉尘从斗式提升机逸出恶化操作环境，通常在提升机的上、下部设置抽气口，一般提升高度小于 10m 时，可只在下部抽吸；提升高度大于 10m 时，则上部和下部均应抽吸。

从斗式提升机抽出的含尘气体，在处理上可以与其他除尘设备联成一个系统，也可选用简易袋式除尘器组成单独除尘系统。主要视抽吸点的多少、抽风量的大小、生产设备与辅助设备的位置和除尘系统的布置情况而定。

（2）带式输送机的除尘

通常只需在胶带输送机的受料点和转落点设置抽气罩，抽气量应大于物料下落的诱导空气量。从抽气罩抽出的含尘气体，在处理上与斗式提升机类似，两台胶带输送机的转运点最好放在同一平台上，同时尽量降低物料落差。

（3）空气输送斜槽的除尘

空气输送斜槽一般每隔一定距离（30～40m 间隔）应开设一个通气孔，并将通气孔与除尘系统相联结。如果附近没有除尘系统，并且安装独立的排风除尘设备有困难时，可利用斜槽正压操作的特点，在通气孔处安装单个布袋除尘器，使含尘气体得到净化。

（4）物料储库的除尘

水泥厂物料储库一般在库顶设置除尘装置，当采用机械输送物料时，可选用无动力装置，不设吸排风机的袋式除尘器，库内含尘气流依靠自身压力（正压）透过滤袋排出物料储库；当采用气力输送物料时，应选用机械通风袋式除尘器。几个库共用一台除尘器时，可将几个库连通起来，在库壁间开设通气孔。

2.9 压缩空气站

在水泥生料制备中，各个袋式收尘器的清灰系统、生料均化库底卸料气动阀门等，都需要压缩空气来承担，当然，窑系统的点火、窑尾废气增湿、预热器吹堵、预热器及篦冷机空气炮清堵、水泥储存库及水泥卸料器气动阀、包装机气动阀、气动仓式泵等，也都需要压缩空气为其“服务”。

压缩空气由空气压缩机产生，但水泥厂一般不会在单独的工段（如生料均化库的库顶除尘清灰）设置空气压缩机，通常会根据用气量集中设置空气压缩站，然后使用空气压缩管道将压缩空气送至各个车间单独设置的储气罐，由储气罐向本车间各用气点供气。例如生料制备系统主要供应袋式收尘器和气动阀门的用气，一般只会单独设置一个储气罐，容量大约为 $2m^3$。当然生料均化库也可以用，但生料均化库一般都用罗茨风机供气即可，空压机不一定放在哪里就供哪里用气，一般厂内压缩空气管道都是连通的，可以互相补充。水泥厂空压机数量根据水泥线产能及用气量大小一般设置为 3～8 台不等，其中一台作为备用。

2.9.1 空压机站的组成

（1）主机

空气压缩机是气源装置中的主体，它是将原动机（通常是电动机）的机械能转换成气体压力能的装置，是压缩空气的气压发生装置。

（2）油路系统

包括油箱、冷却器、油滤清器、断油阀、温控器等。当空压机启动时，内部接近密封状态，油路首先建立压力，在压力作用下，对主机工作腔喷油，同时也进行润滑和密封。

（3）气路系统

环境空气过滤后由卸荷阀进入压缩腔，与润滑油进行结合并进行压缩。与油结合的压缩气体经过单向阀进入油气分离桶、油气分离器、气冷却器、气水分离器，出空压机后经储气罐、冷干机、精密过滤器进入厂区压缩空气管网。

（4）控制单元

采用 PLC（可编程逻辑控制器）编程自动控制，自动调节气量。

空压机站工艺流程如图 2-9-1 所示。

2.9.2 空气压缩机

空气压缩机是一种压缩气体提高气体压力或输送气体的机器，是压缩空气的动力源。各种压缩机都属于动力机械，能将气体体积缩小，压力增高，具备一定的动能。空气压缩机的种类很多，水泥厂常用的空气压缩机有活塞式空气压缩机和螺杆式空气压缩机。

1. **活塞式空压机**

活塞式压缩机的种类虽然繁多，结构复杂，但其基本构造大致相同。主要零部件有机身、曲轴、连杆、活塞、气缸、进排气阀等，如图 2-9-2 所示，活塞式压缩机由曲柄连杆机构将驱动机的回转运动变成为活塞的往复运动，气缸和活塞共同组成压缩容积；活塞在气缸内做往复运动，使气体在气缸内完成进气、压缩、排气等过程，如图 2-9-3 所示，工作流程如图 2-9-4 所示。在曲轴侧的气缸端部装置填料密封，以阻止气体外漏。活塞上的活塞环，阻止活塞两侧气缸容积内的气体互相窜漏。

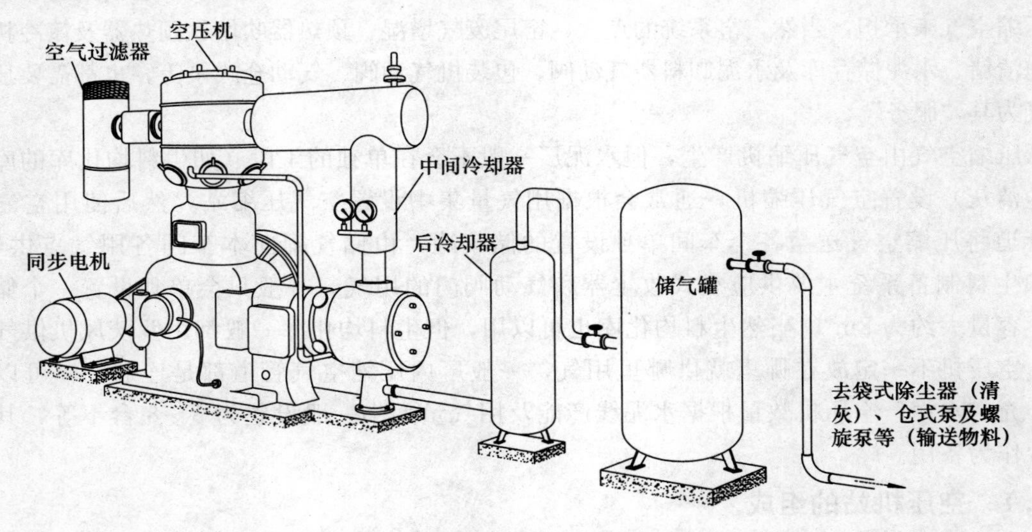

图 2-9-1 空压机站工艺流程图

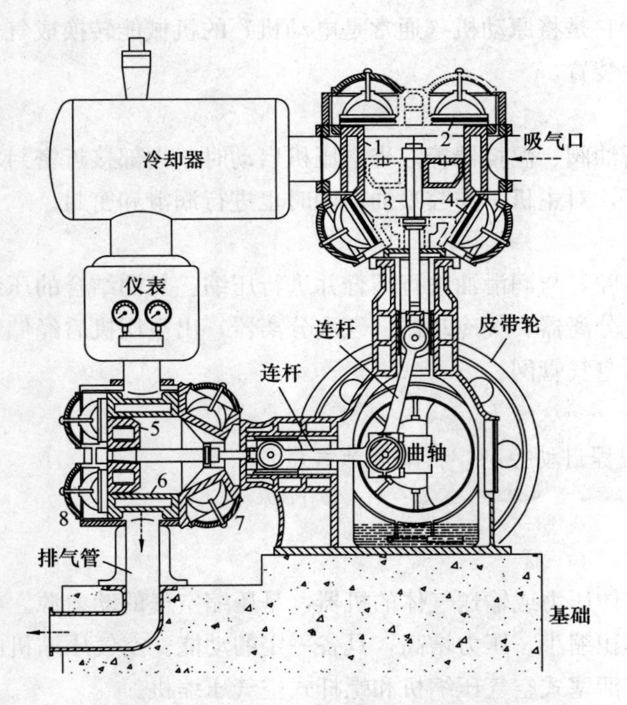

图 2-9-2 4L—20/8 型空气压缩机

1——一级气缸；2——一级活塞；3——一级吸气阀；4——一级排气阀；
5—二级活塞；6—二级气缸；7—二级吸气阀；8—二级排气阀

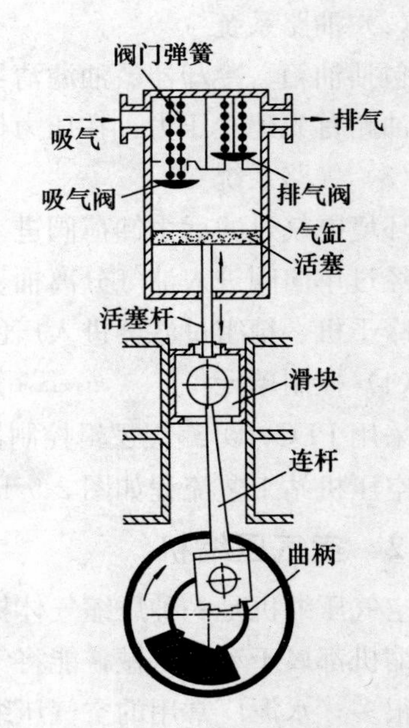

图 2-9-3 活塞式空压机作原理图

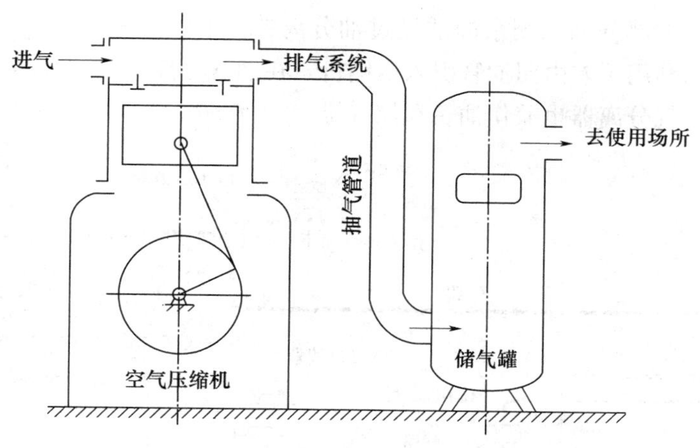

图 2-9-4　活塞式空压机工作流程

2. 螺杆式空压机

螺杆式空压机一般指双螺杆压缩机，它的基本结构如图 2-9-5 所示。在压缩机的主机中平行地配置着一对相互啮合的螺旋形转子，通常把节圆外具有凸齿的转子，称为阳转子或阳螺杆；把节圆内具有凹齿的转子，称为阴转子或阴螺杆。一般阳转子作为主动转子，由阳转子带动阴转子转动。转子上的球轴承使转子实现轴向定位，并承受压缩机中的轴向力。转子两端的圆锥滚子推力轴承使转子实现径向定位，并承受压缩机中的径向力和轴向力。在压缩机主机两端分别开设一定形状和大小的孔口，一个供吸气用的叫吸气口，另一个供排气用的叫排气口。

螺杆空气压缩机组是由螺杆压缩机主机、电动机、油气分离器、冷却器、风扇、水分离器、电气控制箱以及气管路、油管路、调节系统等组成，工作流程如图 2-9-6 所示。喷入的油与空气混合后在转子齿槽间有效地压缩，油在转子齿槽间形成一层油膜，避免金属与金属直接接触并密封转子各部的间隙和吸收大部分的压缩热量。机组无油泵，靠油气分离器中的气体压力将油压送至各润滑点。从压缩机排出的油、气混合物，经过油气分离器，用旋风分

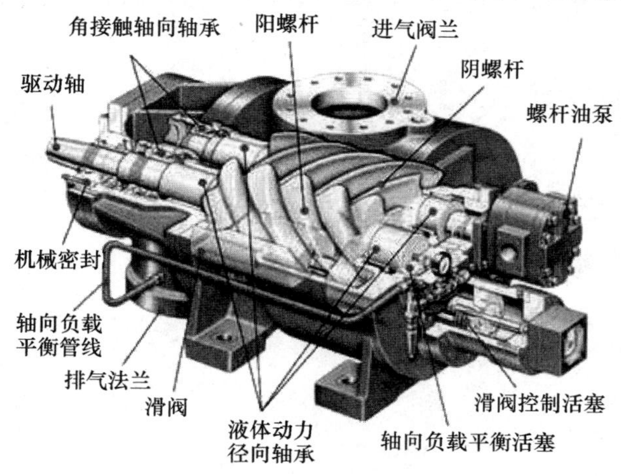

图 2-9-5　螺杆式空压机

离的方法粗分离出大部分油，剩余的油经过油分离器滤芯作进一步精分离而沉降在滤芯底部。滤芯底部的油利用压差由回油管引入压缩机，在油气分离器上装有油位液面计、最小压力阀和安全阀。油气分离器也兼作油箱和储气罐。

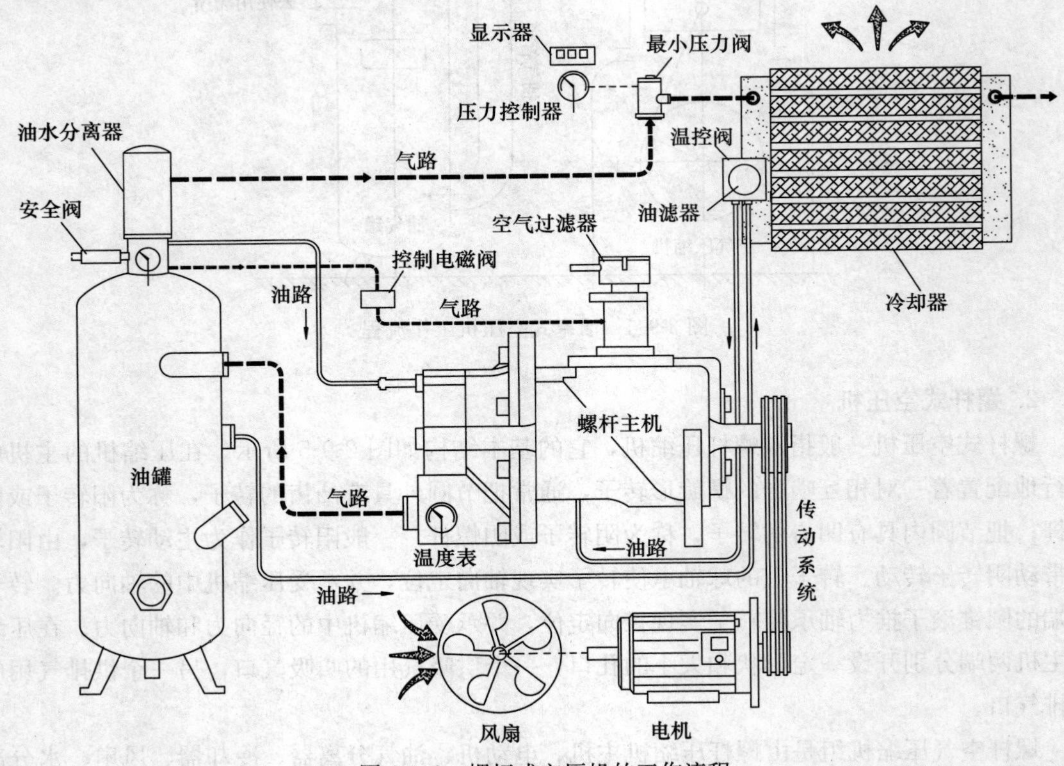

图 2-9-6　螺杆式空压机的工作流程

3 熟料煅烧

在水泥生料制备完成后，符合煅烧要求的生料从窑尾的最上一级预热器送入，走过曲曲折折的道路、不断地与来自窑内的废热气体进行热交换得到预热后，进入分解炉内烧至大部分碳酸盐分解，再经过最后一级预热器进入回转窑中高温煅烧至部分熔融后，所得以硅酸钙为主要成分的硅酸盐水泥熟料；完全或部分熔融所得以铝酸钙为主要成分的铝酸盐水泥熟料；所得以无水硫酸钙和硅酸钙为主要成分的硫铝酸钙水泥熟料；所得以无水硫酸钙和硅酸二钙为主要成分的铁铝酸钙水泥熟料；所得以氟铝酸钙和硅酸钙为主要成分的氟硫铝酸钙水泥熟料。熟料煅烧的过程是一个连续加热、不断发生一系列的物理化学反应变化的过程，最终将水泥生料烧成为熟料，经冷却后送入储库，至此完成熟料的煅烧任务，如图 3-1-1 所示。

3.1 熟料煅烧工艺技术的发展

传统的回转窑煅烧水泥熟料过程完全是在窑内进行的，即生料喂入到窑内后的干燥→预热→碳酸盐分解→放热反应→熟料矿物的形成→冷却这六个过程完全是在回转窑内完成的（图 3-1-2），使得窑体长度相对较长，热量损失较大，窑的产量不高。1932 年丹麦工程师 M. 沃格尔·约根生（M. Vogel. Jorgensen）发明了“用细分散物料喂入回转窑的方法和装置”技术，并向捷克斯洛伐克共和国递交了专利申请，这就是现在的新型干法生产采用的预热器。这一专利的概念经历了 20 多年后，德国的洪堡公司（KHD）于 1951 年在 Φ2.5×40 立波尔窑（半干法生产方式）基础上改造成四级旋风预热器窑，投入运行后使窑的产量提高了 61%，热耗降低了 36%，生产效率显著提高。

3.1.1 悬浮预热技术

悬浮预热技术是在水泥中空窑的尾部（生料喂入端）装设悬浮预热器，使出窑废热气体在预热器内通过，同时使入窑的低温生料粉分散于废热气流之中，在悬浮状态下进行热交换，使物料得到迅速加热升温后再入窑煅烧的一项技术。

1. 悬浮预热器单元组成

悬风预热器（也称旋风预热器或旋风筒）单元由换热管道、预热器、衬料、出风管、下料管和锁风阀等部件组成，如图 3-1-3 所示（图中 C_1 代表第一级旋风筒，以下类推）。悬浮预热器系统由上述多个单元组合构成，各部件的主要功能如下：

（1）预热器

也称旋风筒，是将气、料分离和影响预热效率的主要部件。为使预热器内的废热气体与生料更好地进行热交换，防止热量损失掉，在预热器内壁装有保温材料。

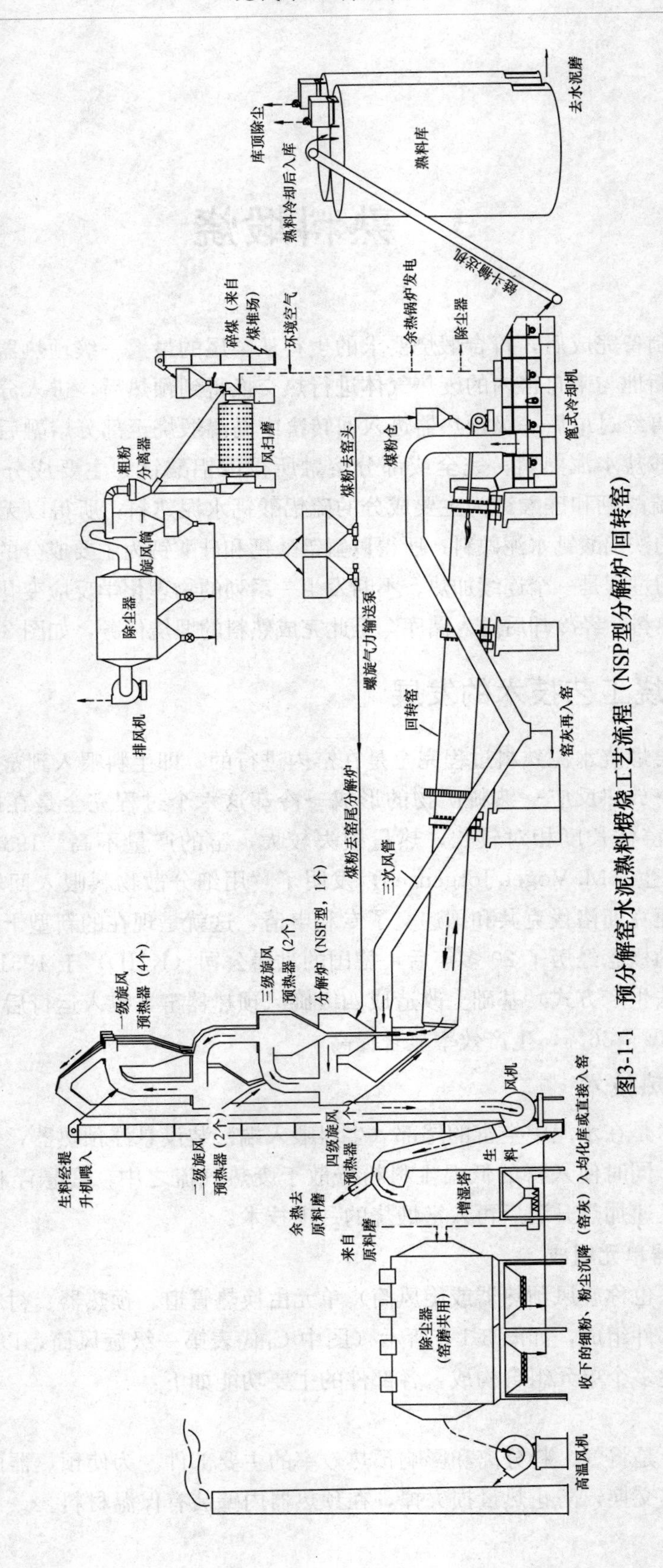

图3-1-1　预分解窑水泥熟料煅烧工艺流程（NSP型分解炉/回转窑）

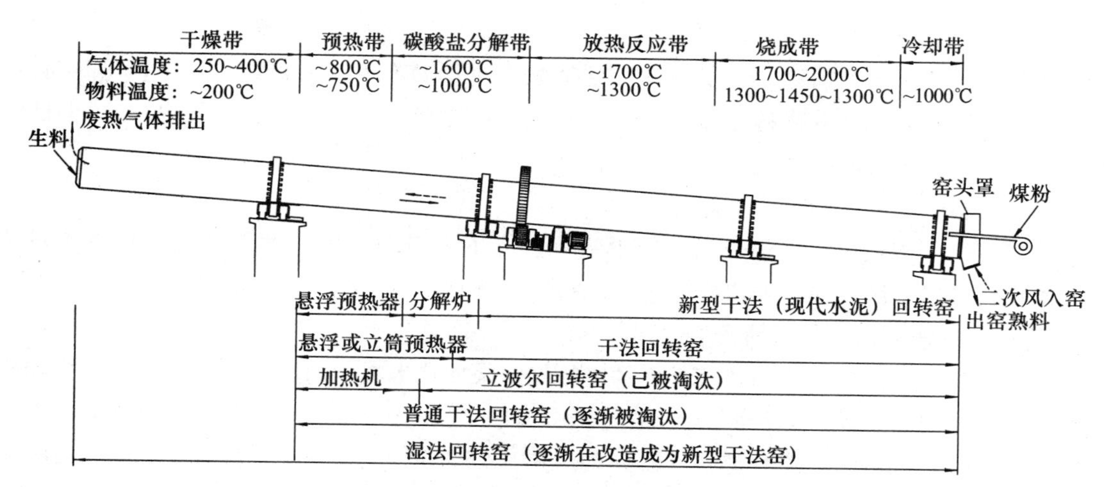

图 3-1-2　回转窑各带的划分

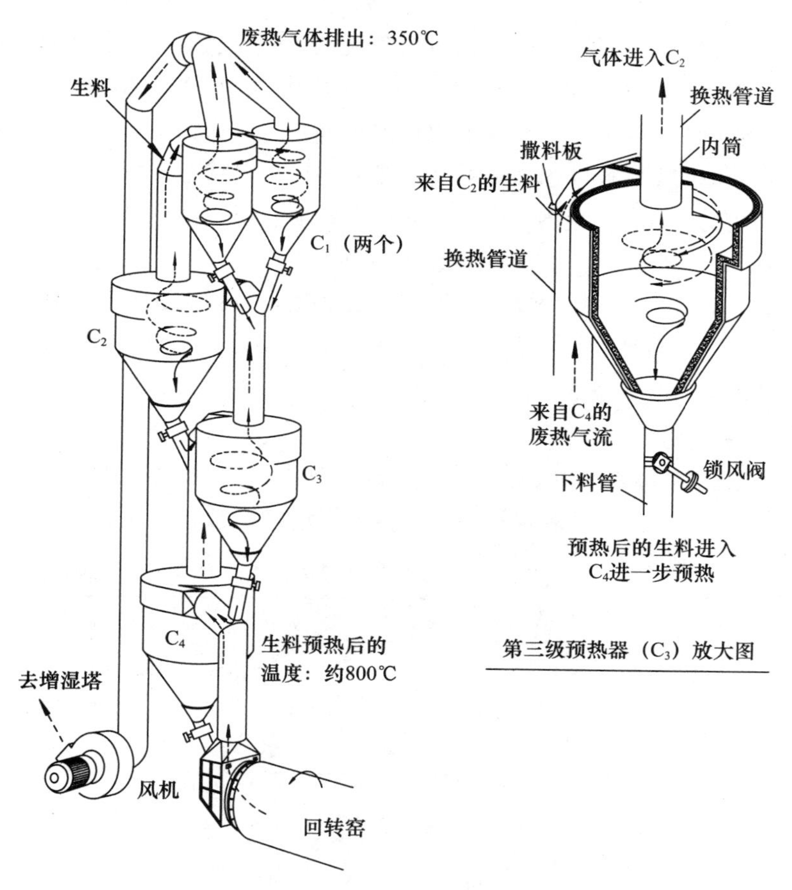

图 3-1-3　悬浮预热器及生料和废热气流的走向

（2）出风管

在第一级预热器的顶部中心处，有管道通向增湿塔、除尘器，这个管道就是出风管。

（3）换热管道

在第二、三、四级预热器的顶部有连接管道通向相对应的上一级预热器，这个连接管道就是换热管道，它承担着物料分散、均布、锁风和换热的任务，管道内合适的风速可保证物料悬浮于气流中更好的换热。

（4）下料管及锁风阀

生料在上一级预热器内预热后，经下料管进入下一级预热器，下料管口处装有撒料装置，使物料迅速分散悬浮，加快换热速度。卸料阀具有锁风性能，摆动灵活。

2. 生料在悬浮预热器内的预热过程

悬浮预热器是充分利用回转窑排出的废热气体来加热生料，通过气、固之间的换热和旋风筒的分离作用，实现预热和部分碳酸盐分解功能。从图 3-1-3 中可知：生料粉从第一级悬浮预热器（C_1）和二级悬浮预热器（C_2）两级旋风筒之间的换热管道喂入，与 C_2 上来的热气体同流换热，并一起进入 C_1 悬浮预热，分离后生料落入 C_2 与 C_3 之间的换热管道，继续同流换热，并一起进入 C_2 悬浮预热，分离后生料落入 C_3 与 C_4 之间的换热管道。从 C_1 至 C_4 依次完成换热，生料在旋风筒内呈悬浮状态与热气流进行热交换，温度逐渐升高，完成预热，由 C_4 入窑，出窑废气温度逐渐降低，从第一级悬浮预热器（C_1）排出。

悬浮预热窑的出现，从根本上改变了物料预热过程的传热状态，将窑内呈散状堆积状态的生料预热及部分碳酸盐分解过程移到悬浮预热器内在悬浮状态进行，增大了物料与气流的接触面积，因而传热速率快、传热效率高，而且有效地利用了窑尾废热气体，在工艺设计上缩短了窑的长度。

悬浮预热窑在 20 世纪 60 年代发展迅速并日趋大型化，我国在引进、消化的基础上得到了很大的发展，1966 年设计了第一台悬浮预热器窑在太原水泥厂建成投产，产量提高 32%，热耗降低 45.5%。

3. 悬浮预热器的分类

悬浮预热器的种类较多，一般用三种方法进行分类，如表 3-1-1 所示。图 3-1-3 是洪堡型悬浮预热器，图 3-1-4 列举了多波尔、米亚格、维达格型悬浮预热器。

表 3-1-1　悬浮预热器的分类

按制造厂商命名分类	按热交换方式分类	按预热器组成分类
洪堡（（KHD））型 史密斯（F. L. Smidth）型 维达格（Wedag）型	以同流热交换为主	数级旋风筒组合
盖波尔（Gepol）型 普列洛夫（Prepov）型	以逆流热交换为主	以立筒组合为主
多波尔（Dopol）型 米亚格（Miag）型	混流热交换型	旋风筒与立筒（或涡室）混合组合

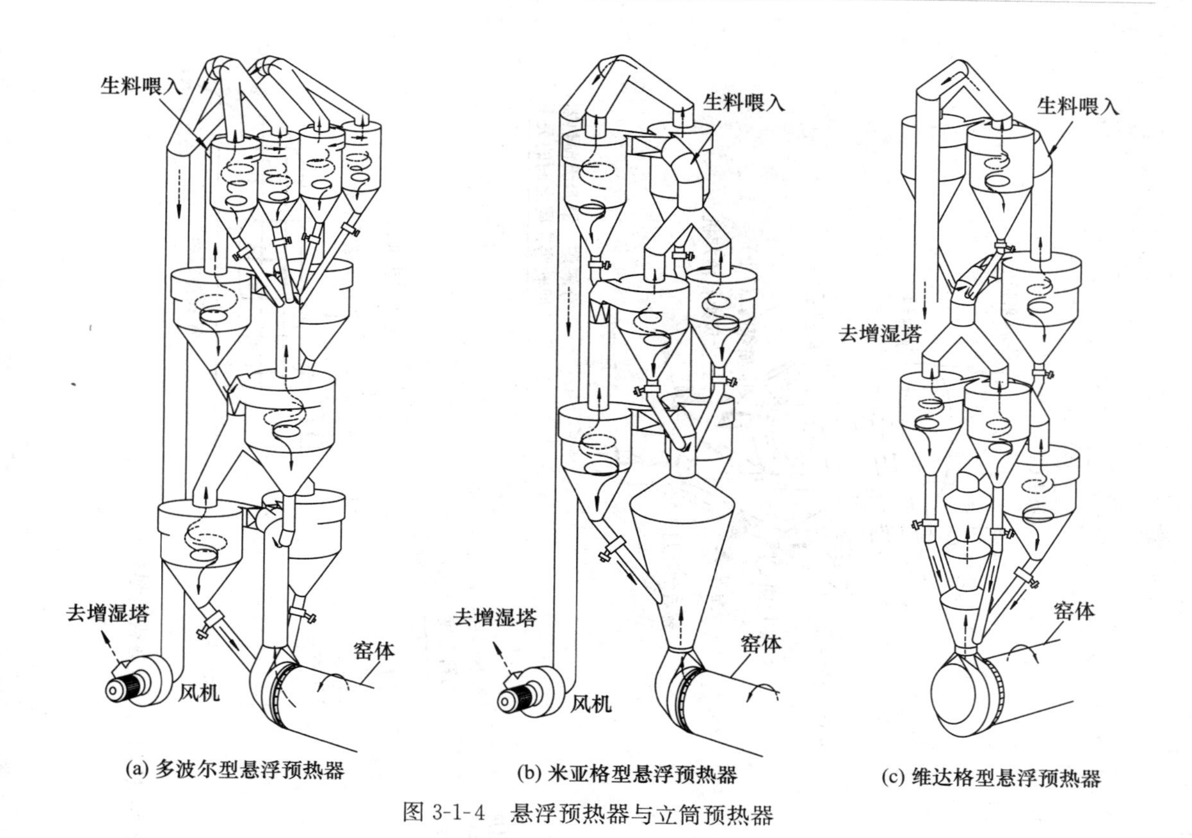

图 3-1-4 悬浮预热器与立筒预热器

3.1.2 预分解技术

预分解技术又称窑外分解技术，是在悬浮预热窑的基础上于 20 世纪 70 年代初期至中期发展起来的新型干法水泥生产技术，是当代最先进的水泥生产方法。它在悬浮预热器和回转窑之间增加一个新的设备——分解炉，将悬浮预热后的水泥生料，在达到碳酸盐分解温度之前进入到分解炉内，与进入到炉内的燃料混合，在悬浮状态下迅速吸收燃料的燃烧热，使生料中的碳酸盐（主要是 $CaCO_3$ 及少量 $MgCO_3$）迅速分解成为 CaO 及少量 MgO，并放出二氧化碳（CO_2）。在预分解窑系统中，熟料煅烧所需要的 60%～65%燃料由回转窑的烧成带转移到分解炉内，并将其燃烧热迅速应用于生料中碳酸盐的分解，分解率可达 85%～95%。窑内只承担着放热反应、熟料矿物的形成和冷却过程，如图 3-1-5 所示。这样减少了窑内燃烧带的热负荷，大幅度提高了窑系统的生产效率。

3.1.3 预分解窑工艺技术特点

（1）热效率高

在预分解窑系统中，生料的预热和分解均在悬浮状态下进行，气（废热气体）、固（生料）两相密切接触，提高了传热速率、给热能力和热效率，显著降低了热耗和大幅度提高了预分解窑的生产能力。

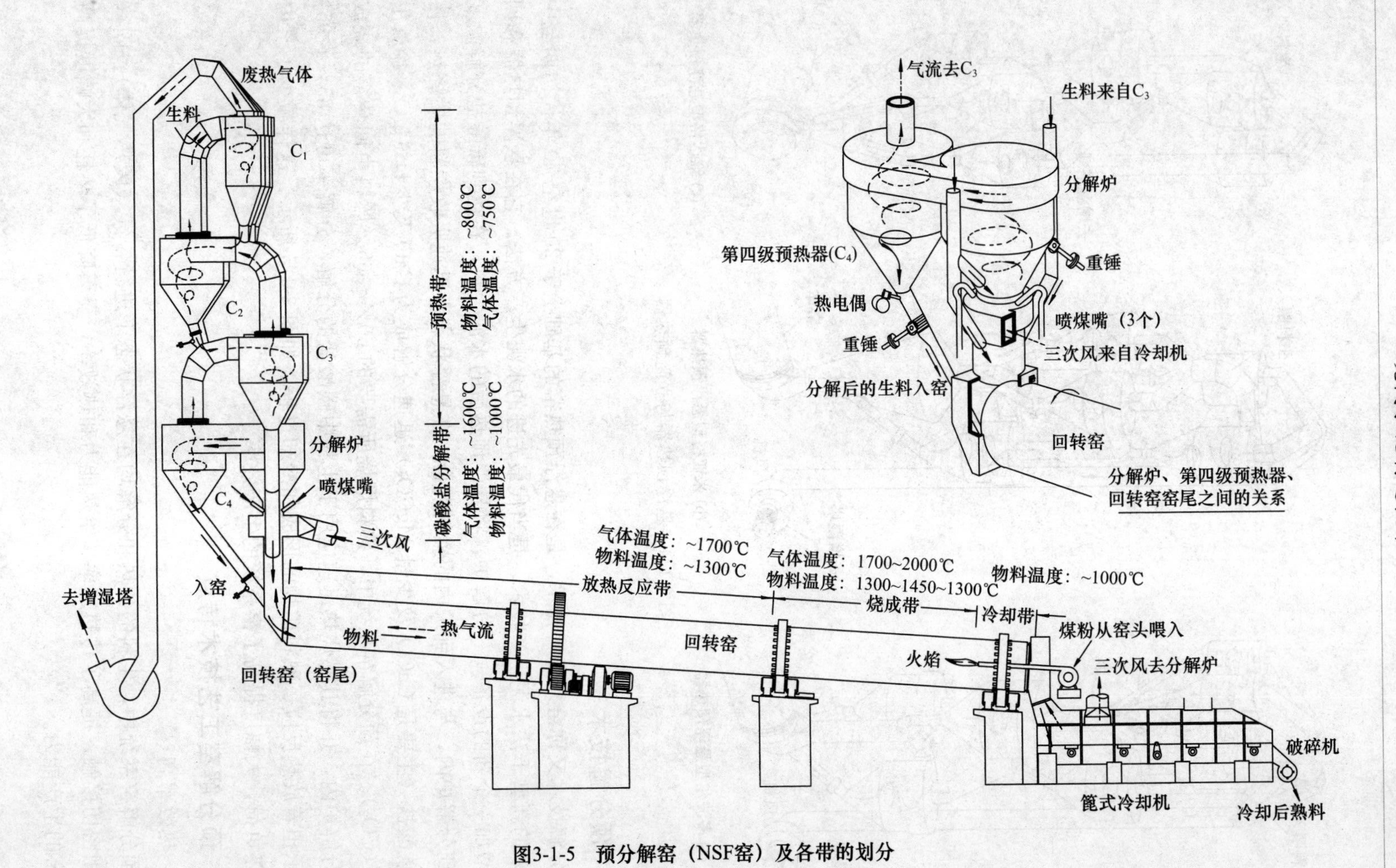

图3-1-5 预分解窑（NSF窑）及各带的划分

（2）窑内热负荷低

在窑尾与预热器之间增设分解炉作为“第二热源”，加入60%～65%煤粉，承担了原来在回转窑内进行的大部分碳酸盐的分解任务，大大减轻了窑的热负荷。

（3）可利用工业废渣和焚烧可燃性废弃物

生料悬浮在分解炉内，受到高温分解，停留时间较长，可降解工业废渣及废弃物中的有害成分及微量元素，使得废渣及可燃性废弃物作为原料用于配料或燃料，节约资源、改善环境。

3.1.3 预分解窑的分类

预分解窑的类型目前国际上有50多种，分类方法不一，可按制造厂商分类为主，也有按分解炉内气流及物料运动特征分类、按全窑系统气体流程及分解炉与窑的匹配方式分类、将分解炉内气流及物料运动特征和入窑燃烧空气及窑气的流程综合分类，如表3-1-2所示。

表3-1-2 预分解窑综合分类表

按分解炉特征分类	按气体流程分类		
	不设专用风管，炉用空气窑内通过	专用风管，窑气入炉	专用风管，窑气不入炉
旋流式	SF改进型	SF型 N-SF型 C-SF型 GC型	SF型双系列预热器 FCB型双系列预热器
喷腾式	FLS（FLC-E）	FLS型（SLC） DD型	FLS型双系列预热器
旋流-喷腾式		RSP型 KSV型 N-KSV型	
悬浮式	派洛克朗-R型 普列波尔-AT型	派洛克朗-S型 普列波尔-AS型	
沸腾式			MFC型 N-MFC型

3.2 分解炉及其预分解系统

分解炉是预分解系统中的核心设备，是一个集燃料燃烧、气固换热与传质、碳酸盐分解等功能于一体的多相反应器，将生料粉分散悬浮在气流中，使燃料燃烧和生料碳酸盐分解过程在很短时间（一般1.5～3s）内发生的，是一种高效率的直接燃烧式固相与气相热交换装置。在分解炉内，由于燃料的燃烧是在激烈的紊流状态下与物料的吸热反应同时进行，燃料的细小颗粒呈一面浮游，一面燃烧状态，使整个炉内几乎都变成了燃烧区，所以不能形成可见辉焰，而是处于820～900℃低温无焰燃烧的状态。

3.2.1 分解炉系列

1. SF分解炉系列

SF分解炉（Suspension Preheater-Flash Furnace的缩写）是日本石川岛公司在1971年开发出的世界上第一台预分解窑上使用的分解炉。SF系列分解炉包括：SF型、N-SF和C-SF型，我国1983年引进日产水泥熟料4000t生产线的N-SF分解炉用于河北唐山冀东水泥厂，如图 3-2-1所示。

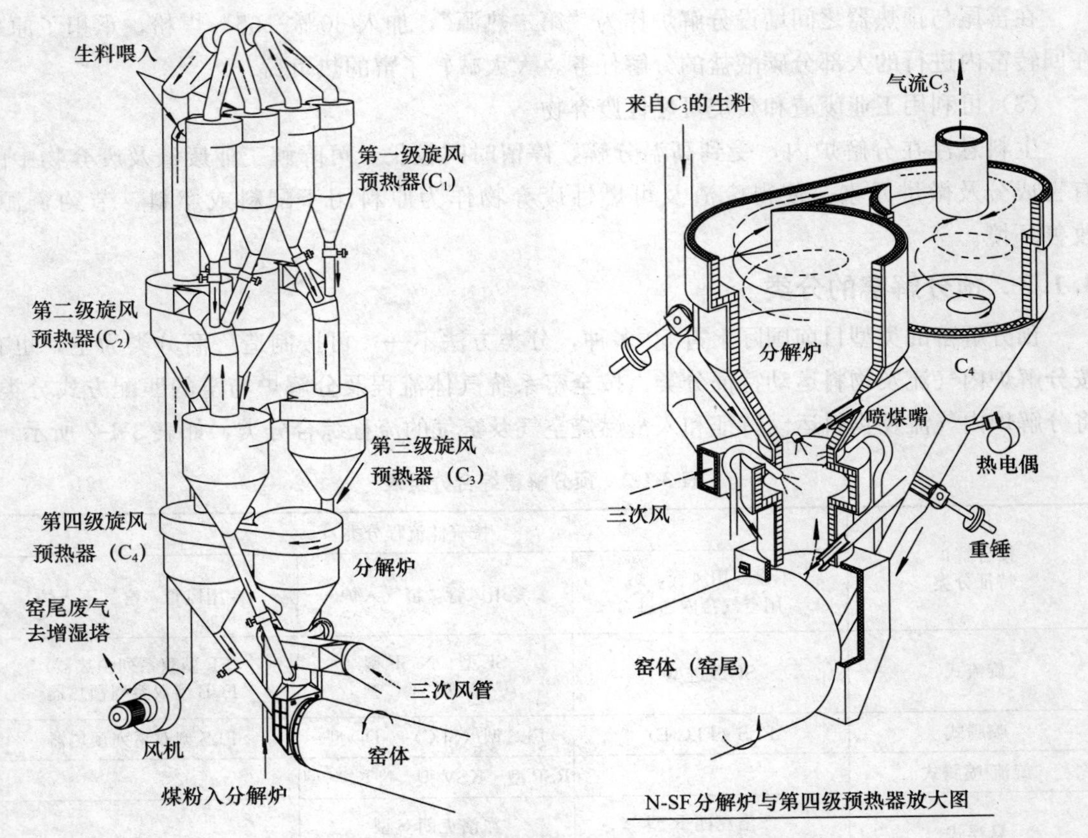

图 3-2-1　N-SF 分解炉与旋风预热器组成的预分解系统

（1）SF 分解炉

SF 分解炉上部是圆柱体，下部呈锥形，最下部是来自窑头冷却机的废热气体（也称三次风，风温 650～705℃）切向吹入，以旋流方式进入分解炉内，同下部窑尾排出的废气混合，降低了混合气体的温度，使窑废气中碱、硫、氯凝聚在生料颗粒上再回到窑内，避免了炉内壁上结皮。炉内温度 830～910℃，有利于生料中碳酸盐的分解。生料在分解炉内 80%以上的碳酸盐分解，之后以切线方向进入第四级（C_4）旋风预热器内，生料与气流分离后经由下端的卸料管喂入窑内去煅烧，如图 3-2-2（a）所示。SF 分解炉的三个燃料喷嘴和从第三级预热器卸出的生料入炉喂料口均设在分解炉的顶部，结构虽然简单，但燃料和生料在内停留的时间较短（3～4s，只能用油作燃料），不利于燃料充分燃烧和高温气流与生料混合进行热交换。

（2）N-SF 分解炉

N-SF 分解炉（New Suspension Preheater-Flash Furnace）是在原有的 SF 分解炉基础上的改进型，与 SF 分解炉相比具有以下优点：

① 燃料喷嘴由顶部下移至锥体旋流室，以一定角度向下喷吹，如图 3-2-2（b）所示，让喷出的煤粉直接喷入三次风中。由于三次风不含生料粉，所以点燃容易且燃烧也稳定。

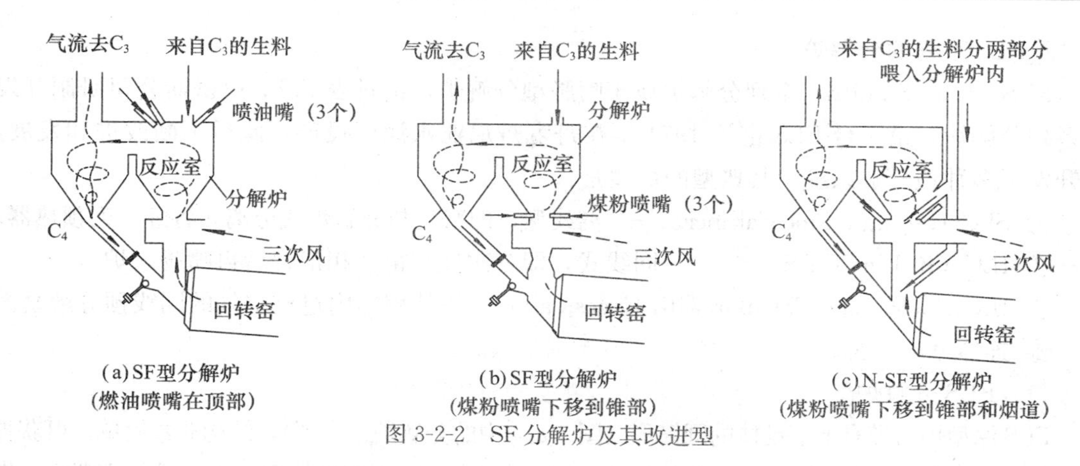

图 3-2-2　SF 分解炉及其改进型

② 将 SF 分解炉炉顶喂料口下移，从第三级旋风预热器（C_3）卸出去的生料通过粉料阀分成两部分，一部分喂到出窑的上升管道内，降低窑尾废气温度，使废气中碱、硫、氯元素凝聚在生料颗粒上再回到窑内，减少在烟道结皮（这部分料不能过多，否则会结皮过厚堵塞烟道）。另一部分从分解炉的锥体下部喂入，如图 3-2-2（c）所示。由于生料喂料口的下移，使得分解炉加高，物料在炉内的停留时间延长了（可达 12～13s），有利于气料间的热交换，使碳酸盐的分解率提高到 90%以上，称为 N-SF 分解炉。它是由日本石川岛-播磨株式会社研制开发，属“喷腾＋旋流”型。该炉主要特点是：三次风以强旋流与上升窑气在涡旋室混合叠加形成叠加湍流运动，气、固之间的混合得到了改善，强化了粉料的分散与混合。燃料燃烧完全，$CaCO_3$的分解程度高，热耗少。

③ 取消了原来窑尾上升烟气管道中设置平衡窑内和三次风管内压力的缩口，在烟道内喂入生料可以消耗气流部分动能，适当控制三次风管进分解炉闸门，同样可取得窑与分解炉之间的压力平衡。

（3）C-SF 分解炉

改进后的 N-SF 也有不足之处，它的出口在侧面，出口高度占分解炉的 1/3 左右，使炉内产生偏流、短路或形成稀薄生料区，影响热交换。

为了克服这个缺点，C-SF 分解炉就是在上部设置了一个涡流室，将 N-SF 侧面出口改为顶部涡室出口，使炉气呈螺旋形出炉。将分解炉与预热器之间的连接管道延长，相当于增加了分解炉的容积，其效果是延长了生料在分解炉内的停留时间，使得碳酸盐的分解程度更高，如图 3-2-3所示。为了使气料产生喷腾效应，在涡室下设置缩口，克服了气流偏流和短路现象，各区气流达到第四级旋风筒入口路径基本相同，并且通过增设连接管，使生料在分解炉中停留时间增加到 15s 以上，有利于燃料的完全燃烧和加强气流与生料之间的热交换，入窑分解率提高到 90%以上。

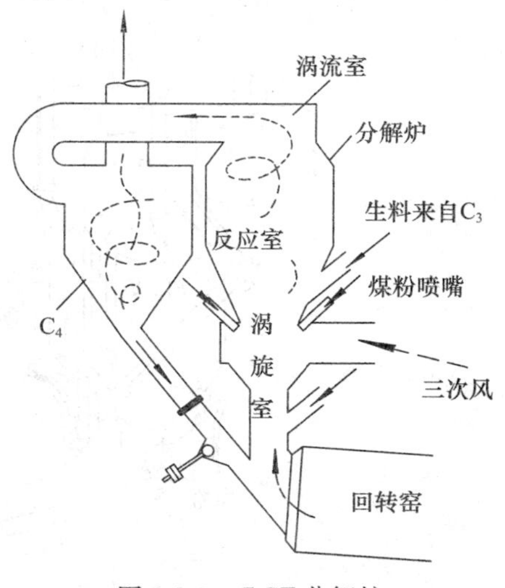

图 3-2-3　C-SF 分解炉

2. FLS 系列的分解炉

FLS（F. L. Smidth）系列分解炉属于喷腾型分解炉，由丹麦 F. L. 史密斯公司研制开发的系列分解炉，第一台 FLS 窑于 1974 年在丹麦丹尼亚水泥厂投产，此后不断改进和发展，又开发了多种预分解系统，其典型的炉型是：

① SLC（Separate Line Calciner）——离线型，即窑气与分解炉气分离，各经一列预热器。

② ILC（In Line Calciner）——同线式，即三次风与窑气相汇合后再喷腾入炉。

③ ILC-E（In Line Calciner with Excess air）——使用窑内过剩空气的同线预分解窑。

④ 连体分解炉窑。

（1）FLS 分解炉

FLS 原型炉为带有上下锥体的圆筒形（图 3-2-4 中的分解炉放大图），结构非常简单，可获得最大分解炉容积，表面热损失小。预热后的 750℃生料由炉底下部锥体和炉下上升管道喂入，燃料从下部锥体中部吹入后，首先生料同燃料接触混合。来自窑头篦式冷却机（篦冷机）的燃烧空气由炉底喉管喷入炉内，形成喷腾层，使生料和燃料进一步混合并不断扩散到中心气流中，生料

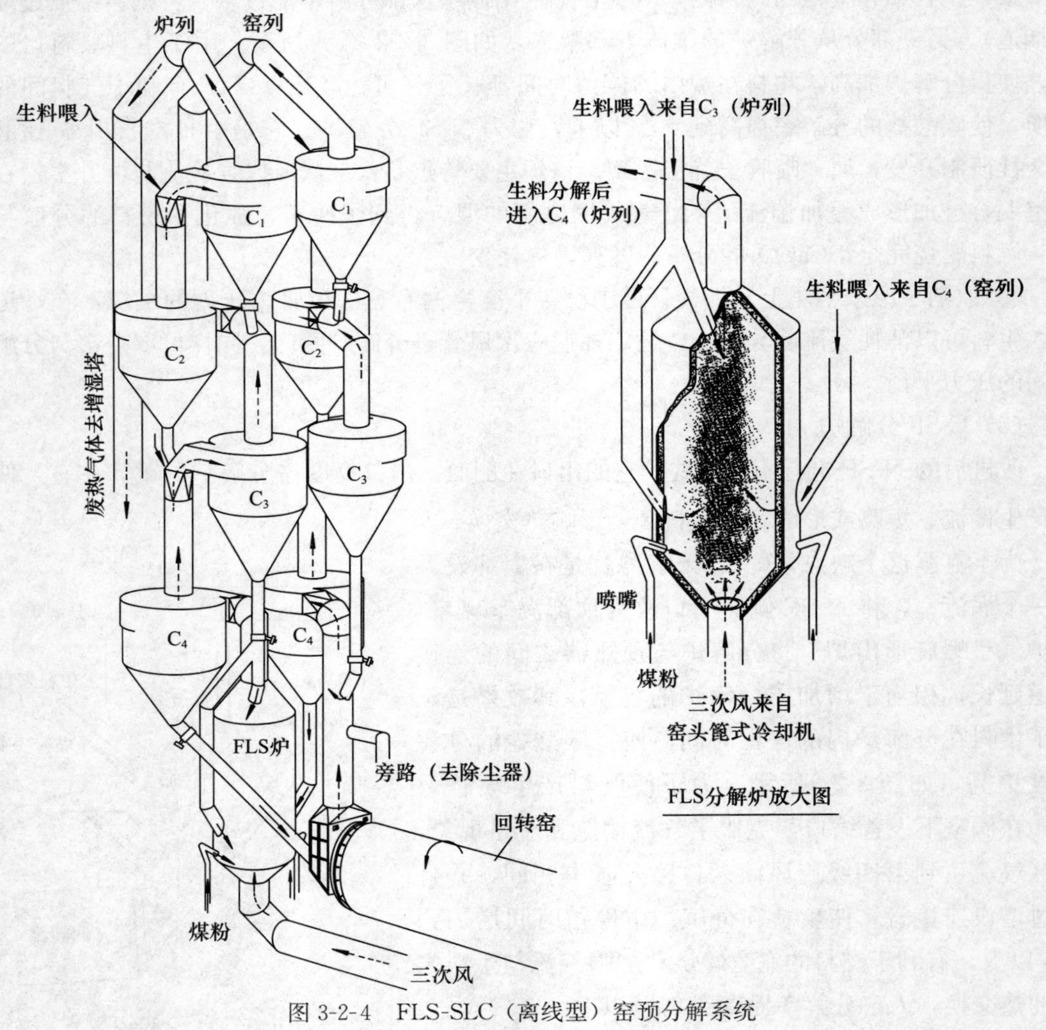

图 3-2-4　FLS-SLC（离线型）窑预分解系统

被加热分解并悬浮在炉内烟气中，然后通过上锥体及连接管道进入最低级旋风预热器内。

(2) FLS-SLC（离线型）窑

我国柳州水泥厂的预分解窑就是这种类型，工艺流程如图 3-2-4 所示，特点如下：

① 窑尾烟气及分解炉烟气各走一个预热器系列，两个系列各有单独的排风机，调节简单，操作方便。由于窑气不入分解炉，入炉气体含氧高，燃烧稳定，热负荷高。

② 入炉燃料约占总热耗的 60%，入窑料温约 840℃，分解率达 90%，生产稳定，单位容积产量高。

③ 从篦冷机抽来的空气约 750～800℃，以 30m/s 的速度喷腾进入分解炉，炉内截面积风速平均 5.5m/s。预热后的生料分别从两个系列的 C_3 和 C_4 送来，从下锥体的上部进入，燃料从下锥体喂入，边燃烧边分解，炉温保持在 800～900℃之间。

④ 气体在窑内停留时间 2.7s。

⑤ 点火开窑快，可像普通悬浮预热窑那样先单系列开窑，然后逐渐转换到正常，操作适应性强。

⑥ 便于装设放风旁路，以适应碱、氯、硫等有害成分的排除，且放风损失较小。

(3) FLS-ILC（同线型）窑

将分解炉改为平顶和切线出口，见图 3-2-5 中的放大图。它可降低连接管道的高度，同时，气流中料粉向上运动时受顶盖撞击而反弹下落，能延长料粉在炉内停留的时间，有利于

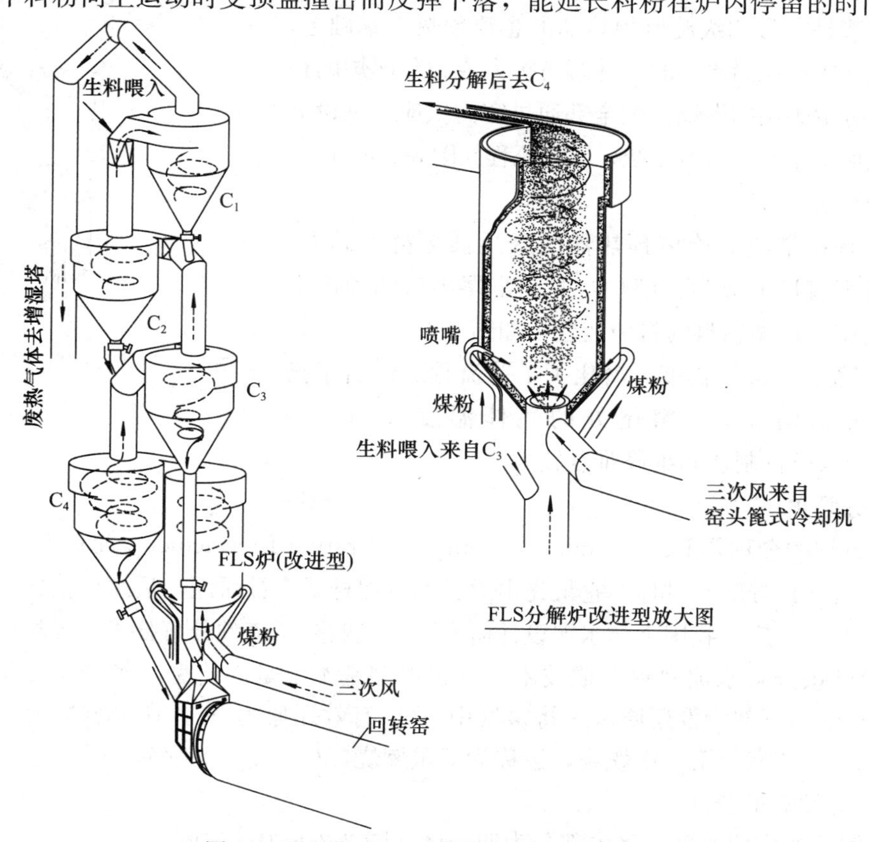

图 3-2-5 FLS-ILC（同线型）窑预分解系统

分解率的提高。FLS-ILC窑的工艺流程如图3-2-5所示，该系统一般只有一个预热器系列，大型窑则有两个预热器系列。其主要特点是：

① 设有单独的三次风管，从篦冷机抽来的三次风同窑尾烟气一起进入分解炉。

② 分解炉燃料加入量一般占总燃烧量的60%，入窑温度880℃，分解率达90%。

③ 从篦冷机抽来的约750～800℃的热风，同窑烟气混合后以30m/s的速度入分解炉，炉内截面积风速平均5.5m/s。从分解炉上一级旋风筒（C_3）下来的生料，可以从炉下锥体的上部及炉下上升管道中喂入炉内，炉温保持在800～900℃之间，最低一级旋风筒（C_4）出口气体温度约880℃。

④ 气体在炉内停留时间3.3s。

⑤ 适用于旁路放风量大及放风量经常变动的情况，窑尾烟气可全部放风。

⑥ 操作适应性强，可在额定产量40%的情况下生产。

⑦ 点火开窑快，可同悬浮预热窑一样点火开窑，当产量达到额定产量40%时，点着分解炉喷嘴，约1h后即可达到额定产量。

⑧ 各种低级燃料不适宜在窑内使用，但可在分解炉内使用。

(4) FLS-ILC-E（同线型）窑

这种窑型是在带四级旋风预热器的悬浮预热窑基础上，将窑与最低一级旋风筒之间的上升烟道扩大成为分解炉的预分解系统。分解炉用的燃烧空气全部通过窑内供应，不设旁路排风或仅设很小的氯放风系统，工艺流程如图3-2-6所示。

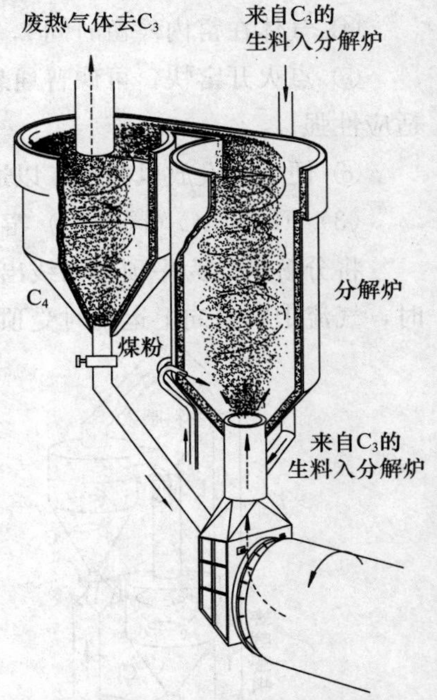

图3-2-6 FLS-ILC-E（同线型）窑预分解系统

(5) 连体分解窑

该窑型是在带四级旋风预热器的悬浮预热窑基础上，将窑的上升烟道扩大成为分解炉，并在窑尾出口的筒体上装设了专门用于扬撒物料的料勺装置，如图3-2-7所示。该系统进一步降低了窑的长度，简化了工艺流程。但由于扬料控料装置结构复杂，窑尾处的气体温度又高（约1600℃），所以设备制造和维修难度较大。

3. DD **分解炉**

DD分解炉的全称是Dual Combustion and Denitration Precalciner（简称DD炉），即双重燃烧与脱氮（预分解）过程。它最先由原日本水泥株式会社研制，后来该公司又与日本神户制钢联合开发推广。我国天津水泥设计研究院曾经购买了该预分解技术，经过再研发推出了自己的窑外预分解水泥熟料烧成技术。分解炉型基本上是立筒型，属“喷腾叠加（双喷腾）”型，在炉体下部增设还原区来将窑气中NO_x有效还原为N_2，在分解炉内主燃烧区后还有后燃烧区，使燃料第二次燃烧，被称为双重燃烧，如图3-2-8所示。

1) DD分解炉的分区

DD分解炉按作用原理，将内部分为四个区（图3-2-8中的右图）

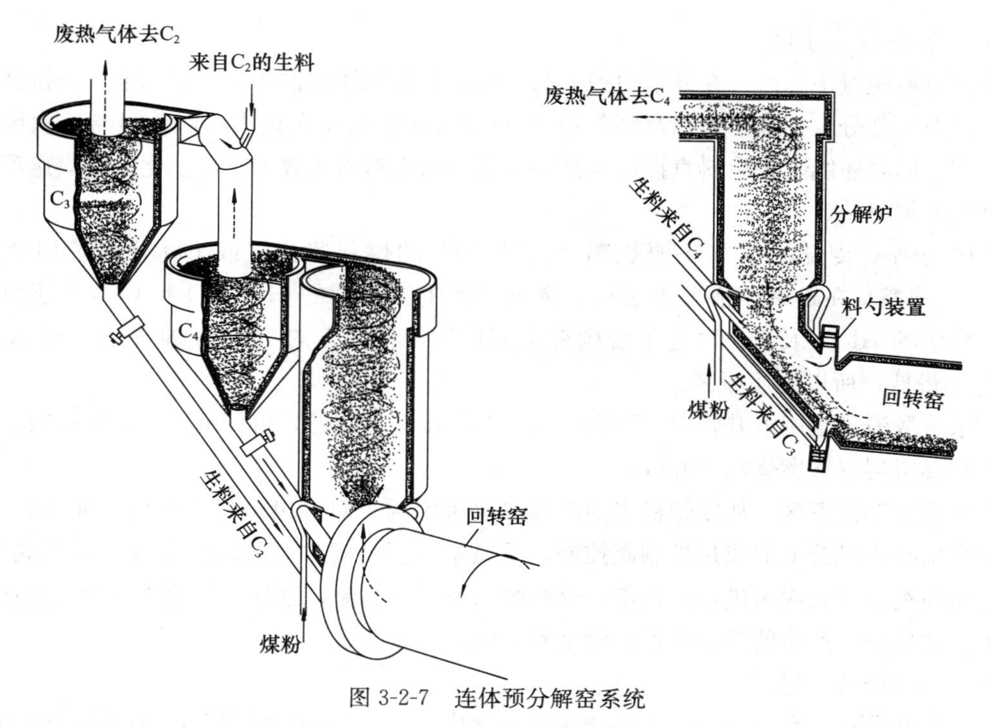

图 3-2-7　连体预分解窑系统

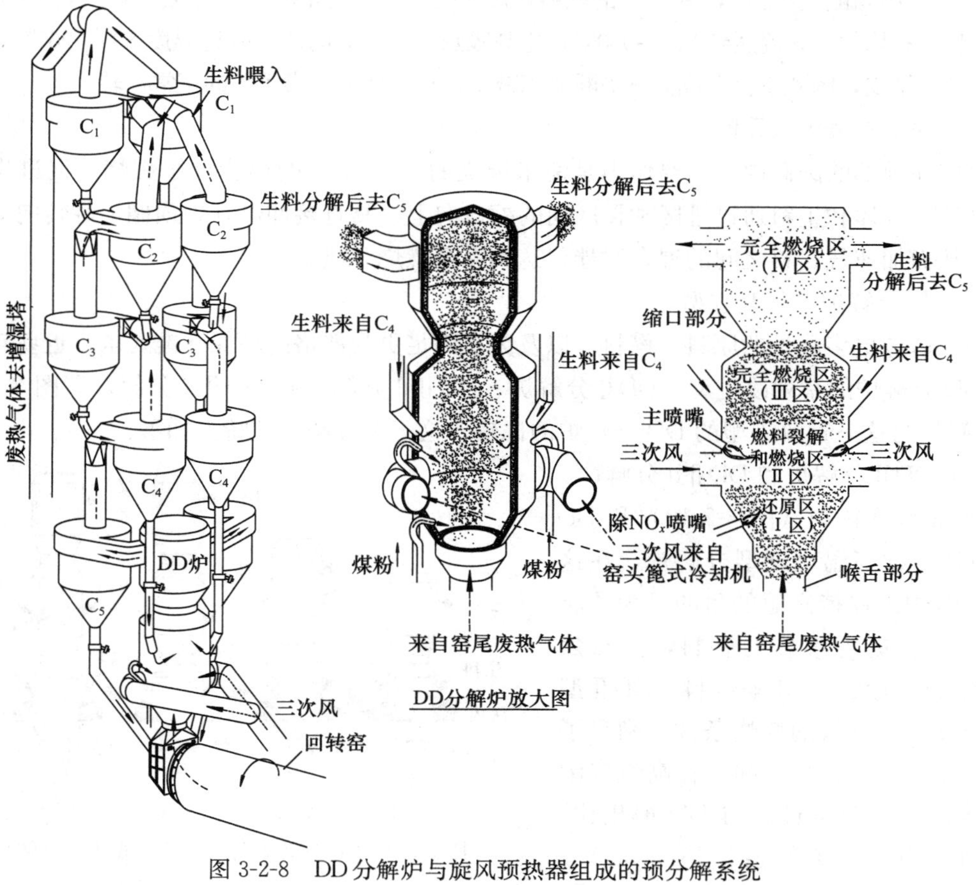

图 3-2-8　DD 分解炉与旋风预热器组成的预分解系统

(1) 还原区(Ⅰ区)

该区也称脱氮还原区，在分解炉的下部，包括下部锥体和锥体下边的咽喉(直接坐在窑尾烟室之上)部分，在缩口处，窑烟气以30～40m/s喷速喷入炉内，以获得与三次风量之间的平衡，同时还能阻止生料直接落入窑中，使炉内生料喷腾叠加，加速化学反应速度，获得良好的分解率。

该区的侧壁装设的数个还原烧嘴(大约10%的燃料喷出，或DD分解炉用燃料的16.8%)，使燃料在缺氧的情况下裂解、燃烧，产生高浓度的H_2、CO和CH_4等还原性气体，生料中的Al_2O_3及Fe_2O_3起着脱硝催化剂作用，将有害的NO_x还原成无害的N_2，使NO_x降到最低，所以称还原区。

该系统取消了窑尾上升管道，不会出现上升结皮堵塞问题，可保证系统稳定运行。

(2) 燃料裂解和燃烧区(Ⅱ区)

该区在中部偏下区。从冷却机来的高温三次风由两个对称风管喷入炉内(Ⅱ区)，风管中的风量由装在风管上的流量控制阀控制，总风量根据分解炉系统操作情况由主控阀控制，两个煤粉喷嘴装在三次风进口的顶部，燃料喷入时形成涡流，这样便迅速受热着火且在富氧条件下立即燃烧，产生的热量迅速传给生料，生料迅速分解。

(3) 主燃烧区(Ⅲ区)

该区在中部偏上至缩口，有90%的燃料在该区内燃烧，因此称主燃烧区。在该区内生料和燃料混合且分布均匀，炉温达到850～900℃，生料吸热分解。炉的侧壁附近温度800～960℃，生料不会在壁上结皮，因此不会造成分解炉断面积减小，从而保证了窑系统的正常运转。

(4) 完全燃烧区(Ⅳ区)

该区在顶部的圆筒内，主要作用是使未燃烧的10%左右的煤粉继续燃烧，促进生料的继续分解。气体和生料通过Ⅲ区和Ⅳ区间的缩口向上喷腾直接冲击到炉顶棚，翻转向下后到出口，从而加速气、料之间的混合搅拌，达到完全燃烧和热交换。

2) DD分解炉系列改进型

为了适应更多品种的原料、燃料，以及为了满足更为严格的环保标准要求，近些年研发推出DD分解炉的系列改进型：DDⅡ分解炉、DDⅡd分解炉和DDⅡx分解炉。图3-2-9是DD分解炉与这三种改进型的DD分解炉的比较。这三种分解炉的特点如下：

(1) DDⅡ分解炉和DDⅡd分解炉

DDⅡ型分解炉(图3-2-10)和DDⅡd型是一种高温燃烧型分解炉，在这两种分解炉内保持高温的目的是为了能够燃烧一些更为难烧的燃料，像石焦油、无烟煤以及一些工业废料。DDⅡ型分解炉改善了燃料的燃烧条件，满足了高温、有足够的燃尽时间、在高氧气浓度中燃烧这三个条件。与DD炉相比，DDⅡ作了以下三点改进：

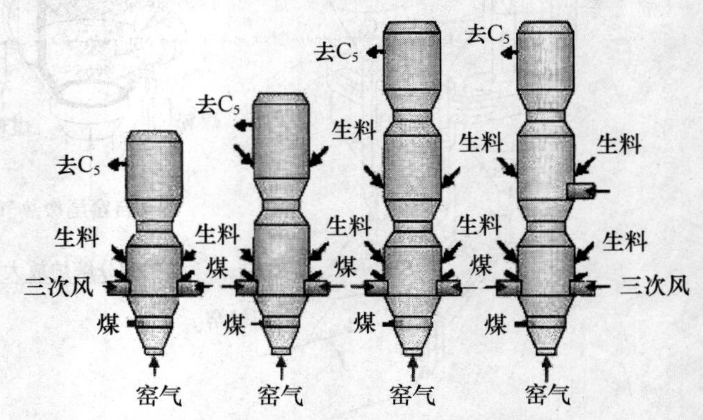

图3-2-9 DD分解炉与三种改进型DD分解炉

① 将一部分预热生料用分料阀分送到DDⅡ分解炉上面的混合室，这样减少了燃烧室内生粉的吸热量，升高了燃烧区域的温度。至于分走多少预热生料，与燃料的性质有关，需要在具体生产中进行摸索与优化，具体措施是通过调节分料阀来实现。当然，分走的生料多，有利的一方面是燃烧室内的温度升高；但是，不利因素却是由此可能引起燃烧室内耐火材料的过热、耐火衬砖被损坏、发生结皮堵塞事故等一系列问题的出现。一般来说，要控制DDⅡ分解炉燃烧室出口处的温度不超过980℃。

② 加大燃烧室和混合室的容积，延长了燃料在分解炉内的停留时间。

③ 燃烧室的下料点稍稍偏离燃烧器，提高了燃料着火燃烧处的温度与该处的氧气浓度。

为了进一步提高燃料以及气固流在分解炉内的停留时间，在DDⅡ分解炉的基础上，又推出DDⅡd分解炉。DDⅡd分解炉设置了两个缩口，以适应更为难燃烧的一类燃料。尽管分走了一部分预热料（10%～20%）到混合室，但是由于大部分的燃料（80%～90%）仍在燃烧室内，因此出DDⅡ分解炉与DDⅡd分解炉生料的分解率仍可保持在92%左右。

（2）DDⅡx型分解炉

DDⅡx型分解炉是低NO_x型分解炉，在下料方式上，DDⅡx分解炉与DDⅡd分解炉相类似，而主要区别是三次风的入炉方式上，DDⅡx分解炉的三次风被分成三处入炉，在每一个三次风入炉处的上方都有一个燃烧器，所以DDⅡx属于多级燃烧的分解炉，图3-2-11是DDⅡx分解炉的结构简图。DDⅡx分解炉降低NO_x排放浓度的工作原理主要集中在两个方面：一是将出窑废气中的NO_x尽可能地还原为N_2，二是减少分解炉内NO_x的生成量。其中，第一个方面是利用燃烧室下面的还原烧嘴产生还原气氛来实现（空气过剩系数在0.85～1.0的范围），第二个方面是依靠分解炉内多重燃烧的原理来实现，对于DDⅡx分解炉来说，其燃烧室内的温度和三次风量都是可调的，以便于生产操作上的优化。

DDⅡx分解炉的NO_x排放浓度比传统DD分解炉的排放浓度要低50%左右。

4. KSV分解炉系列

（1）KSV分解炉

KSV型分解炉（Kawasaki Spoured Bed and Vortex Chamber的缩写，意即川崎喷腾层涡流炉）由日本川崎重工公司研发，1973年投入使用，以后进行改进，发展成为N-KSV炉。我国朝阳重型机械厂购买了N-KSV制造专利。

KSV型分解炉由下部喷腾层和上部涡流室组成，喷腾层包括下部倒锥、入口喉管及下部圆筒，涡流室是上部的圆通部分，如图3-2-12所示。

从窑头冷却机来的三次风分两路入炉，一路（60%～70%）以25～30m/s风速由底部喉管喷入，形成上升喷腾气流；另一路（30%～40%）以20m/s风速从圆筒底部切入，形成旋流，加强料气混合，总的炉内断面风速8～10m/s，窑尾废气由圆筒中部偏下切向喷入。预热生料分两路入炉，约75%的生料由圆筒部分与三次风切线进口处进入，使生料与气流充分混合，在上升气流作用下形成喷腾床，然后进入涡流室，经炉顶排出口送入到最低一级旋风预热器内，再经卸料管送入窑内；其余的25%生料喂入窑出口烟道中，这样可降低窑废气温度，防止烟道结皮堵塞。

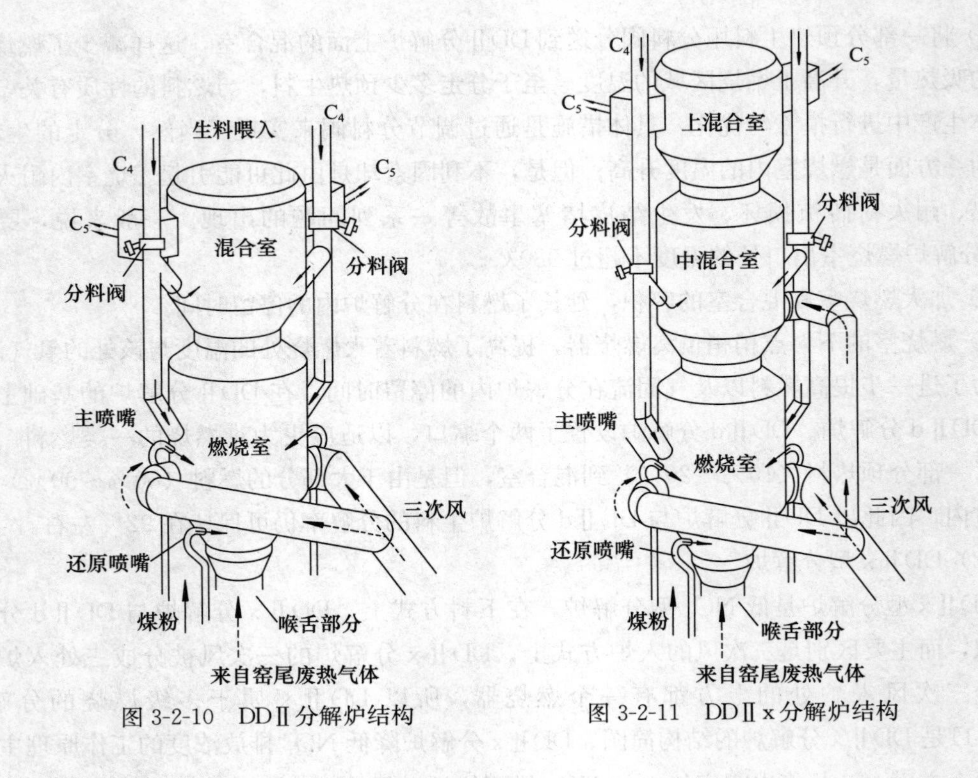

图 3-2-10　DDⅡ分解炉结构　　图 3-2-11　DDⅡx 分解炉结构

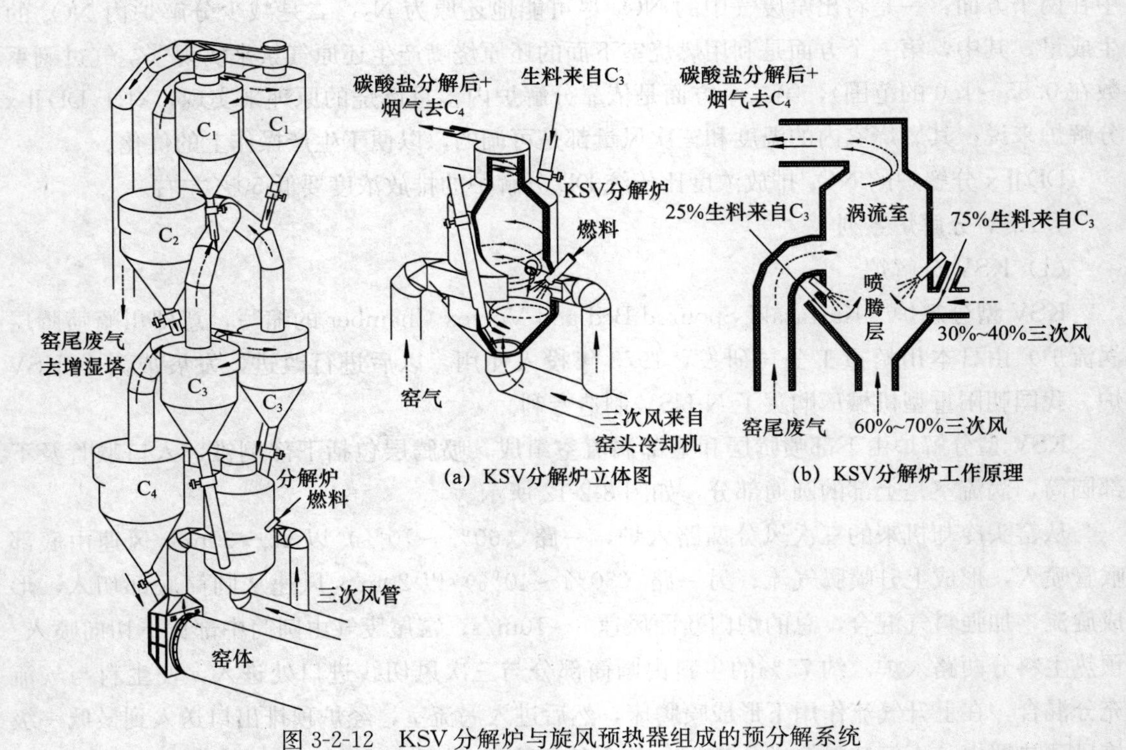

图 3-2-12　KSV 分解炉与旋风预热器组成的预分解系统

炉内燃料的燃烧和生料加热分解在喷腾效应及涡流室的旋风效应的综合作用下完成，碳酸盐分解率可达 85%～90%。

（2）N-KSV 分解炉

N-KSV 炉是 KSV 炉的改进型，如图 3-2-13 所示，与 KSV 不同的是：

① 分解炉分为喷腾床、涡旋室、辅助喷腾床和混合室四个部分。在涡旋室增加了缩口，形成二次喷腾效应，延长了燃料和生料在炉内的停留时间，有利于燃料的燃烧和气料间的热交换。

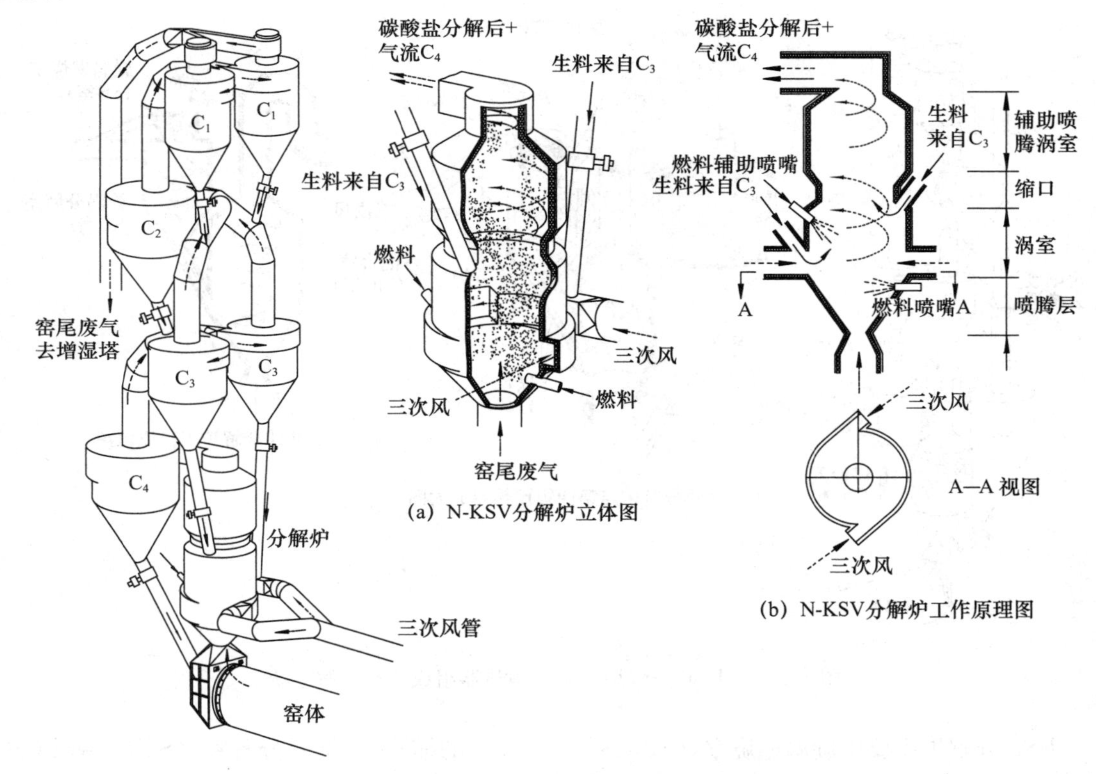

图 3-2-13　N-KSV 分解炉与旋风预热器组成的预分解系统

② 窑尾废热气体从 N-KSV 炉底部以 35～40m/s 的速度喷入，产生喷腾效应，可以省掉烟道内的缩口，减少阻力，三次风从涡旋室下部以 18～20m/s 的速度对称地以切线方向进入。去掉了窑尾废气到圆筒中部的连接管道，简化了系统流程，减少系统阻力，有利于窑炉调节通风。

③ 在炉底喷腾层中间增加了燃料喷嘴，使燃料在低氧状态之下燃烧，可使窑烟气中的 NO_x 还原，减少环境污染。

④ 从上一级旋风预热器来的生料，一部分从三次风入口上部喂入，另一部分由涡流室上部喂入，产生“喷腾效应”及涡流室“旋涡效应”，使生料能够与气流均匀混合和热交换。出炉气体温度 848～857℃，入窑生料分解率 85%～90%。

N-KSV 分解炉虽然对 KSV 分解炉作了改进，但仍存在二次喷腾口直径过大，喷腾效果差；燃料喷嘴不是直接喷入三次风中，燃烧效果较差；三次风由炉的涡室下部切向喷入，与窑废气配合很难，配合不好导致物料贴壁，影响均匀分配，造成气流传热不佳。

5. RSP **分解炉系列**

RSP 型分解炉（Reinforced Suspension Preheater 的缩写，意即强化预热器），由日本原小野田水泥株式会社（Onoda Cement Inc.）和川崎重工（KHI）联合研制，属于“喷腾＋旋流”型，于 1972 投入使用，最初烧油，1978 年第二次世界石油危机后改为烧煤（实践证明更适合于烧煤），我国建材研究院购买了制造 RSP 窑的专利权，如图 3-2-14 所示。

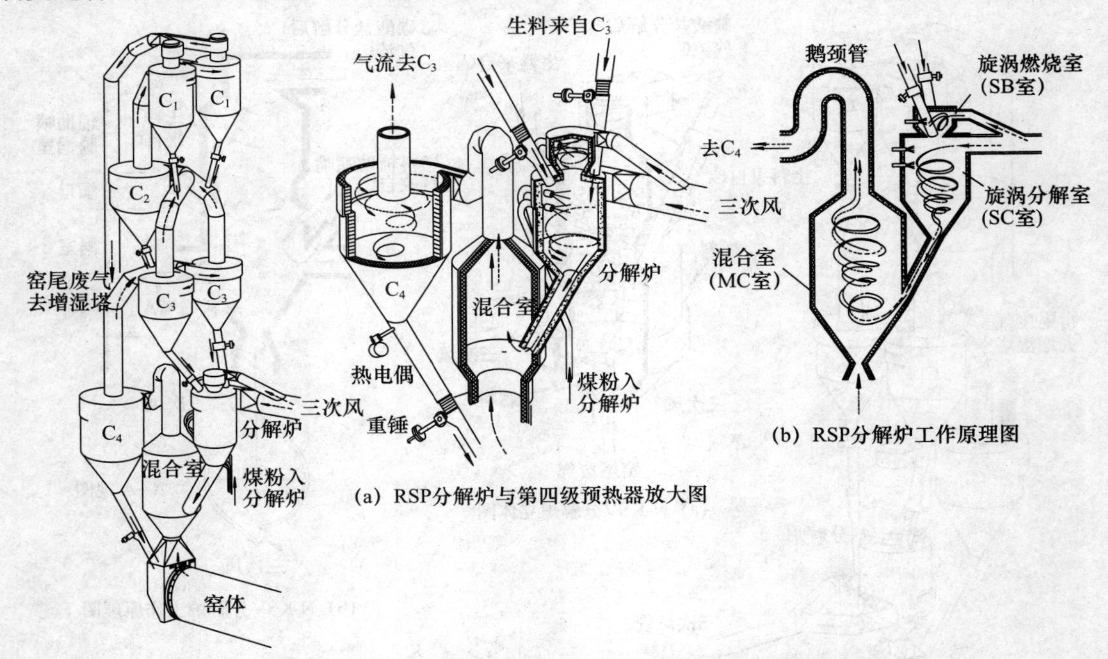

图 3-2-14　RSP 分解炉与旋风预热器组成的预分解系统

RSP 分解炉主要由旋涡燃烧室（SB，Swirl Burner 的缩写）、旋涡分解室（SC，Swirl Calciner 的缩写）和混合室（MC，Mixing Chamber 的缩写）三部分组成，如图 3-2-15 所示。在窑尾烟室与 MC 室之间设有缩口以平衡窑炉之间的压力。缩口风速一般为 50～60m/s，负压为 0.8～1.0kPa。作为煤粉燃烧的 10％～15％的三次风以强烈的旋转流进入涡旋分解室（SB）上部腔体内，与喷嘴送入的煤粉充分混合着火。这股三次风起到助燃和稳定火焰的作用。85％～90％的助燃三次风以切线方向大约 30m/s 的速度从 SC 室上部对称入炉，来自上一级预热器的预热生料在三次风入炉之前经撒料棒分散喂入气流之中，之后随三次风入旋涡分解室（SC）。由于三次风的涡旋作用，在 SC 室断面上，生料粉浓度由中心至边缘递增，这样在 SC 室中心部分形成一个物料特稀浓度区，既有利于生料粉对炉壁耐火材料的保护，又有利于燃料在纯净的三次风中燃烧。但从换热角度分析，对 SC 室气、固换热则是不利的。尚未完全燃烧的燃料及未完全分解的生料随 SC 室断面风速 10～12m/s 的气固流经斜烟道一起进入 MC 室，再同从窑尾烟室经炉下缩口喷腾向上的窑烟气汇合，在 MC 室内进一步燃烧和分解，即两步燃烧和分解，这种模式对于充分利用窑气中的热焓及过剩 O_2 是有利的。因此，无论从燃料燃烧动力学方面还是从气固换热的热力学方面来分析，这种 SB、SC、MC 三室匹配的分解炉，都具有独特之处：

① SB 室的主要功能是加速燃料起火预燃。

② 燃料在 SC 室内三次风中迅速裂解，加速燃烧进程。

③ MC 室是完成燃料燃烧及生料分解任务的最后部位，在 MC 室气、固流喷-旋叠加流场作用下，分散均布较好，传质效果亦佳。

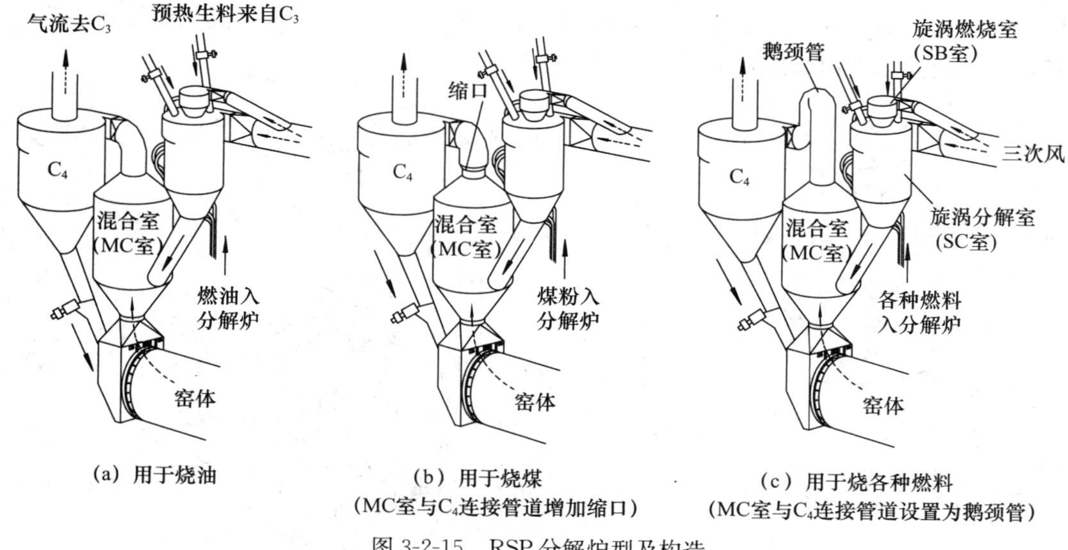

图 3-2-15 RSP 分解炉型及构造

在三个室之间，尤其是 SC 室及 MC 室间的合理匹配，对于 RSP 分解炉的设计非常重要。

为提高燃料燃尽率和生料分解率，对 RSP 分解炉作了进一步改进，混合室 MC 出口与 C_4 级预热器连接管道通常延长加高形成鹅颈管道，MC 室和鹅颈管道是与分解炉串联的一个整体，窑的废气经可调节缩口以喷腾方式混入，如图 3-2-15RSP 分解炉型及构造。由于混合室断面风速与鹅颈管道截面风速存在着差异和混合室内部结构的特殊设计，创造了一个气固循环往复回流区，并以新旧交替的方式不断进入和排出，同时与其他类型的分解炉相比其主要优点是解决了结皮堵塞问题。

SC 室是燃料煅烧与生料碳酸盐分解反应的初始区，燃尽率为 80%左右，分解率 50%左右，气、固在 SC 室停留的时间分别为 0.7s 和 3.5s 左右。MC 室是完成燃料燃烧及生料分解任务的终始区，在 MC 室内，气、固以激烈的喷腾循环往复方式进行混合与热交换，燃料的燃尽率为 96%左右，碳酸盐的分解率 85%以上，气、固在 MC 室的停留时间已分别延长到 2.2s 和 12s 左右，这为提高燃料的燃尽率和生料碳酸盐的分解率创造了条件。

6. MFC **分解炉系列**

MFC 分解炉（Mitsubishi Fluidized Calciner，三菱流化床）。它由日本三菱水泥矿业株式会社（Mitsubishi Cement Mine Inc.）和三菱重工（MHI）联合研制开发，1971 年投入使用，窑系统属于“流化床＋悬浮型”分解炉。

（1）第一代 MFC 分解炉

第一代 MFC 分解炉的中，下部装有流化床，流化床的下部装有 1 个空气室，设有进风口，原料从 C_1 入口喂入，经过 C_1、C_2、C_3 逐级预热后进入分解炉内，入炉空气由篦冷机引出，一部分经过调温后由高压鼓风机从炉底鼓入，经沸腾床上均匀密布的喷孔喷入炉内，使加入的生料粉在炉床上流态化，形成沸腾层，同时将燃料通过 3～4 个喷嘴喷入沸腾层内进行燃烧，另一部分空气进入沸腾床的上部，供燃料继续燃烧，物料在沸腾层内及其上部受热分解，燃烧后的热烟气由炉的上部进入第四级旋风筒。碳酸盐分解后有两种形式入窑，一种是由炉气带入 C_4 旋风筒，分离后入窑，称携出式（图 3-2-16），二是由流化床溢流入窑，称溢流式。当前大多使用携出式。

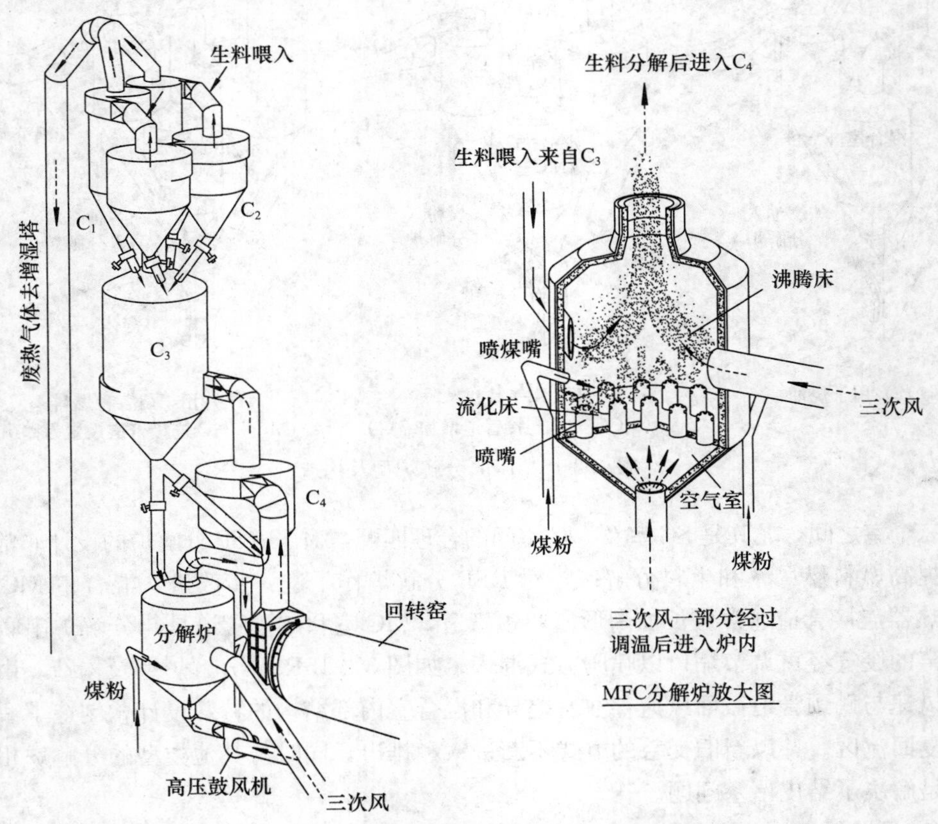

图 3-2-16　MFC 分解炉与旋风预热器组成的预分解系统

MFC 分解炉的缺点是炉底流化床的面积大（炉的高径 H/D 比较小，约等于 1），形成稳定的流化层厚度很难，使炉内的燃烧条件恶化，热耗高。同时由于吹入大量的流化空气，使流化空气风机的功率消耗增大。后来 MFC 分解炉不断发展，经过了两次大的改进，第二代增加了高径比，第三代再次增大了高径比，发展成为 N-MFC 分解炉。

（2）新型 N-MFC 分解炉

在第一代 MFC 分解炉基础上，进一步增加了高度，有利于燃料的燃烧和生料碳酸盐分解时间的延长，是当今使用的 N-MFC 炉（新型分解炉），它和一个五级悬浮预热器组成预分解窑系统，具有代表性的工艺流程如图 3-2-17 所示。

N-MFC 分解炉内由四个区域组成：

① 流化层区

炉底装有喷嘴，截面积比原型 MFC 分解炉明显缩小（是原型的 1/5），使燃料在流化层中很快扩散并充分燃烧，整个层面温度分布均匀。

② 供气区

从窑头篦式冷却机抽过来的 700～800℃的空气以风速 10m/s 进入供气区，在流化层中引起激烈搅拌，这有利于燃料和生料均匀混合，避免流化层中形成局部高温；也有利于将生料由流化层带入稀薄流化区形成浓密状态下的悬浮，提高换热效率。

③ 稀薄流化区

该区位于供气区之上，为倒锥形结构。该区内气流的速度由刚从底部进入时的 10m/s 降至约 4m/s，煤粉中较粗的颗粒在这个区域内继续有上下循环运动，形成稀薄的流化区，煤粒经燃烧后减小而被气流带到上部直筒部分的悬浮区。

④ 悬浮区

该区为圆筒形结构，气流速度约 4m/s，煤粒在此形成悬浮状态，可燃成分继续燃烧，生料中的碳酸盐继续分解，到分解炉出口时，分解率可达 90%以上。

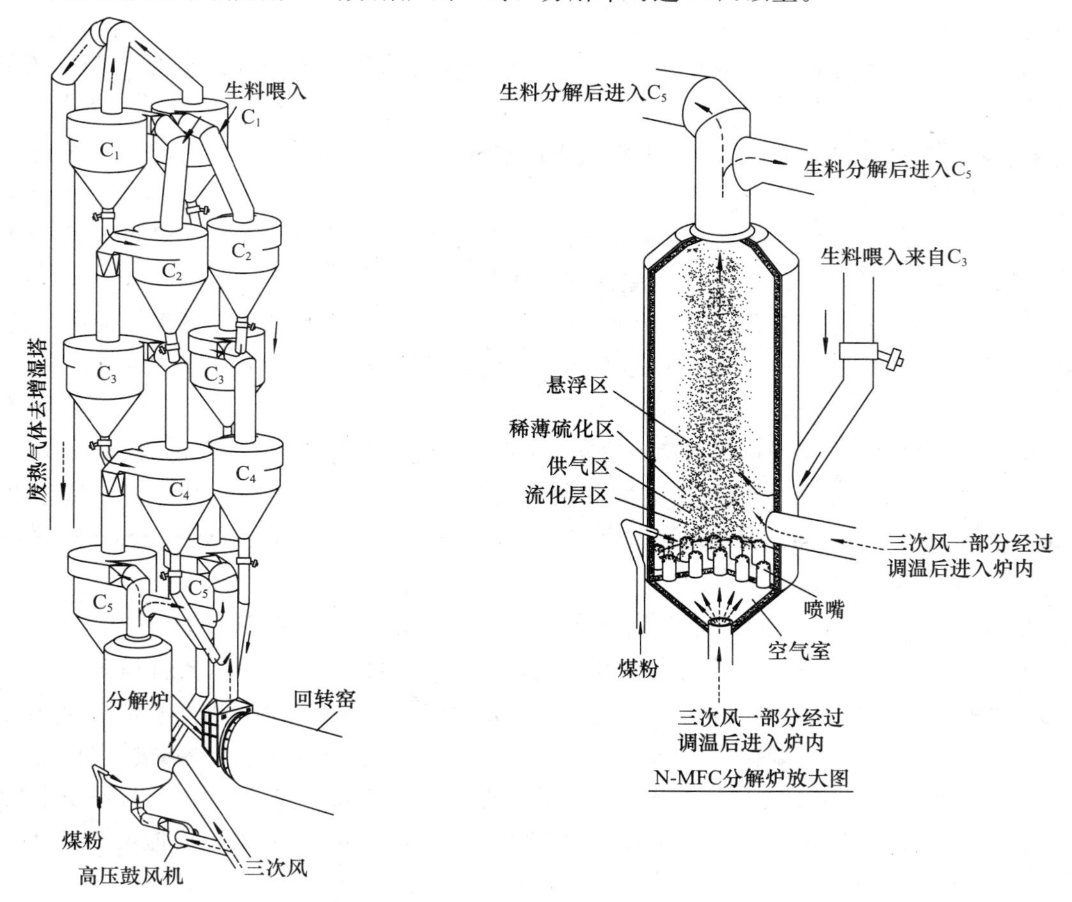

图 3-2-17 N-MFC 分解炉与旋风预热器组成的预分解系统

(3) N-MFC 窑系统特点

① 预热生料入炉后就形成稳定的流化层，不需控制流化风压强也能稳定流化层高度，这使得其不但能用煤粉，也可用煤粒。

② 三次风切向入炉形成的旋转流携带流化料到达供气区，通过下锥体时又变速产生涡流混合。

③ 煤粉通过 1～2 个喂煤口，依靠重力入炉或用气力输送喷入炉；煤粒通过溜子入炉或与预热生料一起入炉。因流化层作用，煤能很快在床层中扩散，整个层面温度非常均匀。

④ 侧面入炉的生料也混合的非常好。

7. 派洛克朗（Pyroclon）和 Prepol 型分解炉系列

Pyroclon 系 Pyro（高温）与 Cyclon（旋风筒）缩写的组合，即供燃料燃烧旋风装置，是将窑尾与最低一级旋风筒之间的上升烟道适当加高、延长并弯曲向下作为分解装置，由德国洪堡公司开发。Prepol 系 Precalcining（预分解）与 Polysuis（伯力鸠斯公司）缩写的组合，由德国伯力鸠斯公司开发，它同洪堡公司的 Pyroclon 分解炉一样，将窑尾烟道延长变成分解炉，不同之处是在多波尔悬浮预热器基础上设置了一条整体烟道。这两种炉均属于烟道式分解炉，其共同的特点是：

① 不设专门的分解炉，利用窑尾与最低一级旋风筒之间的上升烟道作为分解炉，因此结构简单，流体阻力较小。

② 燃料与经预热后生料均自上升烟道下部喂入，沿管道内形成旋涡流动，在气流中充分分散，悬浮分解。

③ 上升烟道中燃烧所需空气，可以全部由窑内通过，也可以由三次风管供应，还可以由窑气和三次风管汇总供应。可根据具体情况加以选择。

④ 上升烟道内的气流形成旋流运动和喷腾运动，延长了燃料和生料的停留时间，使生料得到更多的分解。上升烟道的高度根据燃料燃烧和生料的停留时间的需要来确定。

(1) 派洛克朗（Pyroclon）分解炉

最初开发的 Pyroclon 分解炉有两种炉型：一种是燃烧所需空气由窑内通过的 Pyroclon-S 型炉；另一种是三次风管提供燃烧所需空气的 Pyroclon-R 型炉，此后在此基础上又派生出了 Pyroclon-RP 型炉、Pyroclon-R-LowNO_x 和 Pyrotop 等炉型，形成了比较完整的 Pyroclon 系列：

① Pyroclon-S 分解炉

该型分解炉的特点是上升烟道分解炉用的燃烧空气全部从回转窑内通过，如图 3-2-18 (a)所示，这种分解炉适合于多筒冷却机的 SP 窑进行改造，只要将最低一级旋风筒与烟室间上升烟道加长，其中加入燃料燃烧给分解炉用，生料加入分解炉被加热使其达到一定分解。Pyrcclon～S（Special，即特种的）型分解炉用的燃烧空气全部通过回转窑，使窑尾出口风速加大，但不能超过 14m/s，如果风速达 15～18m/s，这时会使分解炉粉尘甚至窑头粉尘也都会带到后面产生粉尘循环，而粉尘又要带走一部分热量而造成损失，因而一般限制窑尾风速为 12m/s 以下，产量限制在 2500t/d 以下。

由于窑尾风速和风量的限制，供给分解炉的燃料量低于 30%，入窑生料分解率受限制。为提高窑的产量，需把窑径扩大。

② Pyroclon-R 分解炉

Pyroclon-R（Regular，即普通的）型分解炉，是用单独三次风管供应三次风和窑尾废气一起作为分解炉燃料燃烧用风，如图 3-2-18（b）所示。这样可以降低分解炉内 CO_2 的分压和提高了分解温度。供应分解炉燃料占总燃料的 50%以上，使出分解炉生料的分解率达 90%以上，适合于改造带篦冷机的 SP 窑。改造时要加大旋风预热器，加大加长窑尾至最低一级旋风筒间烟道，增加三次风管，加快窑的转速。

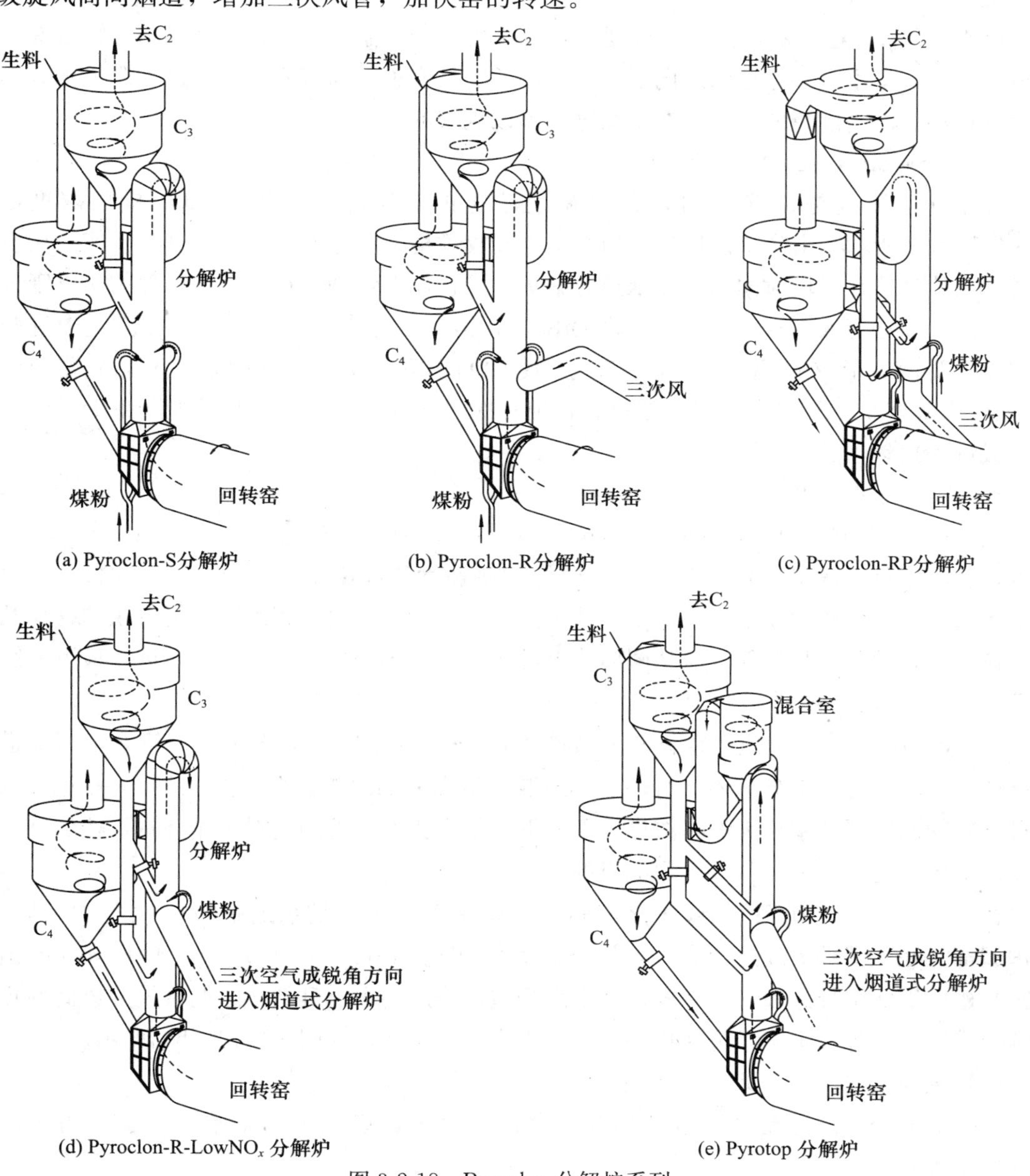

图 3-2-18　Pyroclon 分解炉系列

③ Pyroclon-RP 分解炉

洪堡公司在 R 型分解炉基础上进一步发展了 RP 型（Rapid Parallel，即快速平行型），如图 3-2-18（c)所示，其特点是烟道式分解炉只通过冷却机来的三次风，而窑气经上升烟道通过，两者在最下级旋风筒内汇合。炉气在旋风筒入口上部进入，而窑气在入口下部进入（不进分解炉直接进入预热器），燃料从分解炉下部喷入。分解炉用的三次空气由冷却机来，进一步降低了分解炉内 CO_2分压，加大了炉内 O_2浓度，使温度进一步提高，使生料分解率提高到 90%以上，达到 95%～98%，这样高的分解率缩短了窑内分解带，为短窑提供了必要条件。

由于 RP 型烟道分解炉内 CO_2浓度低，O_2浓度与分解温度高，具有良好的分解条件，且烟道中料气流呈紊流的悬浮状态向上移动，烟道的长度可根据需要增加，这就避免了分解炉加大直径和加高高度造成料气分布不均这一难以克服的问题发生。

④ Pyroclon-R-LowNO_x 分解炉

该型分解炉也是在 R 型分解炉基础上改进的，其目的是降低 NO_x 排放浓度，如图 3-2-18（d)所示。由冷却机送过来的三次空气成锐角方向进入烟道式分解炉，使三次空气与窑尾废热气体在一段时间内、在烟道分解炉中平行向上流动。在分解炉下部的窑尾废气区和分解炉稍高处三次空气区各设一个煤喷嘴，在窑废气区内的燃料利用窑尾废气中过剩的 O_2燃烧，伴随着形成的 CO 产生还原气氛，使 CO 同 NO_x 反应生成 CO_2和 N_2，将窑内产生的 NO_x 降低至 35%～50%。另一股燃料在纯三次空气中起火燃烧，两股气流在 180°弯头合成一股进入预热器。

⑤ Pyrotop 分解炉

Pyrotop 分解炉是在 Pyroclon-R-Low NO_x 分解炉基础上改进而成的，如图 3-2-18（e）所示。从图中可以看出，在 R-LowNO_x 分解炉鹅颈管顶部增设 1 个 Pyrotop 混合室，使炉内上行的料气流至鹅颈顶部时，从混合式圆筒体下部切线方向涡旋入室，将较粗的物料及燃料颗粒分离，较细的颗粒随气流从圆筒体上部排出，继续经分解炉下行烟道进入最下一级旋风筒。

由 Pyrotop 混合室分离较粗物料及燃料经下料管粉料阀，一部分返回分解炉上行烟道继续燃烧和分解，另一部分进入下行烟道，随混合室出来的料气流一起进入最下一级旋风筒，通过分料阀调节混合室出来的物料进入上、下行烟道比例来控制物料再循环量，达到进一步优化出炉燃料燃尽率和生料分解率的目的。

在 Pyroclon 分解炉系列中，Pyroclon-R 型炉是 Pyroclon 炉系列中的基本炉型，其他许多炉型都是在此基础上改进而成，其与分解系统如图 3-2-19（a）所示。大型 Pyroclon 预分解窑与德国洪堡型悬浮预热窑一样，从窑尾烟室即分成两个上升烟道、两系统旋风筒预热器及两个排风机，各成系统，可使用一系列减半产量下生产，如图 3-2-19（b）所示。

（2）普列波尔（Prepol）型分解炉

Prepol 型分解炉是在多波尔悬浮预热器的基础上，设置了一条整体烟道分解炉，如图 3-2-20所示。

早期的 Prepol 型分解炉有 Prepol-AT（Air Through 的缩写，有单独的三次风管）和 Prepol-AS（Air Separate 的缩写，即三次风从窑内通过）两种炉型，自 20 世纪 80 年代中后期，为适应低质燃料和可燃工业废弃物及环保的要求，开发了 Prepol-AS-CC（Combustion

Chamber，即燃料燃烧室）、Prepol-AT-MSC（Mulit Stage Combustion，即多级燃烧）等炉型，但 Prepol-AT 和 Prepol-AS 为其基本炉型。

① Prepol-AT 分解炉

图 3-2-20 所示的是 Prepol-AT 分解炉及工艺系统，上升烟道加高延长形成分解炉，炉内所用燃烧空气全部由窑内通过，系统流程简单，可采用任何类型的冷却机，适用于对悬浮预热器窑的改造。当上升烟道燃料用量为 50%时，入窑分解率可达 85%～90%。

② Prepol-AS 分解炉

Prepol-AS 型炉与 AT 分解炉相比，主要区别是炉内所用燃烧空气由冷却机来的三次空气由单独的三次风管供应，若原料中的碱、氯、硫等有害成分较多、需要旁路放风时，宜采用 Prepol-AS 分解炉。当生产能力在 5000t/d 以上时，选用 Prepol-AS 分解炉可以减小窑径，延长窑衬寿命。该炉型适合于对长径比较大的湿法窑改造。

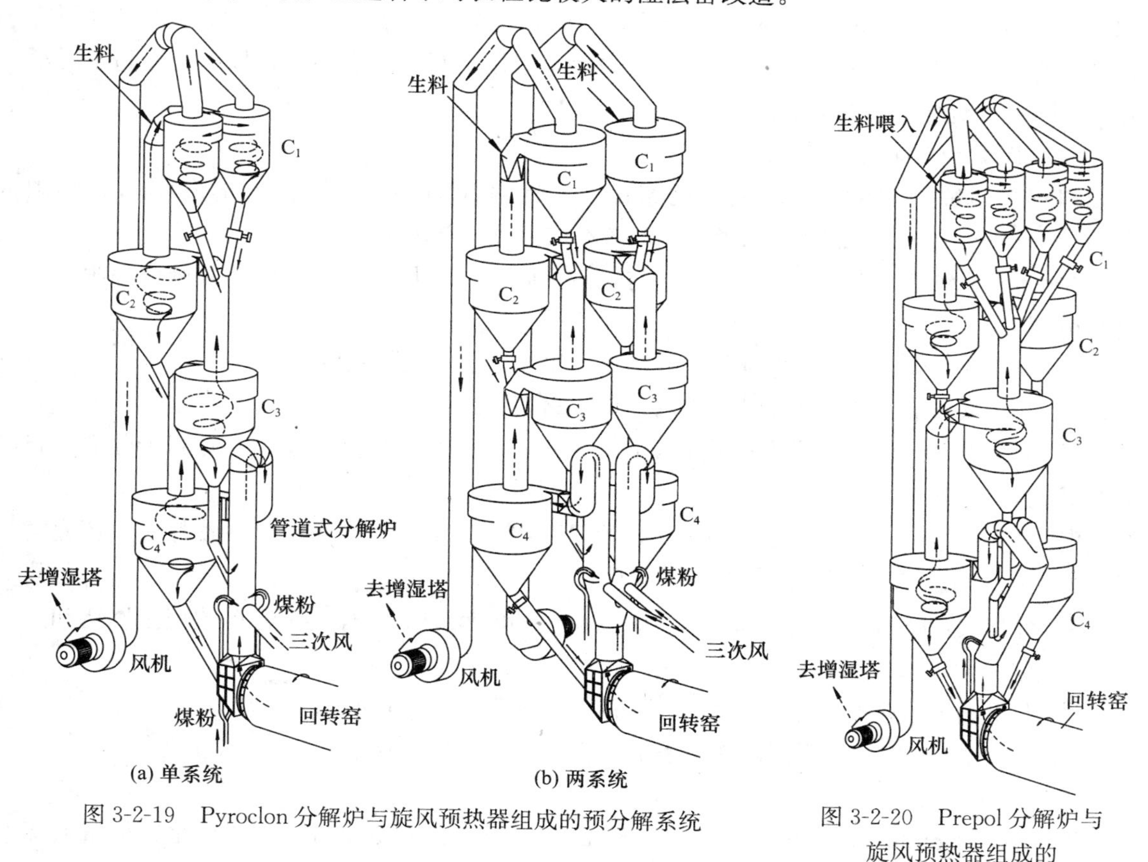

图 3-2-19 Pyroclon 分解炉与旋风预热器组成的预分解系统

图 3-2-20 Prepol 分解炉与旋风预热器组成的预分解系统

③ Prepol-AS-CC 分解炉

Prepol-AS-CC 分解炉是在 AS 型炉基础上改进而成，设有一个单独的燃料燃烧室，三次风分两处进入燃烧室：一处从燃烧室上部切线方向进入，第三级预热器收集下来的生料喂入这三次风切线入口处一起进入燃烧室；另一处是从燃烧室顶部中心同燃料一起吹入。燃烧气体及携带的生料经燃烧室下部与分解炉进口侧壁接口进入分解炉。燃烧室收集下来的生料经下料管进入窑烟室上的上升烟道。

④ Prepol-AT-MSC 分解炉

Prepol-AT-MSC 分解炉是在 AS 型炉基础上，为降低窑系统 NO_x 排放而研制的。高温的 NO_x 是在窑内高温带，燃烧空气中的 N_2 被氧化成 NO，故形成的 NO_x 量与温度、过剩氧含量以及停留时间有关。要降低 NO_x 生成量，方法是在第一级燃烧中采用低 NO_x 的燃料喷嘴，产生更均匀的火焰，使其最高点温度更低；在第三级分解炉中，采用含氮量低的燃料来降低 NO_x 的产生。

8. TC **分解炉系列**

自 20 世纪 90 年代中期以来，我国水泥设计研究部门和制造厂家，对引进的国际分解炉技术进行了消化、吸收、试验，自行开发出了多种新型分解炉，并实现了生产大型化。TC（T 代表天津水泥设计研究院；C 是分解炉 Calciner）分解炉系列是我国天津水泥设计研究院研发的 TDF 型、TWD 型、TSD 型、TFD 型，采用了复合效应和预燃技术，提高了燃尽率，增强了炉对低质煤的适应性。

(1) TDF 分解炉

TDF 分解炉是在引进 DD 型炉的基础上，针对我国燃料情况研发的双喷腾分解炉（Dud Spout Fumace），如图 3-2-21 所示。基本结构及特点是：

① 分解炉坐落在窑尾烟室之上，炉与烟室之间的缩口尺寸优化后可不设调节翻版，结构简单。

② 炉的中部设有缩口，保证炉内气固流产生第二次“喷腾效应”。

③ 三次风从锥体与圆柱体结合处的上部双路切线入炉，顶部径向出炉。

④ 生料入口设在炉下部的三次风入炉口处，从四个不同的高度喷入，有利于分散均布和炉温控制。

⑤ 煤从三次风入炉口处的两侧喷入，炉的下部锥体部位设有脱氮燃料喷嘴，以还原窑气中的 NO_x，满足环保要求。

⑥ 容积大，阻力低，气流和生料在炉内滞留的时间增加，有利于燃料的完全燃烧和生料的碳酸盐分解。

⑦ 对于烟煤适应性较好，也适应于褐煤、低挥发分、低热值和无烟煤。

TDF 分解炉已成功用于国内几十条生产线，其中最大的为海螺 5000t/d 生产线。

(2) TSD 分解炉

TSD 型（Combination Furnace with Spin Pre-burning Chamber）分解炉是带旁置旋流预燃烧室的组合式分解炉，类似 RSP 预燃室与 TDF 组合，如图 3-2-22 所示。它结合了 RSP 炉与 DD 炉的特点，炉内既有强烈的旋转运动，又有喷腾运动。主炉坐在烟室之上，中下部有与燃烧室相连接的斜管道。从冷却机抽来的三次风，以一定的速度从预燃室上部切线进入，由 C_4 下来的生料在三次风入炉前喂入气流中，由于离心力的作用，使预燃室内中心成为物料浓度的稀相区，为燃料的稳定燃烧，提高燃尽率创造了条件。煤粉从预燃室上部喷入，与三次风混合燃烧，生料在预燃室内的碳酸盐分解率达 40%～50%，之后进入主炉的继续分解。

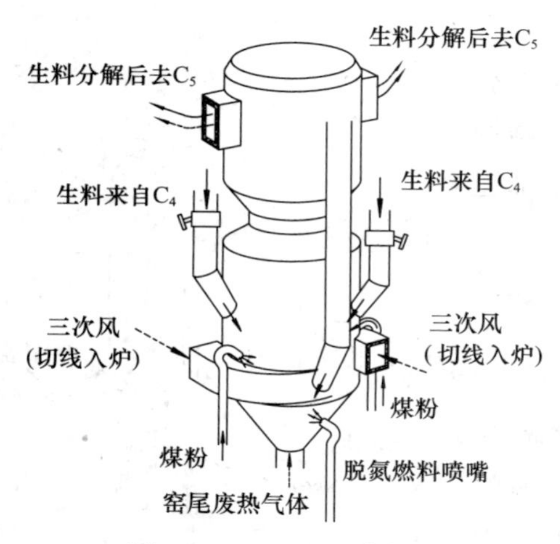

图 3-2-21 TDF 型分解炉

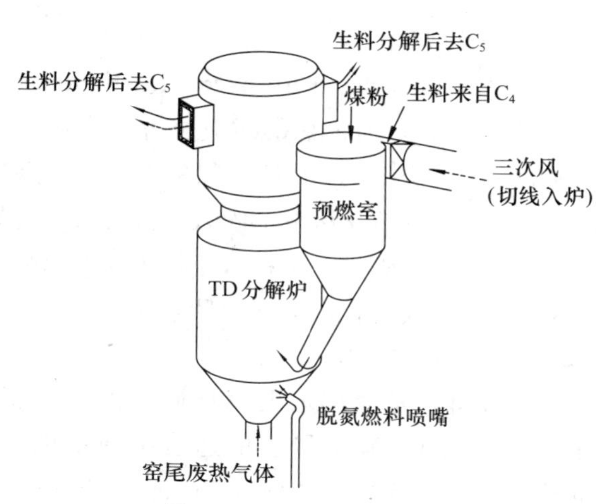

图 3-2-22 TSD 型分解炉

（3）TWD 型分解炉

TWD 型（Combination Furnace with Whirlpool Pre-burning Chamber）分解炉（同线式）是带下置涡流预燃室的组合分解炉（图 3-2-23），基本结构和特点是：应用 N-SF 分解炉结构作为该炉的涡流预燃室，将 DD 炉结构作为炉区结构的组成部分（类似于 N-SF 与 TDF 炉的组合），三次风切线入下蜗壳，燃煤从蜗壳上部多点加入，生料从蜗壳及炉下部多点加入，炉内产生涡旋及双喷腾效应。这种同线型炉适应于低挥发分或质量较差的燃煤，具有较强的适应性。

（4）TFD 分解炉

TFD 型（Combination Furnace with Fluidized Bed）分解炉（图 3-2-24）是带旁置流态化悬浮炉的组合型分解炉，将 N-MFC 分解炉结构作为该炉的主炉区，三次风从炉内硫化区上部吹入，燃煤和生料从流化床区上部喂入，出炉气固流经鹅颈管进入窑尾 DD 分解炉上升烟道的底部与窑气混合。炉下为流态化，上部为悬浮流场。该炉实际是 N-MFC 分解炉的优化改造，并将 DD 分解炉结构用作上升烟道。

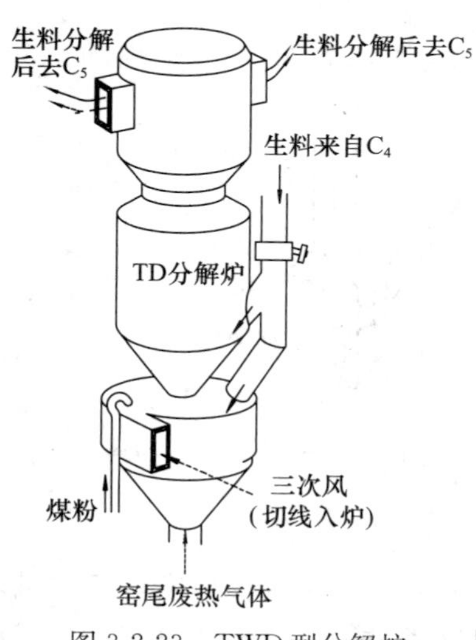

图 3-2-23 TWD 型分解炉

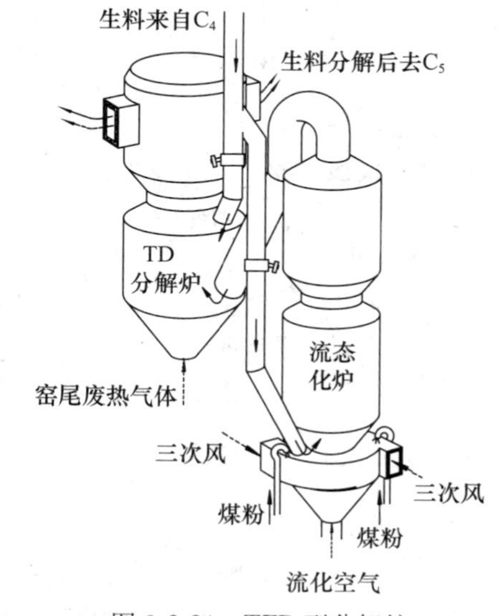

图 3-2-24 TFD 型分解炉

（5）TSF型分解炉

TSF型（Suspension Furnace with Fluidized Bed）分解炉（图3-2-25），与窑炉的对应位置为半离线式，结构组合为旁置式，类似N-MFC经鹅颈管与上升烟道下部连接，三次风从炉内流化区上部吹入，窑气入上升烟道，煤粉从流化床去上部喷入，生料从流化床区上部喷入，流场效应为：炉下为流态化，上部为悬浮流场。

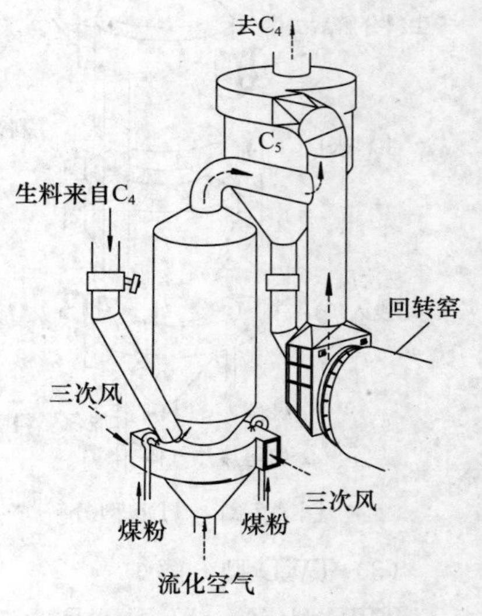

图3-2-25　TSF型分解炉

9. CDC分解炉系列

CDC分解炉是成都水泥设计研究院在分析研究N-SF和C-SF炉的基础上研发的适合劣质煤的涡旋-喷腾叠加式分解炉，有CDC-I型（ChengDu Calciner-In Line）和CDC-S型（ChengDu Calciner-Separate Line）等类，如图3-2-26、图3-2-27所示。

CDC分解炉在炉体的圆柱段设置有缩口，通过此缩口来改变料、气运行轨迹，加强喷腾效应，使得炉内中部充满物料；同时，采用了类似DD分解炉出口的径向出口方法，使炉的顶部出风口上方留有气流迂回空间，以增强物料在气流内的返混，达到延长气、料停留的时间，提高生料中碳酸盐的分解率。

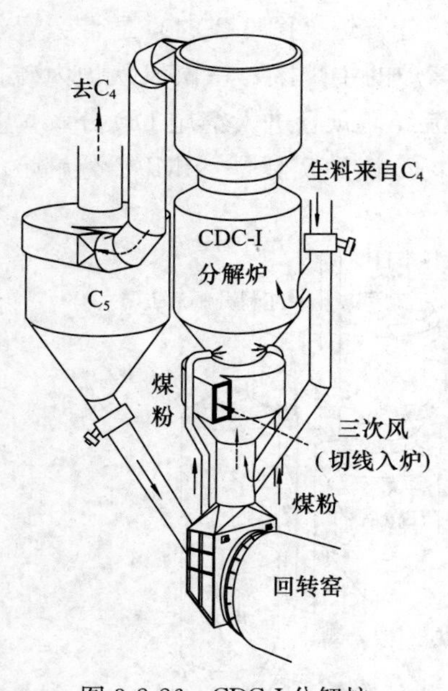

图3-2-26　CDC-I分解炉

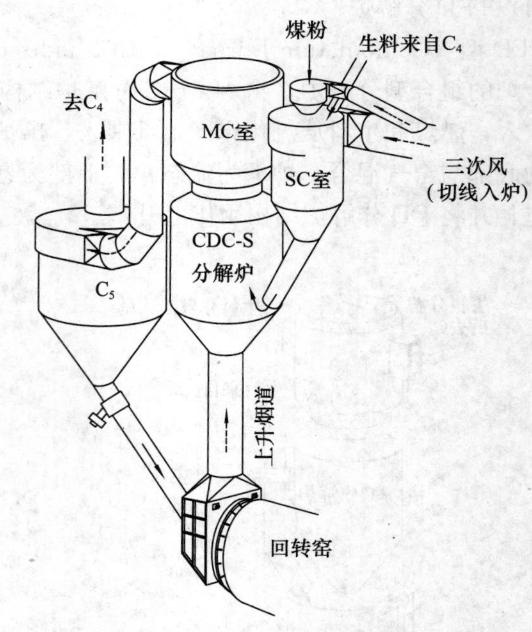

图3-2-27　CDC-S分解炉

（1）CDC-I型分解炉

CDC-I型（同线型）分解炉的组合结构类似N-SF炉，上部为反应室，三次风切线入下涡壳，窑气从炉底喷入，煤粉从涡壳上部及反应室下部多点加入，生料从反应室下部及上升管道加入，出炉口为长热管道，起到第二分解炉作用。

（2）CDC-S 型分解炉

CDC-S 型（半离线型）分解炉的组合结构为旁置式，类似 RSP 预燃室和反应室，三次风进预燃室，窑气入上升烟道，煤粉从预燃室上部喷入，生料从三次风入口处加入，实现涡旋与双喷腾复合效应。

10. NC **分解炉系列**

NC 是我国南京水泥设计研究院（N 代表南京水泥设计研究院；C 是分解炉 Calciner）在 ILC 分解炉、Prepol 及 Pyroclon 分解炉的基础上研发的 NC-SST-I 型（Nanjing Cement-Swirl Spout Tube-In Line）或称 NST-I 型（Nanjing Swirl Spout Tube-I）；NC-SST-S 型（NC-SST-Separate Line）或称 NST-S 型系列分解炉。

（1）NC-SST-I 型分解炉

NC-SST-I 型分解炉安装于窑尾烟室之上（同线型炉），为涡旋-喷腾叠加式炉型，其特点是扩大了炉容，并在炉出口至最下级旋风筒之间增设了鹅颈管道，进一步增大了炉区空间。三次风从下锥体切线入炉，与窑尾高温气流混合，窑气从炉底喷入，煤粉从三次风入炉口两侧喷入，生料从炉侧加入，如图 3-2-28 所示。

（2）NC-SST-S 型分解炉

NC-SST-S 型分解炉为半离线炉，类似喷腾型炉，主炉结构与同线炉相同，出炉气固流经鹅颈管与窑尾上升烟道相连，即可实现上升烟道的上部连接，又可采用“两部到位”模式将鹅颈管连接与上升烟道下部。三次风从炉底喷入，窑气入上升烟道，煤粉从三次风入炉口两侧喷入，生料从炉侧加入，适应于低挥发分的煤粉燃烧，如图 3-2-29 所示。

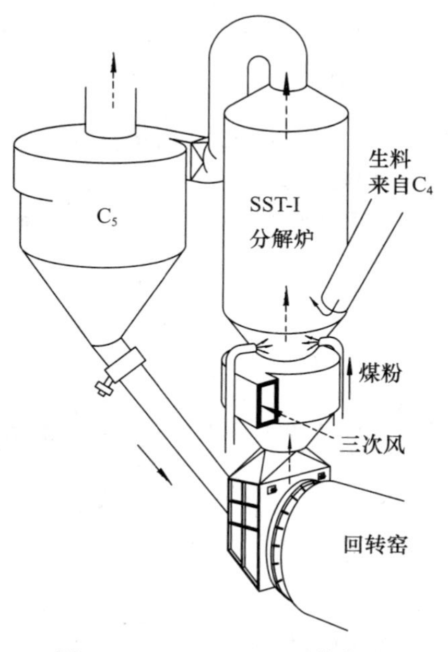

图 3-2-28 NC-SST-I 型分解炉

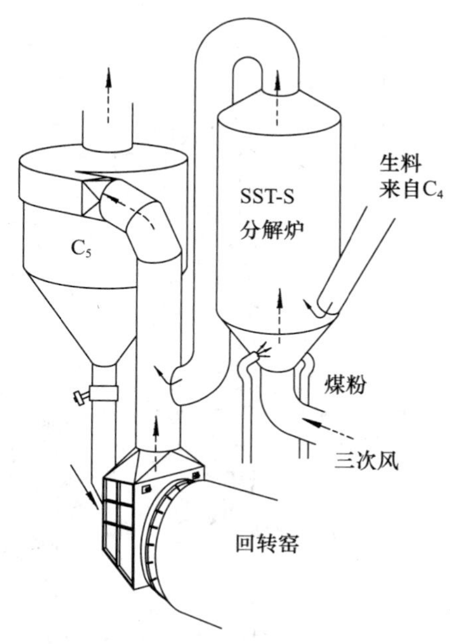

图 3-2-29 NC-SST-S 型分解炉

（3）NDST 分解炉

NDST 分解炉（Nanjing Spout and Swirl Tube Precalcinre）由南京水泥设计院研发，该炉在分析和研究国内外多种炉型的基础上，将“喷、旋、管、折”流型结合在一起，构成了一种复合型分解炉，如图 3-2-30 所示。从窑头引来的三次风（850～900℃）沿切线方向从分解炉底部（单股或多股）进入构成旋流，窑气（1000～1100℃）从窑尾烟室经缩口以喷腾式进入分解炉内，两股流在纵向流场分布起到互补作用使其形成湍动的活塞流场，煤粉由多个喷煤嘴与三次风旋切方向相同分别从炉底喷入。该炉对原燃料的适应性较强，不会因为其成分及颗粒级配的变化而有较大的波动。

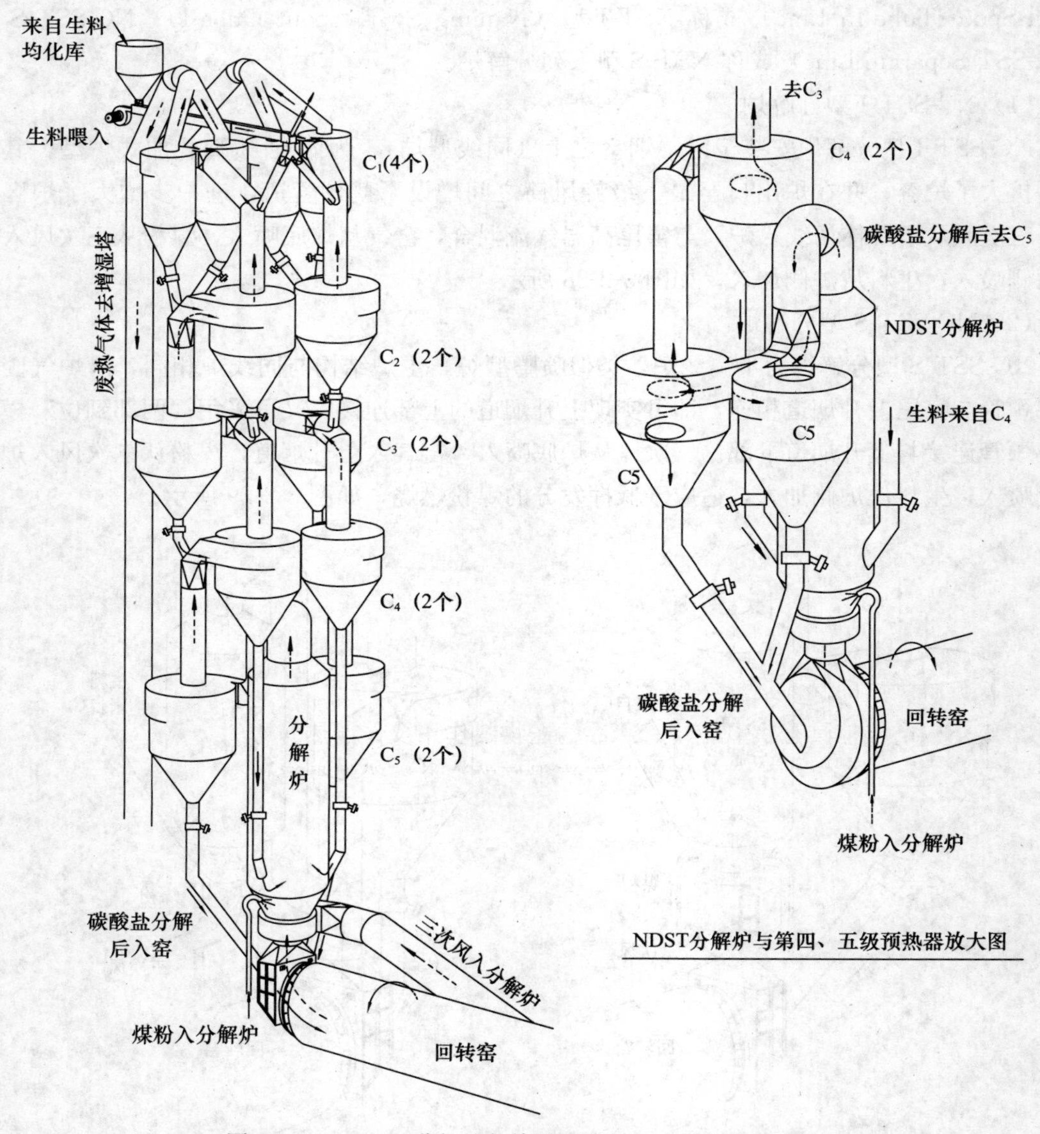

图 3-2-30　NDST 分解炉与旋风预热器组成的预分解系统

3.2.2 分解炉的工艺性能

1. 热工特性

分解炉作为回转窑与悬浮预热器之间的一个重要的热工设备，是水泥熟料煅烧系统中的第二个热源，承担了系统中的燃烧、换热和生料的碳酸盐分解任务。在分解炉内，气流运动为涡旋式、喷腾式、悬浮式及流化床式这四种基本形式，生料和燃料分别依靠涡旋效应、喷腾效应、悬浮效应及流态化效应分散于气流中，并在流场中产生相对运动，从而达到高度分散、均匀混合、迅速换热和延长生料在炉内停留时间的目的，提高了燃烧效率、换热效率和入窑生料中碳酸盐的分解率。

（1）分解炉内的燃料燃烧特点

燃料粉在分解炉内的燃烧环境是低温（炉内温度<1000℃）、低氧（O_2 14%～16%）、高粉尘的环境，所用空气分为一次风和二次风（又称整个窑系统的三次风）。一次风携带燃料入炉，量少且速度较低，燃料与一次风不能形成流股，瞬间即被高速旋转的气流冲击混合，使然料颗粒悬浮分散于气流中；生料颗粒之间各自独立进行燃烧，无法形成有形火焰，因此看不到一定有形轮廓的火焰，而是充满全炉的无数小火星组成的燃烧反应，只能看到满炉发光，并非一般意义的无焰燃烧，通常称为辉焰燃烧；炉内温度平稳，燃烧放热速率和生料吸收速率相适应，抑制了分解炉温度过热，保持在850～950℃之间，碳在此温度下烧尽；由于炉内生料在悬浮状态下分解，因此不发生固相反应。

（2）分解炉内的传热

分解炉内的传热以对流传热为主（约占90%），其次是辐射传热。炉内燃料与生料粉悬浮于气流中，燃料燃烧所产生的高温气流（约900℃）以对流的方式传给物料。燃料燃烧的速度非常快，发热能力很高，料粉分散于气流中，在悬浮状态下，气、固间的传热面积极大，传热速度极快，燃烧放出的大量热量在很短的时间内被生料所吸收，使碳酸盐分解过程由传热、传质的扩散过程转化为分解的化学动力学过程，达到很高的分解率，同时又防止了气流温度过高。

（3）分解炉内的气体运动

分解炉内的气体具有供氧燃烧、悬浮输送物料作用及作传热介质的多重作用。炉内气流保持一定速度，能使喷入炉内的燃料与气流很好的混合、粉料悬浮均匀、燃烧稳定，获得最佳的燃烧条件及传热效果；气流在炉内呈旋流或喷腾状态，能延长燃料燃烧的时间及生料的分解时间，提高传热效率和碳酸盐的分解率。

2. 生料中碳酸盐分解

在预分解窑系统中，生料的干燥（100～150℃，生料中的自由水全部被排除：$H_2O \rightarrow H_2O\uparrow$）、脱水（生料温度升高到450℃，黏土中的主要组成高岭土脱去其中的化学结合水：$Al_2O_3.2SiO_2 \cdot 2H_2O \rightarrow Al_2O_3 + 2SiO_2 + 2H_2O\uparrow$），这两步是在窑尾预热器中进行的；当被煅烧的生料进入分解炉内、温度上升到600℃时，大部分碳酸盐开始分解。以上这些都是在窑外进行的，也都是吸热过程，之后进入最后一级预热器（即最低一级，碳酸盐继续分解），再送入窑内继续最后的碳酸盐分解，之后是固相反应、熟料烧结、熟料冷却，出窑进入冷却机，完成由生料到熟料的煅烧过程。

(1) 碳酸盐分解反应特性

碳酸盐($CaCO_3$、$MgCO_3$)的分解是熟料煅烧中的重要过程之一。生料中的 $MgCO_3$ 含量很少，而且分解温度较低，所以在预热器内已基本分解。而生料中的主要化学成分是 $CaCO_3$，分解反应方程式为：

$$MgCO_3 \rightleftharpoons MgO + CO_2 \quad -Q\text{（吸热反应）}$$

$$CaCO_3 \rightleftharpoons CaO + CO_2 \quad -Q\text{（吸热反应）}$$

这是一个可逆反应过程，也是一个强吸热反应，受系统温度和周围介质中 CO_2 分压的影响较大。为了使分解反应的顺利进行（向右进行），必须保持较高的反应温度，降低周围介质中的 CO_2 分压，并提供足够的热量。一般碳酸钙在 600℃时已开始分解，但分解速度很慢，800～850℃时分解速度加快，至 900℃时分解出的 CO_2 分压达 1 个大气压，分解反应快速进行，1100～1200℃时分解速度极为迅速（预分解炉内的物料碳酸盐的分解温度为 850～950℃之间，之后经最后一级预热器进入回转窑内继续升温，碳酸盐继续分解）。

碳酸钙分解的另一个特点是烧失量大，每 100kg 的 $CaCO_3$ 分解时，排出 44 kg CO_2 气体，留下 56 kg 的 CaO。在不过烧（低于 900℃）的情况下，产物体积比原来收缩 10%～15%，所得石灰具有多孔性。保持这种多孔性对于在固相反应中加快 CaO 与其他组分的化学反应速度非常有益。

(2) 碳酸盐颗粒的分解过程

生料中的主要成分 $CaCO_3$ 颗粒表面首先受热，达到分解温度后释放出 CO_2，表层变为 CaO，分解反应由颗粒表面逐步向内层推进，分解放出的 CO_2 通过 CaO 层扩散至颗粒表面并进入气流中，（图 3-2-31 所示的为正在分解的石灰石中 $CaCO_3$ 颗粒）反应分为五个分步，克服五种阻力：

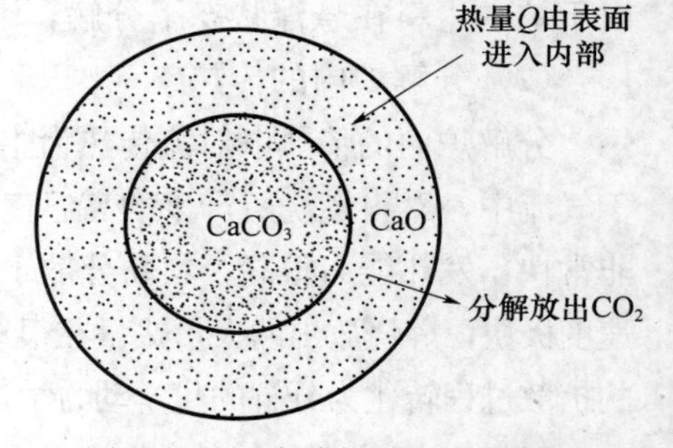

图 3-2-31 正在分解的 $CaCO_3$ 颗粒

① 通过颗粒边界层，由周围介质传进分解所需的热量 Q_1。

② Q_1 以传导方式，由表面传至反应面，并积聚达到一定的分解温度。

③ 反应面在一定的温度下继续分解、吸收热量并放出 CO_2。

④ 放出 CO_2 从分解面通过 CaO 层，向四周进行内部扩散。

⑤ 扩大到颗粒边缘的 CO_2，通过边界层向介质扩散。五个过程中，四个是物理传递过程，一个是化学反应过程，每个过程都有各自的阻力关联在一起，各受不同因素的影响，都可能影响分解过程，情况非常复杂。

(3) 影响分解炉内碳酸盐分解的主要因素

从 $CaCO_3$ 颗粒分解过程的分析情况来看，五个分步过程都可能影响到分解炉内 $CaCO_3$ 的分解过程，而且在颗粒开始分解与分解面向颗粒内部深入时，各因素影响的程度亦不相同，哪个过程最慢，哪个便是主控过程。经研究发现，在悬浮态反应器内，生料粉中的石灰石颗粒，其碳酸钙分解所需时间主要取决于化学反应速率，或者说主要取决于化学分解过程，即：在对 $CaCO_3$ 颗粒比较大时，例如粒径 $d=10$mm 的颗粒受热时以传热传质为主，化学反应过程不占主导地位；颗粒粒径 $d=2$mm 时，传热传质的物理过程与化学分解过程几乎占有同样的地位；在粒径比较小时（如 $d \leqslant 0.03$mm（30μm），一般生料特征粒径范围），悬浮于气流中时具有巨大的传热面积和 CO_2 扩散传质面积，向颗粒内部的传热传质速度非常快，因此化学反应过程就成为了整个分解过程的主要环节。

影响碳酸盐分解时间的主要因素有：

① 分解温度：温度越高，分解越快。研究表明，炉内的分解温度为 910℃时具有最快的分解速度，但此时必须有极快的燃烧供热速度，故容易引起局部料粉过热造成结皮堵塞。一般炉内的实际分解温度为 820～850℃，碳酸盐分解率达 85%～95%所需的分解时间平均为4～10s。

② 炉气中 CO_2 浓度：浓度越低，分解越快。当分解温度较高时，分解速度受炉内 CO_2 浓度的影响较小，但当温度在 850℃以下时，其影响将显著增大。一般炉内 CO_2 浓度随燃烧及分解反应的进行而逐渐增大，对分解速度的影响也逐渐增大。

③ 生料粉的物理、化学性质：结构致密、结晶粗大的石灰石分解速度较慢。

④ 生料颗粒粒径：粒径越大，分解所需时间越长。

⑤ 生料的悬浮分散程度：悬浮分散性差，相当于加大了颗粒尺寸，改变了分散过程性质，降低了分解速度。

碳酸盐的分解温度、CO_2 浓度、分解率与分解时间的关系如表 3-2-1 所示。

表 3-2-1 碳酸盐的分解温度、CO_2 浓度、分解率与分解时间的关系

分解温度（℃）	炉气 CO_2 浓度（%）	特征粒径 30μm 完全分解时间（s）	平均分解率达 85% 的分解时间（s）	平均分解率达 85% 的分解时间（s）
820	0	12.3	6.3	14.0
	10	19.3	11.2	22.6
	20	45.1	25.1	55.2
850	0	7.9	3.9	8.7
	10	10.3	5.2	11.3
	20	15.0	7.5	16.5
870	0	5.6	2.8	6.1
	10	6.9	3.5	7.6
	20	8.7	3.9	9.6
900	0	3.7	1.9	3.9
	10	4.1	2.2	4.6
	20	4.7	2.5	5.0

当燃料与物料在分解炉中分布不均匀时，容易造成气流与物料的局部高温或低温，低温部位料粉分解慢、分解率低；高温部位则易使料粉过热而造成结皮堵塞。燃料与生料在炉内的均匀悬浮，是保证炉温均衡温定的重要条件。

3.3 回转窑

回转窑自 1885 年诞生以来，已经历了多次重大技术革新，使水泥熟料煅烧工艺得到了很大提升。一百多年来对回转窑的改进主要从以下两方面进行的：一方面是局限于窑体本身的改进，例如：对窑直径某些部分的扩大、窑长度的变化，或者窑内装设热交换装置等，以达到某些部分的换热条件，改变气流速度或延长物料滞留时间的目的；另一方面，就是将某些熟料形成的化学过程移到窑外，以改善换热和化学反应条件，如1928年立波尔窑的诞生，1932年旋风预热器专利的获取，1950年旋风预热窑的出现，1971年预分解窑的推广应用（新型干法水泥工艺技术），把水泥工业发展推向了一个新的阶段。

3.3.1 功能特点构造及原理

1. 功能

回转窑（又称旋窑）是水泥熟料煅烧系统中的主要设备，也是最终少量碳酸盐分解和水泥熟料矿物最终形成的煅烧设备，在预分解窑系统中，具有以下五个功能：

① 燃料燃烧功能。回转窑是一个燃料燃烧装置，在窑头（又称热端或卸料端）加入40%～50%的燃料，具有广阔的燃烧空间和热力场，可以提供足够的空气，装设优良的燃烧设备，保证燃料的充分燃烧，为水泥熟料煅烧提供必要的热量。

② 气、料热交换功能。回转窑是一个热交换装置，窑内形成比较均匀的温度场，可以满足水泥熟料形成过程各个阶段的换热要求，特别是阿利特矿物（A矿）生成的要求。

③ 化学反应功能。回转窑是一个化学反应器，随着水泥熟料矿物形成的不同阶段的不同需求，窑内可分阶段的地满足不同矿物形成对热量、温度的要求，又可以满足它们对时间的要求。

④ 物料输送功能。回转窑是一个输送设备，完成生料从窑尾（又称冷端或进料端）到窑头的输送（物料在窑内被带起、落下，翻滚前行）。

⑤ 降解利用废弃物中的有害物质功能。回转窑所具有的高温和稳定热力场的性能，成为降解利用各种有毒、有害、危险废弃物的最好装置。

以上功能反应出了回转窑的强大优势，但也存在着缺点和不足：主要是窑内炽热气流与物料之间主要是“堆积态”换热，分散度低，因此换热效率低，从而影响其应有的生产效率的充分发挥和能源消耗的降低；再有就是生料在窑内煅烧带的高温、富氧条件下燃烧，NO_x等有害成分大量形成，造成大气污染。

2. 特点

随着预分解煅烧技术的实施、预热器和分解炉结构的不断优化，使生料入窑时的碳酸盐分解率已经达到85%～95%，这不仅可以使窑的长度缩短，而且功能也发生了变化，与传统的回转窑相比，预分解窑具有以下特点：

① 窑内热负荷低。在预分解窑内只承担了5%～15%的碳酸盐分解任务，窑只需完成少量的分解热量和保证让阿利特（A矿）等矿物形成所需要的高温热即可，故大大减轻了热负荷，延长了窑衬的寿命。

② 熟料在烧成带停留的时间短、窑皮长。一般干法窑或湿法窑，物料在烧成带的停留时间为15～20min，烧成带长度为4.9D，而在预分解窑中，物料在烧成带的停留时间为10～12min，烧成带长度为5～5.5D。

③ 单位容积产量高、窑速快。预分解窑的窑速为3～40r/min，形成薄料快转（填充率6%～10%），物料在窑内翻滚速度加快，有利于料气之间的传热和物料温度均匀，有利于提高产量和质量。

④ 窑体短、支点少。由于入窑生料已大部分分解、温度较高，因此窑内只需要很短的分解带，窑的长径比为 10～15（传统干法窑为 20～30），因窑短，一般用三支点或两支点支撑。

⑤ 窑尾温度和窑头筒体表面温度较高。在入窑生料达到 820～860℃、在窑内堆积状态继续完成碳酸盐分解时，要求物料温度为 950℃，尾温在 1050～1100℃。随着二次风温的升高及采用多通道煤粉燃烧器以及火焰集中等因素，使得窑头筒体表面温度在 470℃以上（一般干法窑＜350℃）。

3. 构造及工作原理

回转窑设备是一个有一定斜度的圆筒，斜度为 3%～3.5%，借助窑的转动来促进料在回转窑内搅拌，使料互相混合、接触进行反应。窑头喷煤燃烧产生大量的热，热量以火焰的辐射、热气的对流、窑砖（窑皮）传导等方式传给物料，物料依靠窑筒体的斜度及窑的转动在窑内向前运动。回转窑系统由筒体（受热的回转部件，内部砌有一层 200mm 左右的耐火砖）、传动装置（由电机、减速机、大小齿轮所组成。大齿轮套在窑体上，其中心线与窑的中心线重合），托、挡轮支承装置（由轮带、托轮、轴承和挡轮组成，它承受着窑的全部重量，同时对窑体起着定位作用，使其安全稳定的运转），窑头、窑尾密封（窑在负压状态下操作，防止窑尾和窑头与固定装置的联结处有空气吸入而扰乱平衡，影响窑内物料的正常煅烧），窑头罩及燃烧装置等部分组成，如图 3-3-1 所示。

4. 回转窑的技术性能及参数

以 Φ4.8×74（筒体内径×长度）回转窑为例，回转窑的技术性能及参数如表 3-3-1 所示：

表 3-3-1　Φ4.8×74 回转窑的技术性能及参数

回转窑	主传动电动机	主传动减速机	辅助传动电动机	辅助传动减速机
规格：Φ4.8×74m	型号：ZSN4-400-22	型号：JH800C-SW306-31.5	型号：Y280S-4	型号：ZSY355-31.5-Ⅱ
产量：5000t/d	额定功率：630kW	对称双入轴	功率：75kW	速比：30.729
斜度：3.5%	调速范围：100～1000r/min	速比：30.876	额定转速：1480r/min	
传动形式：单传动	额定电压：660V	润滑方式：集中循环润滑	电压：380V	
主传动转速：0.35～4r/min；				
辅助传动转速：11.45r/min				
挡轮形式：液压挡轮				
支座数：3 挡				
每挡托轮用水量：8t/h				
窑头冷却：风冷				
窑头密封：薄片式密封				
窑尾密封：气缸压紧端面密封				

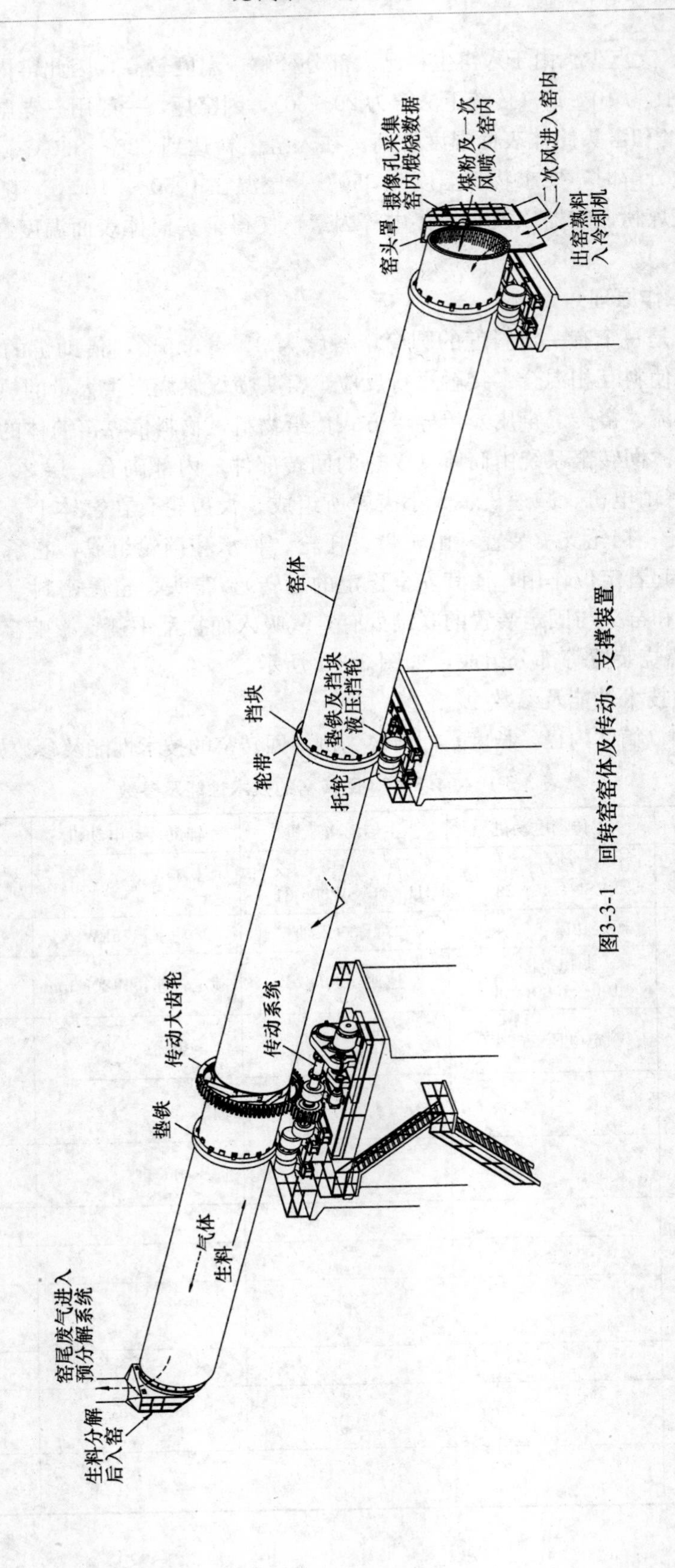

图3-3-1 回转窑窑体及传动、支撑装置

3.3.2 窑内工艺带的划分及熟料的烧成

由“3.3.1中2. 特点”可知，由于水泥熟料煅烧过程中的预热、大部分生料中的碳酸盐分解在窑外完成，所以使预分解窑的工艺带与传统的干法窑大不相同了，一般主要分为四个带（图3-1-1）：碳酸盐分解带、放热反应带、烧成带、冷却带，或者将碳酸盐分解带和放热反应带合二为一，成为过渡带，这样将窑分成了三个带：过渡带、烧成带、冷却带，在回转窑内的熟料煅烧过程是：余下的少部分碳酸盐继续分解、固相反应、烧结反应和熟料冷却。

1. 窑内各带煅烧情况

（1）分解带

由于在窑外增设了分解炉，生料中的碳酸盐85%～95%已在分解炉内完成，只剩下少部分进入回转窑内继续分解，所以分解带比普通干法窑的分解带要短得多。物料出分解炉后经过最后一级预热器进入回转窑时，还在继续分解，由于重力作用，沉积在窑的尾部。随着窑的转动，料粉又开始了新的运动方式，此时窑尾气流温度约1000℃，料层内部的料温低于900℃，且料层内部颗粒周围被CO_2气膜所包裹，气膜又受上层料的压力，料温在其平衡分解温度900℃以下碳酸盐是难以进行分解的，但处于料层表面的料粉仍继续分解。随着窑的转动、物料向窑头方向的运动、热量的传递、物料温度继续上升、分解反应继续，直到分解完成。

（2）放热反应带

从窑尾起至物料温度1300℃（也有资料1280℃）为过渡带，占窑总长的45%～55%。主要承担着少量的碳酸盐分解（在分解炉内未分解的5%～15%的生料）和固相反应任务。进入窑内的生料温度较高、料温差较小，成堆积状态。在这一阶段生料中碳酸盐还要继续分解，并发生固相反应，生成C_2S、C_3A、C_4AF等矿物，反应温度和反应式如下：

$$2CaO+SiO_2 \rightarrow 2CaO \cdot SiO_2 \quad (1000℃)$$

$$3(2CaO+Fe_2O_3)+5CaO \cdot 3Al_2O_3+CaO \rightarrow 3(4CaO \cdot Al_2O_3 \cdot Fe_2O_3)(1200～1300℃)$$

$$5CaO \cdot 3Al_2O_3+4CaO \rightarrow 3(3CaO \cdot Al_2O_3)(1200～1300℃)$$

（3）烧成带

烧成带也称烧结带，长度约为窑筒体总长的32%～35%，主要承担着C_3S的形成和f-CaO的吸收任务，完成熟料的最后烧成任务，约占窑长的40%，比传统的干法窑要长一些。为使生料入窑后堆积料层中的$CaCO_3$继续分解，在高温下（物料温度1300～1450～1300℃，气流温度1700℃左右）C_2S与f-CaO逐步溶解于液相中形成C_3S（液相量达20%～30%，Al_2O_3、Fe_2O_3及其他组分进入液相），随着时间的延长和温度的升高，CaO、C_2S不断溶解、扩散，C_3S晶核形成、发育、逐渐完成熟料的烧结、矿物形成的全过程。C_3S的形成是放热反应，反应温度和反应式如下：

$$2CaO \cdot SiO_2+CaO \rightarrow 3CaO \cdot SiO_2 \quad (1300～1450℃)$$

这个反应是微吸热反应，该带是熟料煅烧过程中温度最高的一带，以辐射传热为主，完成C_3S的形成。在1450～1300℃的降温过程中，主要进行阿利特晶体的长大与完善。直到物料温度降至1300℃以下时，液相开始凝固，硅酸三钙的反应基本结束。

(4) 冷却带

冷却带一般占窑总长的5%～10%，主要将熟料中部分熔剂型矿物C_3A、C_4AF及少量C_5A_3重结晶（有的仍为液相）析出，另一部分被熔剂型矿物因冷却速度较快来不及析晶而形成玻璃体。预分解窑冷却带内的物料温度为1300～1000℃，熟料冷凝成圆形颗粒后落入冷却机内继续冷却并回收热量。

这里要说明一点的是，窑内各带的划分不是截然分开的，没有明显的界限，而是相互交叉的。随着窑内喂料量的多少、温度高低、通风情况、火焰长短等因素的变化而变化。

2. 熟料矿物组成

(1) 硅酸三钙

硅酸三钙（C_3S）是硅酸盐水泥熟料中的主要矿物，在1300～1450～1300℃高温液相（煅烧条件）作用下，由先导形成的固相硅酸二钙（C_2S）吸收氧化钙（CaO）而形成。硅酸三钙的凝结时间正常、水化速度快，强度高且增长率高。但水化热较高，抗水性能较差。含量通常为50%左右，最高可达60%。纯C_3S在1250～2065℃温度范围内稳定，在2065℃以上熔融为CaO与液相，在1250℃以下缓慢分解为C_2S和CaO，致使C_3S在常温下可以呈介稳状态存在。

在硅酸盐水泥熟料中，C_3S并不是以单纯的形式存在，而是含有其他少量氧化物，如Al_2O_3及MgO形成固溶体，还含有少量的Fe_2O_3、R_2O、TiO_2等，含有少量氧化物的硅酸三钙又称A矿（阿利特Alite），但化学组成仍接近C_3S，其岩相结构为板状和柱状晶体，在偏光显微镜下可以看到的是多呈六角形，密度为3.14～3.25g/cm^3。

(2) 硅酸二钙

硅酸二钙（C_2S）是由CaO和SiO_2在1100～1200℃煅烧条件下化合而成，含量占20%左右。纯的C_2S有四种晶型：$\alpha-C_2S$、$\alpha'-C_2S$、$\beta-C_2S$和$\gamma-C_2S$，在1450℃以下进行多晶型转变：

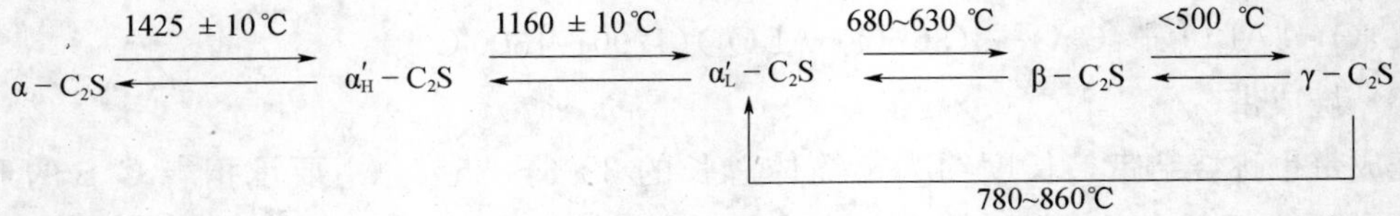

$$\alpha-C_2S \underset{}{\overset{1425\pm10℃}{\rightleftarrows}} \alpha'_H-C_2S \overset{1160\pm10℃}{\rightleftarrows} \alpha'_L-C_2S \overset{680\sim630℃}{\rightleftarrows} \beta-C_2S \overset{<500℃}{\rightleftarrows} \gamma-C_2S$$

$$\gamma-C_2S \xrightarrow{780\sim860℃} \alpha'_L-C_2S$$

常温下，有水硬性的$\alpha-C_2S$、高温型的α'_H-C_2S、低温性的α'_H-C_2S、$\beta-C_2S$都是不稳定的，有要转变为水硬性微弱的$\gamma-C_2S$趋势。因$\gamma-C_2S$的密度为2.97g/cm^3，而$\beta-C_2S$密度为3.28g/cm^3，故发生$\beta-\gamma$转变时，伴随着体积膨胀达10%，结果是熟料膨胀，生产中称之为“粉化”。在烧成温度较高、冷却较快且固溶体中有少量的Al_2O_3、Fe_2O_3、MgO、R_2O等的熟料中，通常均可保留有水硬性的$\beta-C_2S$。

如同硅酸三钙一样，硅酸二钙中也溶有少量的氧化物Al_2O_3、Fe_2O_3、MgO、R_2O等而成固溶体存在，成为B矿（贝利特Belite），水化较慢、水化热较低，抗水性能较好，早期强度较低，但一年以后能赶上A矿。B矿的岩相结构在偏光显微镜下看到的多为圆形或椭圆形。

(3) 铝酸三钙

铝酸三钙(C_3A)是填充在阿里特和贝利特之间的中间相,在熟料中起熔剂的作用,也被称之为熔剂性矿物,它与铁铝酸四钙在1250～1280℃熔融成液相,从而促使硅酸三钙的顺利生成。铝酸三钙的主要成分是C_3A,其中也可固溶少量的氧化物SiO_2、Fe_2O_3、MgO、R_2O等而成固溶体,密度为3.04g/cm^3,用偏光显微镜可以观察到分布在阿利特和贝利特之间的片状、柱状或点滴状,成暗灰色,反光能力弱,故也称黑色中间相。

铝酸三钙水化迅速、放热多,若不加石膏缓凝,易使水泥快凝,强度在3d内就大部分发挥出来,但强度值不高后期几乎不再增长,甚至倒缩;干缩变形大、抗硫酸盐性能差。

(4) 铁铝酸四钙

铁铝酸四钙(C_4AF)代表的是硅酸盐水泥熟料中一系列连续的铁相固溶体。通常铁铝酸四钙中溶有少量的MgO、SiO_2等氧化物,又称才利特(Celite)或C矿,也是一种熔剂性矿物,密度为3.77g/cm^3。铁铝酸四钙常显棱柱状和圆粒状晶体,在偏光显微镜下呈亮白色(反射能力强),填充在A矿和B矿之间,故通常有把它称作白色中间相。

铁铝酸四钙的水化速度介于铝酸三钙和硅酸三钙之间,但随后的发展不如硅酸三钙。早期强度类似于铝酸三钙,但后期强度还能不断增长,类似于硅酸二钙。水化热比铝酸三钙低,抗冲击性能和抗硫酸盐性能较好。

(5) 玻璃体

煅烧熟料时出现部分熔融相,在出窑对其冷却时来不及结晶而成为过冷凝体,称之为玻璃体。主要成分为C_3A、C_4AF及少量的MgO、K_2O、Na_2O等,含量约占8%～22%。在玻璃体中,质点排列无序,组成也不固定,处于一种不稳定状态,因而水化热大。在玻璃体中,$\beta-C_2S$能被保留下来而不至于转化成几乎没有水硬性的$\gamma-C_2S$;玻璃体中的矿物结晶细小,可以改善熟料性能与易磨性。

(6) 游离氧化钙和方镁石

① 游离氧化钙及其对水泥安定性的影响

游离氧化钙是指熟料中没有以化合状态存在而是以游离状态存在的氧化钙(f-CaO),又称游离石灰,这是由于生料配料不当或细度过粗或煅烧不良所致。游离氧化钙结构致密,在偏光显微镜下为无色圆形颗粒,有明显的条纹。与水作用生成$Ca(OH)_2$的反应很慢,通常要在加水3d以后反应才比较明显。游离氧化钙水化生成氢氧化钙时,体积膨胀97.9%,在硬化水泥石内部造成局部膨胀应力,使抗折抗压强度下降,使3d以后的强度倒缩,严重时引起安定性不良,使混凝土结构或制品开裂。为此应严格控制游离氧化钙的含量,按水泥国家标准规定,回转窑熟料中控制在1%以下。

② 方镁石及其危害

方镁石系指游离状态的氧化镁晶体,在熟料煅烧时,一部分氧化镁和熟料矿物结合成固溶体并溶于液相中(熟料中含有少量的氧化镁时,能降低液相的生成温度,增加液相数量,降低液相黏度,有利于熟料的烧成),多余的氧化镁析晶出来,呈游离状态,称为方镁石。方镁石半包裹在熟料矿物中间,与水反应速度很慢(经几个月甚至几年才显现出来),水化生成 Mg（$OH)_2$时，固相体积膨胀148%，在已硬化的水泥石内部产生很大的破坏应力，会降低强度或溃裂。

方镁石引起的膨胀严重程度与其含量、晶体尺寸等有关系。晶体小于1μm、含量小于5%只引起轻微膨胀；晶体在5～7μm、含量达3%就会引起严重膨胀。为此水泥国家标准中限定了熟料中氧化镁的含量应小于5%，但如水泥经压蒸安定性试验合格，可允许达6%。采用快冷、掺加混合材等措施，可以缓和膨胀的影响。

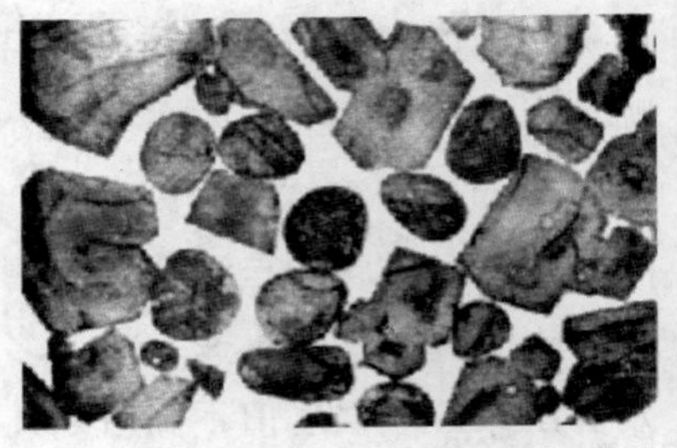

图3-3-2 硅酸盐水泥熟料矿物的岩相结构

图3-3-2是反光显微镜下观察到的硅酸盐水泥熟料矿物结构情况：六方晶体是阿利特，圆粒晶体是贝利特。晶体间的物质系由于物料在1450℃左右温度下有约30%熔融经冷却后形成，称中间相，其中亮的部分是才利特，又称白色中间相，暗色的是铝酸盐，又称黑色中间相。

3.3.3 预分解窑的操作

1. 烘窑

回转窑运转了较长一段时间之后要进行大修，更换窑衬是大修的主要内容之一（预热器、分解炉也是如此），在点火、投料之前，需要用适当的温度对内衬进行烘干，以脱去耐火材料和砌筑中的物理水和化学结合水，即烘窑。烘窑的目的是为了避免直接点火投料由于升温过急而使耐火衬料骤然受热引起爆裂和剥落。烘窑可以采取木柴＋煤粉烘窑方法，但目前更多的是采用窑头点火烘窑方法，对窑、预热器、分解炉耐火材料的烘干一次完成，之后紧接着投料、挂窑皮、熟料煅烧。

（1）木柴＋煤粉烘窑

烘窑一般从窑尾开始，分段逐渐向窑头移动，每隔一段距离堆一垛木柴，每垛烘1～2h，为使窑衬表面均匀受热，同时也防止窑筒体弯曲，烘窑过程中一般每隔半小时转动1/4圈。木柴烘窑结束前可在火堆上多放些木柴待火烧旺时转入煤粉烘窑。煤粉烘窑过程中要保持窑体低速连续运转（但要注意的是，如果煤粉火焰不能保持稳定，可先间断转窑，但窑筒体停留在一个位置上的时间不能过长），此时可以小开度打开窑尾高温风机。

（2）窑头点火烘窑

新型干法熟料煅烧目前大多采用窑头点火烘窑。烘窑所用燃料前期以轻柴油为主，后期以油煤混烧为主，具体方案可依现场实际情况加以调整。窑内从窑头至窑尾使用的耐火衬料有：浇注料、耐火砖，以及各种耐碱火泥等。这些窑衬在冷端有一膨胀应力区，温度超过800℃时应力松弛，因此300～800℃区间升温速率要缓，以30℃/h为佳，最快不应超过50℃/h，尤其不能局部过热，另外应注意该温度区内尽量少转窑，以免窑衬应力变化过大。

（3）烘窑前应完成的工作

① 烧成系统已完成单机试车和联动试车工作。

② 煤粉制备系统具备带负荷试运转条件，煤磨粉磨工作已完成。

③ 煤粉计量、喂料及煤粉气力输送系统已进行带负荷运转，输送管路通畅。

④ 全厂空压机站已调试完毕，可正常对窑尾、喂料、喂煤系统供气，并且管路通畅。

⑤ 烧成系统及煤粉制备系统冷却水管路畅通，水压正常。

这里要说明一点的是，砌筑窑衬材料的种类不同，烘窑的要求也不同，各厂应参照耐火材料出厂说明进行烘窑。但总的原则是一致的："慢升温，不回头"，连续烘窑进行直到完成，不得中断，不准发生温度突降，也不准发生窑衬里的局部过热。

（4）监测烘窑结束的方法

① 用玻璃片放在各级预热器顶部浇注孔的排气孔部位，如果没有水汽凝结，说明该处已达到了烘干要求。

② 重点检查 C_4、C_5（锥体、柱体）和分解炉顶部，在烘干后期通过这些部件的测孔中插入 300mm 的玻璃温度计，若温度计温度达到 120℃以上时，说明该处已达到了烘干要求。

在确认窑、预热器、分解炉已达到完全烘干时，可继续升温准备投料，否则继续烘窑。

表 3-3-2 是某厂 5000t/d 水泥熟料线烘窑操作制度，各企业应根据本厂调试工艺具体情况而确定。

表 3-3-2　烘干和转窑参考制度

烘窑升温制度			转窑操作制度		
烟室温度（℃）	升温时间（h）		烟室温度（℃）	转窑时间（min）	转窑量（圈）
	全新窑衬	正常升温（常温～800℃）			
常温～200	8		＜100	不慢转	0
200	16		100～250	50	1/4
200～600	16	10	250～450	30	1/4
600	24		450～650	10～15	1/4
600～800	8		＞650	连续低速转窑	1
800	8	2		如遇降雨，时间减半	

2. **点火**

新窑耐火衬料烘干结束后，一般可以继续升温进行点火、投料运行。其顺序是回转窑窑头点火、分解炉喷煤、窑尾投料。

（1）窑头点火

窑头采用三风道或四风道煤粉燃烧器，喷嘴中心都设有点火装置，一般用浸油的棉纱包绑在点火棒上，点燃后置于喷嘴前下方，随后即刻喷油。待窑内温度稍高一些后开始喷入少量煤粉，在火焰稳定、棉纱包也快烧尽时，抽出点火棒。以后随着用煤量的增加，火焰稳定程度的提高，逐渐减少轻柴油的喷入量，直至全部取消。在此期间，窑尾温度应缓慢上升，当窑尾温度接近 400℃时启动窑头一次风机，准备喷煤。

窑头点火时一定要注意以下几点：

① 在窑内火焰形状未形成前，不可使用过大排风量，保持窑头出现微负压即可，否则火焰被拉向窑后部，喂入的煤粉难以点燃，或者即使点燃也会拉灭。

② 若在10～15min内煤粉燃烧不能形成火焰，需重新点燃。

③ 升温过程中窑尾CO_2含量控制在4%左右。

④ 按回转窑升温制度升温和慢转窑，升温期间要调整风量和喂煤量使之配合好，注意火焰形状和窑尾温度。

⑤ 要注意观察筒体温度，若局部温度较高，说明窑衬有问题，应停火，使系统自然冷却，检查衬料并注意转窑。

⑥ 尾温升到600℃时，对各级预热器翻板阀要人工活动，以免受热变形卡死。

(2) 分解炉点火

当分解炉内具备煤粉燃烧的温度、且炉内也有了足够氧气（开启三次风管阀门）的条件下，可以向分解炉内喷煤了。不过对不同形式的分解炉和不同的操作习惯，也有不同的方法使炉内具备点火温度。对于同线分解炉（如ILC型炉）的升温方式比较容易，只要窑尾烟室达到800～950℃时，分解炉给煤都会着火。对于离线或半离线分解炉（如：MFC型、RSP型及管道式分解炉），则要根据不同炉型分别对待，如RSP等炉型，只要将分解炉通往上一级预热器的锁风阀吊起，即可使来自窑尾的热废气部分短路通过分解炉，而使分解炉升高温度，创造了点火条件。那种低于窑尾高度的沸腾型分解炉，则只能先投料，靠经过预热后的生料粉将炉内温度提高，然后再给煤为后续的来料创造分解条件，这类分解炉的操作需要格外注重对投料量与炉底风压的控制，否则会发生压炉使分解炉点火失败。

3. **投料及挂窑皮**

(1) 窑皮的作用

窑皮，即附着在烧成带窑衬表面烧结的熟料层。它保护着烧成带的衬料，使衬料不直接与火焰和高温物料接触，减弱了火焰和物料对衬料的化学侵蚀、磨损以及高温的破坏作用，从而延长了衬料的使用寿命；窑皮还起着隔热层的作用，使高温带窑衬增厚，因而减少了窑筒体表面的散热损失，提高了窑的热效率。

(2) 窑皮形成的条件

① 物料中必须有一定的液相量和液相黏度。

② 要有适当的温度条件，气流、物料和窑衬之间有一定的温度差才能形成窑皮。

(3) 窑皮的形成原理

物料在煅烧时具有一定的胶粘性，能与表面熔融的耐火砖粘结在一起，窑皮就是根据这一特性形成的。形成过程是：物料进入烧成带以后出现液相，随温升而液相增多。当耐火砖表面微发融时，随窑的转动，具有一定胶粘性的熟料将耐火砖压在下面，并从耐火砖上吸收一定的热量使其胶粘在一起，并起化学反应，随温降形成第一层窑皮。随窑运转时间的加长、窑皮越来越厚，窑皮表面温度也越来越高，粘上和掉下的窑皮数量相等，再经过烧炼，窑皮坚固致密了。

(4) 投料挂窑皮操作

① 喂料量与时间的配合

一般来说，点火烘窑结束后，可以继续升温进行投料挂窑皮，窑尾温度升至1000℃左右时即可投料，点火72h之内为挂窑的皮时间。在挂窑皮的前24h内，喂料量一般为为正常量的50%～70%，以后根据窑皮的具体情况，每隔8～16h将喂料时增加5%～10%，大约在60h或者72h内可增加到正常的喂料量。如果喂料量增加过快，则挂窑皮层厚，质量疏松，当窑的热力强度提高后，窑皮就容易烧垮。但挂窑皮的时间太长时，不仅对产量有影响，而且操作不当时，窑皮也不一定能挂好。为了减少喂料时，目前可采用在保持正常料层的条件下降低窑速，或在保持正常窑速的条件下减薄料层的办法。

② 烧成温度的控制

挂窑皮必须要控制好烧成带温度、火焰形状要完整、顺畅，在物料未到达烧成带之前，其火力不宜过高，以不损伤火砖为原则；当物料接近烧成带时，应适当加大风、煤量提高火力，使耐火砖表面微发融，但不得烧流，不出现局部高温、短焰急烧现象，严禁大火和跑生料；同时要根据窑皮的情况移动煤风管的位置以控制窑皮的增长。

③ 喷嘴位置

一般情况下，喷嘴位置应尽量靠前（往外拉）一点，同时偏料，火焰宜短不宜长。这样高温区较集中，高温点靠前，使窑皮由窑前逐渐往窑内推进。随着生料喂料量的逐渐增加，喷嘴要相应往窑内移动。待窑产量增加到正常情况时，喷嘴也随之移到正常生产的位置。挂窑皮期间切忌火焰太长，否则高温区不集中，窑皮挂得远或前薄后厚，甚至出现前面窑皮尚未挂好，后面已经形成结圈等不利情况。

4. 生产运行操作

预分解窑具有四高（入窑分解率高、硅酸率高、煅烧温度高、升温速率高）、两快（窑速快、冷却快）、在控制上具有多变量、自动化程度高和操作控制远离窑头等特点，整个系统采用计算机操作控制技术，具有省时、及时和不易失误等优点。预分解窑生产操作过程是一个系统热平衡与物料平衡建立的过程，应确保烧成设备发热能力的平衡稳定，保持烧结能力和预烧能力的平衡稳定，在操作过程中把握好预热（C_1出口温度）、分解炉温、固相反应、熟料烧成几个过程。在操作中必须做到：前后兼顾，稳定整个烧成系统的风量、料量和煤量的合理配比，辅以调节窑速、篦速等操作参数，稳定分解温度和烧结温度，稳定窑炉合理的热工制度，使烧成系统，温度定在一个平衡范围内，建立一个符合熟料煅烧要求的平衡系统。

1）工艺操作参数

预分解窑的烧成工艺过程中需要控制的参数很多，且参数既独立又相对联系，过程控制也很复杂，从国内已投产厂的生产操作来看，大都以人工给定操作参数为主，辅以单参数调节回路自动控制，即使是采用计算机集中控制或集散型控制的2000t/d以上规模的厂，由于尚未有比较切合实际的数学模型，计算机很难实现全过程的自动控制；电机的开停虽然可采用PLC程序控制，但过程控制参数仍是人工辅以完成，待系统稳定运转后可投入数条单参数调节回路进行自动控制。

在这些工艺参数中，有小部分属于通过人工或计算机设定可直接操作控制的参数，我们称之为操作变量或自变量，如：投料量、拉风量、喂煤量、回转窑转速、篦冷机的篦速等。而大部分则属于由于人工调节后随之改变的过程变量或称之为因变量，如：系统各温度、压力流量等；操作变量可由人工或计算机主动直接改变，过程变量适时地显出调节后的结果，二者之间具有互为因果的关系。

另外，入窑生料及煤粉的化学成分对烧成而言也属自变量，它们的变化会引起操作参数一系列的变化，但它们不由窑操作员控制，当出现原燃料成分不符合要求波动时，应及时与相关部门联系。

2）温度监控及调整

温度要满足熟料煅烧的要求，窑运行时对温度的判断是否准确至关重要。温度过高或过低均反映出生产不正常，直接影响到熟料质量。

① 烧成带温度：正常煅烧时，物料的烧结温度要控制在1350～1450℃，烧成带温度控制在1600～1800℃（化学反应与温度密切相关，温度越高、反应速度越快），过高对热耗、窑皮、简体都会有影响，过低则熟料质量差。

烧成带温度高低是监控熟料烧成情况的重要指标之一。由于受测点位置和粉尘的影响，测出的温度很难反映真实数值，需结合所观察到的窑内情况（熟料结粒、带起的高度、火焰颜色等，如表3-3-3所示，分析判断烧成带温度的高低和煅烧情况，连同窑尾温度值进行操作调整。

表3-3-3　火焰或窑皮颜色与气体或烧成带温度的关系

火焰颜色	自然焰	大红焰	深红带黄	全黄	浅黄	白色	耀眼白色
火焰温度（℃）	400～800	500～600	400～800	800～1000	950～1300	1350～1550	＞1600
窑皮颜色	红色	深红色	黄色	白色			
烧成带温度	低	偏低	正常	高			

如果烧成带温度过高，可观察到的窑内黑火头短，物料与窑皮都较高于正常值，整个烧成带白亮耀眼，熟料带起高度过高，粒度粗，化验室测定的升重高、f－CaO含量低。此时若窑尾温度低，应适当减煤，关小内旋流风、开打外直流风，或将燃烧器向窑内推进，改变风煤混合比，降低煤粉燃烧速率，拉长火焰、提高尾温，降低烧成带温度；若窑尾温度较高，则应适当减少窑头喷煤量，关小内旋流风、开打外直流风，将烧成带和窑尾温度降至正常值，并将燃烧器拉出，以降低尾温。

如果烧成带温度过低，可观察到窑内火焰长，呈黄色，窑皮为暗红色，熟料为灰黄色，化验室测定的升重低、f－CaO含量高，熟料带起高度低，颗粒细而发散。此时若窑尾温度也低，应适当加煤，开打内旋流风，关小外直流风，提高煤粉燃烧速率，以提高窑温；若尾温过低，应减少喂料量、慢升温的办法直至窑温回复正常；若窑尾温度高，应提高煤粉细度、加速煤粉燃烧速率，关小内旋流风、开打外直流风，以提高烧成带温度。

② 入窑物料温度：物料从最低一级入口温度和分解炉出口温度反映了入窑物料分解率的高低和炉内燃烧的情况，出炉温度过高说明燃料加入过多，或煤质较差燃烧过慢而引起预热器系统过热，产生结皮或堵塞；温度过低则没有发挥炉的分解效能；如出现出最低一级预热器温度高于分解炉温度（即温度倒挂）时，要适当减少炉煤用量，并检查煤质情况。

③ 最上一级旋风筒出口气体温度：其出口温度反映了投料量的多少和拉风量的大小，也是预分解窑系统热效率高低的重要标志，一般控制在320～360℃。若C_1筒温度过高，会影响窑尾排风机和除尘器的安全运转，燃料热耗高。应检查是否喂料中断或喂料量过少、燃料量与风量是否超过需要、某级旋风筒或管道是否堵塞等；当温度降低时，则应结合系统有

无漏风及其他级旋风筒温度情况检查处理。

④ 最下一级旋风筒出口气体温度：它应低于分解炉的出口气体温度，一般控制在850～880℃，否则说明出炉气流中还有部分燃料燃烧不完全。

⑤ 分解炉温度：分解炉温度表征炉内燃烧及碳酸盐分解情况，分解炉中部的温度一般在850～880℃，温度越高，说明燃料燃烧和碳酸盐分解速度越快。分解炉的出口气体温度一般为850～900℃，温度过高，说明燃料加入过多或燃烧过慢所致，出炉气温过高，可能会引起炉后系统物料过热结皮、甚至堵塞；但出炉气温过低，说明分解炉下部燃料已经烧完，碳酸盐分解速度锐减，不能充分发挥分解炉的效能。

⑥ 窑尾烟气温度：窑尾烟气温度一般控制在950～1100℃，它与烧成温度、预热系统温度一起，表征窑内及窑外热力分布情况，尾温的变化反应了窑内温度变化和物料温度变化、煤粉燃烧器的位置及煤粉燃烧情况。一般熟料的入窑温度为850℃左右，如果窑尾温度控制低了，窑内的平均温度也降低，不利于窑内的传热和化学反应、限制了窑内通风和发热能力，影响了高温带的长度，减少了在预热器及分解炉中可传给物料的热量，同时回转窑也失去了末端的价值，但窑尾烟气温度也不能过高，过高了可能会引起窑尾烟室内及上升管道结皮或堵塞。操作时可结合各级预热器的负压变化情况对具体位置作出判断。当尾温缓慢升高时，生料 KH 值变低，入窑物料分解率低，一般是窑速与物料量不匹配所致，此时可增加用煤量；若窑内物料填充率逐渐增大时，可适当提高窑速或减少喂料量。

⑦ 入窑二次风温度：二次风温由窑头冷却机提供，一般在1000℃以上，如果二次风温偏高（超过1200℃），表明窑内烧成温度高，出窑熟料结粒好，但有过烧迹象，此时要减少操作用煤，适当降低烧成温度；如果二次风温偏低，说明窑内烧成温度低，熟料烧结不好，此时需适当增加喂煤量，加强窑内煅烧；如果二次风温下降较多，且窑头冷却机的一段篦压较低、头部有堆“雪人”或大块的可能，要及时通知现场巡检工检查并及时清理。

窑尾烟气温度：尾温与烧成带温度一起表征窑内各带热力分配情况，尾温的变化反应了窑内温度变化和物料温度变化、煤粉燃烧器的位置及煤粉燃烧情况。尾温过低不利于窑内传热和化学反应，但尾温过高可能会引起烟室及上升管道结皮或堵塞。

⑧ 筒体温度：回转窑运行时采用筒体扫描仪对回转窑筒体进行实时、连续测量，通过中控室屏幕显示，直观反映窑皮情况和热斑范围等诸多重要信息，使操作人员得知窑内情况，可及早发现问题、及早处理。当显示某段温度一直上升或过高时，说明该段窑皮可能脱落、变薄或掉砖；当显示某段温度一直下降或过低时，表明发生结圈。操作人员也要到到现场检查该段通体情况，通过调整喷煤管位置、内外风的比例和冷风机的位置、风量大小进行处理。

3）压力监控及调整

压力反应窑内阻力大小、预热器中料流是否通畅和篦冷机料层的厚度情况，操作时主要看窑头负压和窑尾负压。

① 窑头负压反应篦冷机供入窑二次风和窑内通风之间的平衡情况，改变窑尾主排风机和篦冷机的鼓风机、窑头除尘器风机会导致窑头负压的变化，但操作中一般是通过窑头除尘器风机阀门开度，使其增大或减小来调整、稳定窑内热工制度。

② 窑尾负压反应窑内通风量和阻力大小及窑内物料运动状况。当负压上升时，一般是

窑内通风阻力大而引起的，此时应注意窑内是否有结圈、窑皮长厚，或者窑尾烟室、烟室下料斜坡结皮，应结合仪器和操作经验来分析判断，采取相应措施处理。

③ 预热器各部位负压监测是为了获得各部位阻力数据，以判断喂料量是否正常、风机闸门开启、各部位是否漏风或有堵塞现象。当最上一级预热器旋风筒出口负压升高时，首先应检查是否堵塞，如果没有出现堵塞，则应该考虑排风量是否过大，适当关小主排风机闸门；若负压降低，则应检查喂料是否正常，各级预热器是否漏风，如均属正常，则应结合气体分析检查排风是否减小，适当调节排风机闸门。

4）电流监控及调整

主电机传动电流反映窑的转速、喂料量、窑皮情况、窑内温度和物料液相量、黏度等，窑在运行时主电机传动电流有小范围内波动，曲线宽度较窄且平整，说明热工制度稳定，煅烧正常；当窑内温度有所下降时，电流值下降，如下降不多时，应加煤；下降较多时，则应先减煤，使火焰伸长，再加大煤量，防止形成逼火。当窑电流先上升后下降时应加煤补充垮窑皮所需的热量，使电流恢复正常后再退煤。窑电流曲线较宽时，说明窑皮不平整。当窑电流突然升高又慢慢平直，表明窑内窑皮或结圈垮落。当窑电流由平直突然下降，表明窑口圈垮落，此时应快降窑速加快篦速。当窑电流较大波动后慢慢趋于平直且周期循环，表示窑内半边或局部结圈或窑皮增厚，致使窑传动不平稳电流波动大，待窑皮挂平整后电流就平稳了。

5）系统用风调节

系统用风包括窑内通风和分解炉用风，由主排风机（可控制火焰长度和预热器悬浮状态）、一次风（供煤粉喷射并起卷吸二次风作用）、冷却机供风（多台鼓风机供熟料冷却并热交换后，分别以二次风和三次风供窑、炉助燃）。在窑运转时，通过风机或管道上的阀门调节供风量。预分解窑在操作中很大程度上取决于用风，风不仅为煤粉充分燃烧提供充足的氧气，还需满足物料在预热器和分解炉中悬浮所必需的风量、风速，风在冷却机中将高温熟料冷却，同时转变为高温空气，以二次风入窑、三次风入炉，起到煤粉助燃的作用，这其中窑、炉用风平衡非常重要。

（1）一次风

煤粉挥发分燃烧所需的理论空气即为一次风量，由煤粉与净风构成，它的作用是输送煤粉和帮助煤挥发燃烧，保持火焰形状。一次风的用风原则是对难着火的煤采用较低的一次风量，对易着火的煤一次风量可大一些，操作中应依据煤的品质和在满足燃烧的前提下力求减少一次风量，增加高温二次风量，提高燃烧空气的温度，保证煤粉燃烧温度，当煤质发生变化时适当调节一次风比例。

（2）二次风

二次风的作用是保证煤粉中碳的燃烧，其风量受一次风量及熟料冷却用风量的影响，操作中力求多用，操作的重点是要控制较高的二次风温度（1000℃以上），充分利用篦冷机回收热并兼顾三次风温。

（3）三次风

三次风来自窑头冷却机（900℃左右），主要供给分解炉燃烧所需的氧，并保证在分解炉内合理分布。三次风的操作原则是：在系统拉风一定的条件下，合理调整三次风阀门开度，保证窑炉用风平衡，兼顾分解炉特性的发挥，同时要特别注意三次风阀磨损变形等引发窑炉用风的不平衡。如果调整的不合理，就很容易造成窑和分解炉用风的分配不均，出现塌料、窜料，降低入窑碳酸钙的分解率，加重回转窑的热负荷，影响熟料的产量、质量。正常生产工况下，如果窑尾温度较高，窑头负压较大，说明窑内通风量大，分解炉用煤量增加时，炉温上不去，而且还有所下降。此时可适当提高三次风阀开度，相应增加炉煤，提高 $CaCO_3$ 分解率。若窑尾温度高，分解炉出口温度、三次风温、最低一级预热器进口温度高，窑尾喂煤量不易增加，造成窑炉煤比例失调，系统 CO 浓度上升等，严重时窑内火焰返火，说明窑内用风量小，炉用风量大，此时应关小三次风阀开度，使分解炉风量减少，防止煤粉后燃。若窑尾温度高，窑内形成低温火焰且较长，烧成带筒体温度降低，窑头、窑尾负压大等，说明窑内通风量过大，而分解炉风量小，此时应开大三次风阀，调整窑内通风量。

（4）系统总风量

当最上一级预热器出口温度偏低、系统 CO 浓度偏高，窑头风压小回火，预热器内物料悬浮不好，出现塌料、窜料时，应适当加大窑尾高温风机转速以增加系统总风量。一级预热器出口温度偏高，系统风压增大，窑内火焰伸长，窑尾温度增高，最低一级预热器出口温度（相对于分解炉出口温度）上升时，说明系统总风量过大，此时应减少高温风机转速，降低系统排风，一般控制空气过剩系数在 1.05～1.15。在操作上采取保证一级预热器出口 CO 含量在 2.0%左右，同时还要确保预分解窑系统气流的分布和各部位合理的料气比，使物料有足够的分解率和停留时间。

（5）风的分配

① 窑炉用风平衡。主要根据氧含量和窑、炉温度进行判断与调整。正常生产控制氧含量范围一般为：烟室 1%～3%，分解炉出口 2%～4%。分解炉用风大的表现特征是窑尾温度和分解炉出口温度偏高，分解炉内加不上煤；若窑尾氧含量和尾温都偏高，最低一级预热器出口温度与分解炉出口温度出现倒挂，且窑内火焰长，窑头、窑尾负压较大，说明窑内风量偏大。以上这些情况均应通过调节三次风管阀门开度或窑尾烟室缩口阀门，以实现窑、炉用风平衡分配。

② 内、外风比例。当一次风量确定后，煤风和净风比例在设计或调试时就已经确定，操作时主要根据窑内火焰情况、烧成带的温度高低和窑内物料结粒情况，通过管道上的阀门来调节内外风比例，以适应煤质和火焰温度要求，必要时可对一次风量作小幅度调整。

6）气体分析与控制

新型干法窑系统配备有气体分析装置，通过它来对 O_2、CO 含量和 NO_x 做出正确的分析，这些数据是操作调整的重要依据。实际操作中，在保证熟料质量的前提下调整喂煤量（喂煤量取决于喂料量），同时在保证煤粉充分燃烧的情况下来调节风量（系统风量取决于喂煤量），反映在操作参数上，就是要控制系统中 O_2 含量，不能出现 CO，根据气体分析结果来调节系统风量，控制合适的过剩空气量，可以避免盲目大风操作带来的热损失，降低高温风机功能；同时 NO_x 浓度能直接反映窑内的烧成温度和入窑空气量：NO_x 浓度偏大，反映出窑内烧成温度较高，入窑空气量不足，操作时可适当减煤压风，反之，则进行提高烧成温度、增加系统风量的调整，以保证操作的稳定性。

7）窑头与分解炉用煤比例

预分解窑系统中分别在窑头和分解炉两处加煤，二者之间的比例取决于原料预热分解所需要的热量与熟料煅烧所需要的热量，窑、炉喂煤量的合理分配，可使烧成温度最低，熟料质量最佳。分解炉喂煤量应根据预热器来的生料所需要温度、分解的热以及热效率确定；若喂煤量过多，将使炉后系统温度偏高，热耗增加，甚至引起系统结皮堵塞。窑内用煤量应根据入窑生料量、分解率及 f-CaO 来确定。用煤量偏少，烧成带温度会偏低，生料烧不熟，熟料立升重低、f-CaO 高；用煤量过多，窑尾废气带入分解炉热量过高，势必减少分解炉用煤量，致使入窑分解率降低，分解炉不能发挥应有的作用。同时窑的热负荷高，耐火材料寿命短，窑运转率较低，从而降低回转窑的生产能力。

通过生产实践认为，窑、炉用煤比例一般为40%～45%：60%～55%最为理想，这个用煤比例应严格控制，切忌头尾倒置，引起系统热工紊乱，在保证熟料煅烧的前提下，应尽量减少窑煤用量，这样既保证分解炉喂煤量加得上，又充分发挥分解炉的功能，减轻窑内负担。若预热器出现塌料、窜料、窑电流下跌、出窑熟料结粒细散、f-CaO 含量高；窑尾温度下降、二次风温异常冲高、窑内大量垮落窑皮和结前圈等时，应及时将自动控制操作喂煤转换为手动操作，适当减少分解炉的用煤量，增加窑头的用煤量，以确保窑内物料的正常煅烧，使之尽快恢复正常。

8）喂料量和窑速的关系

回转窑窑速随喂料量的增加而加快，当系统正常时，窑速快，窑内料层薄，热交换好，物料预烧好，窑系统热工稳定，抗外界影响能力大，遇到“窜煤”、来料波动影响时，稍加改变喂煤量，即能使系统正常；窑速慢，窑内物料层厚，热交换不好，预烧不好，稍有热工波动，窑电流就下降，游离钙偏高，这时即使增加喂煤量预烧，由于窑内料厚，烧成带温度回升也很缓慢，就会产生黄心料，同时，由于大量煤粉不完全燃烧，还易在冷却机前端出现结大块现象，推不走即形成“雪人”。所以窑速的调整非常重要。

窑速的调节应掌握以下两点原则：

（1）料变窑速变

入窑生料波动大，当料于窑内煅烧困难时，应适当减料，放慢窑速，以防止熟料欠烧甚至窜生料；当料易烧，窑内熟料结粒粗大，窑前发亮，窑电流升高时，应及时加料将窑速提起，特别应注意加料要首先提窑速，才能保证系统热工稳定，保证窑内适当的物料填充率。

（2）薄料快转

在正常的生产情况下，应保证薄料快转，以增加物料的翻动频率，有利于热交换；同时降低窑内通风阻力，有利于煤粉完全燃烧，减少窑尾烟室缩口结皮。

9）风、煤、料的合理匹配

窑、炉用煤量取决于喂料量，系统风量取决于用煤量，窑速与喂料量同步，更取决于窑内物料的煅烧状况，所以风、煤、料和窑速既相互关联又相互制约。煤少了，温度不够，多了，过烧、结皮、结蛋；风少了，煤燃烧不完全，系统温度低，在这种情况下再多加煤，温度还是提不起来，而致一氧化碳含量增加，还原气氛下使 Fe_2O_3 变成 FeO，产生黄心料。在风、煤、料一定的情况下，窑速过快或者太慢都预烧不好，游离钙偏高，所以四者的合理匹配是稳定烧成系统热工、提高运转率、使窑优质高产低耗的关键所在。

10）正确操作参数的确定

正确操作参数由企业通过实践摸索来确定，但在建设竣工准备点火之前，由设计部门提供操作工艺参数，以 5000t/d 为例，如表 3-3-4 所示。

表 3-3-4　5000t/d（五级悬浮预热器）正常情况下的操作工艺参数

名　称	参数值	名　称	参数值
投料量（t/h）	330～350	分解炉出口 O_2 含量（%）	2～4
窑速（r/min）	3.2～3.6	分解炉出口 CO 含量（%）	<0.3
窑头负压（Pa）	20～50	分解炉出口温度（℃）	870～890
入窑头除尘器温度（℃）	<250	C_4出口温度（℃）	780～800
窑电流（A）	400～700	C_3出口温度（℃）	660～690
烟室温度（℃）	950～1050	C_2出口温度（℃）	520～540
烟室负压（Pa）	100～300	C_1出口温度（℃）	325±20
烟室 O_2 含量（%）	1～3	C_1出口负压（Pa）	4500～5300
烟室 CO 含量（%）	<0.3	高温风机出口负压（Pa）	100～200
C_5出口温度（℃）	850～870	窑尾除尘器入口温度（℃）	90～200
C_5下料温度（℃）	830～850	出篦冷机熟料温度（℃）	65（℃）+环境温度
三次风温（℃）	>850	筒体最高温度（℃）	<350

3.3.4　熟料质量控制

熟料质量是水泥质量的关键。保持窑的热工制度稳定是保证熟料质量的关键环节。窑的热工制度必须稳定，入窑料、煤等参数必须合理，操作必须统一，并根据窑情及时采取调整措施，防止欠烧料、生烧料的出现。

（1）入窑煤粉质量控制

煅烧用煤进厂后要进行均化或搭配使用，以减少入窑煤的挥发分和灰分的波动，从而稳定煅烧，煤粉质量控制要求如表 3-3-5 所示。

表 3-3-5　煤粉质量控制要求

控制项目	指标	合格率	检验频次	取样方式
水分	自定	≥90%。	1 次/4h	瞬时或连续
80μm 筛余（%）	根据设备要求、煤质自定	≥85%。	1 次/24h～1 次/4h	
工业分析（灰分和挥发分）	相邻两次灰分±2.0%	≥85%。	1 次/24h	
煤化学成分	自定	—	1 次/堆	

（2）熟料的率值控制

加强出窑熟料的率值控制，缩小熟料率值的标准偏差。熟料化学全分析应每天进行一次，以便检查熟料率值是否符合指标要求。熟料率值与熟料强度之间有一定规律性，因此，要保证熟料具有较高的强度，必须使熟料化学成分合理、稳定、减少波动。

（3）游离氧化钙含量的控制

控制游离氧化钙在一定范围内，对熟料强度及水泥安定性都十分重要，游离氧化钙含量增加，熟料强度会明显下降，水泥安定性也难以保证。

(4) 熟料容积密度及熟料外观特征的控制

为了掌握出窑熟料质量，可通过测定熟料容积密度的方法进行质量控制。熟料常见外观特征：优质熟料结粒均齐（0.5～5cm），呈圆球状，色泽为灰黑或绿黑色；欠烧熟料内部疏松多孔，极易破碎，色泽为棕黄色或淡黑绿色的黄心料。

(5) 熟料矿物组成及结晶形态的控制

优质熟料其矿物组成均在如下范围内：C_3S 约占 50%～60%；C_2S 约占 10%～20%；中间相约占 20%～30%；f-CaO 很少，一般在 1%以下。矿物的结晶形态一般为：C_3S 呈矩形或多边形，发育良好，晶形完整，边棱清晰，大小均齐，尺寸为 30～60μm，小于 10μm 者甚少，包裹体很少，孔洞少而小，且分布均匀。C_2S 呈圆形，具有细而密的交叉双晶纹，大小均齐。

当生料成分不均匀或煤粉细度粗，以及回转窑煤灰沉落不均，熟料煅烧时形成短焰急烧或低温长带煅烧时，将会有不同的矿物组成及结晶形态，熟料质量也将产生差异。因此，工厂应经常进行熟料的岩相分析，指导生产，控制熟料质量。

出窑熟料的质量控制要求如表 3-3-6 所示。

表 3-3-6　出窑熟料的质量控制要求

控制项目	指标	合格率	检验频次	取样方式
立升重	控制值±75g/L	≥85%	分窑 1 次/8h	瞬时
f-CaO	硅酸盐水泥≤1.5%	≥85%	自定	瞬时或综合
	油井水泥≤1.0%		1 次/2h	
	白水泥≤3.0%		1 次/2h	
	快硬水泥≤1.5%		1 次/2h	
	中热水泥≤1.0%		1 次/2h	
	低热水泥≤1.2%		1 次/2h	
全分析	自定	—	分窑 1 次/24h	瞬时或综合样
KH	控制值±0.02	≥80%	分窑 1 次/8h～1 次/24h	
n（SM）、p（IM）	控制值±0.10	≥85%		
全套物理检验	其中 28d 强度≥50MPa	—	分窑 1 次/24h	综合样

3.4　熟料的冷却

水泥熟料烧结过程完成之后，C_3S 生成反应结束，运动到冷却带进行冷却。但窑的冷却带很短，在冷却带停留的时间不长就出窑，出窑温度大约 1300℃左右，还必须进入到冷却机内进行急冷处理，其目的在于：

(1) 改进熟料质量

① 防止水硬性好的 β-C_2S 转变为没有水硬性的 γ-C_2S。

② 使熔融的 MgO、f-CaO 来不及结晶，呈玻璃态，存在于中间相中，从而改善熟料的安定性；提高熟料的易磨性，有利于降低熟料粉磨的单位电耗。

③ 防止熟料矿物晶体长大或完全结晶，活性降低，影响水泥的水化速率。

(2) 降低熟料温度

燃料燃烧产生的热量约有30%～40%被熟料带走，冷却可以回收出窑熟料中的热量，提高入窑二次空气温度，同时可以通过风管作为三次风送到窑尾部的分解炉，提高炉内温度，使大部分生料在入窑之前发生碳酸盐分解反应，加快了熟料的烧成速度。三次风还可以用作生料粉磨和煤粉磨时的烘干之用。多余的热量还可以发电，降低生产成本，同时熟料也便于输送和储存。

水泥回转窑1885年诞生时并没有专门的熟料冷却设备，出窑熟料是通过自然堆放进行冷却，19世纪末出现了单筒冷却机，20世纪初德国、丹麦研制出了多筒冷却机，1930年德国伯力鸠斯公司研制出回转式篦式冷却机，1937年美国富勒公司（Fuller）研制出推动（往复式）篦式冷却机（Reciprocating grate cooler，简称篦冷机，如图3-4-1所示）。篦冷机问世以来，由于它能对炽热的熟料起到骤冷作用、冷却能力大，并有利于提高熟料的强度和安定性、改善易磨性等优点，得到了广泛的应用。多年来经过不断改进，已从早期的第一代斜篦床、统一供风、薄料层操作篦冷机（缺点：冷却效果差，篦板易烧毁，现已淘汰）、第二代的平篦床、篦下分室密闭供风、厚料层操作篦冷机（缺点：冷却空气分布不合理、影响冷却效率，逐渐被改造成第三代模式）、第三代的高阻力篦板、空气梁可控气流、高速气流供风、厚料层操作篦冷机，发展为第四代的无漏料静止篦床实施供风和移动推杆式推动熟料、无下部风室的篦冷机，进一步提高了热回收效率和操作的可靠性。目前第一代、第二代篦式冷却机正逐渐淘汰。第三代、第四代篦式冷却机逐渐占据主导地位。

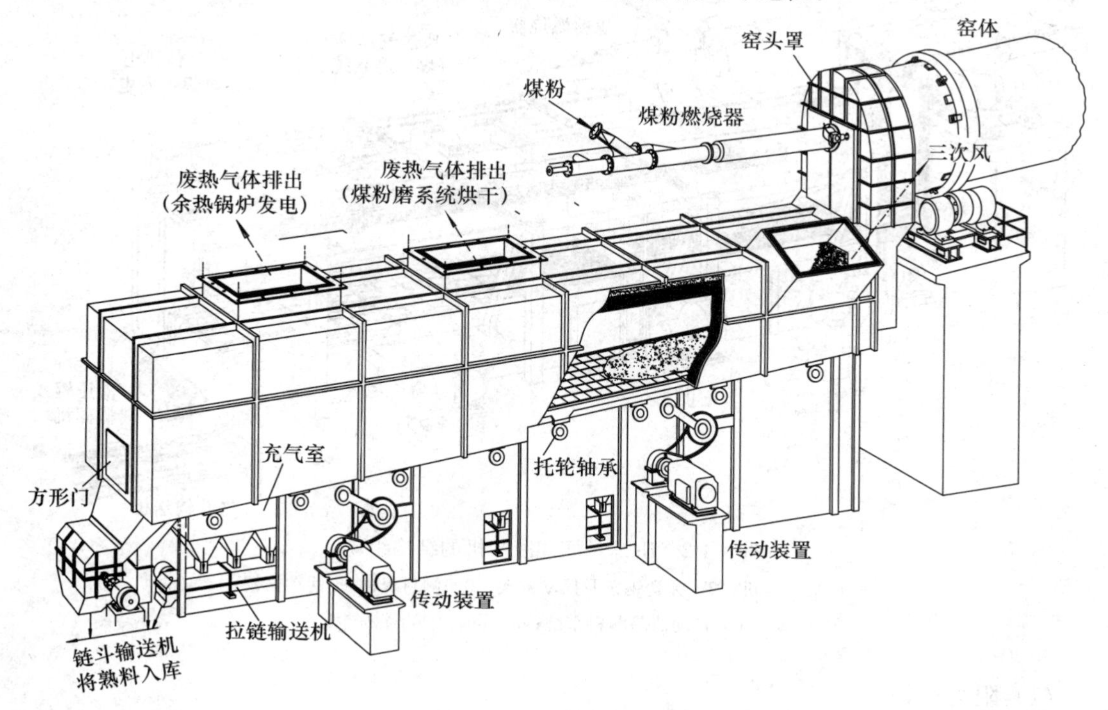

图3-4-1　第一代篦式冷却机（斜篦床）外形

3.4.1 第三代篦式冷却机

20世纪80年代德国IKN公司率先发明一种新型篦板（又称阻力篦板）及其充气方式，从根本上进行了改革，并逐渐发展为新一代篦冷机——第三代充气梁篦冷机，在冷却区域和配风上，全面考虑了料层纵向和横向的阻力及温度分布规律，既沿纵向又沿横向将篦床划分为众多的供风小区，形成合理的冷却小单元，并有针对性的分配可调节的冷却风（称可控流），最终达到以最少的冷却风而尽可能多的冷却熟料，降低空气的消耗量，提高二次风和三次风温，料层厚度达600～800mm，进一步提高了产量、降低了热耗。

继德国IKN公司之后，德国洪堡、伯力鸠斯公司以及美国的富勒与丹麦的史密斯公司等也相继推出了第三代篦冷机。我国在引进消化国外篦冷机技术的基础上，天津和南京水泥设计研究院也自助研发了TC型和NC型第三代控制流篦冷机，目前国内新型干法水泥熟料煅烧中大都采用的是国产第三代控制流篦冷机。

1. **IKN悬摆式冷却机**

80年代中期，IKN冷却机公司将具有COANDA效应的水平喷流机理引入到水泥熟料冷却上，研制出IKN悬摆式冷却机，其主要优点是：熟料分布均匀、无穿透现象；细颗粒被缓缓移至料层表面，因而篦板上无“喷砂”效应，显著减少了磨损；料层空隙透气性能好，极大地增强了熟料和冷风之间的热交换，如图3-4-2所示。

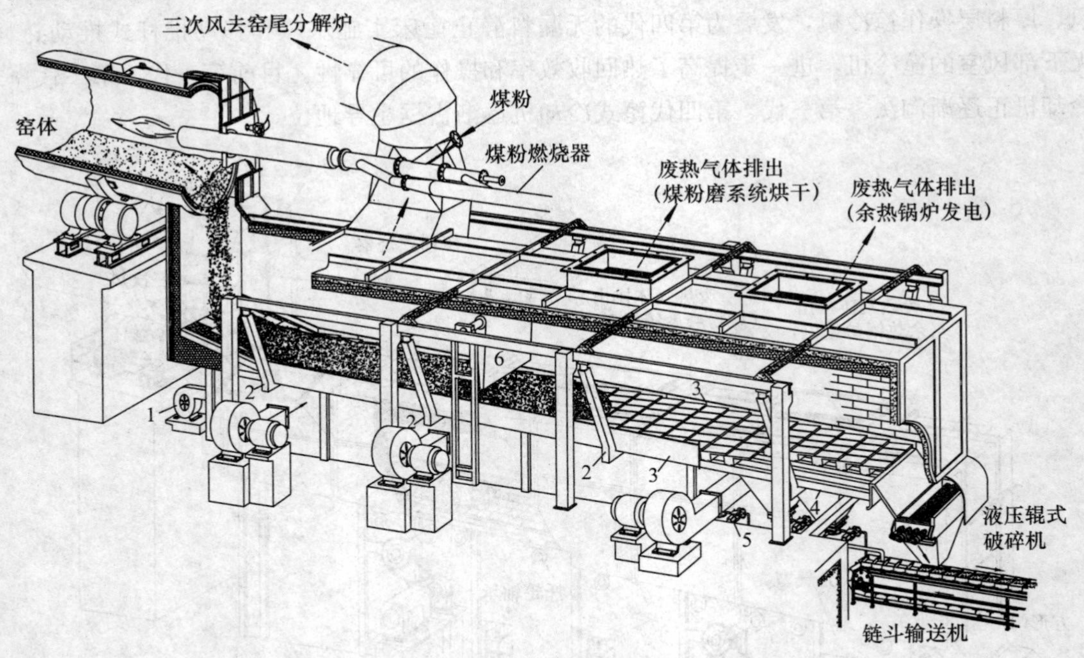

图3-4-2 IKN悬摆式冷却机的结构组成

1—前端鼓风机；2—弹簧钢条及摆动框架；3—侧封板；4—活动框架；
5—气力自动清除漏料系统；6—自动升降隔热挡板

（1）阻力篦板

熟料层内的气流分布是有效冷却的关键，也就是说，固体和气体的流动速度在每一体积单元内应必须一致。气体流动是在熟料层内的空隙中进行的水平喷流贴近篦板表面，等效于篦板张开无数喷口，同时由于篦板对气流阻力很大，故使得气流在熟料层内所有空隙中的垂直上升速度几乎处处相等，因此在熟料层内可获得一条光滑的温度分布曲线，接近冷风的是冷熟料，如图 3-4-3 所示。如果熟料分布不均匀，气流便可能穿透某些阻力较小的部位，导致气流和熟料分布紊乱，降低它们之间的热交换。因此，获得气流均匀分布的最重要因素是篦板对于气流的均匀高阻力。

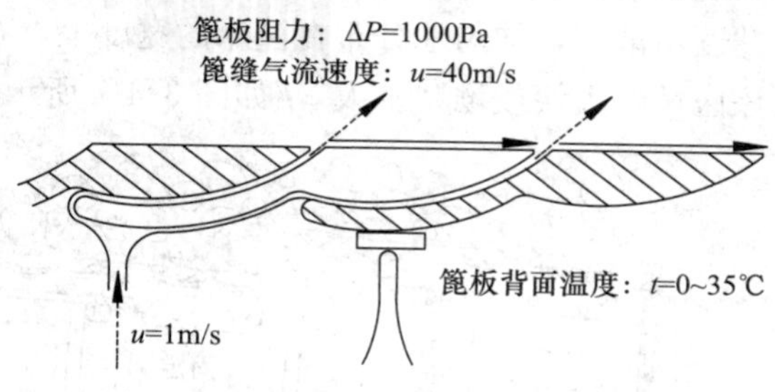

图 3-4-3　IKN 阻力篦板的 Coanda 效应

在第一、二代篦冷机所采用的传统篦板中，垂直喷流引起反向空气流动，于是卷起一些流态化细粉，以热喷砂形式喷向篦板表面，造成篦板的损坏，通常用缩小篦缝的办法来增加篦板对气流的阻力，然而窄缝会产生更加强烈的空气喷流并在熟料层内引起湍流，导致更强的喷砂效应，使磨损加剧。

IKN 悬摆式冷却机采用水平喷流的 COANDA 篦板，这是罗马尼亚人 H. Coanda 发现的效应，即当气流沿壁面形成锐角的方向高速喷出时，由于射流的卷吸而产生压力差，此压差迫使射流附壁而产生附壁效应，气流贴近壁面沿水平方向流动，与熟料的前进方向一致，使篦板表面不直接与高温熟料接触，既可减少磨损又可避免高温冲击，对篦板还有冷却作用，实测表明，运行中的篦板背面的温度仅 35℃左右。

在 IKN 悬摆式冷却机中，每块阻力篦板都由小片篦板组合而成，如图 3-4-4 所示，空气梁及供风系统如图 3-4-5 所示，阻力篦板、空气梁及脉冲充气装置，如图 3-4-6 所示。

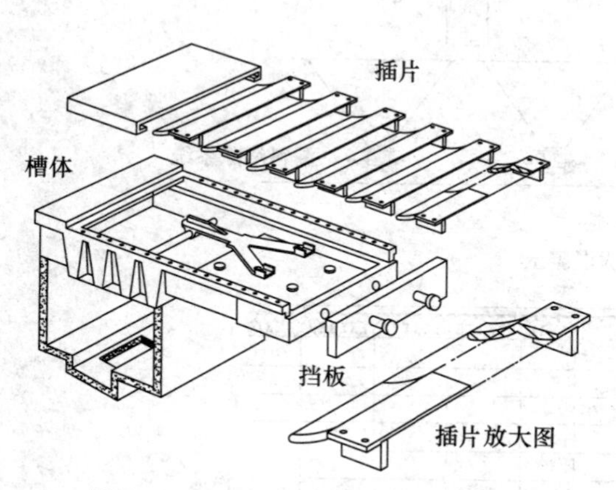

图 3-4-4　IKN 阻力篦板结构及组件

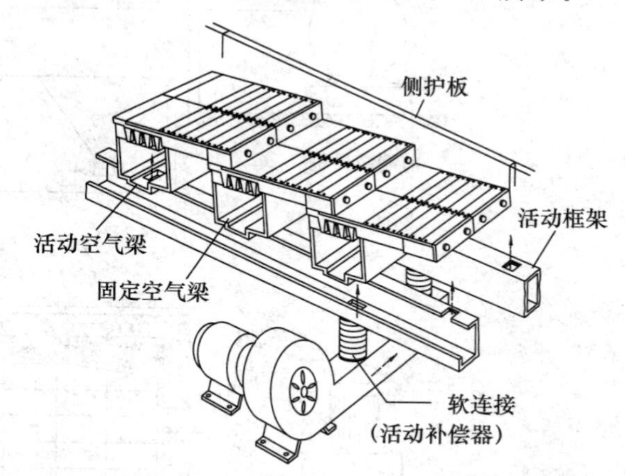

图 3-4-5　IKN 悬摆式冷却机空气梁及供风系统

(2) 熟料进料分布系统（简称 KIDS 系统）

在篦冷机的进料段，采用浇注料将两侧的三角区域封住，使得能够吹气的区域形成一个“V”字形。进口前端倾斜 15°，装有多排具有缝形水平空气喷嘴高阻力篦板，用前端鼓风机鼓风。在支风管上装有手动阀门，保证在细料侧鼓入更多空气，可以解决“红河”问题。该区域料床厚度较厚，在篦板的气流及物料的重力作用下，熟料将顺着篦板坡度流向活动区，并逐步散开，均匀地分布在篦床的宽度上。在该区域的周边装有空气炮，定时喷吹，以防止该区域结大块或堆“雪人”，如图 3-4-7 所示。

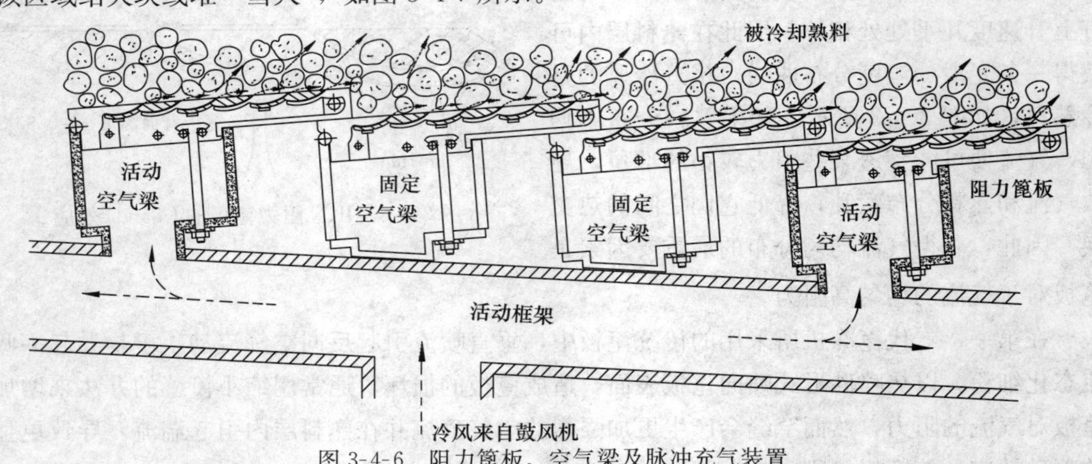

图 3-4-6　阻力篦板、空气梁及脉冲充气装置

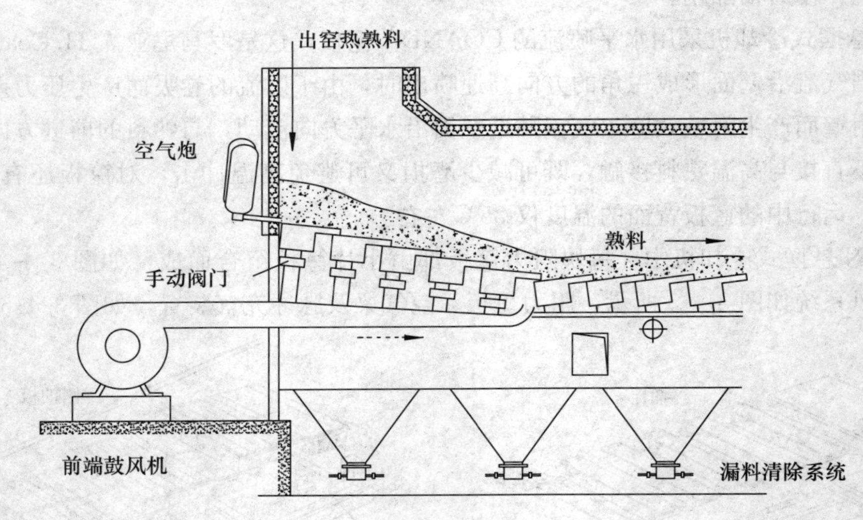

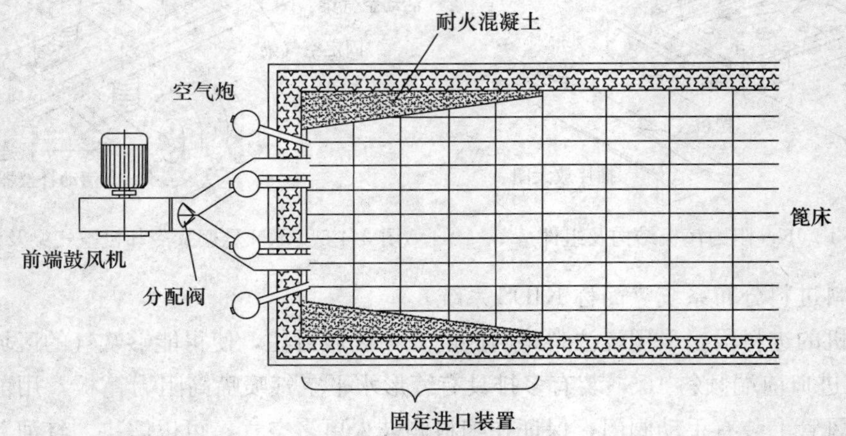

图 3-4-7　IKN 悬摆式冷却机进料分布系统

（3）采用单缸液压传动的自调准悬摆系统

水泥熟料是一种磨蚀性强的材料。前面提到，传统篦冷机由于“喷砂效应”引起的篦板磨损和活动框架辊轮支承部件的机械的严重磨损。IKN 悬摆式冷却机水平喷流的 COANDA 喷流篦板消除了由于“喷砂效应”及熟料穿过篦板而引起的磨损。

但磨损会发生于固定和活动篦板之间的缝隙之中，这是由于活动框架下沉引起的（当活动篦板与固定篦板接触时就会产生磨损）。为了避免这类磨损，固定篦板与活动篦板之间要保持相当小的垂直间隙并且需获得一临界气流速度以清扫这些缝隙，使之无细料夹杂其中。鉴于这种认识，该冷却机采用了悬摆式活动框架（图 3-4-2 中的标注 2 弹簧钢条及摆动框架），框架采用高强度铸件，安装精确。由于活动框架的摆动不再依赖于传统冷却机的辊子运动，而是由弹簧钢板极小的弹性变形来完成，所以这种悬挂系统本身无任何磨损，故无需维护。

为了使合理的熟料分布以及熟料层内的温度分布在运动过程中不被破坏，IKN 采用独特的液压传动装置，如图 3-4-8 所示，以缓慢向前和快速向后的运动方式进行运行。

（4）液压传动的自动升降隔热挡板

产生水平喷流的 COANDA 喷流篦板极大加强了熟料和冷却空气之间通过传导和对流产生的热交换。但由于熟料向冷却机内壁、尤其是向低温冷端的辐射散热，导致熟料层表面被冷却，这就限制了热回收率的进一步提高。针对这一情况，IKN 采取的革新措施是在悬摆冷却机的气体分流交界处悬挂一个气冷的隔热挡板（图 3-4-2 中的标注 6 自动升降隔热挡板），它可以用液压方式提起来或放下去。隔热挡板的冷却气体由其底部的 COANDA 喷嘴喷到熟料层表面，当大块熟料过来时，隔热挡板自动升起让其通过。

图 3-4-8　液压驱动装置

设置隔热挡板的 IKN 悬摆式冷却机的三次风取风口位置一般位于或靠近冷却机上部机壳的气体分流处，在这种情况下，采用隔热挡板有效地隔开回收热风和余风是极有利的。

（5）气动灰斗排灰系统（简称 PHD 系统）

IKN 悬摆式冷却机运行时能保持极小的篦板间隙，这些间隙中的熟料被强劲气流喷吹掉，一般情况下没有漏料现象发生。然而，当漏料极少时，可能会产生由冷却气体中的水分引起的形成混凝土的问题。为解决这一问题，IKN 开发了气力清除漏料（PHD）系统，如图 3-4-9所示。将一钢管伸入盛有细熟料的漏斗集料器中，由冷却风机提供的一般风压在管中产生 20～30m/s 的风速，它可提起集料器中的细熟料，通过管道送至位于熟料破碎机下面的漏斗之中。直径达 20mm 的熟料均可被这一系统运走。即使所有漏斗中的管子同时连续吸料，耗气量也低于 0.02m/kg 熟料。使用该系统，可节省一套位于冷却机下的熟料输送系统。

（6）辊式破碎机

在冷却机的卸料端装有液压辊式破碎机用于大块熟料的破碎，如图 3-4-10 所示。破碎机的每个辊子都由电动机和减速器驱动，靠近篦冷机的第一排辊子旋向是将物料向破碎机中间输送，而最后一排辊子的旋向足以将熟料推回破碎机。中间的辊子则是成对地两两反向相对旋转。每一个辊齿都被设计成同一规格，可以任意互换，从而也大大提高了其使用寿命。另外，当有不可破碎的铁块等物品进入破碎机里时，辊子在经过几次努力后会反转，可保护辊齿。

液压辊式破碎机能够破碎 800℃的熟料，冲击载荷小，破碎后的熟料粒度均匀并得到充分冷却。

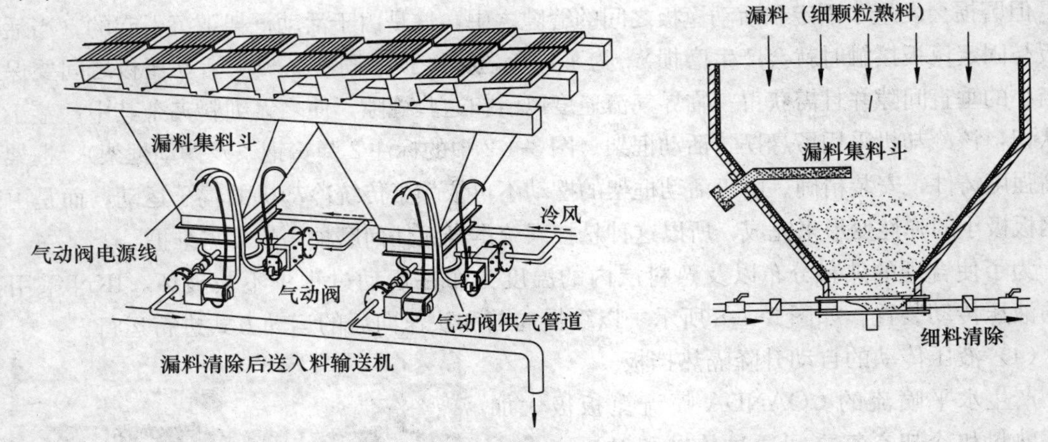

图 3-4-9 气动清除漏料系统（简称 PHD 系统）

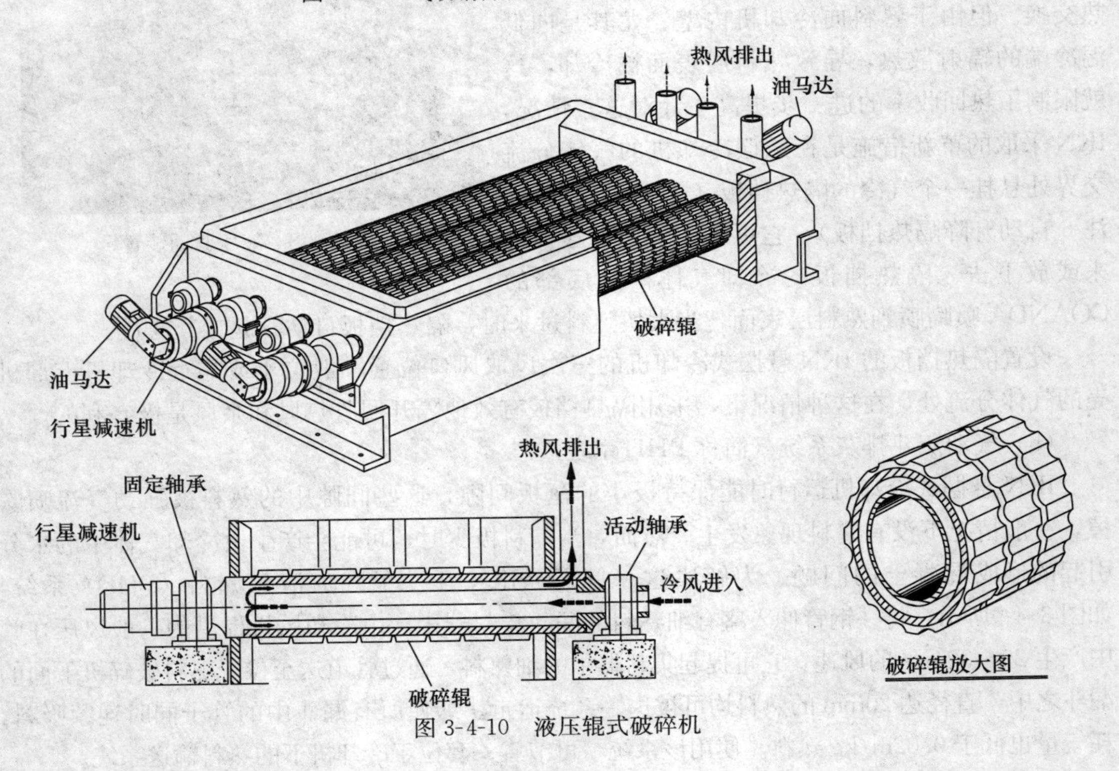

图 3-4-10 液压辊式破碎机

（7）线性摆动支撑系统（简称 LPS 系统）

IKN 悬摆式冷却机投入使用后，为了应对具有受限建筑物的高度，一个新版本的无磨损篦悬挂被开发了：专利系统被称为 LPS 线性摆支持。LPS 系统体积非常小，很容易放到篦冷机的风室里面，而在外面不需要任何支撑。

使用LPS作为活动篦板的支撑，则可将活动篦板与固定篦板之间的间隙降到0.5mm以下。该系统采用两级摆动，首先是中间支撑装置固定在立柱上，其前后左右位置都可以调整，以保证其摆动起来能成一条直线，活动梁的摆动装置则是通过一组弹簧板的摆动装置支撑在中间支撑上。活动梁的支撑则是通过两组弹簧板固定在这个钟摆样子的支架上。在篦床运动过程中，两组弹簧片同时摆动，形成一个复合运动，基本保证了活动篦板的运动是直线的，而且，运动过程中只有这几组弹簧板在做极小的摆动，不存在运动副之间的摩擦，因此可以认为这套系统是无磨损支撑系统，不会随运行时间增加而改变，这样就可以将活动篦板与固定篦板之间的间隙减小到很小，一般活动篦板上间隙为0.5mm，下间隙为1mm。LPS的结构如图3-4-11所示。

图3-4-11　LPS结构示意图

2. **BMH 篦式冷却机**

BMH-CP由德国克劳迪斯—彼得斯(Claudius-Peters Project GmbH，简称：CP)研发制造，由供风系统、篦床（3段）、废气处理及空气炮（清堵助流）组成，如图3-4-12所示。供风风机提供的冷空气由风管向篦床下的风室和篦板中心吹风，通过篦板上的空隙（图3-4-13）与高温熟料完成热交换过程。冷却风机的风量和风压可根据各风室的密封情况、篦床上料层厚度以及来料量进行调节。在内部安装了一台辊式破碎机，灼热的大块熟料经过中间破碎后，物料循环可达到均匀的、很强的热交换效果。

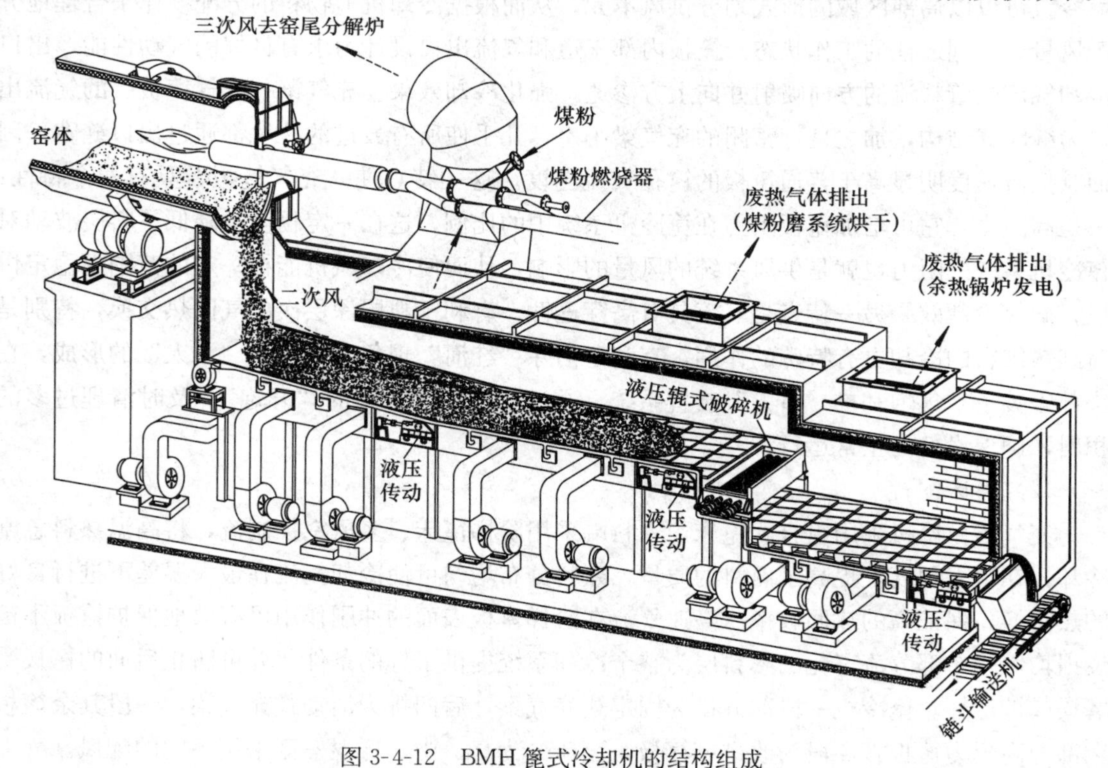

图3-4-12　BMH篦式冷却机的结构组成

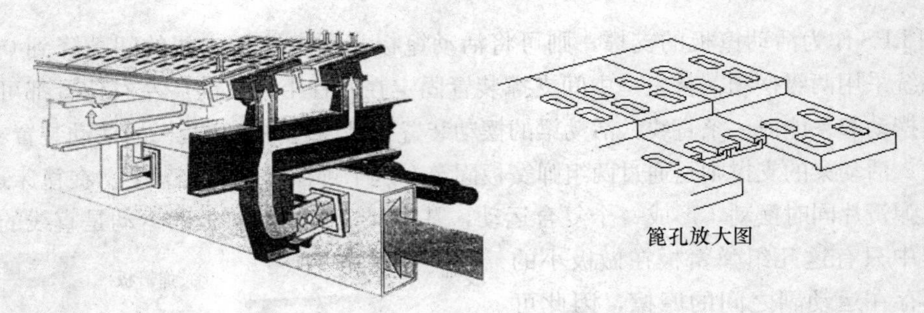

图 3-4-13　BMH 篦式冷却机低泄露多层篦板

3. **国产第三代篦式冷却机**

我国于 20 世纪 90 年代初开始研发第三代篦式冷却机，吸收了部分德国 IKN、BMH（克劳迪斯—彼得斯）、洪堡、伯力鸠斯公司以及美国的富勒与丹麦的史密斯公司的阻力篦板及空气梁技术，制造出了 TC 型（天津水泥工业设计研究院研发）、NC 型（南京水泥研究设计院研发）、KC（南京凯盛水泥技术工程有限公司研发）等第三代篦式冷却机，并广泛应用于国内 1000t/d、2000t/d、2500t/d、4000t/d、5000t/d、6000t/d、10000t/d 等现代化水泥厂熟料生产线上。

(1)“充气梁”篦板（阻力篦板）

充气梁高效篦板是“充气篦床”的核心机件，采用整体铸造结构（国外多为组合结构），以减少加工量并有良好的抗高温变形能力。采用充气梁篦板可以细化篦板上的风量分配，使篦冷机可以以局部区域的形式划分供风单元，从而根据冷却机上物料的分配规律来合理地分配风量，达到最佳的工作状态。篦板内部气道和气流出口设计力求有良好的气动性能，出口冷却气流顺着料流的方向喷射并向上方渗透，强化冷却效果。充气梁“充气篦板”的气流出口为缝隙式结构，加之良好密闭的充气梁小室，几乎使所有鼓进的冷风都通过出口缝隙，因而其气流速度明显高于普通篦板的篦孔气流速度。这一特点使“充气篦板”具有两个特性：一是高阻力，它可增加篦板阻力在篦冷机系统中的比例，这在一定程度上降低了料层波动对篦冷机系统的阻力也就是供风系统的风量的影响，从而使冷却风机能在一定的范围内稳定供风；确保冷却效果另一特点是气流具有高穿透性，有利于料层深层次的气固热交换，特别是对红热细料的冷却更有特殊的作用，有利于消除“红河”现象。为防止“雪人”的形成，在头部安装了空气炮和推“雪人”装置系统，通过可控间隔时间的“开炮”，及时清理过多的积料，确保设备的正常运行。

(2) 篦床配置

充气梁篦冷机采用组合式篦床，入料端采用阶梯篦床、多风室控制流，将高温熟料急剧冷却，在很大程度上提高了熟料的质量，熟料分布均匀可使冷却气流在最大温差下进行良好的热交换，保证高的热回收率。高速气流在阶梯篦板表面的冲刷作用可有效地保护篦板不被烧损均匀分布部分流态化的熟料层为整个冷却系统提供了好的条件，并可防止后面的篦板受磨损或被烧坏。篦冷机一段前五排为固定式充气梁，后四排为活动式充气梁，一段其余篦板全部为高阻力篦板，二段为改进型篦板，篦床分为高、中、低温三区采用不同的配风。

① 高温区

即熟料淬冷区和热回收区，在该区域采用充气梁高阻力控制流篦板，其中前端采用若干排倾斜15°固定或倾斜3°的活动充气梁，以获得高冷却效率和高热回收率。在高温区采用“固定式充气梁”装置，还将大大降低热端篦床的机械故障率。

② 中温区

采用低漏料阻力篦板，该篦板有集料槽和缝隙式通风口，因冷却风速较高而具有较高的篦板通风阻力，因而具有降低料层阻力不均匀影响的良好作用，有利于熟料的进一步冷却和热回收。

③ 低温区

即后续冷却区。经过前端充气篦板区和低漏料篦板区的冷却，熟料已显著降温。采用新结构的活动框架及防跑偏装置，保证了组合篦床构件的稳定和可靠。

(3) 鼓风机系统

在高温区采用充气梁供风或采用充气梁和风室混合供风，为防止冷风倒流又设置密封风机，低温区采用风室供风，使出窑熟料得到充分的冷却，热回收效率高。冷却空气通过在篦子凹槽侧面的空气分配沟槽上的孔隙缝进入静止料床。

篦板的充气靠鼓风机通过充气梁（其结构见富勒阻力篦板图3-4-14）供给，通过与气体分配总管相连接的一系列分支管道，将风机的冷风输送到充气梁中，篦板封闭的安装在充气梁的空气梁上，两相邻的篦板搭接处采用凹凸榫槽，这样可使篦板自由膨胀和冷缩，并防止细料嵌入。在各分支管道上装有控制阀或调解风门，以调节总风管进入分支管道的风量，移动梁与空气分配分支管道间装有连接软管（洪堡公司采用直线滑动管道密封，如图3-4-15所示），与空气梁相沟通，使冷空气进入空气梁中，且透过阻力篦板再进入熟料中。

为空气梁供应冷风的是离心风机，根据需要设置在前端、左右两侧或一侧，各风室的风量大小由风压的变化自动调节。

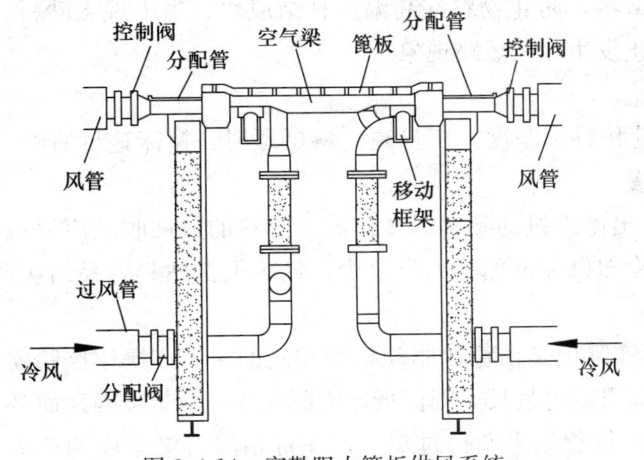

图3-4-14 富勒阻力篦板供风系统

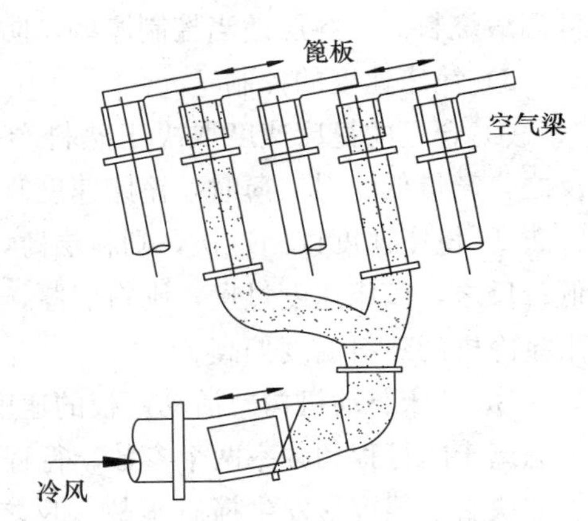

图3-4-15 洪堡直线滑动管道密封

(4) 熟料破碎机

出窑熟料有的粒度较大，经过冷却后仍然没有减小，必须在冷却机的两段篦板之间或出料口设置一台破碎机（一般为液压辊式破碎机），将大块熟料破碎（同图3-4-10液压辊式破碎机）。

4. **第三代篦冷机的运行操作**

1）篦下风系统压力的控制

① 高温区的料层厚度一般可以通过观察监控画面进行判断，后续若干段的料层厚度只能通过篦下风系统压力间接判断。篦下风系统压力大，说明该段篦床上的料层厚；反之就薄。

② 篦冷机分段控制速度时，一般用二室的篦下风系统压力连锁控制一段的篦床速度，二段篦床速度为一段的1.1～1.2倍，三段篦床速度为二段的1.1～1.2倍。

③ 篦下风系统压力增大的原因及处理：当某室的篦下风系统压力增大时，该室的风机电流减小。如果驱动电机的电流、液压油压力增加，则说明篦床熟料厚度增加，这时操作上要加快篦床速度。如果驱动电机的电流、液压油压力基本没有变化，则说明篦床熟料厚度没有变化，风压增大是物料中的细粉量增多造成的，这时操作上要增加该室的风量。

④ 某室出现返风的原因及处理：当篦下风系统压力等于或超过风机额定风压时，风机鼓进的冷风不能穿透熟料而从进风口向外冒出，这种现象叫返风。发生返风现象时，鼓风机电流会降低很多，几乎接近空载。这时就要果断地减料慢窑，仔细检查室下积料是否过多、篦床熟料料层是否过厚，以防止因冷风吹不进而造成高温区的物料结块、篦板和大梁过度受热发生变形。如果是室下堆积的细粉过多，就要先处理堆积细粉，并减小下料弧形阀的放料时间间隔，保证室下不再有积料；如果是熟料料层过厚，就要加快篦床速度，使料层变薄，恢复正常的冷风量。

2）料层厚度的控制

① 篦冷机一般是采用厚料层操作技术的。料层厚，可以保证冷却风和高温熟料有充足的时间进行热交换，获得较高的二次风温、三次风温。

② 料层厚度的控制实际上是通过改变篦床速度的方法来实现的。篦床速度控制得慢，则料层厚，熟料冷却速度慢；反之，篦床速度控制得快，则料层薄，熟料冷却速度快。

③ 生产操作控制时，还要注意出窑熟料温度、熟料结粒的变化情况。当熟料的易烧性好，窑内煅烧温度高时，料层适当控制薄些，防止物料在高温区粘结成块。当出现飞砂料、低温煅烧料时，料层适当控制厚些，防止发生冷风短路现象。

3）篦床速度的控制

① 合理的篦床速度取决于熟料产量和料层厚度。产量高、料层厚时，篦床速度宜快；反之，产量低、料层薄时，篦床速度宜慢。

② 篦床速度控制过快，则料层薄，出篦冷机的熟料温度偏高，熟料的热回收利用率偏低；反之，篦床速度过慢，则料层厚，冷却风穿透熟料的风量少，篦床上部熟料容易结块，出篦冷机的熟料温度偏高。

③ 篦床驱动机构。活动篦板的速度实际上是由篦床驱动机构控制的。生产操作控制要考虑篦床的行程和频率两个参数。行程如果调得过长，则篦板速度因为非正常生产因素而必须加快后，很容易发生撞缸事故。反之，行程如果调得过短，在保持相同料层厚度的前提下，必然要加快篦板速度，加快液压缸和篦板的磨损，很容易发生压床事故。

4）冷却风量的控制

① 冷却风量的控制原则。在熟料料层厚度相对稳定的前提下，加大使用篦冷机高温区的风量，适当使用中温区的风量，尽可能少用低温区的风量。

② 正确判断高温区的冷却风量。借助电视监控画面，通过观察高温区的熟料冷却状态来判断冷却风量。出高温区末端的熟料，其料层的上表面不能全黑，也不能红料过多，而是绝大多数是墨绿色，极少数是暗红色，说明此时的冷却风量适宜。

5）箆板温度的控制

（1）箆板温度控制系统的设置

为了保证箆冷机的安全运转，在箆冷机的高温区热端设有4～6个测温点，用于检测箆板温度，并通过DCS系统设定80℃为报警值箆板温度控制系统的设置。

（2）箆板温度高的原因及处理

① 冷却风量不足，不能充分冷却熟料。操作上要根据熟料产量适当增加冷却风量。

② 箆床运行速度过快，冷却风和熟料进行的热交换时间短，冷却风不能充分冷却熟料。操作上要适当减慢箆床速度，控制合适的料层厚度，保证冷却风和熟料有充足的热交换时间。

③ 大量垮落窑皮、操作不当等原因造成箆床上堆积过厚熟料，冷却风不能穿透厚熟料层。操作上要加快箆床的速度，尽快送走厚熟料层，恢复正常的料层厚度。

④ 熟料的KH、SM值过高，熟料结粒过小，细粉多，漏料量大。操作上要改变配料方案，适当减小熟料的KH、SM值，提高煅烧温度，改善熟料结粒状况。

6）出箆冷机熟料温度的控制

出箆冷机熟料温度的设计值是65℃＋环境温度，但实际生产中很少能达到这个标准，经常在150℃以上。

出箆冷机熟料温度高的原因及处理：

① 冷却风量不足，操作上要加大冷却风量。如增大冷却风门还是感觉冷却风量不足，就要根据鼓风机电流的大小、箆下风压的大小，判断是否因为熟料箆床厚度太厚而造成冷风吹不透。

② 系统漏风严重。改进措施是找到漏风点，加强堵漏工作。

③ 窑头收尘器风机的风叶严重磨损，造成系统抽风能力不足；操作上为了保证窑头的负压值在控制范围之内，人为地减小冷却风量。这时改进的措施是更换磨损风叶，从根本上彻底解决系统抽风能力不足。

7）出箆冷机废气温度的控制

控制原则：在保证窑头电收尘器正常工作的前提下，尽量降低出箆冷机的废气温度。

出箆冷机废气温度高的原因及处理：

① 窑内窜生料，熟料结粒细小、粉料多，其流动性很强，与箆下进来的冷风不能充分地进行热交换。这时操作上要大幅度减小一室、二室的供风量，必要时停止箆床运动，防止粉料扬起干扰窑内火焰。同时要加强煅烧操作，防止因风量的减少、二次风温的降低而引发煤粉的不完全燃烧。

② 窑头电收尘器的抽风偏大，将分解炉用风、煤磨用风强行抽走。这时操作上要降低风机的转速，减少抽风量。

3.4.2　第四代箆式冷却机

从20世纪90年代末开始，出现了与第三代箆冷机高阻力箆板消极空气分布相对立的

SF（Smidth-Fuller，史密斯-富勒）交叉棒式第四代篦冷机，其进料部位与第三代可控气流通风完全一致，而后部出现变化，熟料输送与熟料冷却是两个独立的结构（图 3-4-16），篦床上的篦板全部固定不动，熟料由篦床上部的推料棒往复运动推动熟料向尾部运动。来自鼓风机的冷风送至装有自动调节阀的篦板，再穿透熟料层，对熟料进行冷却。具有模块化、无漏料、磨损少、列运动（图 3-4-16 中右边的示意图）、输送效率高、热回收效率高、运转率高、重量轻等特点，成为当前水泥工业冷却机发展的主流。我国天津水泥研究设计院、南京水泥研究设计院、南京凯盛国际工程有限公司等相继开发出了 TC、NC、KC 型第四代篦式冷却机。

1. 结构组成

（1）篦板和篦床

篦板篦缝为横向凹槽式的，篦缝风道为迷宫式的。篦板不运动，篦板之间无间隙，只供风不漏料，所以篦板不是磨损件。推料棒位于篦床上面 50mm，在活动层和篦板之间总有一层冷料层存在，所以避免了篦板的受热和磨损及篦板间隙维护。不像其他传统冷却机，随着时间的增加，篦板之间的磨损导致冷却效果变差。

每块篦板下部安装一个空气流量调节阀，调节阀在通过篦板和熟料层冷风作用下自动关闭打开，当熟料层阻力较大时，冷却风较小时，阀门自动打开，使篦板阻力降低，使冷却风增大。反之阀门自动关闭，使风量减小，达到冷却风量恒定。

（2）推料棒

输送熟料由篦床上的推料棒来完成，推料棒横向布置，棒底平面与篦板的上平面有 50mm 的间距。间距空间布满冷料，这些冷料不仅能防止落下的熟料对篦板的冲击又能防止熟料对篦板的磨损，有效地保护篦板，使篦板的寿命在 5 年以上。推料棒与篦床的连接采用压块和柱销，更换时只要取出柱销，压块就与推料棒分开，更换十分方便。

（3）模块化设计

第四代冷却机是作为模块系统来制造的，它由若干个标准模块组成，一个标准块可以构成一台冷却机，多个标准块边挨边、头接头，即可组成一台大型冷却机。例如：5000t/d 篦冷机由 4×5 个模块组成。每个模块包括一个液压驱动的活动框架，它有两个驱动钢板沿线性轴承运动。驱动钢板通过两个凹槽嵌入篦板，凹槽贯穿整个模块的长度方向，为了防止灰尘等进入风室，驱动钢板上用了机械式迷宫密封来避免熟料进入风室，避免磨损。标准块化设计简化了冷却机的设计、制造和安装。模块现场安装非常简单，大大缩短了现场安装时间，降低了安装过程中的技术要求，且减少了安装过程中出现问题的可能性。

（4）风机及风量风压

冷却空气由带有入口执行器的或带调速电机的风机向风室里鼓风，由于空气流量调节阀的有效作用，使冷却风机的需求数量只取决于标准块的行数。当标准块边挨边时，篦下联合形成一个或两个风室，即一行标准块联合形成一个风室，由一台风机供风，也有中间设隔板，将上述风室分成两部分，由两台风机分别从两侧供风，其余每一个风室配一台风机。与第三代篦冷机相比，减少了风机数量。

每块篦板下面配有的一个空气流量调节阀，使不论是细料层还是粗料层，都会获得足够的冷却空气量。调节阀可以使熟料层获得恒定的气流，又有较高的热效率，这将节省动力能源。

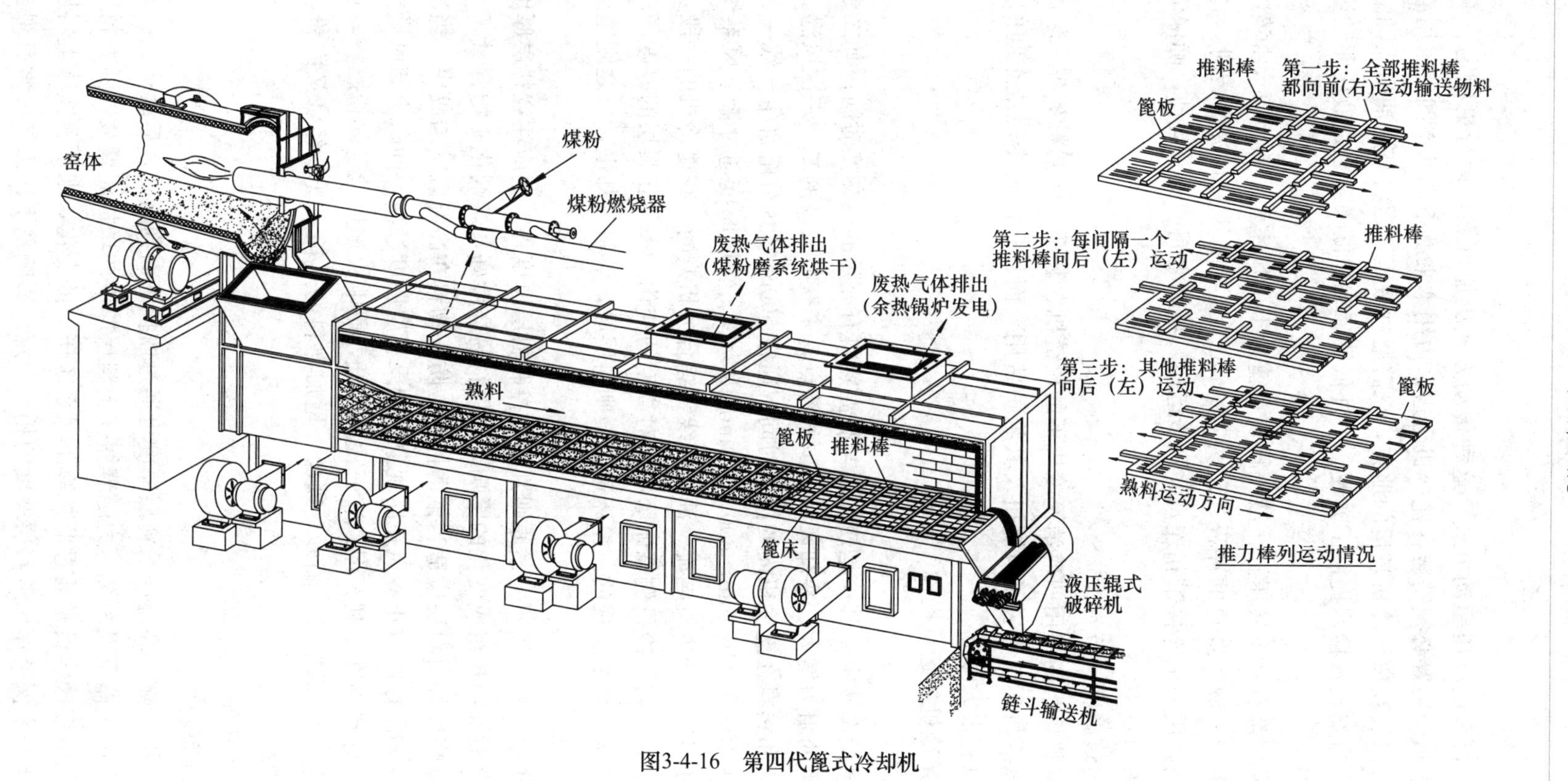

图3-4-16　第四代篦式冷却机

（5）传动系统

第四代冷却机采用液压驱动方式，这种传动方式更加可靠，运行更稳定，承载能力更大。而电机直接驱动装置必须安装在篦冷机旁边，占用本来就很挤的空间。采用液压驱动方式后，液压站可以放在离篦冷机较运的地方，只需通过液压管道将高压油引入油缸即可，从而节省了空间，为安装及检修提供了方便。另外低故障率和低噪声也是液压驱动被广泛采用的一个重要原因。

每个标准模块都有一个液压缸，液压缸装在篦床下的风室里，带动活动框架往返运动，并与篦床保持平行。液压缸总的冲程长度为200mm。当标准块头对头安装时，各标准块上的活动框架之间，用一个连接带相连，并同步运动。各缸之间的统一运动，确保活动框架在冷却机中直线运动。

（6）降低建筑高度、节省投资

新型的无漏料篦板的使用使取消篦冷机下的拉链机、甚至连同漏料灰斗一起被取消变得可行。第四代篦冷机不仅省去了拉链机及其维护费用，而且也使整个烧成车间的高度降低，因此使得投资也有很大降低。

2. 第四代篦冷机的运行操作

1）料层厚度

采用厚料层操作技术。其一是使冷风与高温熟料有充足的热交换时间；其二是利用厚料层，使系统产生的阻力增大、冷却风用量少的特点，来获得较高的二、三次风温。料层厚度取决于篦床负荷和熟料在篦冷机内的停留时间。通常5000t/d预分解窑生产线一、二段料层厚度分别控制在1000～1100mm、800～900mm内为宜。料层厚度通过篦下风系统压力显示来体现，同时还可以结合主机电流、油压曲线等综合分析判断。在篦冷机的一段，通过观察孔看到的料层上表面与篦冷机侧墙耐磨墩相对高度的变化，来判断料层的厚度。料层厚度控制是通过改变篦床速度来实现的。篦床速度慢则料层厚，熟料冷却慢，反之则篦床速度快料层薄，熟料冷却快。

在实际操作中，除了按照上述原则判断和控制料层厚度外，还应注意料层厚度受熟料出窑温度、配料率值及颗粒组成变化的影响。当物料易烧性好，熔剂化矿物含量高，窑内煅烧温度高，物料易烧性好时料层应适当偏薄控制，防止物料在高温区粘结成块。当出现飞沙料或低烧料时，应偏厚控制防止冷风短路现象。如果料层厚度过薄，同时冷却风量控制又偏大时，虽然对提高熟料强度有利，但二、三次风温低，影响火焰形状及煤粉燃烧，且篦冷机内容易产生“沟流”“腾涌”或“喷砂”现象，增加熟料的热耗，既不经济又因粉料的出现而影响窑头看火视线。

2）篦下风系统压力

（1）影响因素

在生产过程中，除了高温区的料层厚度可通过监控画面判断外，后续篦床的料层厚度无法直接观测，但由于篦下风系统压力随着篦床上料层厚度的增加而增大，随着料层厚度的降低而减小，所以中控操作员常通过监控篦下风系统压力的变化，来预测篦床上料层厚度的变化，通过调整操作来保持篦床上料层厚度的相对稳定。影响篦下压力的因素有很多，除了与料层厚度有关外，它还与篦床上熟料粒度、熟料在篦床上的分布情况、熟料及冷却空气温度、冷却空气供给量等因素有关，在操作调整时应综合考虑。

（2）调整方法

当一段层压压力升高时，不论是何种原因引起的，在中控的操作画面上，供风风机的电流降低，则篦下风系统压力必然会增大。但这尚不足以说明产生变化的根源就是由于料层厚度的增加所致。此时应结合篦床驱动电机的电流值、该段液压油的供油压力、窑头罩负压变化来综合分析：如果驱动电机电流、供油压力、窑头罩负压（绝对值）都在逐渐升高，则说明篦床上的料层厚度在逐渐增加，这时应采取加快篦速的方法来解决；如果电机电流和供油压力基本没有变化，则引起篦下压力发生变化的原因极有可能是进入篦冷机物料状态发生了变化，如：物料中细粉料增多，透气性变差；应结合窑内煅烧状况进行判断，对于这种原因引起的压力升高，一般不需调整篦床速度，只要相应增大冷却风量即可；随时加强窑内煅烧控制，保持合适的熟料结粒，从根源上解决问题。若确实需要调整篦速，调节幅度应比正常偏高，调整后应密切注意篦下风系统压力的变化，一旦发现有下降的迹象，应立即恢复正常篦速，防止冷风短路现象的发生。如果在操作中出现返风现象，即篦下风系统压力接近或超过风机额定压力时，冷却风吹不进去，反而从进风口返回喷出；或者发现供风风机电流降低很多，接近空载电流，此时应果断的减料慢窑，防止因冷风吹不进去造成高温区料层结块，或因冷风受阻使篦板因受热而发生变形。然后通过篦下观察孔判断冷风受阻的原因，是因篦下室积料造成还是由于篦床上料层过厚引起，进而采取相应的处理措施，尽快恢复正常的冷却风量。

3）篦床速度的控制

若篦速快，出篦冷机的熟料温度则偏高，热利用率将偏低；相反篦速慢，料层厚因冷风透过量少则篦上熟料将容易结块，故控制适宜的篦床速度对篦冷机的安全运转和热利用率极为重要。而合适的篦床速度取决于熟料产量和篦床上的料层厚度。产量高，料层厚篦速宜快，产量低，料层薄篦速应慢。其次还应考虑驱动篦床行走机构液压缸的实际行程长度的变化。CP 冷却机的最大行程为 400mm，冲程数量最快为 6 次/min，最大输送量可达 $6\times6\times400=14400$mm/min。在生产中行程应控制在 150～300mm。如果调整得过长，则篦速因非正常原因提快后，在惯性的作用下易产生撞缸现象。反之，如果控制偏短，在相同产量下，为了保持相同的料层厚度，必然要加快篦速，这样将加剧液压缸活塞和篦板的磨损，不利于设备的长期稳定运转，另一方面，由于回转窑煅烧不确定因素的影响，比如窑圈垮落或当大球进入篦冷机时，由于行程较短，篦速的可调节范围小，容易产生压床事故。

4）冷却风机风量的控制

冷风量在使用中容易产生两个误区：一是认为越大越好，可以充分利用熟料余热，同时又最大限度的降低了出篦冷机熟料温度；二是认为冷风量少一点比多一点好，这样做可以最大限度的提高二、三次风温，有利于窑和分解炉内煤粉的燃烧。特别是对于篦床头排能力不足或者系统漏风量大，窑头正压突出时，这种倾向更加严重。实际上冷却空气量分布是否合适，可通过观察篦床上熟料的冷却状况来确定，当熟料到达第一段篦床末端，料层上表面不能全黑，也不能红料过多，而是绝大部分呈墨绿色，极少部分呈暗红色。表明冷却空气分布基本合理，否则应调整各风机风门开度，调节时应稳且慢，切忌大起大落，要综合兼顾。在操作中，应在篦冷机料层厚度相对稳定的情况下，加大篦冷机高温区风量，适度使用中高温区风量，在保证熟料温度低于65℃＋环境温度下，尽可能减少低温区风量。

5）篦板温度的控制

为了保证篦冷机的安全运行，通常在篦冷机高温区热端，还设有若干个的测温点，用于检测篦板温度。通过篦板温度的高低变化来反映篦床上料层厚度、熟料结粒和所用冷却风量的大小及波动情况。DCS系统在设定篦板温度报警值时，参考依据往往是设备生产厂家提供的设备使用说明书，或者设计院提供的调试说明书。如海螺设计院在公司的《5000t/d熟料技改工程工艺操作说明书》中，将该报警温度设定在250℃；LBTF5000篦式冷却机（国家建材行业标准规定的代码：L表示冷却机；B表示篦式，T表示推动式；F表示复合运动）使用说明书中将报警温度设定在230～260℃。但实际上，其热端篦板工作温度大都在80℃以下。篦冷机正常工作时，该温度基本稳定在30～60℃之间，也就是说，原有的报警值设定过高。由于在实际运行中该温度几乎没有出现过报警，使得在操作员的头脑中产生一种假象，认为篦板一直在正常温度下工作，由于在新型干法生产线上需要调整监控的参数很多，很自然就放松了对该温度的监控，以至于当篦板因受热损伤后还找不到原因。因此建议原设定值调整为＜80℃为宜。中控操作员应注重对该温度的监控，特别是遇到系统工况异常时更应增加监控的频次。当遇到该温度报警时，应立即降低窑速，减少篦冷机进料量，然后通过篦冷机料层厚度监控电视检查是否因料层过薄或物料离析出现冷却风吹穿现象，并根据供风风机电流值、风门开度、篦下压力和运行情况判断是否因风量过小或篦下室集料然后作出相应调整，必要时应停窑，对冷却风机和篦床进行检查。避免篦板因受热过度而产生热变形。

（1）造成篦板温度高的原因

① 冷却空气量不足，不能充分冷却熟料；或者因篦床速度快，熟料未能及时冷却。

② 由于窑皮垮落，或操作不当造成篦床上堆料，冷却风吹不透。

（2）相应的操作措施

① 增加冷却风量，根据熟料产量调整篦速，控制合适的料层厚度。

② 迅速提高篦速，恢复正常料层厚度，加强操作控制。

3.4.3 熟料输送装置

熟料出冷却机后温度依然较高（100～200℃），而且具有较强的磨蚀性，要用以前讲过的带式输送机、斗式提升机、螺旋输送机等一般机械输送设备把刚刚出窑、冷却后的热熟料送到熟料库里去是不合适的，需采用适合于尖锐的、磨蚀性强的或者高温（≤250℃）的块粒状物料的输送机——链斗式输送机，如图3-4-17所示。

1. 构造及工作原理

链斗式输送机又称为槽式输送机，是一种以沿轨道运行的料斗来水平或倾斜输送物料的设备，由传动装置、头部罩壳、头部装置、运行部分、尾部装置和进料装置等部分组成。由传动装置驱动头部装置中的链轮，牵引装有物料的输送斗沿轨道运行，物料从头部罩壳卸出，从而达到输送物料的目的。在运行中，被输送物料由进料口引入并盛放在料斗内，由板链（或链条）拖动料斗进行输送，到达头轮时改变方向物料从出料口卸出。

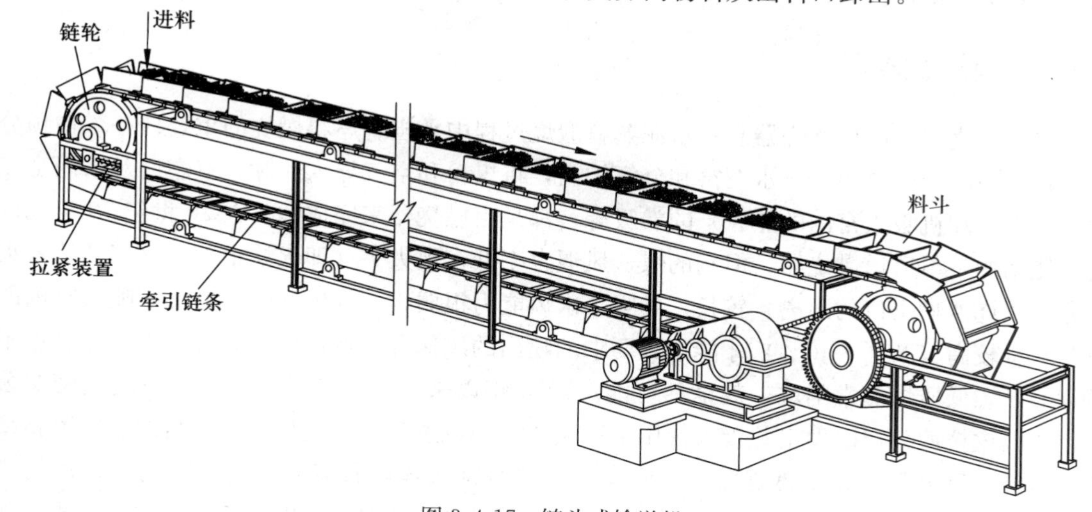

图 3-4-17 链斗式输送机

链斗式输送机的工艺布置灵活、输送能力大、使用寿命长、输送角度大，且输送速度慢，仅为 0.2～0.3m/s，熟料和料斗之间无相对错动，几乎不产生粉尘。把出冷却机熟料送到熟料储存库里去，它们之间有一个很高的的落差，因此链斗式输送机使用更多的场合是倾斜向上输送，如图 3-4-18 所示。

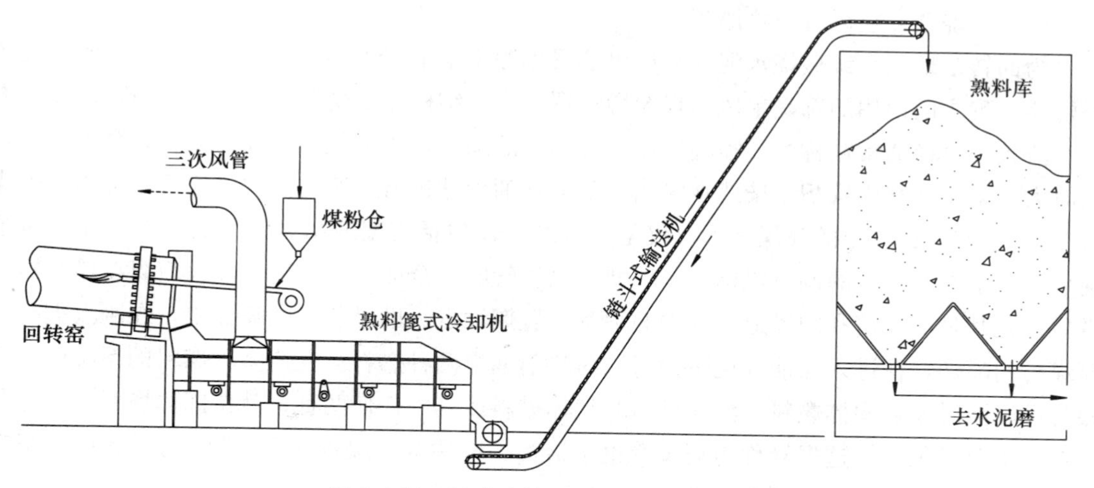

图 3-4-18 链斗式输送机的工艺布置形式

2. **操作维护**

上面提到链斗式输送机适用于出冷却机熟料至储存库的输送，且输送量很大，如果维护不到位，一旦出了问题，它的前一道工序冷却机会堆满熟料无法送出，再前一道工序是窑烧成的熟料进入不了冷却机，致使煅烧系统瘫痪，因此确保熟料链斗输送机的正常运行显得非常重要。日常运行中要经常巡检地脚螺栓有无松动、张紧装置是否合适、传动部分的声音、振动、温度、润滑是否正常等，特别要注意传动部分、链轮、链条、滚轮组这些摩擦部位的润滑是否保持良好状况。

3.5 煤粉燃烧器

煤粉燃烧器（简称燃烧器）在水泥熟料煅烧过程中承担着燃料燃烧的重要任务。在预分解窑系统中的两个热源——水泥窑和分解炉内，将煤粉和空气导入炉膛、点燃以及水泥窑二次风（由冷却机吸入窑内的热风）的卷吸等，都是由燃烧器来完成的。在20世纪70年代以前，使用的是单风道燃烧器，但它的煤、风混合率低，黑火头（即火焰根部，火焰开始着火部分至燃烧器喷出口的距离）较长，卷吸二次风能力很弱，一次风（随煤粉一起喷入窑内的空气）量较高（20%～40%）才能达到要求的喷出的风速等缺点，使火焰温度不易提高也不易调节，燃低质煤非常困难，甚至不可能。1980年以来，德国的洪堡公司、丹麦史密斯公司、法国皮拉德公司研发出并投入使用了三风道、四风道和燃烧两种以上燃料的五风道新型燃烧器等多风道新型煤粉燃烧器，采取煤、风和净风从各自通道分别进入窑或分解炉的方式，利用风、煤之间的方向差和速度差，加快风、煤之间的混合，以提高煤粉的燃烧速率和火焰温度，适应于燃料和窑况变化的需要。与单风道相比，多风道更具备节能（降低一次风比例）、环保（低NO_x）和资源利用（可使用低质煤、低挥发分煤、无烟煤或替代燃料）的功能优势，得到广泛采用。

3.5.1 煤粉燃烧器中的名词术语及其含义

（1）燃烧器、喷煤管与喷燃管

为回转窑烧成系统煅烧水泥熟料提供热量的整套装置统称为“燃烧器”。在多风道煤粉燃烧器出现之前使用的都是单风道煤粉燃烧器，它的结构非常简单，只有一根很长前端带有一小段较小直径通常被称为“喷嘴”或“烧嘴”的圆管，借助风力将煤粉喷射到窑内，窑点火时大多采用在窑内堆积木柴或在喷嘴头部另挂油棉球进行，所以国内以前都习称为“喷煤管”。但事实上这里指的喷煤管不仅仅是一根管，还包括支架或吊架、前后移动小车、调节前后和上下左右方位的调节机构等，因此叫喷煤管既不全面也不合适。多风道煤粉燃烧器出现后，尤其是三风道和四风道，在中心部都配置燃油点火助燃装置的喷油枪，在刚点火时不喷煤粉而喷油，在进入煤油混烧阶段时同时喷射油煤两种燃料。在烧多种燃料的系统中，这根管可以同时喷射固体燃料、液体燃料和气体燃料或其中任何两种，就是固体燃料也不光是煤粉。由此可见，把这根管称为喷煤管也不恰当，应称为“喷燃管”，即喷射燃料的一根管状件，这样既可概全，又顾名思义。

喷燃管是燃烧器的核心，它与支架或吊架、上下左右调节的机构，尤其是前后移动的小车等，组成一个完整的一套装置，称为“燃烧器”。在预分解窑中，煅烧水泥熟料的燃料一部分从窑头喷入到窑内燃烧，另一部分喷入到窑尾分解炉内燃烧。对于烧无烟煤的烧成系统需要为分解炉提供足够的温度，所以有的在三次风管的适当位置还需要设置一个燃烧器。为区别起见，将往窑头内喷射燃料的燃烧器称为“回转窑燃烧器”或“窑头燃烧器”；往窑尾分解炉和立筒喷射燃料的燃烧器称为“窑尾燃烧器”或“分解炉燃烧器和立筒燃烧器”；往三次风管内喷射燃料以提高入炉和入筒温度的燃烧器称为“三次风管燃烧器”。

一个完整的回转窑煤粉燃烧器应包括吊架及移动小车、前后吊挂和调节装置、喷燃管、伸缩管、燃油点火助燃装置等，如图 3-5-1 所示。近来，回转窑向大型化发展迅速，喷煤量增大，燃烧器的规格也随之增大，重量大大增加。所以在 5000t/d 以上的生产线多采用地轨式移动小车，如图 3-5-2 所示。

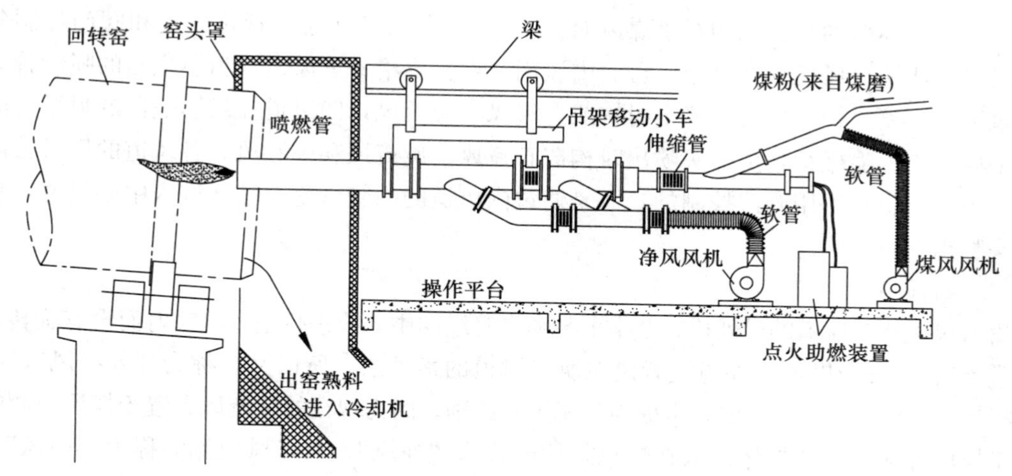

图 3-5-1　煤粉燃烧器的构成（吊架及移动小车）

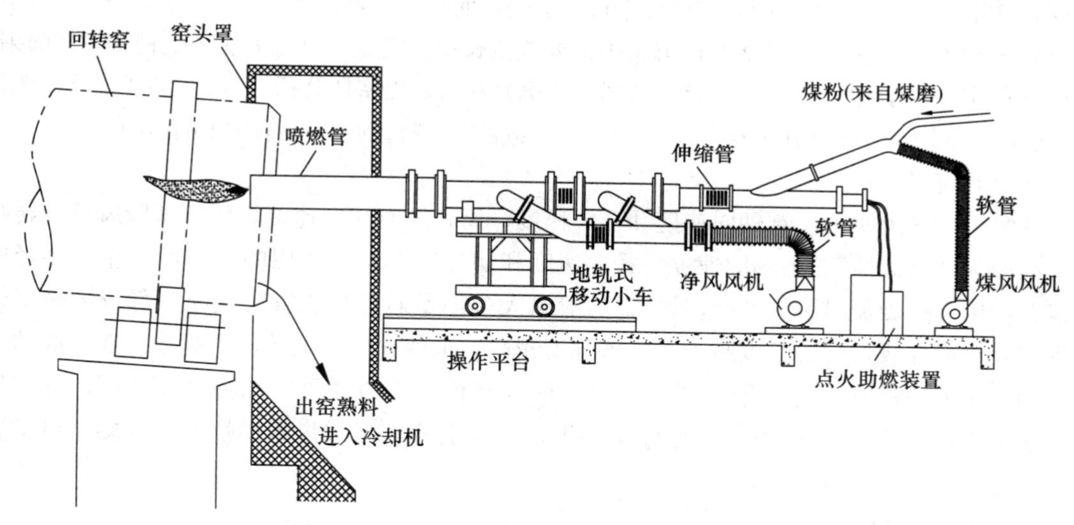

图 3-5-2　煤粉燃烧器的构成（地轨式移动小车）

（2）一次风、二次风与三次风

通常把喷燃管所喷出的风，即包括外风、内风或旋流风、煤风和中心风统称为“一次风”（但也有仅把净风称为一次风的），即将从喷燃管中喷出的常温风统称为“一次风”，与由冷却机进入窑内的高温二次风，由冷却机或窑头罩抽取到窑尾的三次风相区别。根据这一概念，对当前的四风道煤粉燃烧器可以将一次风细分如下：

- 一次风
  - 净风
    - 直流风，也称轴向风或外净风或外风
    - 旋流风，也称径向风或内净风或内风（在煤风之内的）
    - 中心风（从燃油战火助燃装置喷油枪喷头外围喷射或通过火焰稳定器喷射）
  - 煤风（输送煤粉的风）

（3）净风

净风是指纯净的空气（相对于煤风而言），由一台风机（通过管路分支和阀门控制各风道的风量）或两台风机（外风用一台、内风用一台）供给。三风道煤粉燃烧器的喷燃管分成两个风道进入喷燃管，由喷头喷出时构成直流风、旋流风；四风道煤粉燃烧器的喷燃管则分成三个风道进入喷燃管，由喷头喷出时构成直流风、旋流风和中心风。各风道的风量由阀门控制（中心风也有不用阀门控制的，而是通过内风道的内管管壁上钻孔进入中心风道，然后由喷头喷出）。

（4）直流风

直流风在所有风道的最外边，基本上与喷燃管纵向中心线平行呈直流喷射而没有旋转，故称“直流风”。它在煤风的外边或者说在所有风道的最外层，所以又多称为“外净风”，简称“外风”。这里称直流风，主要是考虑与旋流风相区别。因为现在的旋流风有置于煤风内侧的也有置于煤风外侧的，如果像以前在煤风外侧的称为“外风”，在煤风内侧的称为“内风”时，则这种旋流风也是外风了。为使概念更加清晰，将最外层的净风称为“直流风”。实际上，有的直流风并不都是与喷燃管中心线严格平行喷射的，而是稍有点发散，但基本上是呈直流喷射。它的主要作用是收拢火焰，使火焰能够根据需要改变长短。究竟是直流喷射还是稍带发散喷射，因每个公司的喷燃管而异，如日本燃烧公司（NFK）和丹麦史密斯公司（FLS）的燃烧器喷燃管都是呈直流喷射的，而德国洪堡公司（KHD）的燃烧器喷燃管则是呈稍有发散喷射的。

（5）旋流风

从喷燃管喷出时不仅有轴向速度和径向速度，而且还有切向速度，所以这股风呈旋转喷射，故称为“旋流风”。由轴向速度、径向速度和切向速度综合作用的结果而产生一个径向分速，所以又把旋流风称为“径向风”。这股风大多都是通过喷燃管前端喷头部分的螺旋体或螺旋叶片而形成，螺旋角度越大，旋流强度越高，迫使火焰扩散的能力越强。在一般的三风道和四风道喷燃管中均置于煤风的里侧，所以又称为“内净风”，简称“内风”。近些年来，法国皮拉得公司（pilled）开发的 Rotaflam 型旋流式四风道煤粉燃烧器，其旋流风都置于煤风之外侧，直流风置里侧。

（6）中心风

中心风也是净风，这是四风道与三风道煤粉燃烧器在结构上最主要的区别。或者说，四风道与三风道相比就是多了一个中心风。三风道喷燃管是没有中心风的，中心风的风量不需要很大，压力也不需要很高，有的从喷头部分燃油点火喷嘴外围喷射。还有的从处在喷头中心位置的板孔式火焰稳定器多个小圆孔喷射。对整个喷燃管而言，因有燃油点火装置的喷枪占据了中心通道，所以中心风实际上并不是真正从中心通道喷出，而是从中心通道周围喷出，也就是处在主风道，即净风的直流风和旋流风以及煤风的最里层风道，亦即处在它们的中心，故称为“中心风”。

在一般情况下，直流风、旋流风和中心风均由一台净风风机供给，通过管路和阀门来控制它们的大小。

（7）煤风

煤风是指由喂煤系统供给的煤粉通过喷燃管输送到窑内燃烧而需要的输送空气，它同时也为燃料燃烧提供一部分氧气。煤风由一台煤风风机供给，到喷燃管内之后，则是煤粉和空气的混合流，所以称为“煤风”。它与净风不同，而是风中混有煤粉，煤粉的浓度最高不能大于 $10kg/Nm^3$，一般都在 $2\sim6kg/Nm^3$之间。

以上这四种风（直流风、旋流风、中心风、煤风）都是通过喷燃管喷射到窑内，为燃料燃烧创造必要的条件，统称为“一次风”。性能越好的燃烧器所需要的一次风量越低，目前最好的四风道煤粉燃烧器其一次风量可降到3%～4%（不含煤风），如果含煤风可降到8%以下。

（8）风道与通道

多风道煤粉燃烧器的风道与通道常常混为一谈，比如把四风道的煤粉燃烧器称为四通道煤粉燃烧器，这样就分不清是指四风道还是三风道的。因为现代的多风道煤粉燃烧器中心都有一个通道是不通风的，而是为放置燃油点火装置喷油枪留设的，它对火焰性能没有任何影响。可见，四风道的煤粉燃烧器喷燃管实际有五个通道，四个通风的通道，称为“风道”，一个不通风的，才称为“通道”。同理，三风道的煤粉燃烧器喷燃管实际上有四个通道，其中三个通风的称为“风道”；一个是不通风的称为“通道”。几乎所有的多风道煤粉燃烧器，不通风的通道都是设在中心，如图 3-5-3 所示。

由上述可见，由各层套管所构成的圆环形同轴孔道，称为“通道”。通过各种一次风的通道称为“风道”，对火焰性能都有影响。位居中心的为放置燃油点火助燃装置喷油枪而留设的圆形通道，仍称为“通道”。因为该通道不通风，所以对火焰性能也毫无影响。在表征燃烧器的风道时不应再用“通道”这一术语。

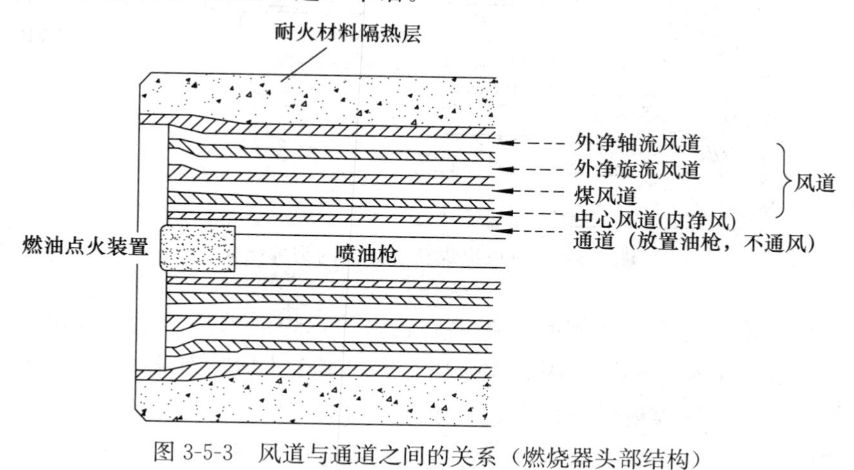

图 3-5-3　风道与通道之间的关系（燃烧器头部结构）

3.5.2　三风道煤粉燃烧器

1. 结构及工作原理

我国较早引进的、之后国内自主研发的基本上都是三风道煤粉燃烧器，其结构主要由煤风道和两个净风道（内风、外风）和一个中心通道等四个同心套管组成，内风喷嘴处装有螺旋叶片，燃油点火燃烧装置在中心通道之中，外层有耐火浇注保护层（图 3-5-4）。在燃烧器烧嘴装置中，配置可自动按程序进行自动的点火系统（点火烧嘴），则能够实现可自动控制、运作，准确、可靠的点火程序和达到安全点火的目的。燃烧器采用吊架及移动小车或地轨式移动小车调整伸进窑内深度，可使喷煤嘴前后伸缩，达到调整火焰位置、稳定热工制度的目的。目前各厂家所制造的三风道煤粉燃烧器各风道的排列布置形式基本一致，即从外向内排为：外净轴流（轴向）风、煤风、内净旋流风，中间加一点火（油枪）通道（一般情况下中心通道不用，通常将其封死）。图 3-5-5 是三风道煤粉燃烧器的头部结构。

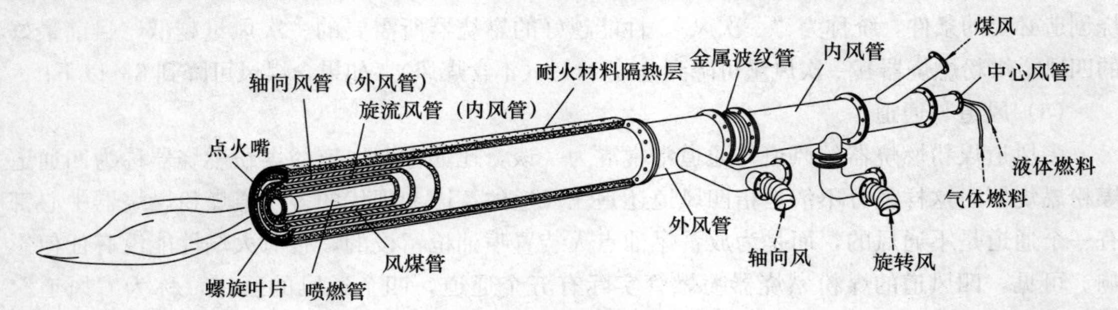

图 3-5-4　煤粉燃烧器

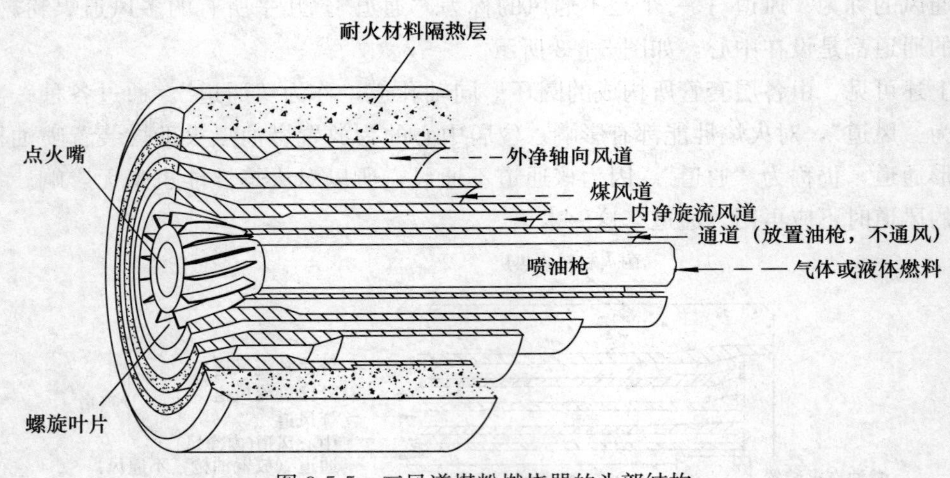

图 3-5-5　三风道煤粉燃烧器的头部结构

喷煤管利用直流、旋流（螺旋叶片产生旋转射流，煤风从环形喷嘴喷出，一次风率为 12%～16%）组成的射流（外风采用离散喷嘴，形成多个小股喷射流喷出，有利于卷吸二次风并形成许多涡旋，加速煤粉燃烧）方式来强化煤粉的燃烧过程。最外层的外风采用高速直流风，出口速度 75～210m/s，具有很强的穿透性和吸卷二次风的能力；第二层为煤风，煤粉采用高压输送，煤风采用高浓度、低速度（接近输送煤粉的速度，大约 20～40m/s）喷射，具有良好的着火性能；第三层为内风，采用高速旋流风（出口速度 75～210m/s，与外风接近），强度大、混合强烈、传热迅速，并在喷嘴前形成一个回流区，有利于稳定火焰，同时也为火焰中心提供氧气以强化煤粉燃烧。在三风道燃烧器中，内外流风把煤风夹在中间，利用其速度差、方向差和压力差与一次风充分混合，形成比较理想的可燃混合气体进行燃烧。

2. PYRO-JET **型旋流式三风道煤粉燃烧器**

德国洪堡公司（KHD）对原旋流式三风道煤粉燃烧器进行了改进，研发出了 PYRO-JET 型煤粉燃烧器，可烧劣质褐煤，由四个同心管组成，形成四个通道，燃油点火装置放在内风道之中，内风可连续调节，每个风道的风量分配和风速如图 3-5-6 所示：

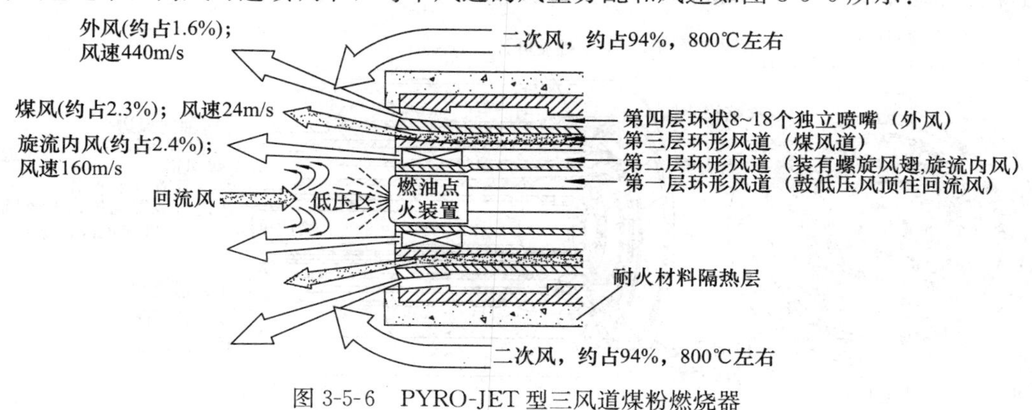

图 3-5-6 PYRO-JET 型三风道煤粉燃烧器

从图 3-5-6 中可知，中心管作为第一风道用作气体或液体燃料喷嘴点火，第一层环形风道（内净风道，中心风）鼓 0.06MPa 的低压风顶住回流风，第二层风道装有螺旋风翅（相当于三风道喷嘴内旋涡风），风量为 2.4%，喷射风速为 160m/s 并形成涡流；第三层是送煤粉风道，风速为 28m/s；最外一圈环状布置了 8～18 个独立的喷嘴，由一台旋转活塞风机提供以 0.1MPa 左右的高压风，风量 1.6%，通过这些喷嘴，喷出速度达 440m/s 的高速射流，可将高温二次风卷吸到喷嘴中心，可加速煤粉燃烧，使氮气和氧来不及化合，降低了 NO_x 排放量。

PYRO-JET 型煤粉燃烧器的一次风量是燃烧空气总量的 6%～9%（传统的三风道一般为 10%～15%），降低一次风量可以增加高温二次风量，增加了热回收量，提高了窑系统的热效率和窑的产量。

3.5.3 四风道煤粉燃烧器

四风道煤粉燃烧器各风道的排列形式各制造厂家有所不同，中心通道一般都用作点火通道，最外层风道是外轴流（轴向）风道，其余各风道的排列布置如表 3-5-1 所示：

表 3-5-1 四风道煤粉燃烧器各风道的排列形式

风道（由外向内）	第一种排列形式	第二种排列形式	第三种排列形式
最外层风道	外轴流（轴向）风	外轴流（轴向）风	外轴流（轴向）风
次外层风道	外旋流风	煤风	煤风
第三层风道	煤风	内轴流风	旋流风
第四层风道	内轴流风	旋流风	内轴流风
中心通道	中心通道	中心通道	中心通道

在各风道的三种排列形式中，其共同之处是：最外层是轴流（轴向）风，煤风处在第二道或第三道，其余各有千秋。

与三风道煤粉燃烧器相比，四风道煤粉燃烧器能使火焰更加稳定、形状更符合回转窑的要求，我国在引进的四风道煤粉燃烧器中，以法国的皮拉德公司（Pillard）的 Rotaflam 四风道煤粉燃烧器最受青睐（图 3-5-7）。

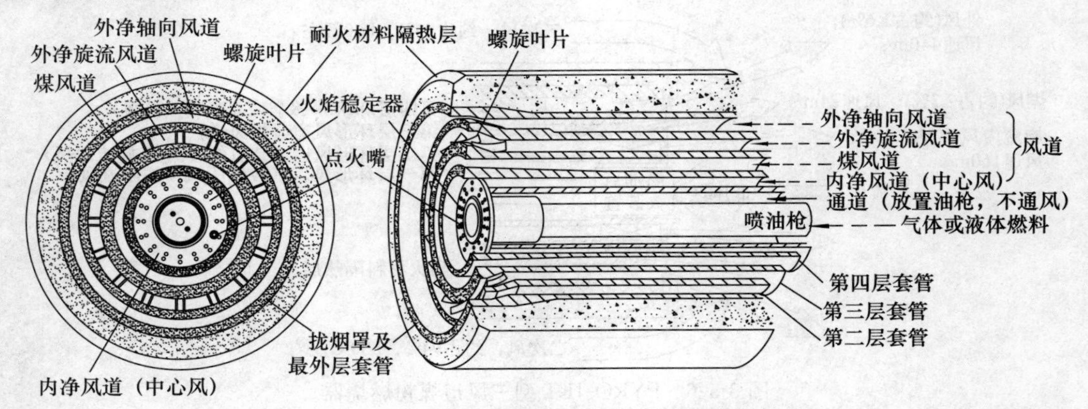

图 3-5-7　Rotaflam 四风道煤粉燃烧器的头部结构

（1）结构组成

四风道煤粉燃烧器由轴流风道（外层外净风）、旋流风道（内层外净风）、煤风道、中心风道（内净风道）四个同心套管和一个燃油管（燃油点火燃烧装置）组成，自内向外分别称为内净风道（中心风）、煤风道、外净风道，与三风道煤粉燃烧器相比，将外净风分成了外层外净风（轴流）和内层外净风（旋流）两股，多了拢焰罩、火焰稳定器和一股中心风，当代的四风道喷燃管，中心风多通过板孔式火焰稳定器上多个小孔喷出，以保证分布均衡。

（2）特点

① 将外净风分成两股：外层外净风（轴流）稍有发散轴向喷射，内层外净风（旋流）靠螺旋叶片产生旋流喷射，将煤风（第三层环形风道）夹在两股外净风与中心风之间，旋流风及送煤风以三风道喷嘴相同的方式喷出。喷嘴的空气喷射速度很高，卷吸周围高温二次风进喷嘴中心，使煤粉着火速度加快，氮气和氧气的分子在火焰高温区滞留的时间很短而来不及化合，减少了 NO_x 的形成，符合环保日益严格限制 NO_x 低排放量的要求。

② 燃烧器的最外层套管伸出一部分，称为拢焰罩（类似照相机的遮光罩）。拢焰罩产生碗状效应，可避免空气过早扩散，增强了主射流区域旋流强度，加强气流混合、促进煤粉分散、确保煤粉充分燃烧；在火焰根部形成一股缩颈，降低窑口温度，使窑体温度分布合理，能延长窑口护板的使用寿命、避免窑口筒体出现喇叭形。

③ 内净风道前部设置一块钻有很多小孔的圆形板，称之为火焰稳定器，是中心风的喷出装置，其主要作用是在火焰根部产生一个较大的回流区，可减弱一次风的旋转，使火焰更加稳定，煤风环形层的厚度减弱，煤风混合均匀充分，温度容易提高，缩短了“黑火头”，更适合于煅烧熟料的要求。

3.5.4 煤粉燃烧器的操作

（1）与窑口截面中心坐标位置

煤粉燃烧器喷煤管的位置对熟料的煅烧有很大影响。如果火焰离物料表面太远而偏向窑衬内壁，火焰射流会碰撞窑皮，可能会烧坏窑皮或窑衬，使火砖的寿命降低，窑筒体表面温度升高，严重时会引起频繁的结皮、结圈、结蛋等现象；如果火焰过于逼近物料表面，一部分未燃烧的燃料就会裹入物料层内，因缺氧而得不到充分燃烧，增加热耗同时也容易出现窑口煤粉圈，不利于熟料的煅烧。煤粉燃烧器喷燃管的中心坐标位置在设计时，一般都是对着回转窑口截面的中心，经验表明，喷煤管的中心稍偏于窑口截面一点为好，使火焰不扫窑皮（容易造成窑皮损坏、红窑）和不被物料翻滚时压住为宜，如图 3-5-8 所示。

（2）喷燃管端部伸到窑口的距离

喷燃管端部伸入窑口的距离有一个最佳值。在热工制度稳定的条件下，生产中宜根据火焰、窑情（结圈、窑皮）、物料质量、冷却机形式和燃烧器的安全情况来把握到窑口的距离。喷燃管端部伸入窑内越深，高温点越向后移，冷却带增加，等于缩短了窑长，尾温随之增高，对窑尾密封及其他装置不利；若喷燃管端部没有伸进窑内且距离窑口越大，火焰则前移，冷却带缩短，甚至没有冷却带，这时窑的熟料温度很高，可达 1300～1400℃，二次风温为 1000～1300℃，使窑头罩和窑口护板的温度增高，窑口筒体板易形成喇叭形，使用寿命大大降低。根据经验，预分解窑燃烧器端面与窑口距离相齐为好，但正常生产时，一般要伸进窑内 100～200mm 为宜，如图 3-5-9 所示。

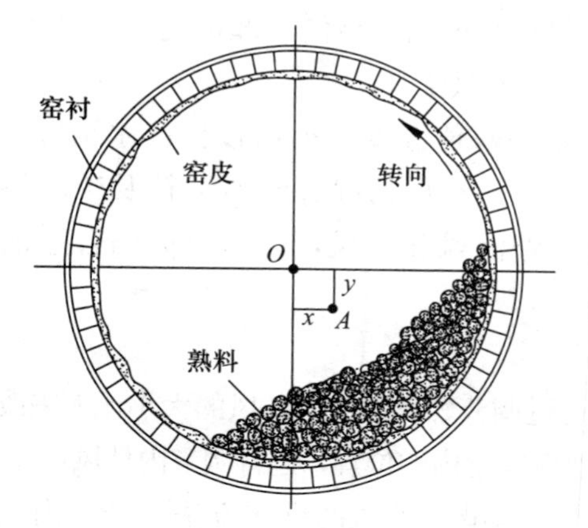

图 3-5-8 喷燃管中心点的坐标位置

A—喷嘴中心点；O—窑口中心点

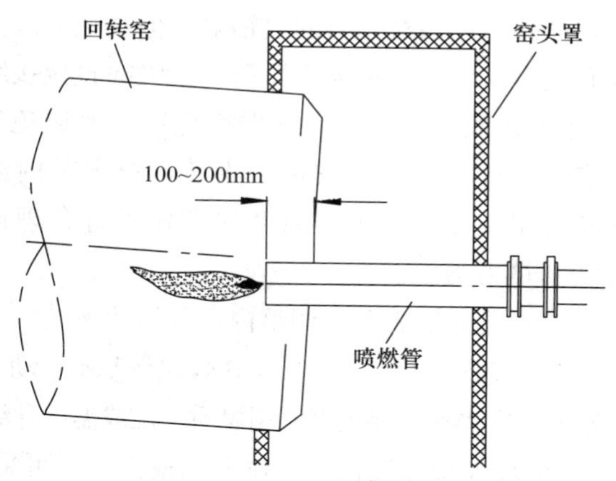

图 3-5-9 喷燃管端部伸到窑口的距离

（3）根据窑皮情况调节喷燃管位置

正常的窑皮厚度一般为 200～300mm，表面平整，主窑皮长 13～18m，副窑皮长 18～20m，在生产中每班至少要前后移动喷嘴两次以上，改变火点位置（轴向）以控制窑皮长度，使副窑皮处的温度有一定的冷、热交替，旧的副窑皮落下，又补上新的，在窑长期运转中，副窑皮应随冷热交替的作用不断脱落、生长，再脱落、再生长的动态重复过程，移动火点的目的就是防止长窑皮和结后圈。

喷燃管方位与窑皮情况一般有以下对应关系，如表 3-5-2 所示，可以参考借鉴。

表 3-5-2　喷燃管方位与窑皮情况

序号	喷燃管方位（min）			窑皮情况
	x	y	伸进窑内尺寸	
1	0	0	800	窑皮均匀，但松散，厚 250mm，长 16m，有冷却带
2	50～60	−50	100～200	窑皮均匀，火焰顺畅且不冲刷窑皮，熟料质量好，无冷却带
3	200	−250	230	窑皮不均匀出现坑，厚 300～400mm，长 16m，无冷却带
4	100	−160	230	窑皮无规律，裂缝较大，厚 200mm，长 16m，无冷却带
5	75	−75	500	火点处窑皮不均匀，厚 250mm，长 16m，略有冷却带
6	50	−50	600	窑皮均匀，厚 250mm，长 14～16m，略有冷却带

（4）火焰特性的参数控制

火焰特性的控制参数为：一次风量和风速，一次风旋流情况。

① 过小的外风速度动量将对来自冷却机的二次空气引射能力减弱，导致煤粉和二次空气不能很好地混合，燃烧不完全，窑尾 CO 浓度高，煤粉沉落不均而影响熟料质量、甚至引起结前圈；火焰下游外回流消失、火焰浮升，易碰撞窑皮。

② 过大的外风速度动量容易引起过大的外回流，挤占火焰下游的燃烧空间、降低下游的氧浓度，导致燃烧不完全，窑尾温度升高。

③ 内风的旋流强度控制着火焰形状。随着内风的增加，旋流强度也增加，火焰变粗变短，可强化火焰对熟料的热辐射。但过强的旋流会引起双峰火焰，易使局部窑皮过热剥落，同时也容易导致“黑火头”消失，喷嘴直接接触火焰根部而被烧坏。

④ 在煅烧中火焰必须保持稳定，要避免出现陡峭的峰值温度，火焰较长，才能形成稳定的窑皮，保护烧成带耐火砖，根据窑内温度及分布、窑皮情况、熟料结粒及带起情况和窑尾温度、负压等温度的变化进行合理调节内、外流风和煤风，以确保火焰合适的形状和热力强度。

（5）根据烧成温度调整内、外风比例

一般情况下，窑在运转中送煤风量基本不动，而是通过调节燃烧器的内外风的大小比例来改善窑况。在操作中要根据所用煤质、烧成温度并结合喷燃管在窑内的位置，进行调节内外风：

① 烧成带温度偏低、尾温也偏低时，可采用加大内风减少外风的操作方法（开大内风蝶阀开度，关小外风蝶阀开度），使火焰变短，尽快提高烧成带温度；若此时窑尾温度高，除关小外风（开大外风蝶阀开度，关小内风蝶阀开度），增加内旋流风，以提高烧成带温度外，还可将燃烧器推进，缩短火焰。

② 当熟料发黏结块、窑皮脱落或升重偏高时，表明窑头温度过高，应适当减少煤量，采用增大风量、减少内风的操作方法（开大外风蝶阀开度，关小内风蝶阀开度），使烧成带适当拉长，降低烧成温度。此时若尾温高，宜将燃烧器拉出；若尾温低，宜将燃烧器推进。

（6）根据火焰形状调整内、外风比例

影响燃烧器燃火焰形状的主要因素有：烧成带内燃烧空气量、二次风量、一次风速、内流与外流风比例、煤的燃烧性能、煤粒的几何尺寸及烧成带压力变化等，其中内流与外流风比例最为敏感。燃烧空气量取决于窑尾风机的排风能力和一次风的大小，但改变其风量会使全系统流场发生变化，影响面大，所以实际操作中不宜改变窑尾排风量的办法来控制火焰形状，而是通过调整一次净风总量和内、外风比例来强化燃烧器的操作。

当煤量一定时，内风决定火焰形状，外风控制火焰长度。当内风比例增大时，旋流强度也提高，致使火焰底部仍有微弱的外部回流，有助于煤粉后期燃烧速率的提高。多风道煤粉燃烧器的内外风一般由一台风机供给，当总量调定后，增大内风，外风减少，内风旋流强度增加，火焰变短变粗，增大强化火焰对熟料的热辐射，烧成带升温；加大外风使火焰变细变长。在轴流风、旋流风和中心风的入口都装有蝶阀，调节其开启度或燃烧器上的拉丝，改变喷口的截面积来调节内外风量及比例，旋动燃烧器上的调节螺母，可把各管向内压入或向外拉出，调节各喷出口面积及喷出的速度，以改变火焰的发散程度、长短和粗细等，形成合理的火焰形状；若火焰分散发叉，将中心风挡板做适当调节，火焰形状会立即恢复正常。

（7）根据火焰颜色调整内、外风比例

窑内火焰与窑内温度、烧成带长度、火焰形状等有关。正常情况下，火焰呈浅黄偏白亮，黑火头长约 1m，火焰核心区域长度 3.5～4m、最高温度达 1900℃，主燃区段总长 6～8m、气体平均温度 1700℃以上，火焰活泼有力、形状细而不长，整个烧成带具有强而均匀的热辐射，火焰顺畅不烧顶，不冲刷窑皮也不接触料层，确保物料翻滚灵活，结粒均齐，矿物结晶相正常发育，同时有利于形成致密稳定的烧成带窑皮，延长窑衬寿命。一般情况下，控制内风与外风之比为 3∶7，这样既能满足窑内煅烧温度、热力强度的要求，也能有效地保护好窑皮。

3.6 增湿塔

新型干法水泥回转窑窑尾的废气排放量比较高，对含有超标粉尘的窑尾废气进行治理的最有效方法就是使烟气通过电收尘器或袋式收尘器进行收尘处理。在入收尘器前，一般需要对烟气进行降温预处理，主要原因是一级筒出口烟气温度一般在 360±30℃，高于滤袋允许温度，会使滤袋烧毁和过早老化；而使用电收尘器的话，由于烟气的干燥和高温，粉尘比电阻比较高，烟气在通过高压电场过程中粉尘不容易电离，从而影响收尘效果。在窑尾预热系统和除尘器之间装有一个“又高又瘦”的钢制筒式装置，这就是增湿塔，它对高温烟气进行增湿降温处理是目前最普遍的做法。增湿塔一般根据气流的流动方向与粉尘沉降方向的关系分为顺流式和逆流式，图 3-6-1 是顺流式增湿塔与与窑尾及生料均化库之间的相对位置关系。

针对不同的收尘器，需要控制的增湿塔出口目标温度有所区别，使用电收尘器，增湿塔出口温度一般控制在（150±10)℃；如使用袋收尘器，则增湿塔出口温度控制在（180±10)℃。

3.6.1 构造及工作原理

增湿塔由塔体、喷水装置、水泵站、控制装置所组成，当增湿塔内通过高温含尘烟气后，由水泵产生的高压水通过安装在塔体上的喷水装置向塔内喷入足量的雾化水，这些雾化水与塔体内的高温烟气进行热交换而蒸发的水蒸气，由于蒸发吸热的作用，使烟气温度降低而湿度增加，同时大量的水蒸气吸附在粉尘表面，从而降低了粉尘的比电阻，达到了收尘的目的。

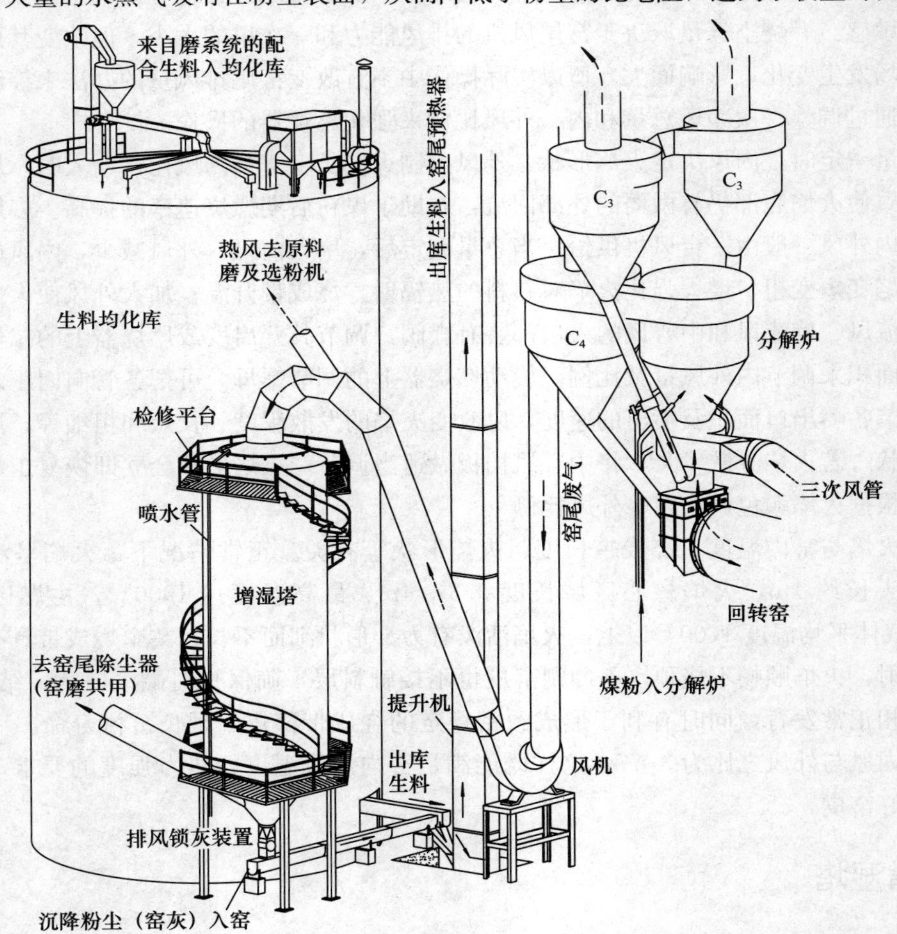

图 3-6-1　增湿塔与生料均化库及窑尾的位置关系

窑尾粉尘的流量和温度随生产情况经常变化，必须及时调节喷水（雾）量到给定值上，否则，不是造成湿底故障，被迫停产，就是粉尘温度过高，使除尘器极板线变形而影响收尘。增湿塔给水（喷雾）自控系统是增湿降温的技术关键。该系统采用顺序控制及多点巡回检测单参量恒湿控制的调节方案，主要由塔体循环水路，高压离心泵，三通电磁阀、二通电磁阀、电调节阀、喷嘴、控制机拒、温度检测等组成，系统中采用带有比例积分特性并具有连续输出功能的控制器来完成信号输入输出及控制算法，具有提前预测，异常情况自动报警和快速泄水功能。喷水管喷出的水分以雾状分布在烟气中并附着在粉尘表面，此时的粉尘易被电除尘器捕捉，保证收尘的高效率。

3.6.2　增湿塔自动喷淋系统工艺和控制流程

在目前的增湿塔自动喷淋系统中，多用于回流式控制系统，该系统主要由循环水箱、高压离心泵、增湿塔塔体、供水环管、回水环管、回流式水枪、温度检测热电偶、电动两通阀、电动三通阀、电动调节阀、控制柜及系统控制软件组成，适用于回流式喷水装置，如图 3-6-2 所示。

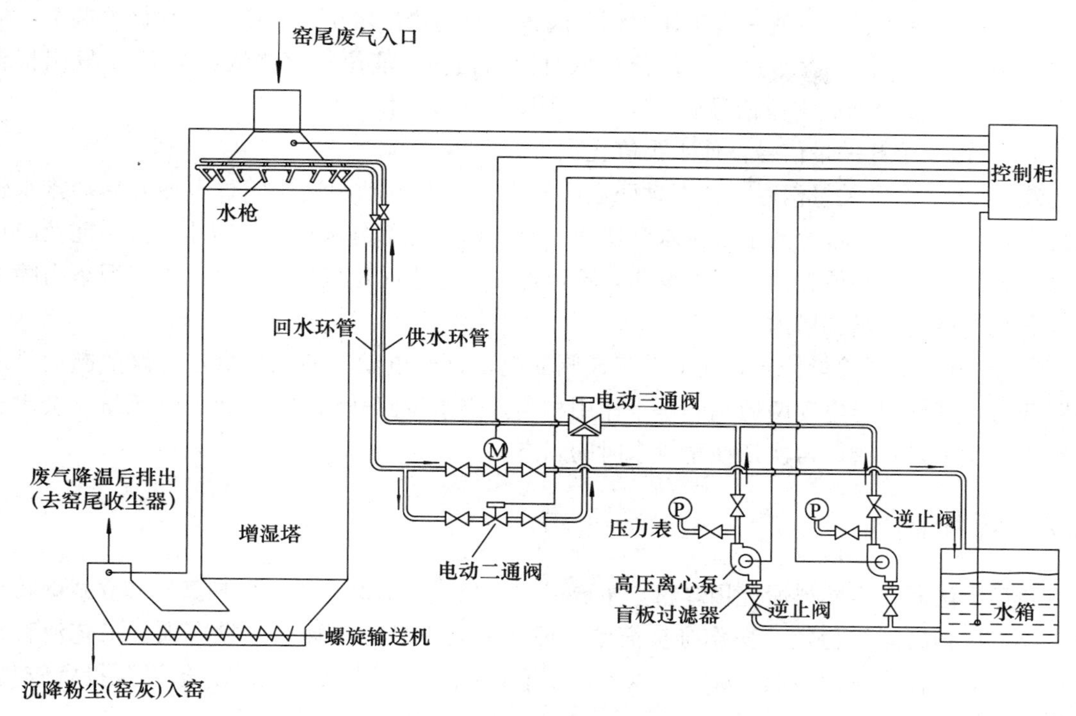

图 3-6-2　回流式系统示意图

系统在增湿塔入口及出口各设置一个温度检测点，由合适量程的热电偶做为一次检测元件，实现温度信号的采集。供水管路自水泵经电动三通阀接供水环管，三通阀可构成两个通路，一个是供水通路（通电时构成），即水泵出水与供水环管的通路，另一个是排水通路（断电时构成），即供水环管与排水管的通路，排水管返回水箱；回水管路自回水环管经电动调节阀返回水箱；另外与回水管路并行一根排水管也返回水箱，排水管路上装有电动两通阀，通电截止、断电打开。增湿塔顶部均匀分布着回流式水枪，水枪的个数主要取决于总喷水量、水雾扩散角及塔体的内径，水枪的进水管接塔顶的供水环管，回水管接回水环管。泵房内的高压离心泵由循环水箱向系统供水，水泵一般采用一用一备方案。

系统在增湿塔入口烟气达到某一温度时，控制柜得到该信号后发出相应控制信号，开启水泵向管路供水，并使电动三通阀、电动两通阀及电动调节阀通电工作。系统正常工作喷雾时，水由水箱泵出，经过电动三通构成的供水通路进入供水环管并到达回流式水枪。一部分水经喷嘴雾化喷出，用来给高温烟气降温增湿，其余未被雾化的水经水枪回流管进入回水环管，经电动调节阀返回水箱。电动调节阀是调节塔内喷水量的关键执行元件，因为水泵工作时电机转速是恒定不变的，这样总的供水量就不变，在总供水量一定的情况下，雾化水所占比例与回流水所占比例是此消彼涨的关系，只要通过控制调节阀的开启度来控制回流水量的多少，就可以间接控制喷水量的多少。塔内喷水量多少的控制，是依据增湿塔出口的温度变化情况定的，热电偶检测增湿塔出口温度经变送器变送为标准信号送给 PLC，对应输出一个控制信号，该信号就控制着电动调节阀的开启度，进而控制了喷水量的多少。

当窑系统启动后水泵就一直工作，调节阀也一直随增湿塔出口温度的变化做着调节，但当储水箱由于某种原因存水过少、水位过低时，水箱内的液位传感器就会给 PLC 发出报警信号，PLC 在接收到低水位信号后，同时处理以下几件工作：

① 发出一个开关量信号，使水泵停止供水。

② 发出一个开关量信号，使电动两通阀断电，这时电动两通阀因失电而开启，排水管路畅通，使已经到达水枪的水由排水管快速排出，以免这部分水在压力减小、又不能及时排出（因为调节阀的阀位随出口温度变化，不能保证需排水时正好全部打开）的情况下由喷嘴未经雾化直接流入增湿塔内。

③ 发出一个开关量信号，使电动三通阀断电，这时电动三通阀的供水通路关断而排水通路开通，其作用与电动两通阀的排水作用相同。当水位回升到一定高度时，系统又会重新启动水泵供水，各阀门再次切换至供水时的状态。

3.7 煤粉制备

新型干法回转窑熟料煅烧用煤粉，主要采用风扫式钢球磨（简称风扫磨）和立式磨将块煤磨碎，风扫磨运行稳定，操作维护简单，但粉磨效率低、能耗高、噪声大、工艺流程复杂；立式磨电耗比风扫磨低 10kW/t 以上，立磨体积小、工艺流程简单，但设备投资较高，操作维护技术要求高。

3.7.1 风扫磨

1. 构造及工作原理

风扫磨机属于球磨机系列，主要有进料装置、移动端滑履轴承（或主轴承）、回转部分、出料端主轴承、出料装置轴承润滑装置所组成，其特点是短而粗（长径比较小），一般为一个烘干仓（装有扬料板），一个粉磨仓（钢球作为研磨体），烘干仓与粉磨仓由双层隔仓板隔开。进、出料中空轴径大，磨尾没有出料篦板，通风阻力较小，能够进入大量的热风，烘干能力强，烘干水分可达 15%。出磨物料随风一起带出，进入粗粉分离器，将粗细粉分开，粗粉回到磨内继续粉磨，细粉入窑去燃烧。风扫磨机的构造如图 3-7-1 所示。

风扫磨的工作原理是：来自堆场并经过破碎的原煤，由带式输送机、斗式提升机送至磨头原煤仓，再由喂料机喂入风扫磨内，从冷却机抽取并经过初步净化的热风（温度为 300℃左右）也进入磨内，随着磨机筒体的旋转，含有水分的原煤与热风在磨进行热交换。当原煤进入磨机的烘干仓时，由于烘干仓内设有特制的扬料板将原煤扬起，使得原煤在此处进行强烈的热交换而得到烘干，烘干后的煤块通过设有扬料板的双层隔仓板进入粉磨仓。粉磨仓内装有研磨体（钢球），煤块在此仓内被粉碎、研磨成煤粉。在煤被研磨的同时，收尘器尾部的风机所产生的负压风将磨中被粉磨的煤粉带走，经过粗粉分离器把不符合细度要求的粗颗粒分离下来，经输送机从磨头喂入再粉磨，符合入窑燃烧的细颗粒煤粉随风进入旋风筒收集为成品，同磨尾除尘器收下的细煤粉一同输送至两个煤粉仓，经计量和输送设备分别送至窑头和分解炉用的煤仓。细粉分离器排出的气体进入除尘器，净化后再经排风机排出。

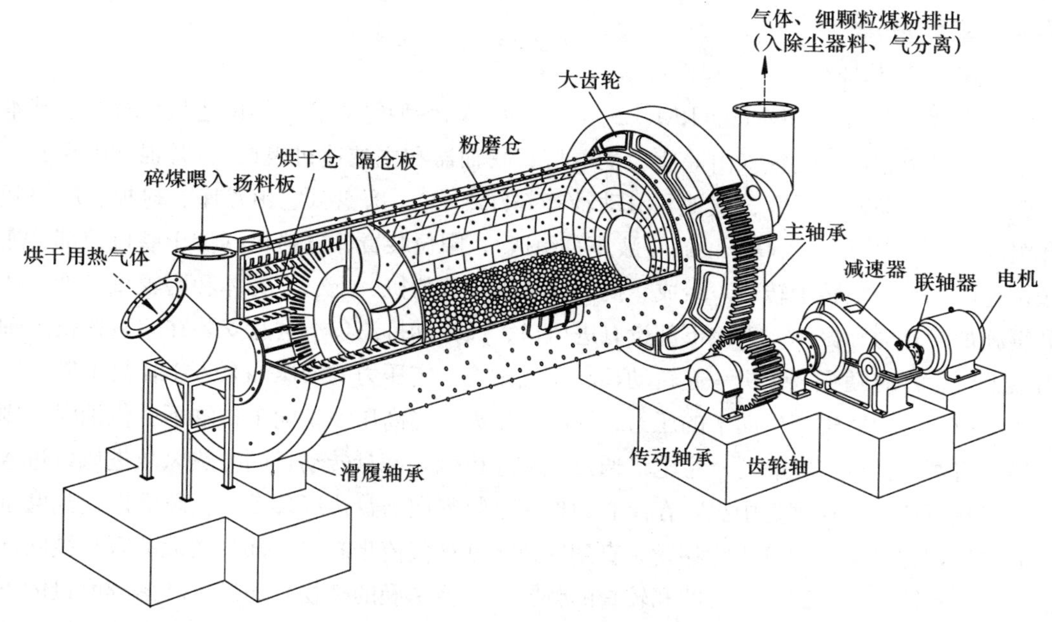

图 3-7-1　风扫磨机的构造

2. 风扫式煤磨的工艺流程

风扫磨工艺流程实际上是循环闭路粉磨，只是出磨煤粉借助于气力提升、输送和选粉，不需要单独设选粉机和提升机，出磨粗细粉的筛选设备及过程与生料闭路粉磨有所不同，如图 3-7-2 所示。

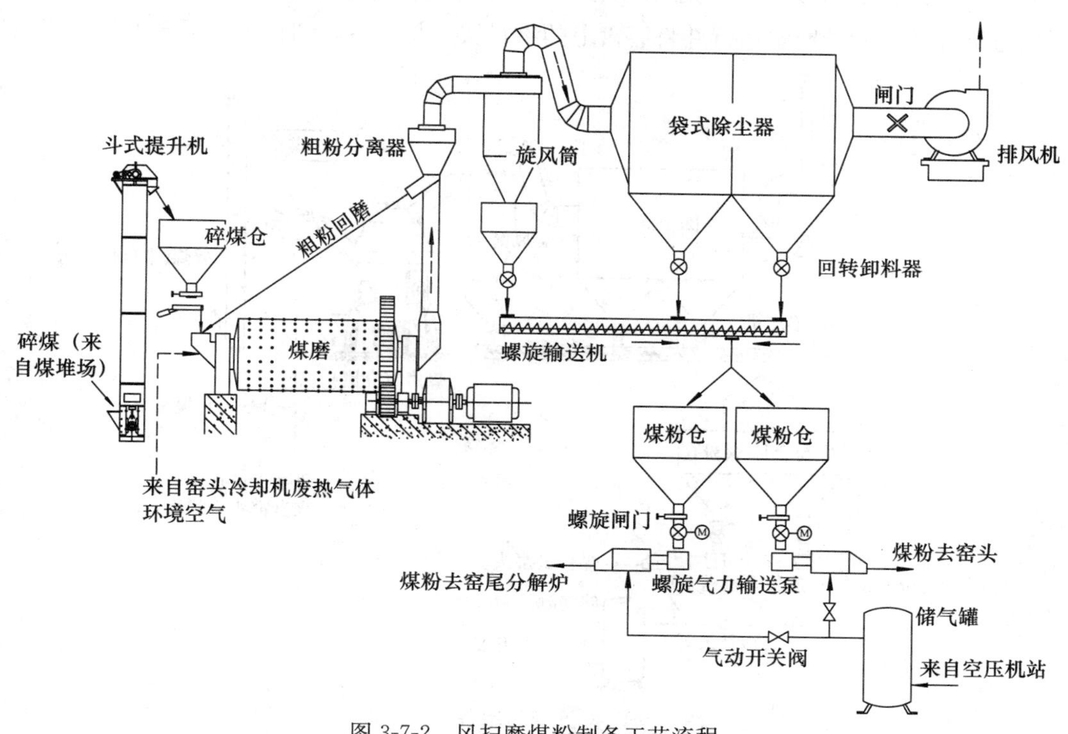

图 3-7-2　风扫磨煤粉制备工艺流程

3.7.2 立式煤磨

1. 构造及工作原理

立式煤磨大多采用 HRM、TRM、ZGM、LM、MPS 型等立磨，其构造与生料立磨基本相同，主要由机架、传动装置（由底座、主电机、联轴器和主减速机组成）、磨辊（由辊套、辊芯磨辊轴、轴承动臂、摇臂、横轴和滑动轴等部件组成）、磨盘（它由盘座、衬板、压块和挡料环组成）、加压装置（由高压油站、液压缸组成）、限位装置、选粉机（位于磨机顶部、通过变频调速电机来调整转子转速）组成。机架除了承受选粉机、上、下壳体和磨辊重量外，还承受磨辊施加的外力和振动。壳体下部设有进风口、风环和排渣口。磨盘安装在主减速机出轴的推力盘上，工作时随主减速机一起转动，高压油站将一定压力的液压油泵入工作缸上腔，工作缸产生一拉力，使磨辊产生向下的压力，即碾磨压力。当高压油站向工作缸下腔供油时，则产生一推力将磨辊抬起。粉磨时，主电机通过主减速机带动磨盘转动，同时热风从进风口进入磨机，物料从下料口落在磨盘中央，在离心力作用下物料向磨盘边缘移动，在碾磨区受到磨辊的碾压而粉碎，并继续向磨盘边缘移动，直到在风环处被气流带起，一部分较大的颗粒被吹回到磨盘上重新粉磨，另一部分更大的和较重的颗粒（包括坚硬的杂物）通过风环落到磨机的下壳体中，被刮料板刮入排渣口排出。粉状物料随气流一起进入分离器的分级区，在分离器转子叶片的作用下。其中的粗粉落回磨盘重新粉磨，合格的细粉则和气流一起经出风口出磨，并收集在收尘器中。物料中的水分在气固体接触过程中被烘干，产品达到要求的水分。

2. 立式煤磨的工艺流程

立磨工艺流程如图 3-7-3 所示。原煤经过破碎后由输送设备送至磨机上方中心喂入磨盘，通过磨盘转动带动磨辊运行并将磨盘上的物料碾压粉碎后，细料由自下至上的高速热风

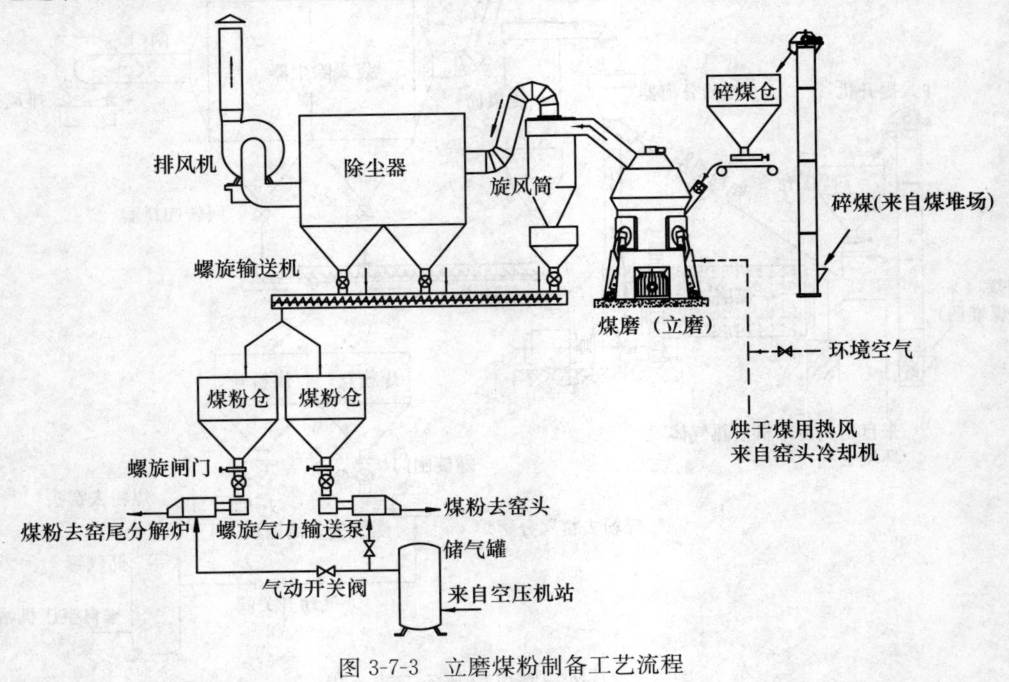

图 3-7-3　立磨煤粉制备工艺流程

带至设在磨机顶部的分离器分选，细度合格的煤粉随气体排出磨外，不合格（粗颗粒）煤粉则在自身重力作用下落回到磨盘上继续粉磨。

热风从冷却机中抽取，经过净化从磨机底部进入，使含有一定水分的原煤在磨内边烘干、边粉磨。随气体排出磨外的细度合格的煤粉，经旋风除尘器处理，净化后的气体经排风机排入大气，收集下来的细颗粒煤粉进入煤粉仓，再经计量和输送设备分别送至窑头和分解炉用的煤仓，供窑头和窑尾分解炉使用。

3.7.3　关于煤磨用热风

原煤含有一定的水分，在磨制成细粉（供窑头喷煤管和窑尾分解炉）的同时需要烘干，烘干所需热风来从窑头冷却机中抽取。在抽取的热风中含有一些熟料细颗粒，这会对风管、弯头等部件造成磨损，同时也会影响煤粉的质量，致使热工制度不稳定，给正常煅烧带来影响，因此必须对热风进行初步净化。净化一般采取沉降方式，在冷却机和煤磨之间制作一个类似旋风除尘器形状的沉降室即可。在冷却机到沉降室的这一段管道，由于高温氧化严重、磨损也比较严重，因此可以加大管径，在保证截面积的情况下，在内壁浇注料，同时由于煤粉磨的特殊性，在工艺设计时生产能力要求大于煅烧所需煤粉的需要量，粉磨过程中会经常停机，使得热风管时冷时热，为补偿管道的热胀冷缩。并在管道的适当部位加伸缩节，以消除热胀冷缩带来不利的影响。在沉降室至煤磨这一段，为了保证入磨风温，减少热损失，必要时要对风管进行外部保温。为了防止温度过高，根据工艺需要安装冷热阀门进行调整。

3.7.4　煤粉输送

块煤进厂后首先要破碎成小碎块，之后晾晒、均化，再经煤磨磨成煤粉，就可以入窑去煅烧熟料了。输送块煤、碎煤的一般采用带式输送机输送，小块碎煤也可以用螺旋输送机、斗式提升机（垂直提升）输送，出磨煤粉一般采用螺旋输送机、空气输送斜槽、斗式提升机输送，这类输送设备在“2.7 生料制备系统中的物料输送”中做了介绍。如果将供煅烧熟料用的煤粉送到回转窑的窑头及窑尾分解炉内，这段距离较长，螺旋输送机、空气输送斜槽都够不上，需要用螺旋气力输送泵或仓式气力输送泵来完成较长距离、既能水平输送、又能倾斜和竖直向上的输送的任务。

1. 螺旋气力输送泵

螺旋气力输送泵可以把空气输送斜槽和气力提升泵合作共同完成的输送任务独自担当起来，适用于煤粉同时也适用于水泥、生料等粉状物料的输送，属于压送气力输送设备中的高压输送设备。

螺旋气力输送泵（简称螺旋泵）的构造如图 3-7-4 所示。在螺旋轴上装有螺旋叶片，被套筒密闭在里面，左部装在轴承箱内，端部通过联轴节与电动机直联（转速为 900～1000r/min）。物料从料仓出口经由螺旋闸门喂入螺旋中，被推送到卸料口，卸入混合室内。在混合室下部装有两排喷嘴，压缩空气通过喷嘴喷入混合室，与物料混合并进入输送管道。

混合室内压缩空气压力较高，容易造成气料沿着螺旋与套筒向入料口倒流。为防止气料倒流，螺旋制造成变螺距螺旋，螺距向出料口方向逐渐减小，出料口螺距比入料口螺距小

30％，使物料在螺旋内被逐渐挤紧，在出料口形成密实的料栓，这样可阻止气料倒流。尽管出料口已形成具有一定密实性的料栓可阻止气料倒流，但如果出现供料不足或中断时，气料还是有可能倒流。因此在出料口处装有带配重的阀门，并装有杠杆和重锤，使阀门对出料口保持一定的压力。当料栓被推挤到比较密实时，顶开阀门卸出，在供料不足或中断时，阀门则及时关闭。

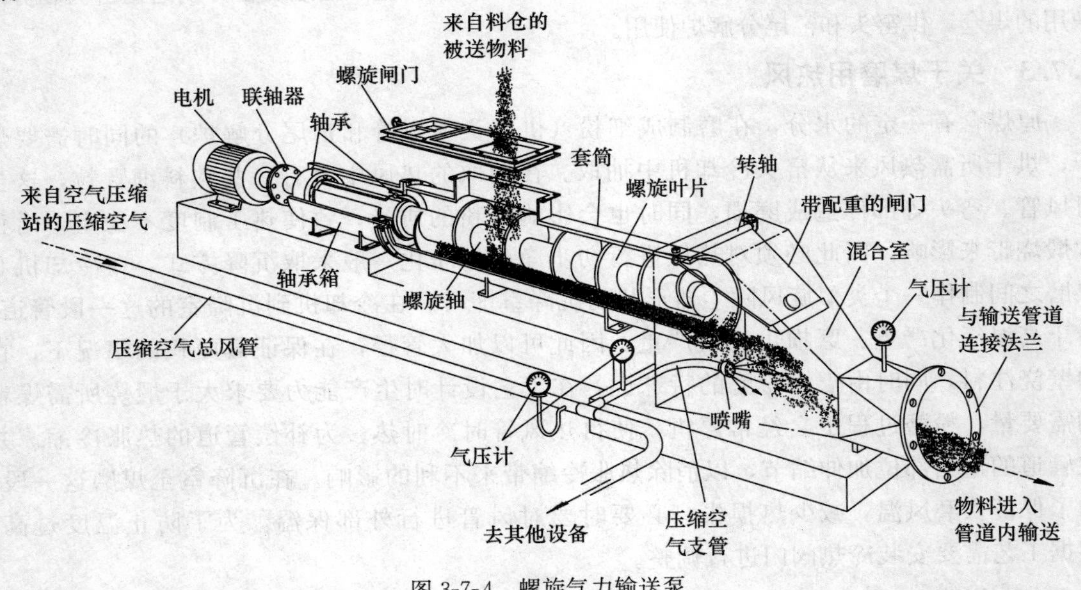

图 3-7-4　螺旋气力输送泵

螺旋气力输送泵所需要的压缩空气由空气压缩机提供气源，借助管道和阀门的支持，既能水平输送，又能倾斜向上和竖直向上输送物料，可谓两项全能。

2. **仓式气力输送泵**

仓式气力输送泵（简称装置，按泵体个数分为单仓泵和双仓泵两种形式，按输送管道从泵体上引出的位置不同，又分为底部送料仓式泵（下引式）和顶部送料仓式泵（上引式）两种送料方式。仓式泵具有同螺旋气力输送泵一样的功能，可以完成对水泥、生料、煤粉等粉状物料及小的粒状物料的水平、倾斜向上或垂直向上输送任务。图 3-7-5 是双仓、上引式气力输送泵仓式泵）是在高压下（约 700kPa 以下）输送粉状物料的一种高压气力输送。

仓式气力输送泵主要由进料阀、卸料阀和控制系统等组成。在向泵内装料之前，料仓内已装有被输送物料，进料和排料阀门都是关闭的。向输送管道送料时，进料阀气缸内的活塞被压缩空气推到下部，活塞杆带动短摇臂和长摇臂把锥阀推向上方，与橡胶圈压紧，使进料阀关闭，停止进料。此时打开卸料阀开始卸料，泵内物料卸空后，卸料阀自动关闭，打开进料阀，开始新一轮装料。进料与卸料阀门由控制系统采用气动控制。单仓泵只有一个泵体，装料时不能发送物料，发送物料时停止装料，进料和输送操作是间断进行的；双仓泵有两个泵体，一个泵体装料时，另一个泵体卸料，进料和输送操作交替进行，所以可以连续送料。

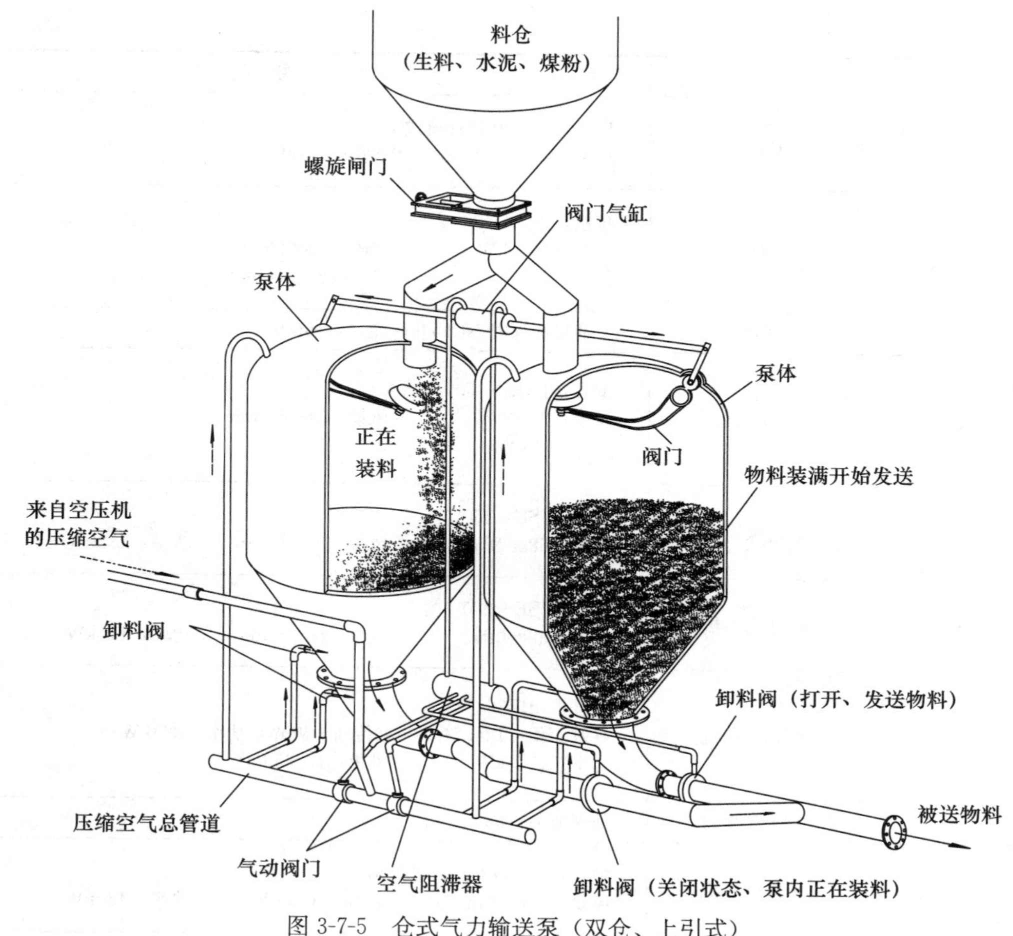

图 3-7-5 仓式气力输送泵(双仓、上引式)

3.8 熟料煅烧系统主机配置及工艺流程

煤磨与收尘、输送设备等组成了一个煤粉制备系统，在熟料煅烧整个系统中，它算是一个小系统，与窑尾预分解系统(预热器、分解炉)、窑尾除尘器、增湿塔、回转窑、冷却机、喷煤管、煤磨、输送设备等共组成了熟料煅烧大系统，表 3-7-1 是某厂 5000t/d 熟料煅烧系统主机配置情况，图 3-7-6 是该厂预分解窑与立式煤磨所构成的熟料煅烧工艺流程，图 3-7-7是某厂预分解窑与风扫煤磨所构成的熟料煅烧工艺流程。

表 3-7-1 某厂 5000t/d 熟料煅烧系统主机配置

序号	类别	技术参数
01	高温风机	型号：W6－2×38№31.5F 风量：853000m^3/h 风压：7200Pa 功率：2500kW
02	预热器	规格(mm)：C_1：4－Φ5000；C_2：2－Φ6900；C_3：2－Φ6900；C_4：2－Φ7200；C_5：2－Φ7200

续表

序号	类别	技术参数
03	分解炉	形式：在线喷旋管道式 规格（mm）：Φ7500×31000＋45000
04	回转窑	规格：Φ4.8×74 功率：6300kW　　产量：5000t/d 斜度：4%　　最大转速：4r/min
05	煤粉燃烧器	三通道喷煤管 NC15Ⅱ，能力：15t/h
06	一次风机	型号：JARF－300 风压：22500Pa　　风量：170m³/min 功率：90kW
07	炉送煤风机	型号：JSE－250 风压：58800Pa　　风量：92m³/min　　功率：132kW
08	窑送煤风机	型号：JSE－250 风压：58800Pa　　风量：80m³/min　　功率：110kW
09	篦式冷却机	型号：LBT36356 有效面积：124.74m²　　（传动＋破碎）功率：293kW 功率：1700kW　　风量：447359m³/h
10	窑头除尘器	处理能力：580000m³/h
11	窑头排风机	型号：X4－73－11№29.5F 风量：575000m³/h　　风压：1500Pa　　功率：450kW
12	立式煤磨	入磨粒度：≤50mm 入磨水分：≤10% 成品细度：12%～14%R80μm 成品水分：≤1% 装机功率：560kW　　生产能力：45t/h

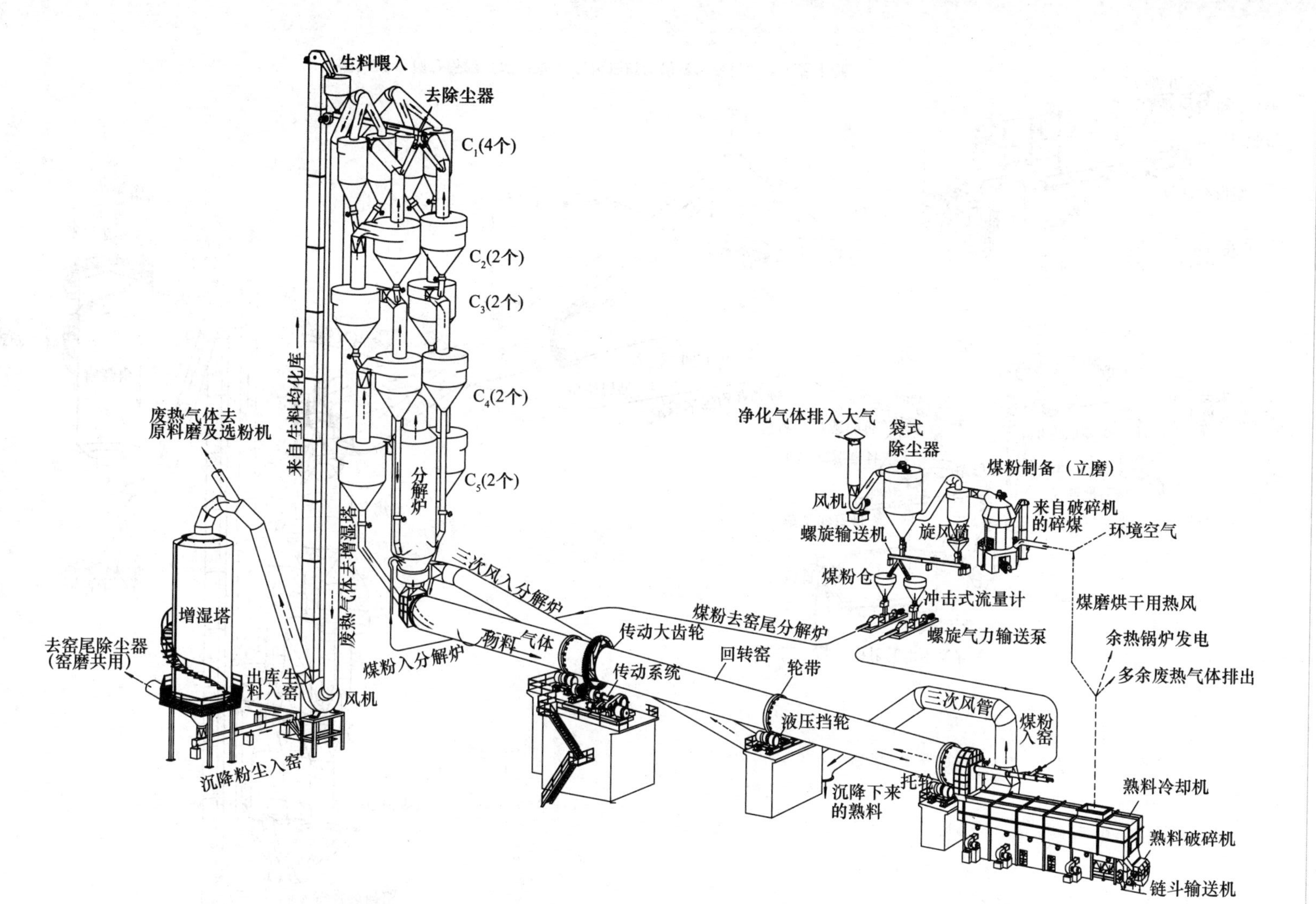

图3-7-6　预分解窑(NDST炉）与立式煤磨所构成的熟料煅烧工艺系统

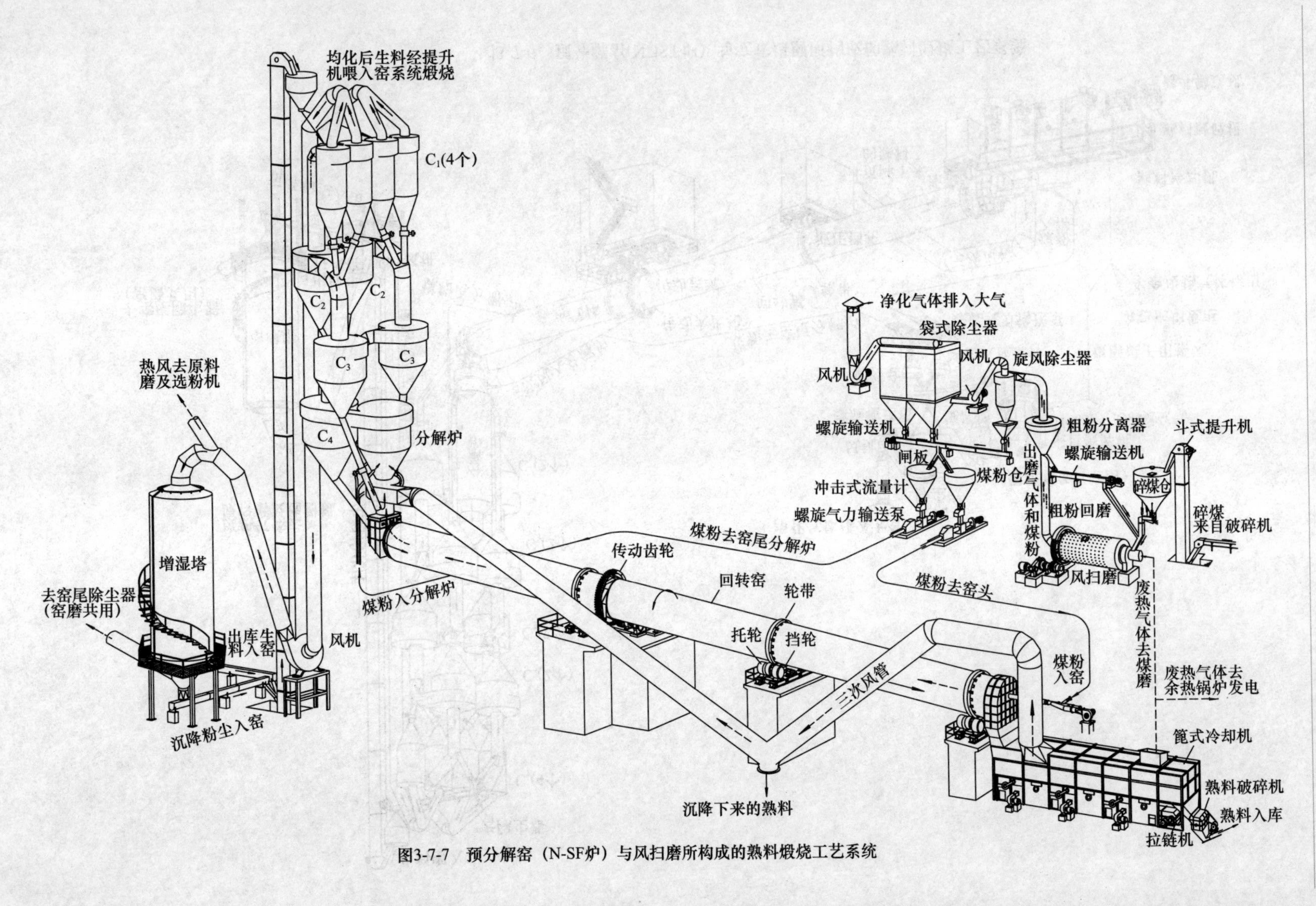

图3-7-7　预分解窑（N-SF炉）与风扫磨所构成的熟料煅烧工艺系统

4 水泥制成

水泥熟料煅烧完成后，进入下一道工序——磨制水泥。但是水泥不只是完全的熟料磨成的，还要加入少量的石膏（主要是调节水泥加水拌合后的凝结时间）和矿渣、火山灰、粉煤灰、石灰石等混合材。水泥制成是将水泥熟料、石膏以及混合材料（提高水泥产量、降低成本、改善和调节水泥的某些性能）进行合理配比，经磨细后制成符合质量要求的水泥产品。水泥制成包括对湿矿渣的烘干、水泥粉磨后的储存、均化、水泥发运等这一系列的过程，其中水泥粉磨是水泥制成中的重要工艺过程，如图 4-1-1 所示。

4.1 水泥材料组成及要求

水泥粉磨所处理的物料主要是水泥熟料及适量的石膏及一定比例的混合材料(表 4-1-1)，将这些材料粉磨至一定细度，即成为水泥。水泥组分材料及要求、配比、水泥粉磨细度与颗粒级配等决定着水泥质量。

表 4-1-1 水泥的主要组分

序号	水泥品种	主要组分
01	通用硅酸盐水泥	硅酸盐水泥熟料、适量石膏及规定的混合材料
02	中热硅酸盐水泥	适当成分的硅酸盐水泥熟料、适量石膏
03	低热硅酸盐水泥	适当成分的硅酸盐水泥熟料、适量矿渣、适量石膏
04	快硬硅酸盐水泥	硅酸盐水泥熟料、适量石膏
05	硫铝酸钙改性硅酸盐水泥	适当成分的硅酸盐水泥熟料、少量硫铝酸钙
06	抗硫酸盐水泥	硅酸盐水泥熟料、适量石膏
07	白水泥	氧化铁较少的硅酸盐水泥熟料、适量石膏
08	道路水泥	道路硅酸盐水泥熟料、0%～10%活性混合材料、适量石膏
09	砌筑水泥	活性混合材料、适量硅酸盐水泥熟料、适量石膏
10	油井水泥	适当成分的硅酸盐水泥熟料、适量石膏、适量混合材料
11	铝酸盐水泥	铝酸钙为主要成分、氧化铝含量＞50%的水泥熟料
12	硫铝酸盐水泥	无水硫酸钙、硅酸二钙为主要成分的水泥熟料
13	铁铝酸盐水泥	以铁相、无水硫酸钙、硅酸二钙为主要成分的水泥熟料
14	磷渣硅酸盐水泥	硅酸盐水泥熟料、粒化电炉磷渣（20%～50%）、适量石膏

从表 4-1-1 可以看出，在序号 01～10 的水泥组分中都离不开硅酸盐水泥熟料，而且“01 通用硅酸盐水泥”中还包含着产量最大、应用最广泛的六个系列品种的硅酸盐水泥，我们把硅酸盐水泥系列产品通称为第一系列水泥，第二系列水泥为铝酸盐系列水泥，第三系列水泥为硫铝酸盐水泥和铁铝酸盐水泥以及它们派生的其他水泥。

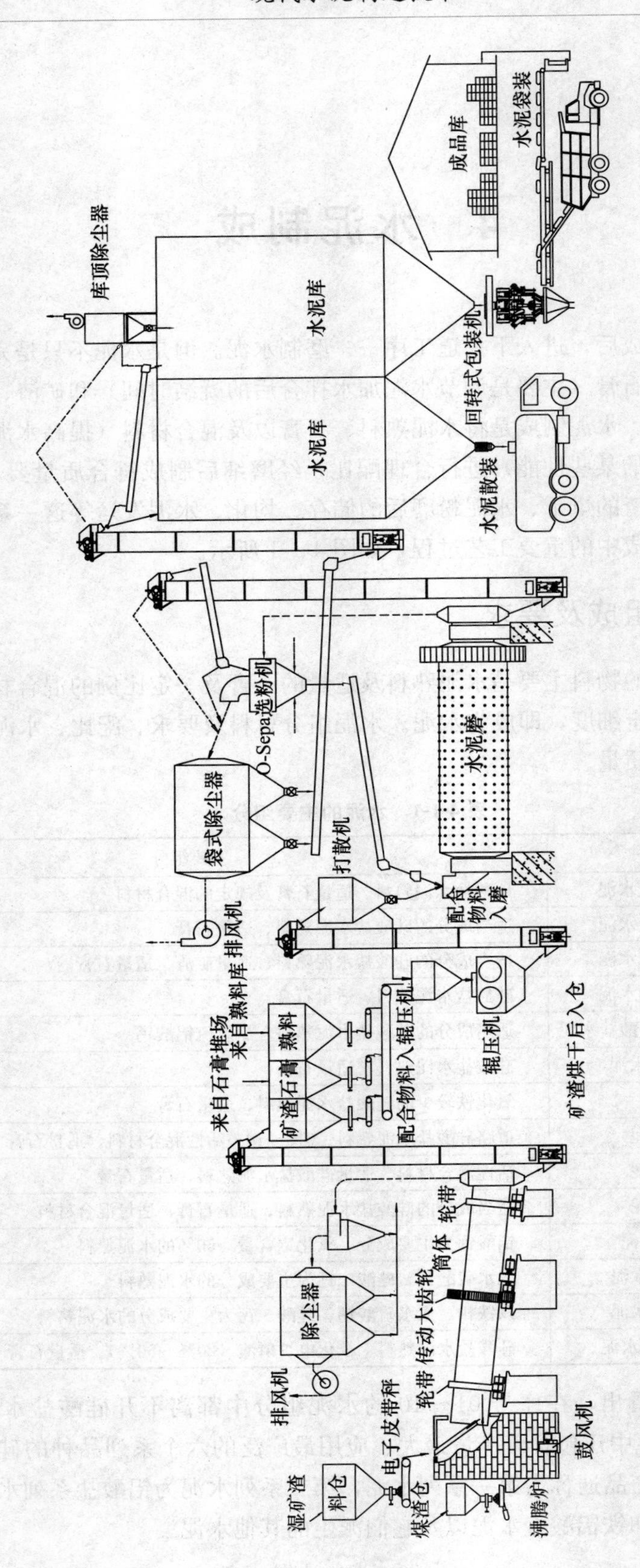

图4-1-1 水泥制成工艺流程

4.1.1 水泥熟料

水泥熟料按用途和特性分为：通用水泥熟料、低碱水泥熟料、中抗硫酸盐水泥熟料、高抗硫酸盐水泥熟料、中热水泥熟料和低热水泥熟料，产量最大、应用最广泛的硅酸盐水泥熟料是一种由主要含 CaO、SiO_2、Al_2O_3和 Fe_2O_3的原料按适当比例配合磨成细粉经过高温煅烧至部分熔融所得到的以硅酸钙为主要成分的水硬性胶凝材料，是各种硅酸盐水泥的主要组分材料，各品种和强度等级的熟料是决定生产水泥品种、性能和质量的主要组分。关于水泥熟料的化学成分、矿物组成及性能等已经在前面的“2.4.2 中 1. 水泥熟料的化学组成”和“2.4.2 中 2. 熟料矿物组成”介绍过，在此不再复述。

4.1.2 石膏

水泥生料经过高温煅烧后所得以硅酸钙为主要成分的、结构致密的粒状水泥熟料，与适量的石膏及混合材一起再次入磨磨制成水泥。在水泥磨中加入适量的石膏（通常使用的是天然二水石膏 $CaSO_4 \cdot 2H_2O$，也可将天然无水石膏与天然二水石膏混合使用，或采用脱硫石膏），能延缓水泥的凝结时间。这是因为熟料中的 C_3A 矿物与水作用后，生成大量的薄片状的水化铝酸钙长在水泥颗粒上，互相粘连成桥，形成松散多孔结构，使水泥快凝。如果在水泥中加入石膏，加水后铝酸钙与之生成难溶于水的水化硫铝酸钙，在一定时间段内阻碍水与未水化熟料矿物的继续反应，这样水泥就不会快凝了，可以满足建筑工程进度（混凝土搅拌、运输、振捣、砌筑等工序）的要求。

（1）天然石膏

天然石膏是石膏矿和硬石膏的总称。

① 石膏

石膏是以二水硫酸钙（$CaSO_4 \cdot 2H_2O$）为主要成分的天然矿石，用 $CaSO_4 \cdot 2H_2O$ 的质量百分含量表示其品位。在二级以上，即：$CaSO_4 \cdot 2H_2O \geqslant 75\%$。

② 硬石膏

硬石膏是以无水硫酸钙（$CaSO_4$）为主要成分的天然矿石，也称无水石膏。该产品以无水硫酸钙（$CaSO_4$）与二水硫酸钙 $CaSO_4 \cdot 2H_2O$）的质量百分含量之和表示其品位，且：

$$\frac{CaSO_4}{CaSO_4 + CaSO_4 \cdot 2H_2O} \geqslant 80\% \text{（质量比）} \tag{4-1-1}$$

无水石膏不能单独用于水泥粉磨的掺合料，可与二水石膏混合使用，二者的 $CaSO_4$ 与 $CaSO_4 \cdot 2H_2O$ 之和的质量分数在二级以上，即：

$$\frac{CaSO_4}{CaSO_4 + CaSO_4 \cdot 2H_2O} < 80\% \text{（质量比）} \tag{4-1-2}$$

各类产品按其品位分级，如表 4-1-2 所示。

（2）工业副产石膏

工业副产石膏包括脱硫石膏、磷石膏、柠檬酸石膏、氟石膏、硼石膏、钛石膏、盐石膏等，在大多数情况下，工业副产石膏基本为二水石膏或半水石膏，无水石膏很少。我国副产石膏种类多、排放量大，可以替代部分或全部二水石膏作为水泥的缓凝剂，是工业废渣的利用、降低水泥生产成本的一种行之有效的途径。

与天然石膏不同的是，天然石膏是块状的，工业副产石膏是潮湿的粉体，用作水泥的缓凝剂时要将水分干燥至相应的要求。

表 4-1-2　各类石膏产品的品位及分级

产品名称	石膏（G）	硬石膏（A）	混合石膏（M）
品位（%） 级别	$CaSO_4 \cdot 2H_2O$	$CaSO_4 + CaSO_4 \cdot 2H_2O$ ［且 $CaSO_4$/（$CaSO_4 + CaSO_4 \cdot 2H_2O$）≥0.80（质量比）］	$CaSO_4 + CaSO_4 \cdot 2H_2O$ ［且 $CaSO_4$/（$CaSO_4 + CaSO_4 \cdot 2H_2O$）$<$0.80（质量比）］
特级	≥95%	—	≥95%
一级	≥85%		
二级	≥75%		
三级	≥65%		
四级	≥55%		

（3）石膏的掺加量

将熟料磨制水泥时，石膏的掺加量应通过试验来确定（要选择凝结时间正常、能满足其他性能要求的 SO_3 掺加量作为最佳石膏掺加量）。若水泥中石膏的掺加量不足，加水拌合成混凝土时往往会加快水泥的“快凝”“急凝”“闪凝”，使施工难以进行。因此在国家标准中规定了水泥初凝不得早于一定的时间；而当石膏掺加量过多时，则对水泥的缓凝起不到作用，而且还会对已硬化的水泥浆体（水泥石）产生消弱强度的膨胀应力，甚至造成安定性不良，因此国家标准要求水泥中 SO_3 含量要控制在一定的范围之内，通常 SO_3 含量波动在1.5%～2.5%之间，换算成 $CaSO_4 \cdot 2H_2O$ 为2.93%～4.88%。

对矿渣水泥来说，石膏还具有激发强度的作用。但石膏的掺入也不能过多，否则会影响到水泥的安定性，这是因为石膏中的 SO_3 同水化铝酸钙作用而形成的水化硫铝酸钙，会使体积显著增加，从而导致建筑物的崩裂。通用硅酸盐水泥国家标准规定，除矿渣硅酸盐水泥石膏掺加量以 SO_3 计允许不超过4.0%，其他品种均不得超过3.5%。一般说来，熟料中的 C_3A 含量较多时，应多加些石膏。各厂应根据熟料成分、混合材掺加量来确定石膏掺加量。

4.1.3　混合材料

在磨制水泥时，按照国家标准规定，对于某些品种水泥允许掺入一定数量的不需经过煅烧的混合材料（如矿渣、火山灰、粉煤灰、石灰石等），混合材料主要是各种工业废渣及天然矿物质材料，这类材料不参与生料制备和熟料煅烧，只是在水泥制成这一环节在硅酸盐水泥熟料中掺入适量的混合材料磨制不同品种水泥，还可以将它们单独粉磨成符合细度要求的矿粉，直接掺到磨制好的硅酸盐水泥中，再进行均化，得到不同品种的硅酸盐系列水泥，提高了水泥产量，而且还能改善水泥的安定性，提高混凝土的抗蚀能力，降低水泥的水化热等，同时还能调节水泥标号，生产多品种水泥，满足各项工程的需要；综合利用工业废渣，减少环境污染，实现水泥工业的生态化。

用于水泥中混合材料的种类很多，分类法也不尽相同，根据来源可分为天然混合材料（如火山灰）和人工混合材料（主要是工业废渣，如粒化高炉矿渣、粉煤灰等）；但通常是根据混合材料的性质及其在水泥水化过程中所起的作用，分为活性混合材料和非活性混合材料两大类：

（1）活性混合材料

凡天然或人工制成的（具有火山灰性的）矿物质材料，磨成细分，加水后其本身不硬化（或者硬化得十分缓慢），但与石灰混合，加水调和成胶泥状态，不仅能在空气中硬化，并能继续在水中硬化，这类材料，称为活性混合材料或水硬性混合材料，如粒化高炉矿渣、火山灰质混合材料和粉煤灰等。

（2）非活性混合材料

非活性混合材料不具备（或具有微弱的）水硬性，它的质量活性指标不符合标准要求的潜在水硬性或火山灰性的水泥混合材料，实际上是一种填充性混合材料，掺入水泥中主要起调节水泥强度、节约熟料用量的作用。这类混合材有：石英砂、石灰石、白云石、砂岩、未水淬的高炉矿渣和低活性的炉渣等。

混合材的掺入量在国家标准中规定了一定的范围。对于某一水泥厂来讲，具体掺入多少要由熟料和混合材的质量及水泥的标号来确定。一般来说，掺入混合材后，水泥中的 C_3S、C_3A 等各种矿物就相对减少了，早期强度降低。为了确定适当的混合材的掺加量，应在不同的掺入比例下做水泥性能实验，确定出合理用量，表 4-1-3 是可用作水泥的混合材料。

表 4-1-3 可用作水泥混合材料一览表

<table>
<tr><th>类别</th><th colspan="2">活性混合材料</th><th>非活性混合材料</th><th>其他</th></tr>
<tr><td>天然材料</td><td colspan="2">火山灰、凝灰岩、浮石、沸石岩、硅藻土、硅藻石、蛋白石</td><td>砂岩、石灰石</td><td></td></tr>
<tr><td rowspan="2">人工材料或工业废渣</td><td>潜在水硬性类</td><td>粒化高炉矿渣、锰铁矿渣、化铁炉渣、精炼铬铁渣</td><td rowspan="2">活性指标不符合要求的粒化高炉矿渣、粉煤灰、火山灰质混合材料；粒化高炉钛矿渣、块状矿渣、铜渣</td><td rowspan="2">窑灰
钢渣</td></tr>
<tr><td>火山灰质类</td><td>粉煤灰、燃烧后的煤矸石、沸腾炉渣、烧结岩、烧黏土</td></tr>
</table>

在硅酸盐系列水泥品种中，用量最大的混合材料是粒化高炉矿渣和粉煤灰。

1. 粒化高炉矿渣

高炉矿渣是冶炼生铁时从高炉中排出的一种废渣，其产量一般为生铁产量的25%～50%。在高炉冶炼生铁时，在原料中除了铁矿石和燃料（焦炭）外，为了降低冶炼温度，还要加入相当数量的石灰石和白云石作为助熔剂。当炉温达到1400～1600℃时，与铁矿石发生高温反应，生成铁水和以硅酸钙（镁）与铝酸钙（镁）为主要组成的矿渣，其密度为 2.3～2.8g/cm^3，因比铁水轻，所以漂浮在铁水上面，定期从排渣口排出后，经冷水急冷处理成为 0～5mm 的粒状颗粒，所以称之为粒化高炉矿渣。经冷水急冷处理后的矿渣水分较大，运到水泥厂后的水分仍然非常大，需要用烘干机烘干后才能入磨粉磨，具体工艺过程及要求见下面的“4.2 矿渣烘干”。用于水泥中的粒化高炉矿渣，国家标准（GB/T 203—

2008）定义为：凡在高炉冶炼生铁时，所得以硅铝酸盐为主要成分的熔融物，经淬冷成粒后，即为粒化高炉矿渣（简称矿渣）。国家标准对矿渣等级、技术要求也做了相应规定。

（1）化学成分

矿渣的主要化学成分是SiO_2、Al_2O_3、CaO等氧化物（三种合计一般总量＞90%）及少量的MgO、MnO、Fe_2O_3和FeO、硫化物如CaS、MnS、FeS等。某些特殊情况下由于矿石成分的关系，矿渣中还有可能含有TiO_2、P_2O_5、氟化物等。根据矿石与熔剂的成分、冶炼生铁的品种、高炉操作控制的要求不同，高炉矿渣的化学成分与水泥熟料接近，只是CaO的含量低。表4-1-4是我国部分钢铁厂矿渣的化学成分。

表4-1-4　我国部分钢铁厂粒化高炉矿渣的化学成分（质量分数%）

序号	厂名	CaO	SiO_2	Al_2O_3	MgO	FeO（Fe_2O_3）	MnO	S	合计
01	鞍钢	42.66	38.28	8.40	7.40	1.57	0.48	—	98.79
02	鞍钢	39.23	32.27	9.90	2.47	2.25	11.95	0.72	98.76
03	本钢	43.65	40.10	8.31	5.75	0.96	1.13	0.23	100.13
04	本钢	43.30	41.47	6.41	5.20	2.08	0.99	—	99.45
05	武钢	38.70	38.83	12.92	4.63	1.46	1.95	0.05	98.54
06	重钢	33.15	27.02	15.13	2.31	2.08	17.74		97.43

各种粒化高炉矿渣的化学成分差别较大，即使同一工厂的矿渣，化学成分也不完全一样，表4-1-5是高炉矿渣化学成分的波动范围。

表4-1-5　高炉矿渣化学成分的波动范围（质量分数%）

化学成分	CaO	SiO_2	Al_2O_3	MgO	FeO	MnO	TiO_2	S
波动范围	35～46	26～42	6～20	4～13	0.2～1	0.1～1	＜2	0.35～2

粒化高炉矿渣作为混合材制造水泥时，矿渣中的Al_2O_3和CaO含量越高（一般来讲，含Al_2O_3＞12%和CaO＞40%），SiO_2含量越低，则活性越大，制造矿渣水泥的强度效果越好。但CaO含量过高时，矿渣形成的熔体黏度降低、活性也会下降。

（2）矿物组成

矿渣是在高炉冶炼生铁时所得以硅酸盐与硅铝酸盐为主要成分的熔融物，在从出渣口排出时对其快速冷却即淬冷时，高温熔融矿渣中的矿物相绝大多数来不及结晶，从而保留了高温状态下的离子、原子、分子的无序状态即玻璃体，随后便冷凝成0～5mm的颗粒状矿渣。粒化高炉矿渣主要由玻璃体组成，这些玻璃相主要是硅酸钙和铝硅酸钙微晶，其晶格排列不整齐，是有缺陷、扭曲的处于介稳态的微晶子，具有较高的化学潜能和活性。实验及生产实践表明，在化学成分大致相同的条件下，玻璃体含量越高，活性也越高，即急冷好的粒化高炉矿渣活性强。

（3）活性激发

磨细的粒化高炉矿渣单独与水拌合时，反应极慢，得不到足够的强度。但在$Ca(OH)_2$溶液中能发生水化反应，而在饱和的$Ca(OH)_2$溶液中反应更快，并产生一定强度，表4-1-6为不同条件下水化后的矿渣强度。

表 4-1-6 矿渣在不同条件下水化后的强度

编号	配比（%）				28d 抗压强度（MPa）
	矿渣	石灰	水泥熟料	石膏	
01	100.0	—	—	—	0.0
02	92.5	—	—	7.5	0.0
03	80.0	20.0	—	—	18.5
04	47.7	—	47.7	4.6	46.8
05	74.5	—	15.0	10.5	62.8

表 4-1-6 中的数据表明，矿渣在不同条件下所呈现的胶凝性能相差很大。这说明矿渣潜在能力的发挥，必须以含有氢氧化钙的液相为前提。这种能造成氢氧化钙液相以激发矿渣活性的物质称为碱性激发剂，它能破坏矿渣玻璃体的表面结构，十分易于渗入并进行水化，使矿渣颗粒分散和解体，产生有胶凝性的水化硅酸钙和水化铝酸钙，常用的激发剂有石灰和硅酸盐水泥熟料。

在含有氢氧化钙的碱性介质中，加入一定数量的硫酸钙，能使矿渣的潜在活性较为充分地发挥出来，产生比单独加碱性激发剂时高得多的强度，这一类物质称为硫酸盐激发剂。碱性介质促使矿渣颗粒的分散、解体，并生成水化硅酸钙和水化铝酸钙，而硫酸钙的掺入，能进一步与矿渣中活性氧化铝化合，生成水化硫铝酸钙，能使强度进一步提高。常用的硫酸盐激发剂是二水石膏（$CaSO_4 \cdot 2H_2O$）、半水石膏（$CaSO_4 \cdot \frac{1}{2}H_2O$）及无水石膏（$CaSO_4$）。

2. 火山灰质混合材料

用于水泥中的火山灰质混合材料，国家标准（GB/T 2847—2005）定义为：凡天然的或人工的以氧化硅、氧化铝为主要成分的矿物质材料，磨成细粉和水后本身并不硬化，但与气硬性石灰混合，加水拌合成胶泥状态后，能在空气中硬化，而且能在水中继续硬化的，称为火山灰质混合材料。国家标准对火山灰质混合材的分类、技术要求也做出了相应规定。

火山灰质混合材料按其成因分为天然的和人工的两类：

（1）天然的火山灰质混合材料

① 火山灰：火山喷发的细粒碎屑的疏松沉淀物。

② 凝灰岩：由火山灰沉积形成的致密岩石。

③ 沸石岩：凝灰岩经环境介质作用而形成的一种以碱或碱土金属的含水铝硅酸盐矿物为主的岩石。

④ 浮石：火山喷出的多孔的玻璃质岩石。

⑤ 硅藻土和硅藻石：由极细致的硅藻介壳聚集、沉淀而成的岩石。

（2）人工的火山灰质混合材料

① 煤矸石：煤层中炭质页岩经自燃或煅烧后的产物。

② 烧页岩：页岩或油母页岩经煅烧或自燃后的产物。

③ 烧黏土：黏土经煅烧后的产物。

④ 煤渣：煤炭燃烧后的残渣。

⑤ 硅质渣：由矾土提取硫酸铝的残渣。

（3）火山灰质混合材料的化学成分

火山灰质混合材料的化学成分以SiO_2、Al_2O_3氧化物为主，其含量占70%左右，而CaO含量较低，矿物组成随其成因变化较大。表4-1-7是我国部分火山灰质混合材的化学成分。

表4-1-7 我国部分火山灰质混合材的化学成分（质量分数%）

序号	名称	烧失量	SiO_2	Al_2O_3	Fe_2O_3	CaO+MgO	R_2O	SO_3	合计
01	火山灰	1.82	45.51	16.50	11.86	18.73	5.42	—	99.84
02	凝灰岩	3.77	74.29	13.38	1.82	2.01	3.88	0.21	99.36
03	沸石岩	12.95	67.02	11.11	0.67	3.74	3.85	0.03	99.37
04	硅藻土	5.10	77.90	11.30	2.60	1.80	—	—	98.70
05	煤矸石	2.19	56.66	22.79	7.05	7.40	2.30	1.47	99.86
06	烧页岩	1.85	60.63	23.24	9.46	2.37	1.78	0.63	99.96
07	烧黏土	4.25	66.34	20.42	5.53	1.79	1.64	—	99.97

除矿渣和火山灰质混合材外，粉煤灰除了可以做原料配料以外还是很好的混合材，可以添加在水泥熟料中制造粉煤灰硅酸盐水泥，国家标准GB/T 1596—2005对粉煤灰的定义为：电厂煤粉炉烟道气体中收集的粉末称为粉煤灰，其化学组成已在前面的“2.1.5中2.粉煤灰”中介绍过。

4.1.4 水泥组成材料的配比

在磨制水泥时，其相应的组成材料要按照比例配合入磨。不同品种的水泥，组成材料的配比不同；同一品种的水泥，采用不同组成材料的配比，其质量也有区别。在设计和探索配比方案时，应考虑下列因素：

（1）水泥品种

首先必须符合国家标准对不同品种水泥组成材料的种类和比例的明确规定。

（2）水泥强度等级

同品种同强度等级的水泥，质量好的熟料可适当多配混合材，以减少熟料比例，降低成本。

（3）水泥组成材料的种类

在符合国家标准规定的前提下，水泥中随粒化高炉矿渣掺量的增加，三氧化硫含量控制指标可适当提高。

（4）水泥控制指标要求

在通用硅酸盐水泥国家标准（GB 175—2007）中，对通用硅酸盐水泥（硅酸盐水泥、普通硅酸盐水泥、矿渣硅酸盐水泥、火山灰质硅酸盐水泥、粉煤灰硅酸盐水泥、复合硅酸盐水泥）的组分、材料等控制指标提出了具体要求。

综合考虑上述因素，设计几个不同的方案，在实验室进行小磨试验，获取对比数据，确定最优配比方案，用于实际生产。并在实际生产控制中不断总结，调整配比，达到最佳配合比。

4.1.5　水泥粉磨细度

水泥细度是表示水泥被磨细的程度或水泥分散度的指标，水泥是由诸多级配的水泥颗粒组成的，水泥颗粒级配的结构对水泥的水化硬化速度、需水量、和易性、放热速度、特别是对强度有很大的影响。在一般条件下，水泥颗粒在 0～10μm 时，水化最快，在 3～30μm 时，水泥的活性最大，大于 60μm 时，活性较小，水化缓慢，大于 90μm 时，只能进行表面水化，只起到微集料的作用。所以水泥颗粒越细，加水拌合时与水发生反应的表面积越大，因而水化反应速度较快，而且较完全，早期强度也越高，但在空气中硬化收缩性较大，粉磨成本也较高。水泥颗粒过粗则不利于水泥活性的发挥，一般认为水泥颗粒小于 40μm（0.04mm）时，才具有较高的活性，大于 100μm（0.1mm）活性就很小了。所以，生产中必须合理控制水泥细度，使水泥具有合理的颗粒级配。

一般地硅酸盐水泥和普通硅酸盐水泥细度用比表面积表示。比表面积是水泥单位质量的总表面积（m^2/kg）。国家标准（GB 175—2007）规定，硅酸盐水泥比表面积应大于 $300m^2/kg$；矿渣硅酸盐水泥、火山灰质硅酸盐水泥、粉煤灰硅酸盐水泥和复合硅酸盐水泥的细度以筛余表示，其 80μm 方孔筛筛余不大于 10%或 45μm 方孔筛筛余不大于 30%。

水泥中混合材的种类和掺量也会影响水泥的颗粒级配，掺石灰石、火山灰类易磨性好的混合材的水泥中细颗粒含量会增加。掺矿渣、磷渣等易磨性差的混合材的水泥中细颗粒含量较少。对掺不同种类混合材和掺量的水泥，所要求的颗粒级配也不相同。对于矿渣水泥，由于易磨性差，再加上提高粉磨细度可以显著提高水泥强度，因此，通常要求磨细些，尽量提高微粉含量。而对于掺火山灰质混合材和石灰石的水泥，很容易产生微粉，使水泥比表面积提高，水泥需水量增加，而对水泥强度的提高又不明显，所以，可以适当减少微粉含量。水泥颗粒级配到底应控制在什么范围内最好，没有一成不变的答案，应该根据具体厂家的工艺情况和水泥性能要求决定。

4.1.6　水泥助磨剂

在水泥熟料的粉磨过程中，加入少量的外加物质（液体或固体的物质），能够显著提高粉磨效率或降低能耗，而又不损害水泥性能的这种化学添加剂，就是水泥助磨剂，是一种改善水泥粉磨效果和性能的化学添加剂。

1. **水泥助磨剂组成及原理**

（1）水泥助磨剂种类

按水泥助磨剂化学结构分类可以分为三种：

① 聚合有机盐助磨剂。

② 聚合无机盐助磨剂。

③ 复合化合物助磨剂。

目前使用的水泥助磨剂产品大都属于有机物表面活性物质。由于单组分助磨剂价格较高，使用效果也不十分理想，近年来，复合化合物助磨剂应用较为广泛。

常见的水泥助磨剂有液体和粉体（固体）两种，都能显著地提高磨机产量，或提高产品质量，或降低粉磨电耗。

（2）水泥助磨剂的组成

1）粉体（固体）水泥助磨剂组分

粉体（固体）水泥助磨剂的组分常有：元明粉、工业盐、粉煤灰、三乙醇胺、粉体助磨剂母液等。

2）液体水泥助磨剂组分

液体水泥助磨剂的组分常有：液体助磨剂母液、三乙醇胺、聚合多元醇、聚合醇胺、三异丙醇胺、乙二醇、丙二醇、丙三醇、脂肪酸钠、氯化钙、氯化钠、醋酸钠、硫酸铝、甲酸钙、木钙、木钠等。

（3）水泥助磨剂原理

助磨剂分子在颗粒上的吸附降低了颗粒表面能或引起近表面层晶体的错位迁移，产生点或者线的缺陷，从而降低颗粒的强度和硬度，促进裂纹的产生和扩展；助磨剂还能够调节颗粒的表面电性，降低物料的黏度，促进颗粒的分散。

2. 水泥助磨剂的作用及掺加量的要求

（1）作用

① 能大幅度降低粉磨过程中形成的静电吸附包球现象，并可以降低粉磨过程中形成的超细颗粒的再次聚结趋势，显著提高水泥磨台时产量。

② 能改善水泥颗粒的分散性，提高磨机的研磨效果和选粉机的选粉效率，从而降低粉磨能耗，使用助磨剂生产的水泥具有较低的压实聚结趋势，从而有利于水泥的装卸，并可减少水泥库的挂壁现象。

③ 能改善水泥颗粒分布并激发水化动力，从而提高水泥早期强度和后期强度。

（2）对掺加量的要求

水泥助磨剂的质量，应当满足国家标准《通用硅酸盐水泥》（GB 175—2007）中规定的品质指标的要求。国家标准《通用硅酸盐水泥》中规定，水泥粉磨时允许加入助磨剂，其加入量应不超过水泥质量的0.5%；新的国家标准中还增加了氯离子限量的要求，即：水泥中氯离子含量应不大于0.06%。

4.2 矿渣烘干

在磨制水泥时，对石膏、矿渣的水分有严格的限制，否则会出现“糊磨”、“包球”等现象，导致磨机产量下降。所以要对水分较高、且掺加量较多的矿渣进行单独烘干后再与熟料、石膏一同入磨。烘干不像粉磨、均化、煅烧那样连续运行。它可以单独设立，自身供热，间歇生产，只需把湿物料的表面水分带走，储存足够的干料供水泥粉磨即可。

4.2.1 回转烘干机构造及烘干原理

目前常用的烘干设备是顺流式回转烘干机，它是一个倾斜安装的金属圆筒（外有两道轮带，内装有扬料装置），转速一般为2～7r/min（快速烘干机可达8～10r/min），托轮与筒体轴线有一微小角度，以控制筒体沿倾斜方向向下滑动，同时轮带两侧一对挡轮，限制了筒体沿其中心线方向窜动的极限。大齿轮连接安装在钢板筒体上，通过电机、减速机、小齿轮带动筒体上的大齿轮，筒体回转起来。由于筒体具有一定的斜度且不断回转，物料则随筒体内壁安装的扬料板带起、落下，在重力作用下由筒体较高的一端向较低的一端移动，同时接受来自燃烧室的热气体的传热而不断得到干燥，干料从低端卸出，由输送设备送至储库，废气经除尘处理后排入大气，其工艺流程如图 4-2-1 所示，图 4-2-2 是立体工艺流程图。

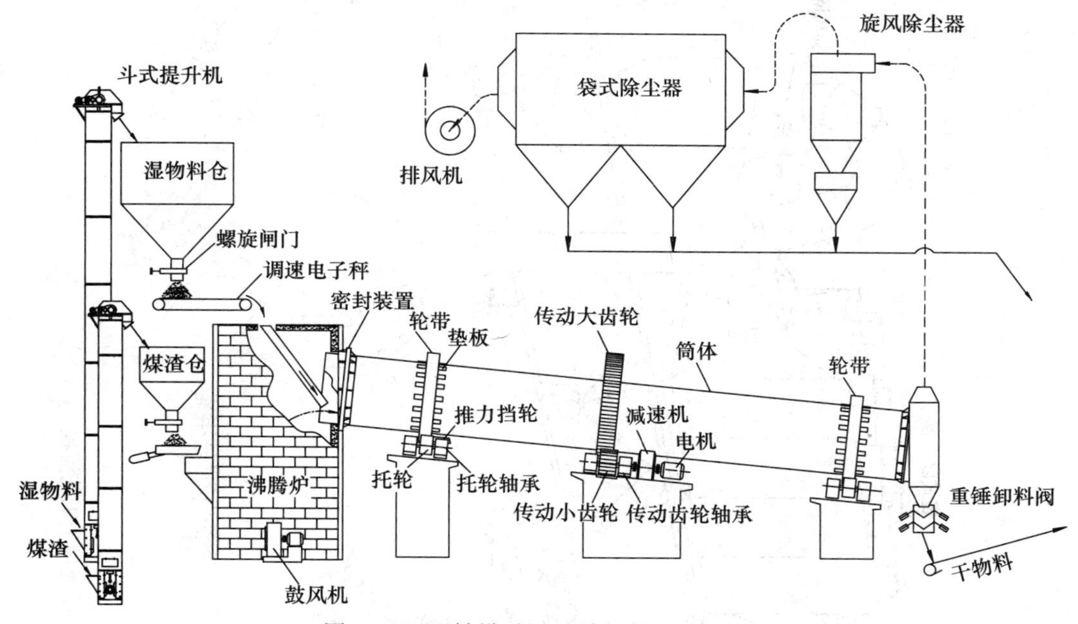

图 4-2-1 回转烘干机（顺流式）工艺流程

向烘干机提供烘干用热气体的炉子，我们叫它燃烧室，现多采用沸腾燃烧室，又称沸腾炉，如图 4-2-3 所示。炉膛里设置了风帽，鼓入的高压空气从风帽的小孔中喷出，让喂进来的煤渣悬浮起来，与氧接触的面积更大，燃烧的会更完全，热效率也就越高。

4.2.2 沸腾燃烧室

用于矿渣烘干的回转烘干机普遍采用沸腾燃烧室（图 4-2-2）二者共同组成了烘干系统。沸腾燃烧室又称沸腾床燃烧室或沸腾炉，它是用高压鼓风机通过布风板鼓入足够的空气使炉膛内的细煤颗粒形成沸腾料层，沸腾床温度（950±100)℃，将产生的热烟气送入烘干机内，与湿物料发生热交换，具有强化燃烧和强化传热的特点，传热的特点，达到烘干的目的。碎煤在沸腾燃烧室内燃烧时，若没有足够的氧，煤里的炭不能把热量全部释放出来，需要更多的空气量。在正常情况下，烟煤煤层厚 100～200mm，无烟煤煤层厚 60～150mm，过剩空气系数 α=1.3～1.7 燃烧就完全了。煤渣颗粒较小且均匀，有利于完全燃烧，将热量传给被烘干湿矿渣。

这里出现了一个新概念：过剩空气系数 α，它是燃料完全燃烧时所需要的实际空气量，与理论计算完全燃烧时所需要的空气量之比，实际空气消耗量要比根据燃烧反应方程式计算的理论空气量大一些。

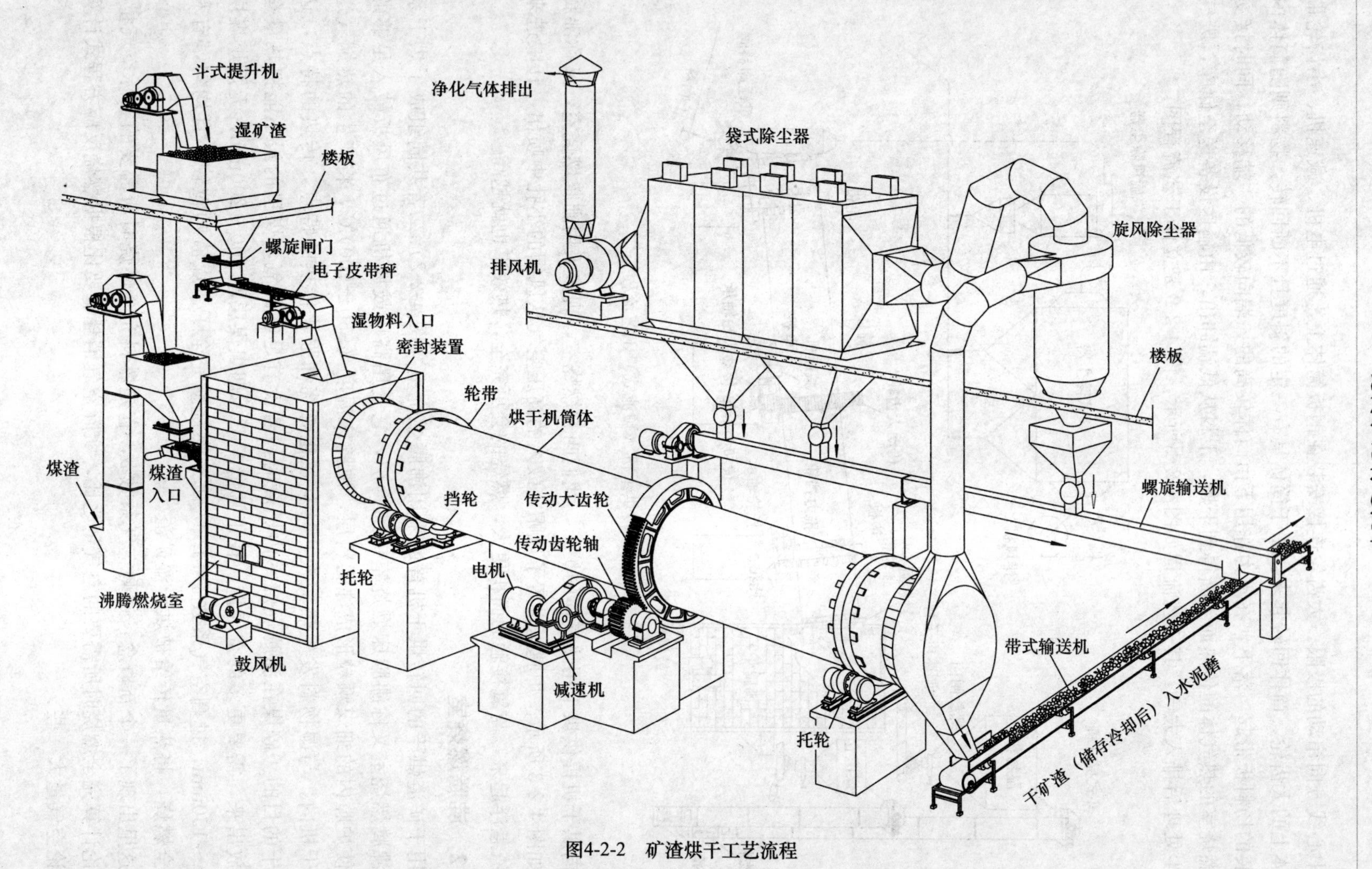

图4-2-2 矿渣烘干工艺流程

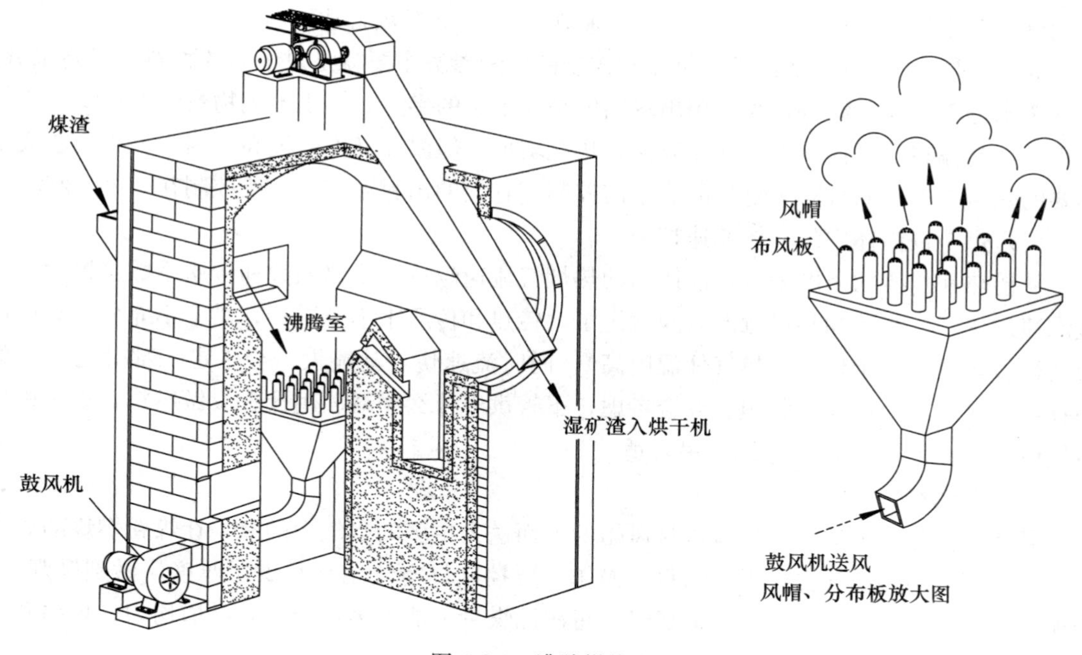

图 4-2-3 沸腾燃烧室

4.2.3 烘干机的操作控制

（1）风、煤、料（湿矿渣）的加入量控制

在烘干湿矿渣时，其水分会有波动的。如果喂入时水分大了，就需要提高烘干温度，也就是说增加燃烧室的喂煤量，否则出烘干机物料的中水分会超出规定数值，达不到烘干要求。所以烘干机操作时要随着入、出烘干机物料水分变化来调整加煤量和送风量，使炉膛温度适应被烘干物料初水分和终水分的要求，让二者处于动态平衡，保持炉内温度相对稳定。在不影响被干燥物料的性质和设备正常运转的情况下，应尽量提高烘干气体温度和气流速度，以提高烘干效率，也就等于提高了产量。出烘干机气体温度，必须保证废气中的水汽在通过除尘器、排风机排入大气时不会冷凝出来。但废气温度又不宜过高，否则会增加热耗。

（2）干燥介质的温度控制

干燥介质就是煤在燃烧室或沸腾炉燃烧产生出来的热烟气。它的温度越高（可达 1000℃以上），对物料的烘干速度越快，但温度过高了会对烘干机筒体和物料的结构起到破坏作用。所以需设有混合室（其实就是燃烧室或沸腾炉离回转烘干机接口处的那部分空间），让一部分冷空气也就是环境空气在这里与燃烧产生的热烟气混合。湿矿渣烘干温度一般控制如下：

① 进烘干机热烟气温度：湿矿渣烘干后的水分当然是越低越好了，如果在运行中烟气温度低于所要求的数值时，必须加大燃煤燃烧量，特别是在刚起动时温度要高一些，但让物料绝对干燥是不可能的，况且烘干筒体也承受不了过高的温度，一般控制在 700～800℃。

② 出烘干机废气温度：出口废气温度越低，热损失会越小。但废气体是含着一定量的水蒸汽和干燥后的细小颗粒物料经排风管道进入收尘器、由排风机排放掉的。温度过低了，这些水汽会冷凝成一个个的小水珠，这叫结露，会腐蚀管道、堵塞除尘。所以操作时一定要

控制好出口废气在露点温度以上。一般控制在120～125℃较合适。

③ 出烘干机物料温度：烘干机操作控制的质量参数主要就是烘干后的物料的最终水分。但这个水分不易连续测定，往往用出料温度来表示它的多少。出烘干机物料温度越低，所含终水分也就偏高，需提高烘干气体温度，热耗增加。但温度又不能过高，因为那样会造成不必要的热量损失，而且对于物料的烘干需控制好它们的出料温度，一般控制在80～120℃。

(3) 烘干机筒体内的气体流速控制

从传热和传质的角度来看，筒体内的热烟气流速越快，换热系数和传质系数也越大。不过流速过快了，与湿物料接触的时间就短了，传热和传质来不及进行，烘干不充分，会白白浪费很多热量（烘干机出口热气体温度高），同时流速快，动能大，会带走一部分已烘干的小颗粒物料，收尘增加了负担。综合考虑，不管烘干什么物料、用什么煤做燃料，烘干机出口气体流速在1.5～3m/s范围内最合适。

(4) 燃烧室的操作

燃烧室就是一个炉子。鼓风机从风帽的下面送去更多的空气中的氧，让煤粉燃烧的更完全一些，产生的热烟气去烘干湿物料。操作中要控制好空气用量和煤层厚度，做到勤观察，勤加煤。不管是人工加煤还是机械喂煤，每次加煤量不能太多，而且要撒播均匀，炉门开启时间要短，加煤拨火动作要快。

(5) 烘干机紧急停车时应采取的对策

紧急停车是因为烘干机运行时发生了意外事故，不得已而为之。此时应立即闭火或压火，然后至少每隔10～15min转动筒体一次，这样做是为了避免筒体变形。

4.3 水泥粉磨

水泥粉磨是决定水泥质量的最后一道环节，是保证水泥成品质量的最终工艺过程。以细度为标志，粉磨作用就是最大程度地满足水泥适宜的粒度分布，从而达到最佳的强度指标。水泥的水化研究表明，水泥强度主要取决于3～30μm颗粒的含量，＞60μm的特别是达到90μm颗粒仅起微集料的作用，实际上大部分60μm的颗粒造成了资源和能源的浪费，若在粉磨操作中将这部分颗粒控制到最低，水泥强度将会得到很好的发挥。

水泥也不能光靠降低筛余（水泥磨的越细，筛余值越低）来提高其强度，这样会使得粉磨效率也随之下降。对多家水泥企业的球磨机统计结果表明，产品细度的在80μm筛余5%～10%的范围内，每降低筛余2%，磨机产量会降低5%，当粉磨细度筛余＜5%时，产量会急剧下降，这可以从表4-3-1中看出：

表4-3-1 水泥粉磨细度与磨机产量之间的关系

物料	80μm筛余（%）	磨机产量（%）
水泥	10	100
	5	74
	1.2～2.0	52

表中数据显示：若以筛余10%的磨机产量为100%，而粉磨细度筛余达到5%的产量降

低幅度可达 26%，磨至更细（1.2%～2.0%）时，产量降低幅度为 48%，可见水泥细度与粉磨效率之间的关系是十分密切的。

近十几年来，随着新型干法水泥生产技术的发展，水泥粉磨工艺技术与装备也在升级，为提高粉磨效率、降低生产成本提供了广阔的空间，主要表现在：

（1）设备大型化

水泥生产规模越来越大，传统的工艺及设备已不相适应，需要的是更大规格的粉磨设备。这不仅在于占地面积、设备钢耗和能耗可以相对降低，还可以通过减少辅助设备来简化工艺流程，降低生产成本，更重要的是粉磨效率得到很大提高，完全可以做到单机粉磨能力与设计规模相配套。

（2）新工艺新设备的广泛应用

以增产节能效益显著的辊压机、高细高产磨、高效选粉机等粉磨分级设备及立磨在新型干法水泥厂中得到广泛应用，各种新型设备组合成为优势互补的新工艺等，都从技术和特点上带来了水泥粉磨效率的提高。

4.3.1 水泥粉磨工艺流程

水泥磨所处理的物料是熟料、石膏及混合材，粉磨流程与前面讲过的生料粉磨基本一致，但不能采用烘干磨。因为熟料出窑时是不含水分的，因此也就谈不上边烘干边粉磨了。石膏的掺加量视品位大约为 2.5%～6%，不算多，含一些水分对粉磨不会有较大的影响，反而对防止或者减少磨内高温造成的水泥假凝现象发生有利。若加矿渣，量不大（如Ⅱ型硅酸盐水泥，代号 P·Ⅱ）时也不必烘干。但掺加量较大时（如生产矿渣水泥，矿渣掺加量 20%～70%，见前面讲到的“4.1.3 中 1. 粒化高炉矿渣”）必须要对矿渣单独烘干，因为它的水分太高了。

（1）单机水泥磨闭路粉磨系统

这种粉磨系统由球磨机—O-Sepa 选粉机构成，仍然在一些水泥厂使用，如图 4-3-1、图 4-3-2（立体图）所示，粉磨时向磨内喷入少量的雾状水，以降低粉磨时的磨内温度。

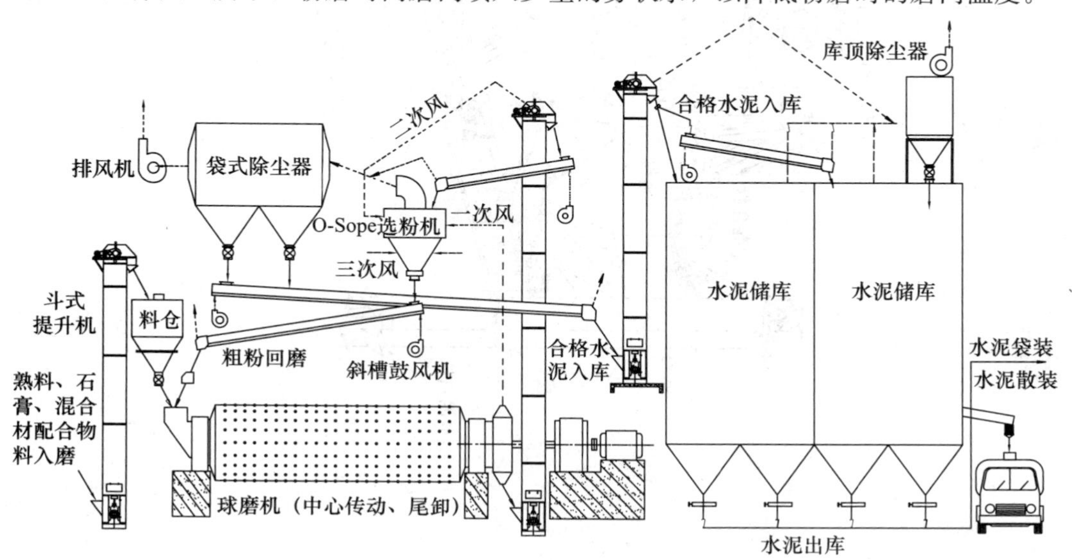

图 4-3-1 球磨机—O-Sepa 选粉机构成的水泥闭路粉磨工艺系统

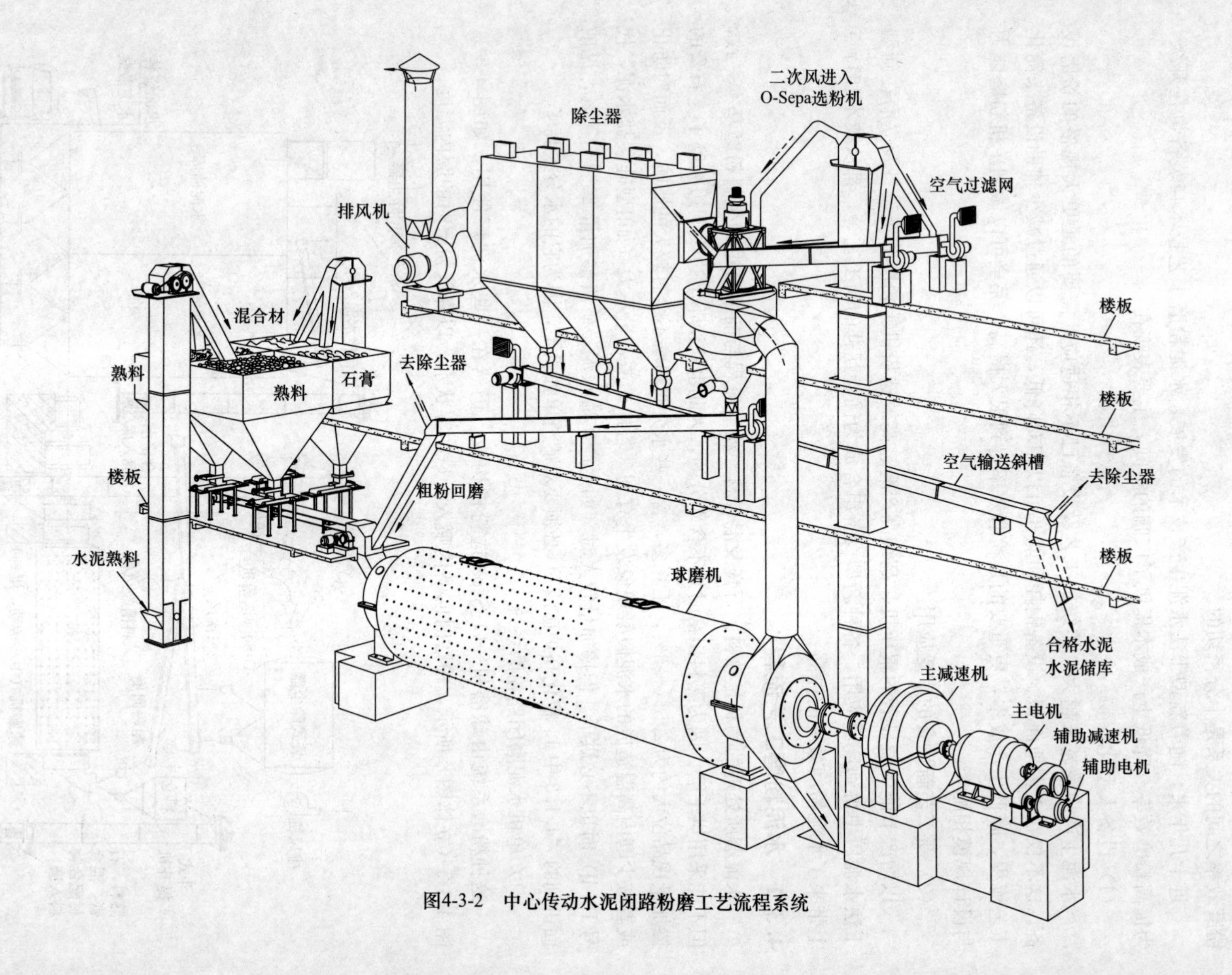

图4-3-2 中心传动水泥闭路粉磨工艺流程系统

（2）辊压机（预粉碎）—V型选粉机—球磨机构成的水泥开路粉磨工艺系统

辊压机、V型选粉机的出现，提高了水泥的粉磨效率，产量得到了大幅度提高。辊压机对水泥熟料、石膏等在入磨之前对其预先粉碎，使颗粒粒度碾压的非常小并挤压成料饼，之后进入V型选粉机内将其敲打粉碎，再经旋风除尘器入磨粉磨。由于入磨物料的尺寸已经非常小了，磨机对物料只起研磨作用而省略了冲击破碎这一道程序，所以大大提高了整个系统的粉磨效率，如图4-3-3、图4-3-4（立体图）所示。该流程应用开流高细高产磨技术，辊压机与球磨机组成的联合粉磨工艺系统，其显著特点就是有效解决了开路粉磨系统的水泥粉磨工艺中普遍存在并长期困扰我们的过粉磨现象问题，提高了磨机的台时产量，降低电耗。粉磨过程中辊压机和球磨机各自承担的粉碎功能和研磨功能界限比较明确，辊压机对入磨机前的物料努力挤压，尽量缩小粒径，将挤压后的物料（含料饼）经V型选粉机打散分选，将大于3mm以上的粗颗粒返回挤压机再次挤压，小于一定粒径（0.5～3mm）的半成品，送入球磨机粉磨。

（3）辊压机（预粉碎）—打散机—球磨机—O-Sepa选粉机组成的水泥闭路粉磨工艺系统

打散分级机起着与V型选粉机形同的作用，图4-3-5、图4-3-6（立体图）是打散分级机与辊压机、球磨机、O-Sepa选粉机共同构成的水泥闭路粉磨工艺系统，提高了水泥的粉磨效率，产量大幅度提高。

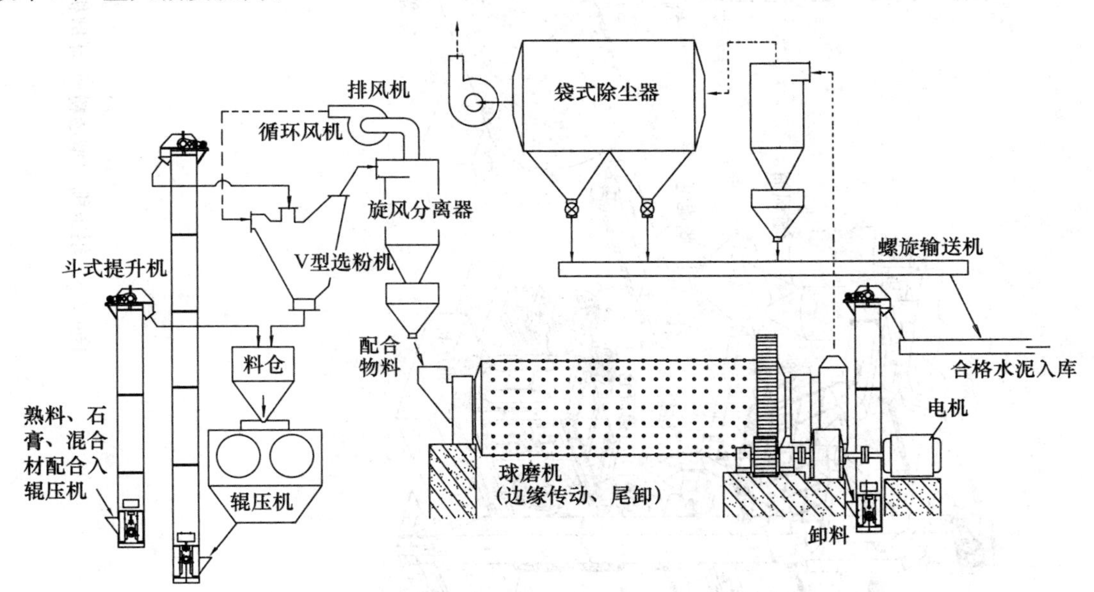

图4-3-3　辊压机（预粉碎）—V型选粉机—球磨机构成的水泥开路粉磨工艺系统

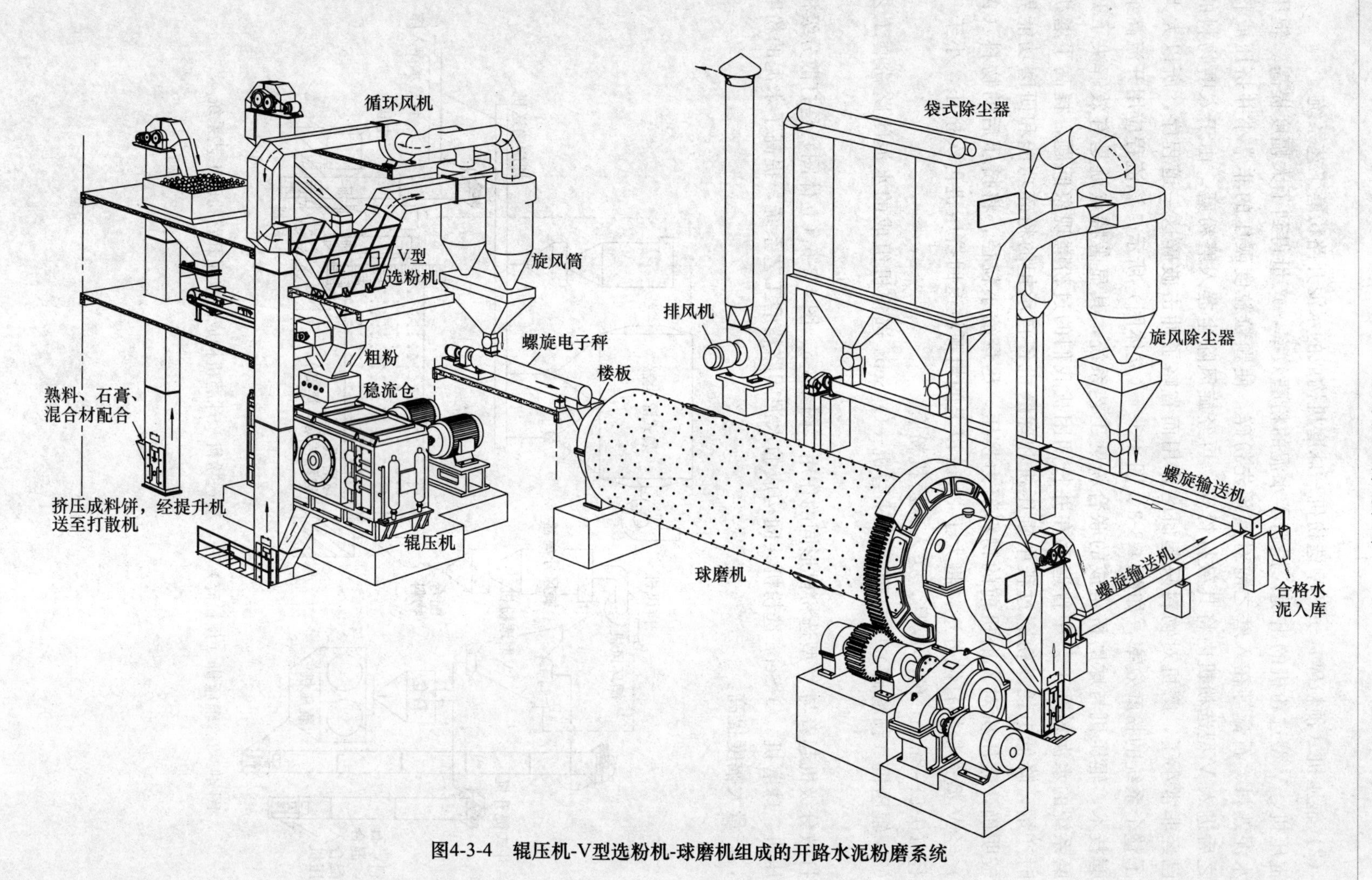

图4-3-4 辊压机-V型选粉机-球磨机组成的开路水泥粉磨系统

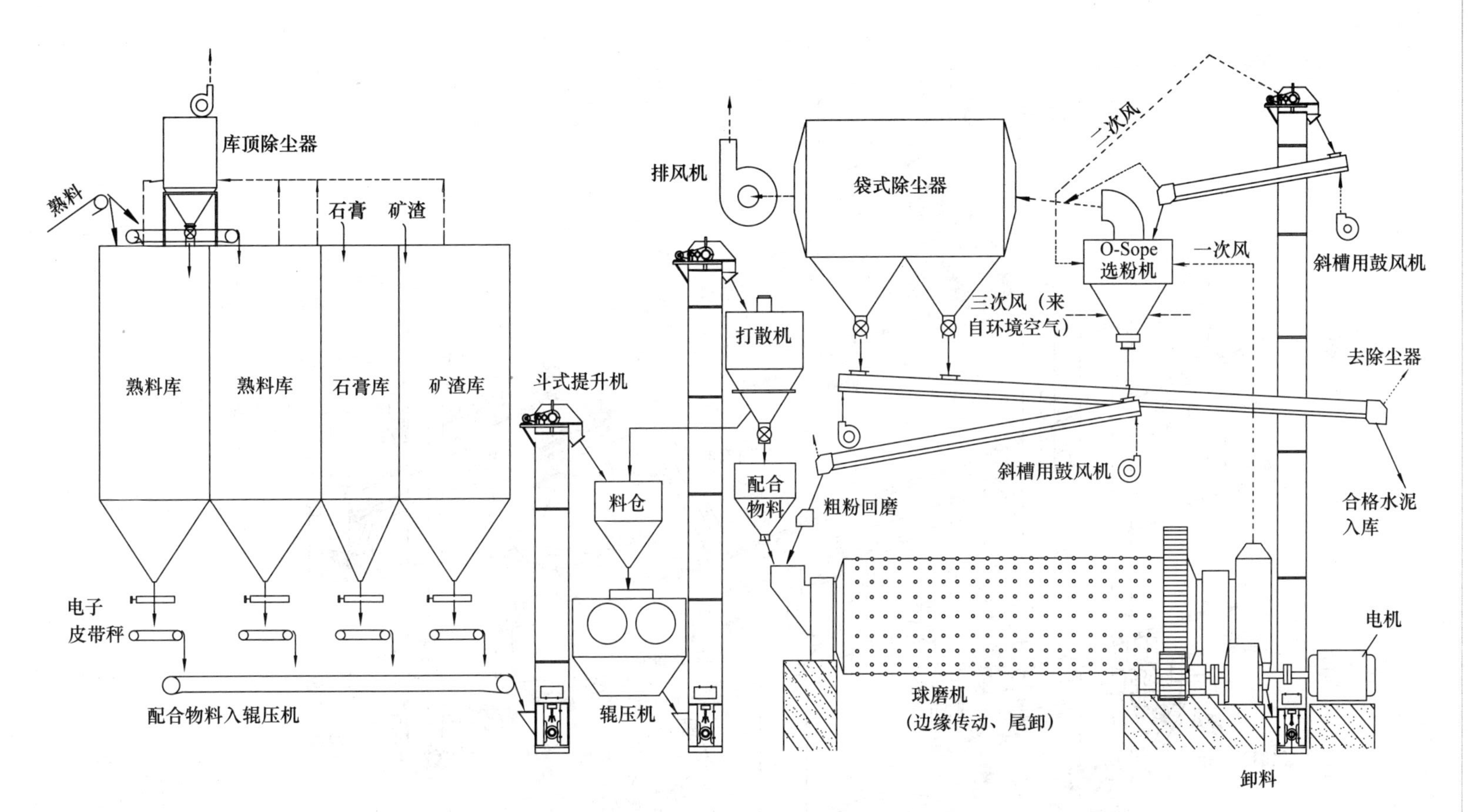

图4-3-5　辊压机(预粉碎)—打散机—球磨机—O-Sepa选粉机组成的水泥闭路粉磨工艺系统

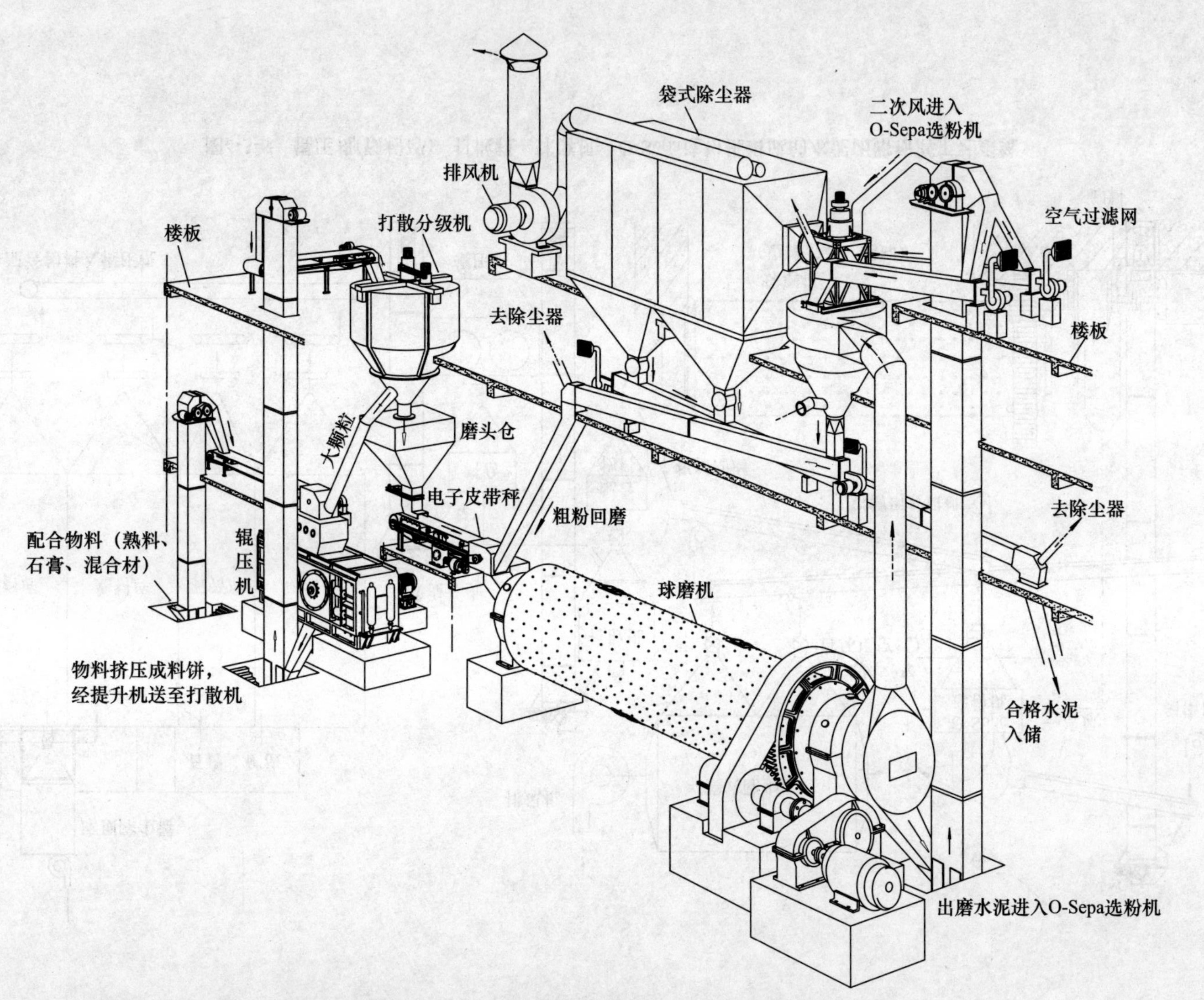

图4-3-6 辊压机—打散机—球磨机—O-Sepa选粉机组成的水泥闭路粉磨系统

（4）立磨（终粉磨）粉磨系统

目前我国的水泥粉磨仍然以球磨机为为主，这主要是由于它实用可靠、适合水泥粉磨要求的粒度，所以长期处于主导地位。但近几年来随着水泥工艺技术的发展，以立磨为代表的新一代水泥粉磨技术也得到了广泛应用，图 4-3-7、图 4-3-8（立体图）是由立磨和高浓度袋除尘器所构成的水泥终粉磨系统。日本的秩父小野田（Onoda）和神户制钢（Kobesteel）合作在 20 世纪 80 年代开发了 OK Roller mill（OK 磨的含义是 Onoda 和 Kobesteel 的缩写），粉磨熟料时产量为 55～165t/h，磨内配 OKS 高效选粉机，有磨辊反转装置。之后的秩父小野田与川崎重工开发了 CK Roller、三菱重工的 VR-mill、宇部兴产的 Loesch mill，德国莱歇公司（Loesche）、丹麦史密斯公司（L. L. Smidth）等都相继开发了粉磨水泥的立式磨，在工艺流程、动力消耗、粉磨效率等方面与球磨机相比有很大的优越性。目前水泥立磨终粉磨技术在国际上已经得到推广应用，我国天津水泥设计研究院自主研发的国产大型水泥立磨 TRMK4541 已正式投入使用，磨机运行平稳，各项技术指标达到了设计值，水泥立磨成品的颗粒分布、标准稠度需水量与圈流球磨系统的产品相当，用其配制的混凝土具有良好的工作性能。立磨还可以与球磨机共同构成立磨（预粉磨）-球磨机水泥粉磨系统，发展潜力也很大。

4.3.2　辊压机

辊压机又名挤压磨、辊压磨，是国际 20 世纪 80 年代中期发展起来的新型水泥节能粉磨设备。作为水泥粉磨系统（辊压机、打散机或 V 型选粉机、球磨机）的预粉碎设备，辊压机具有粉碎比大（辊压机的破碎比能达到 30～400）、系统产量高且稳定、改善物料易磨性等优点，而且具有降低钢材消耗及噪声的功能，适用于粉磨水泥熟料、粒状高炉矿渣、水泥原料（石灰石、砂岩、页岩等）、石膏、煤、石英砂、铁矿石等。新型水泥工业正广泛采用，如图 4-3-9 所示。

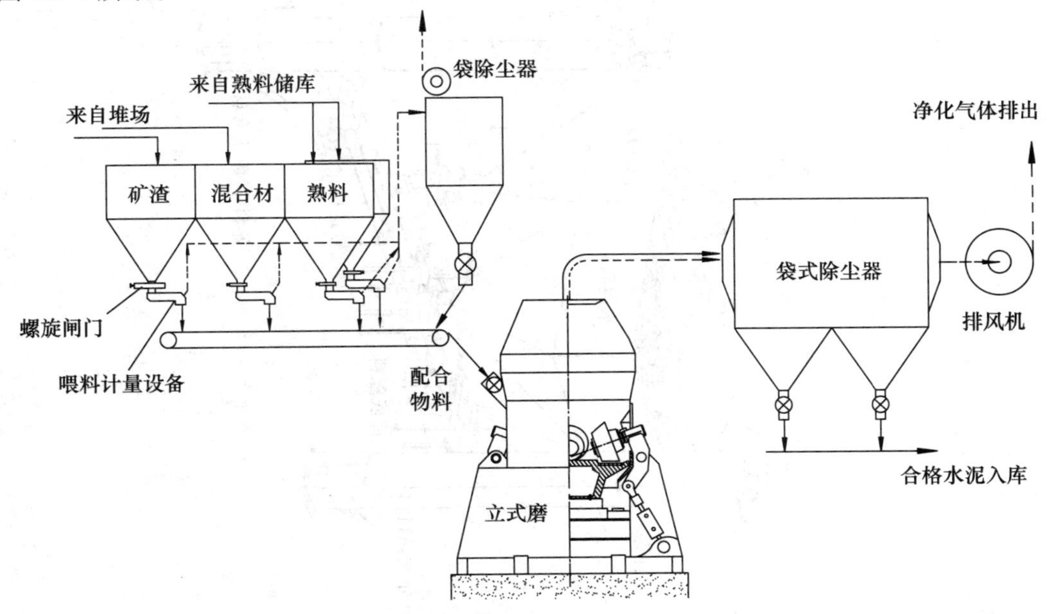

图 4-3-7　立磨（终粉磨）水泥粉磨工艺系统（立面图）

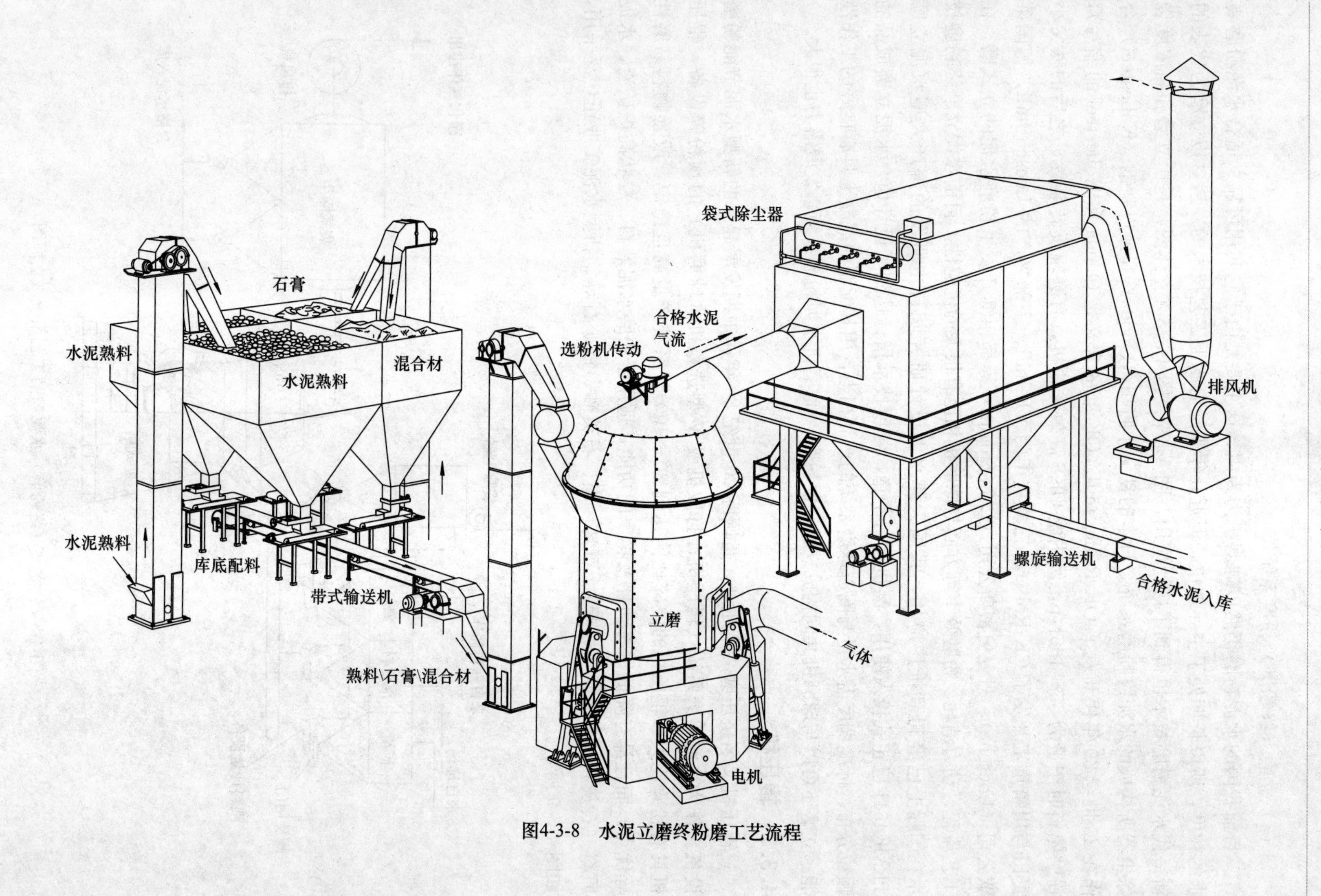

图4-3-8 水泥立磨终粉磨工艺流程

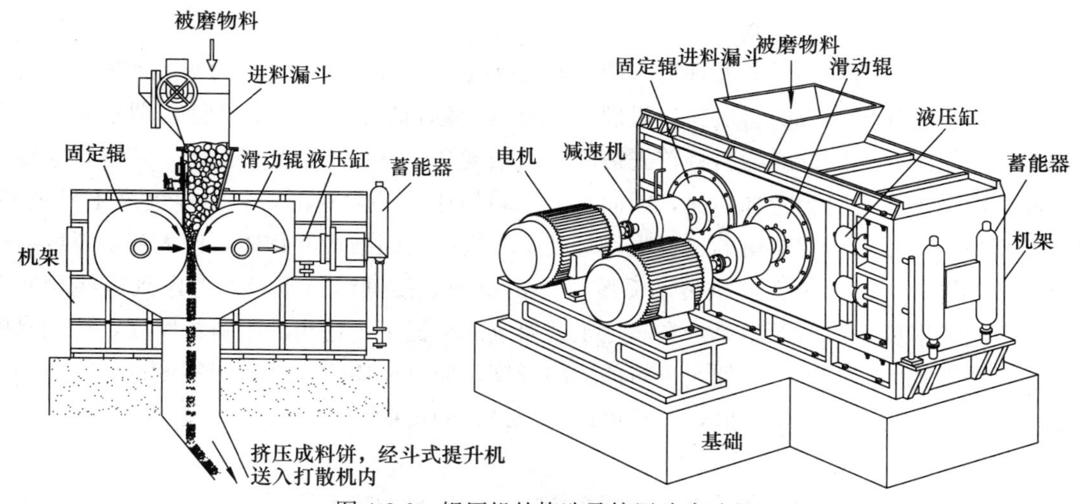

图 4-3-9 辊压机的构造及挤压破碎过程

1. **构造及工作原理**

辊压机与立式磨的粉磨原理类似，都有料床挤压粉碎特征。但二者又有明显差别，立式磨是借助于磨辊和磨盘的相对运动碾碎物料，属非完全限制性料床挤压物料；辊压机是利用两磨辊（由装有耐磨材料辊面的挤压辊、双列向心球面轴承、可以水平移动的轴承座等组成，两个速度相同，相向转动）对物料实施的是纯压力，被粉碎的物料受挤压形成密实的料床，颗粒内部产生强大的应力，使之产生裂纹而粉碎。出辊压机后的物料形成了强度很低的料饼，经打散机（图 4-3-10）打碎后或经 V 型选粉机（图 4-3-12）选粉后，产品中的粒度 2mm 以下的颗粒占 80%～90%。辊压机在与球磨机共同组成联合粉磨系统（图 4-3-4 辊压机—球磨机组成的水泥闭路粉磨工艺系统）中，起到的是预粉碎作用。另外，辊压机还可以独立组成终粉磨系统，完成水泥（或生料）的最终粉磨任务。

2. **辊压机的操作控制**

水泥粉磨系统的产能能否得到有效发挥、能耗能否得到有效控制，辊压机系统的调整控制起到决定性的作用。辊压机的作用是要求物料在辊压机两辊间实现层压粉碎后形成高粉碎和内部布满微裂纹的料饼，能否形成料饼、料饼比例及质量是辊压机控制的关键，辊压机运行时可通过以下几方面的调整来达到稳定控制的目的：

（1）稳定小仓料位

稳定小仓料位能确保在辊压机两辊间形成稳定的料层，为辊压机工作过程的物料密实、层压粉碎提供连续料流，充分发挥物料间应力的传递作用以保证物料的高粉碎率。

（2）辊压间隙控制

磨辊间隙是影响料饼外形、数目以及辊压机功率能否得到发挥的主要参数。辊间隙过小，物料成粉状，无法形成料饼，辊压机功率低，物料间未产生微裂纹，只是简单的预破碎，没有真正发挥辊压机的节能功效；辊间隙过大，料饼密实性差，内部微裂纹少，而且轻易造成冲料，辊压机的运行效果得不到保证；各厂可根据实际情况反复摸索调整，使其功效得到充分发挥。

（3）料饼厚度的调节控制

料饼厚度反应的是物料的处理量（调节时必须使用辊压机进料装置的调节插板，其他方式的调节都将破坏辊压机的料层粉碎机理）。辊压机具有选择性粉碎的特征，即在同一横截面积上的料饼中，强度低的物料将首先被破碎，强度高的物料则不易被破碎，这种现象随着料饼厚度的增加表现的会越加明显，因而在追求料饼中成品含量时，料饼厚度又不易过厚。但是由于物料在被挤压成料饼的过程中，是处于两辊压之间的缓冲物体，增大料饼厚度，就增厚了缓冲层，可以减小辊压机传动系统的冲击负荷，使其运行平稳。考虑到这些相互关系，对于料饼厚度的调节原则是：在满足工艺要求的前提下，适当加大料饼厚度，特别是喂入的物料粒度较大时，不但要加大进料插板的开度，而且还要增加料饼回料或选粉粗料的回料量，以提高入辊压机的密实度，这样可以降低设备的负荷波动，有利于设备的安全运转。

（4）料饼回料量的控制

在辊压机与球磨机所构成的水泥粉磨系统中，辊压机的能量利用率高，它的物料喂入量大于球磨机的产量，因而既要保持球磨机处于良好的运行状态，又要使辊压机能连续运转，辊压机就必须有加料量可调节的料饼回料回路。一般来讲，当新入料颗粒分布一定时，辊压机在没有回料时的最佳运行状态所输出的物料量并非为系统所需的料量。为使系统料流平衡，同时又能使辊压机处于良好的运行状态，可以通过调整料饼回料来调整辊压机入料粒度分布，改变辊压机运行状态，达到与整个系统相适应的程度。如当入料粒度偏大，冲击负荷大，辊压机活动辊水平移动幅度大时，增加料饼回料量，同时加大料饼厚度。若主电机电流偏高，则可适当降低液压压力，就可使辊压机运行平稳。物料适当的循环挤压次数，有助于降低单位产量的系统电耗。但循环的次数受到未挤压物料颗粒组成、辊压机液压系统反传动系统弹性特性的限制，不可能循环过多，料饼循环必须根据不同工艺和具体情况加以控制。

（5）磨辊压力控制

辊压机液压系统向磨辊提供的高压用于挤压物料。正确的力传递过程应该是：液压缸→活动辊→料饼→固定辊→固定辊轴承座，最后液压缸的作用力在机架上得到平衡。而某些现场使用的辊压机其液压缸的压力仅仅是由活动辊承座传递到固定辊轴承座，并未完全通过物料，此时虽然两磨辊在转动，液压系统压力也不低，但物料未受到充分挤压，整个粉磨系统未产生增产节能的效果。因此辊压机的运行状态不仅取决于液压系统的压力，更重要的是作用于物料上的压力大小。操作时可从以下两方面观察确认：

① 辊压机活动辊脱离中间架挡块作规则的水平往复移动，这标志液压压力完全通过物料传递。

② 两台主电动机电流大于空载电流，在额定电流范围内作小幅度的摆动，这标志辊压机对物料输入了粉碎所需的能量。

4.3.4 打散分级机

打散分级机（又称打散机）是与辊压机配套使用的新型料饼打散分选设备，如图 4-3-10 所示。从辊压机卸出的物料已经挤压成了料饼，打散机集料饼打散与颗粒分级于一体，与辊压机闭路，构成独立的挤压打散回路。由于辊压机在挤压物料时具有选择性粉碎的倾向，所以在经挤压后产生的料饼中仍有少量未挤压好的物料，加之辊压机固有的磨辊边缘漏料的弊端和因开停机产生的未被充分挤压的大颗粒物料将对承担下一阶段粉磨工艺的球磨系统产生不利影响，制约系统产量的进一步提高。打散分级机介入挤压粉磨工艺系统后与辊压机构成的挤压打散配置可以消除上述不利因素，将未经有效挤压、粒度和易磨性未得到明显改善的物料返回辊压机重新挤压，这样可以将更多的粗粉移至磨外由高效率的挤压打散回路承担，使入磨物料的粒度和易磨性均获得显著改善。

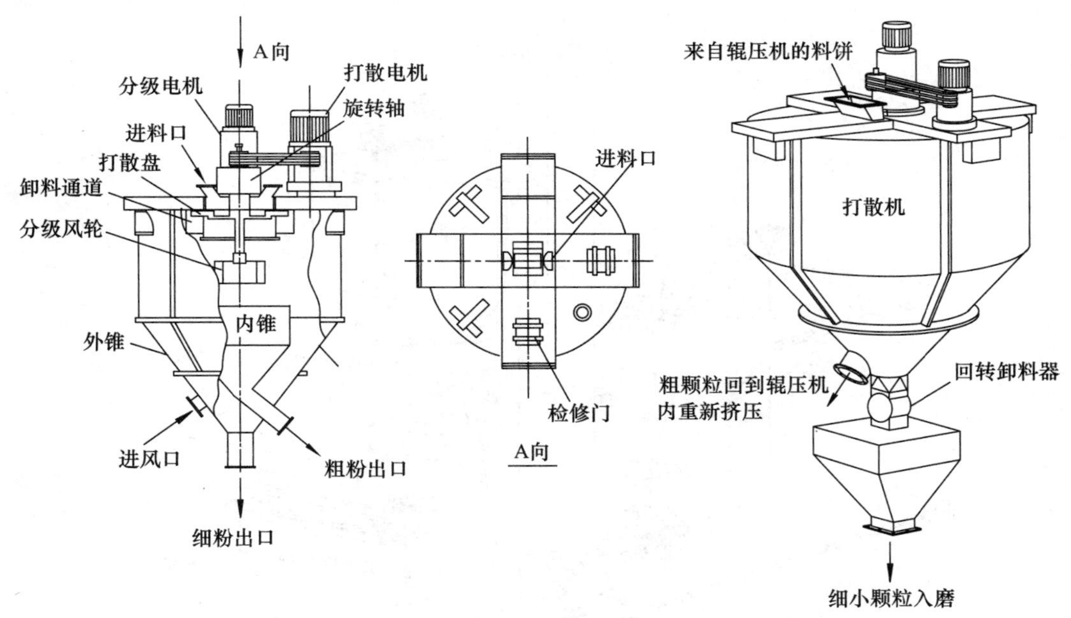

图 4-3-10 打散分级机

1. 构造及工作原理

打散分级机主要由回转部件、顶部盖板及机架、内外筒体、传动系统、润滑系统、冷却及检测系统等组成。主轴通过轴套固定在外筒体的顶部盖板上，并有外加驱动力驱动旋转。主轴吊挂起分级风轮，中空轴吊挂打散盘，在打散盘和风轮之间通过外筒体固定有挡料板，打散盘四周有反击板固定在筒体上，粗粉通过内筒体从粗粉卸料口排出，细粉通过外筒体从细粉卸料口排出，来自辊压机的料饼从进料口喂入。其打散方式采用离心冲击粉碎的原理，经辊压机挤压后的物料呈较密实的饼状，连续均匀地喂入打散机内，落在带有锤形凸棱衬板的打散盘上，主轴带动打散盘高速旋转，使得落在打散盘上的料饼在衬板锤形凸棱部分的作用下得以加速并脱离打散盘，料饼沿打散盘切线方向高速甩出后撞击到反击衬板上后被粉碎。经过打散粉碎后的物料在挡料锥的导向作用下通过挡料锥外围的环形通道进入在风轮周向分布的风力分选区内。物料的分级应用的是惯性原理和空气动力学原理，粗颗粒物料由于其运动惯性大，在通过风力分选区的沉降过程中，运动状态改变较小而落入内锥筒体被收集，由粗粉卸料口卸出返回，同配料系统的新鲜物料一起进入辊压机上方的称重仓。细粉由于其运动惯性小，在通过风力分选区的沉降过程中，运动状态改变较大而产生较大的偏移，落入内锥筒体与外锥筒体之间被收集，由细粉卸料口卸出送入球磨机继续粉磨或入选粉机直接分选出成品。

2. 操作要点

运行中通过调节调速电机的转速，可以改变打散机细粉产量，增加转速，细粉产量增加，细度相对变粗，减小转速、细粉产量减少、细度相对变细，通过调节内筒挡板高度也可调节细粉产量，降低内筒挡板高度，细粉产量增加，升高内筒挡板高度，细粉产量减少。

采用打散分级机的粉磨工艺流程简单，打散分级机对物料的打散、分级在一台设备内完成，既简化工艺，也节省投资。图 4-3-11 是辊压机与打散分级机构成的系统。

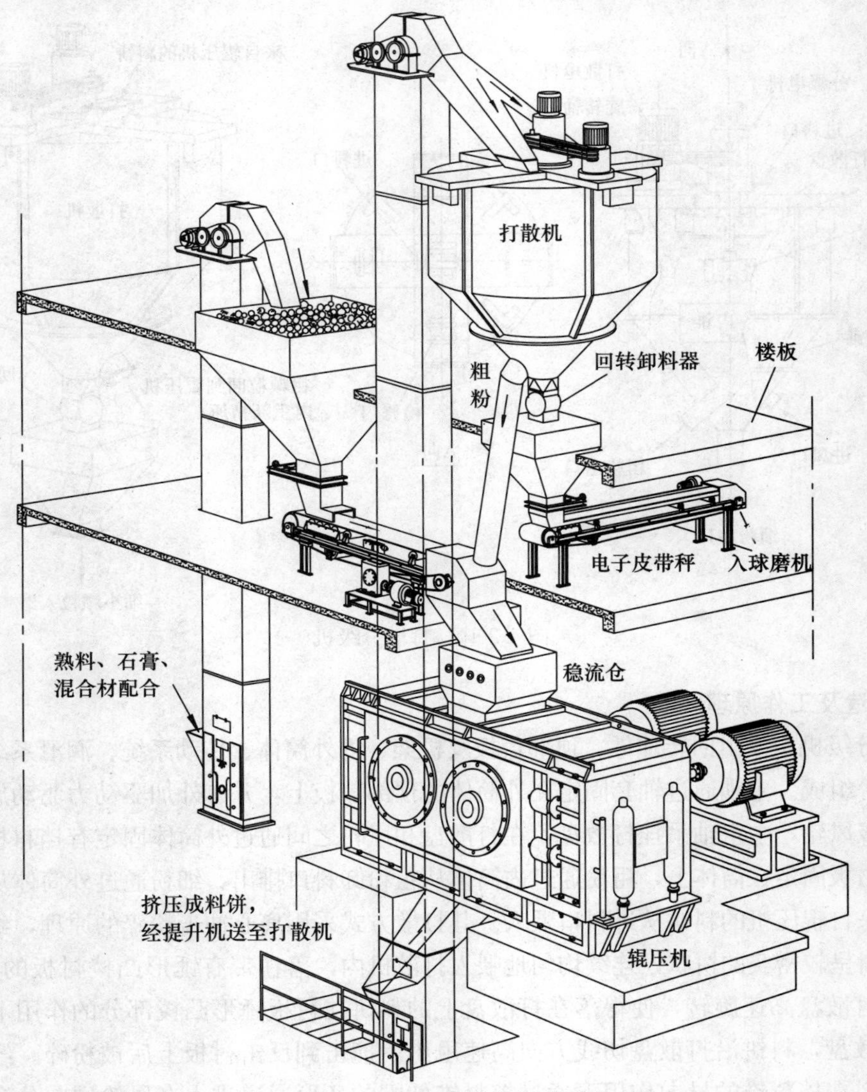

图 4-3-11　辊压机与打散分级机构成的系统

4.3.5　V 型选粉机

V 型选粉机是根据新型干法水泥粉磨工艺要求和适应国际发展趋势而开发研制的新一代节能型、无动力的选粉机、完全靠重力打散、靠风力分选的静态选粉机，如图 4-3-12 所示，主要用于辊压机的料饼打散，具有打散、分级、烘干等功能，与打散分级机有类似的功能。

但它的结构简单，无回转部件，无动力、易操作、维修量小、维修费用低，使用可靠性高，出粉细度可以通过调节风速来控制，同时消除了辊压机入料偏析的问题，如果通入适当的热风，还可起到烘干的作用（如用于矿渣粉磨系统）。

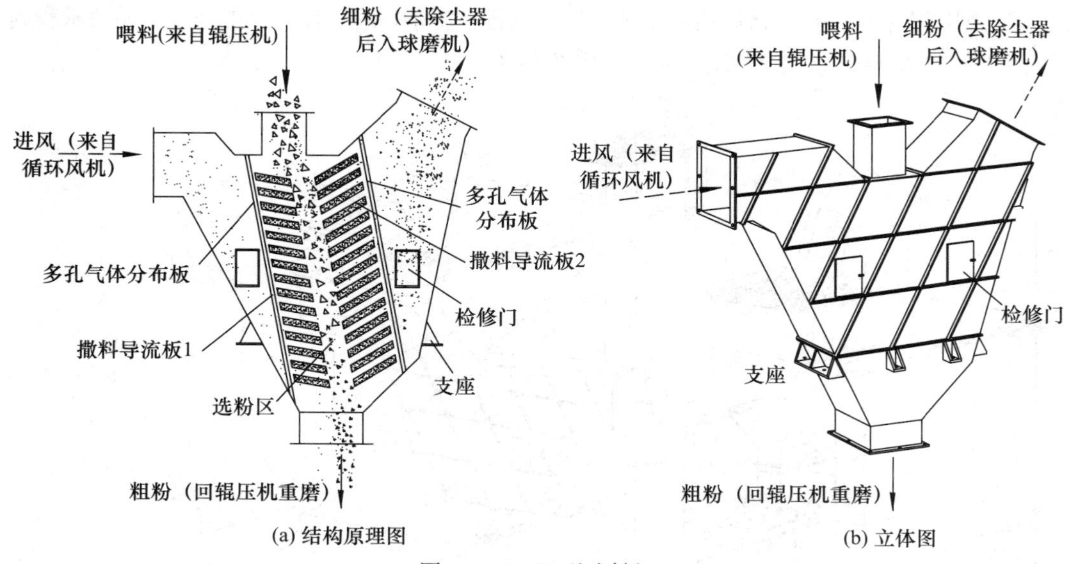

图 4-3-12　V 型选粉机

1. 构造及工作原理

V 型选粉机主要由撒料导流板、进风管、出风管、调节阀、检修门、支座等组成。来自辊压机粉粹后的物料由上部进料口喂入机内形成料幕，均匀地分散并通过进风导流板进入分选区域，被机内入口侧和出口侧所设置的阶梯式倾斜折流板冲散，物料在两侧折流板（折流板起导流和导料的功能）端部来回碰撞，达到打散料块、充分暴露细粉和延长料幕在选粉区停留时间的效果。来自循环风机的气流从进风口穿过均匀散下的物料，再通过出风导流板，携带细颗粒从上部出风管排出，送入除尘器进行料、气分离，气体经除尘器风机送回 V 型选粉机内，细颗粒喂入到球磨机内继续粉磨。粗料沿导流板下落排出，再回到辊压机重新粉碎。

V 型选粉机对物料的分选完全依靠风力，可以通过调节选粉风量来控制选粉机的选粉细度和产量。另外，在选粉风量固定时，也可以通过调节选粉机内部风速来控制选粉机的选粉细度及产量，调风装置的调节可以有效、方便地对风速进行调节。为了保证其使用寿命，要求进入选粉机的物料温度不要超过 200℃，气流温度也不要超过 200℃，大多数情况下，物料和气流的温度应该控制在 50～100℃为宜。

2. 操作要点

① 调节选粉机的进风量，可调节半成品细度，进风量越小则半成品细度越细，进风量越大则半成品细度越粗。但需要注意的是，改变风量的同时会影响选粉效率及半成品产量。

② 改变选粉机出风管一侧的导流板数量，可调节半成品细度，每层导流板数量越多则半成品细度越细，越少则半成品细度越粗，但调节时应保证每层导流板的数量相同。

③ 选粉机喂料要注意在选粉区的宽度方向形成均匀料幕，避免料流集中在选粉区的中间区域内，从而导致选粉区两侧气流短路，影响选粉效率及半成品产量。

④ 定期检查导流板的磨损情况，其磨损会导致打散及分选效果下降。

⑤ 选粉机内部应定期清理，防止粉尘堆积而影响通风。

⑥ 选粉机各接口必须保证有效锁风，严格防止漏风及串风。

⑦ 采用V型选粉机的挤压粉磨工艺，工艺流程较复杂，对操作人员的技术素质要求较高。

图 4-3-13 是辊压机与V型选粉机构成的系统。

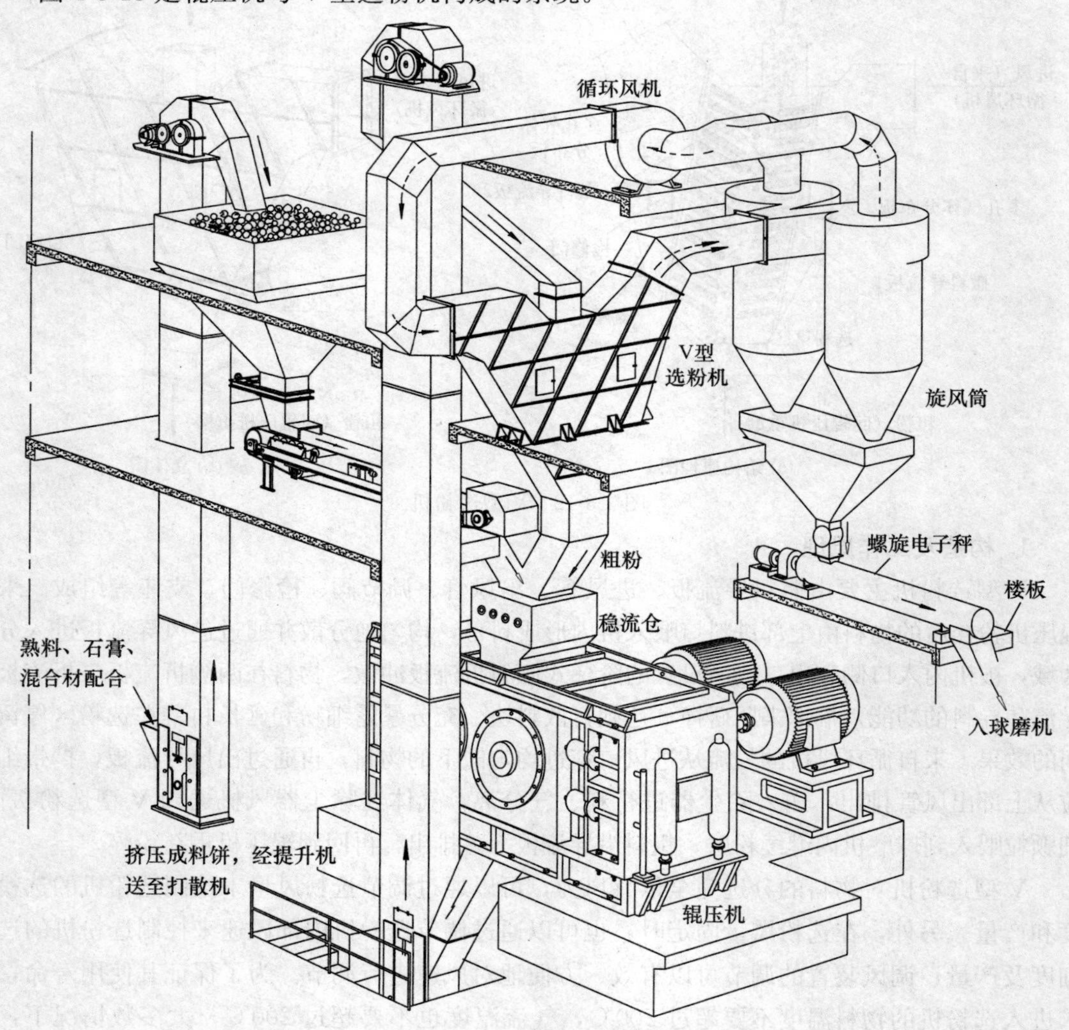

图 4-3-13 辊压机与V型选粉机构成的系统

4.3.6 球磨机

1. 球磨机的类型

从“4.3.1 水泥粉磨工艺流程”中列出几种普遍采用的粉磨流程中可以看出，球磨机占有十分重要的地位，它的结构与用于原料粉磨的球磨机很相似，但还是有所区别的，如不需要在喂料端设置烘干仓，出磨物料从磨尾卸出等，下面是几种较典型的用于水泥粉磨的球磨机。

(1) 中心传动水泥磨（尾卸）

水泥磨与原料磨不同的是去掉了烘干仓。磨内设 2～4 个粉磨仓，第一、二仓采用阶梯衬板，两仓之间用双层隔仓板分开，第二、三和第三、四仓之间采用单层隔仓板，安装小波纹无螺栓衬板，被磨物料从远离传动的那一端喂入，从靠近传动的那一端卸出。为降低水泥粉磨时的磨内温度，在磨尾装有喷水管（有的水泥磨各仓均设有喷水管及喷头），如图 4-3-14 所示。

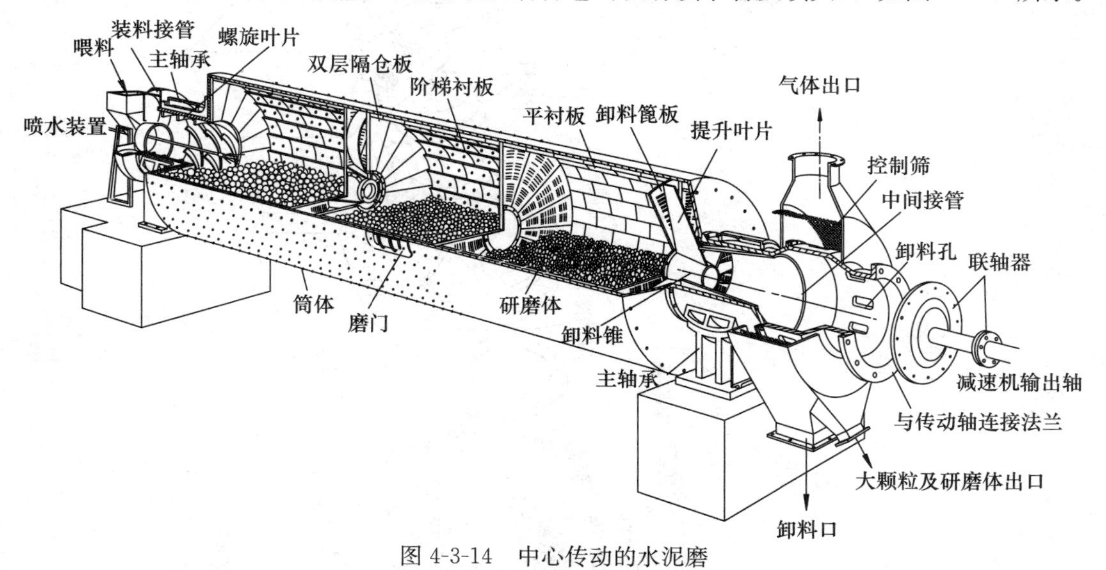

图 4-3-14　中心传动的水泥磨

（2）中心传动双滑履水泥磨（尾卸）

这种磨机从机械设计方面来看，简化了结构，并减轻了重量。由于粉磨水泥时使磨内产生高温，这种磨机可以充分利用其两端的进、出料口的最大截面积来通风散热，而且降低了气流出口风速，避免了较大颗粒的水泥被气流带走，如图 4-3-15 所示。

2. 磨内喷水系统

熟料是干燥的，尽管在堆场或圆库内存放一段时间吸收了一些水蒸气，但这些水蒸气会与熟料中的游离氧化钙发生反应，生成了氢氧化钙，熟料的体积增加了，水泥安定性提高了，但水分并没有增加多少。在粉磨硅酸盐水泥或普通硅酸盐水泥时，石膏及混合材的掺加量不多，其自身的水分对粉磨不会带来较大的影响。水泥在粉磨过程中由于研磨体、物料、衬板之间的冲击、碰撞、研磨而产生高温，如果入磨熟料温度过高，出磨水泥的温度超过允许值时可能会出现石膏脱水（影响水泥性能）、使水泥因静电吸引而聚结、严重的会黏附到研磨体和衬板上，降低粉磨效率及磨机产量；对粉磨及分级设备性能也会造成不利影响，因此就必须控制好磨内温度，不能过高。

降低磨内温度可以在磨内第一仓和第二仓均设喷水管，喷入少量的雾状水分，在磨内高温下很快被汽化，安装在磨机系统除尘器后边的排风机随时把它抽走，这样降低了磨内温度，如图 4-3-16 所示。

磨内喷水系统采用 PLC 有级可调的控制方式，根据出磨物料温度，自动调节喷水量，并将收尘器入口温度也作为控制参数，避免了温度太低造成收尘器结露。整套系统采用全自动控制，操作简单、运行稳定、故障率低，一般不需要人工干预，非常情况下也可人工操作。

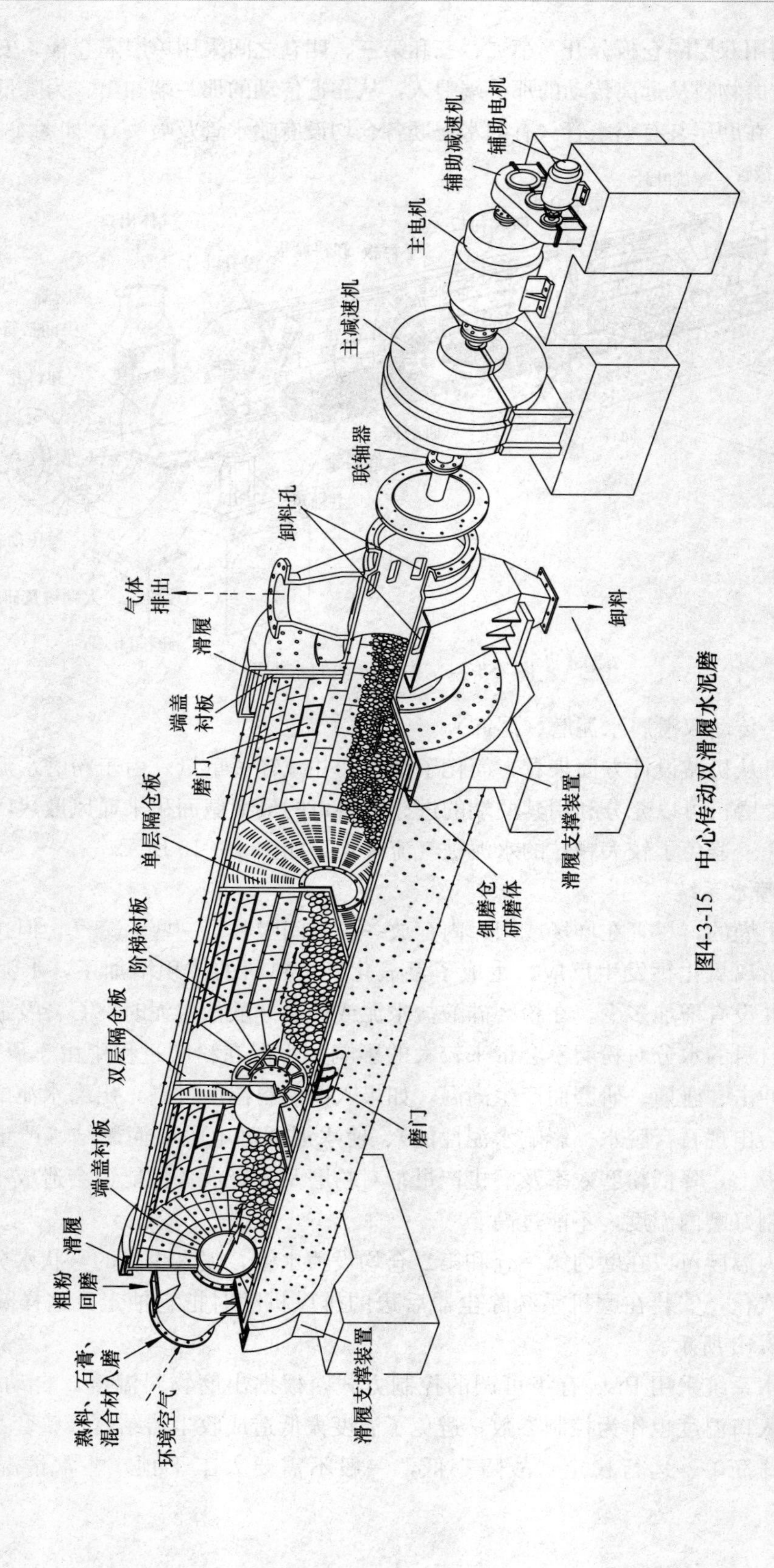

图4-3-15 中心传动双滑履水泥磨

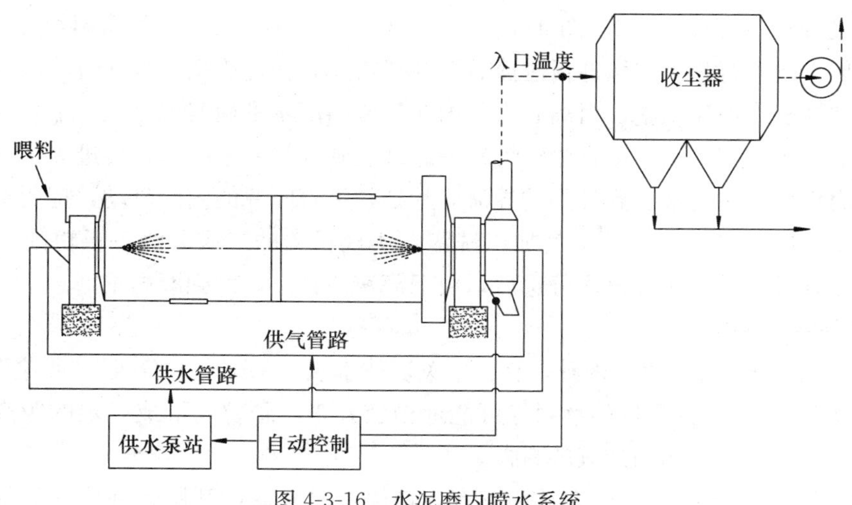

图 4-3-16 水泥磨内喷水系统

4.3.7 O-Sepa 选粉机

O-Sepa 选粉机是日本小野田公司 1979 年开发的，如图 4-3-17 所示。它不仅保留了旋风式选粉机外部循环风的特点，而且采用笼式转子，改变了选粉原理，大幅度提高了选粉效率。在此基础上该公司还研发了 SD 选粉机、Sepol 选粉机、SKS-Z 选粉机、Sepax 等类似的笼式选粉机，以 O-Sepa 选粉机为代表的笼式选粉机称为高效选粉机，称它为第三代选粉机，目前我国多用于水泥闭路粉磨系统中（生料闭路粉磨也将在新建扩建改造中得到广泛应用）。

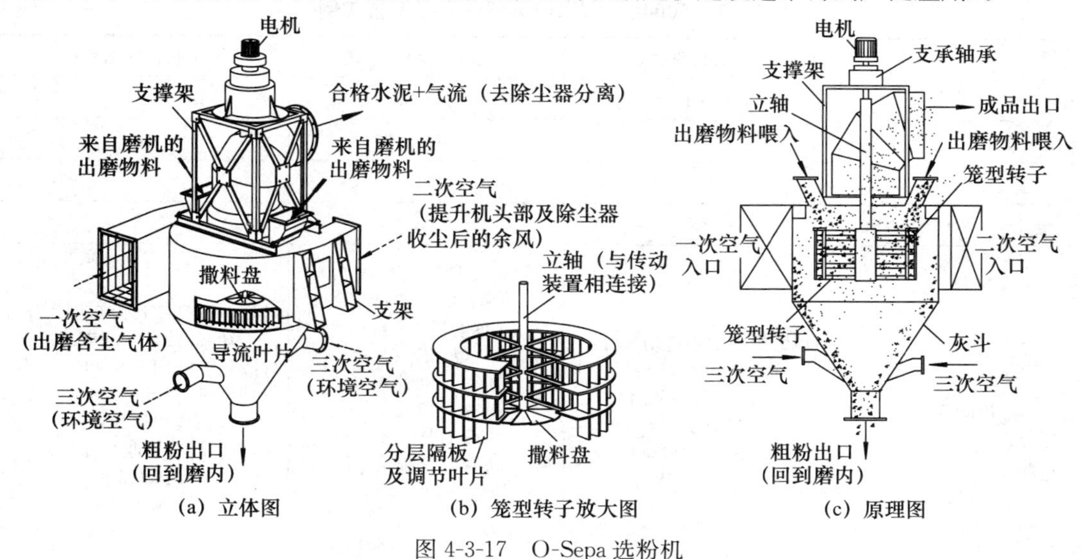

图 4-3-17 O-Sepa 选粉机

1. 构造及工作原理

O-Sepa 选粉机主要由壳体、回转部分、传动装置、润滑站和电器控制柜组成，来自磨机排风的一次空气（约占 67.5%）、来自提升机或及除尘设备或环境的二次空气（约占 22.5%）和来自环境的三次空气（约占 10%）进入体内，使得每一个颗粒都受到三次选粉的机会，分级过程参照图 4-3-2、图 4-3-5、图 4-3-6：物料经入口落到撒料盘上后被撞击、分散后沿圆周方向飞行，再与缓冲板碰撞后引入选粉室，在选粉室内被气流分散的粉粒，经过导流叶片和转子作涡流调整，由离心力与内向气流间产生平衡实现分级。细粉与一、二进风口所送来的分级空气（空气或含尘空气）一起被送到选粉室中心部，再进入出风管。另一方面受离心力作用的粗粉被引到外围的导流叶片处，沿着叶片的内侧流动，把所在粗粉表面的微粉用一、二次风口所流入的空气加以洗涤，实现粗粉的二次分级，粗粉则落入下部灰斗，经三次风管进入的三次风再次分选后，由下部灰斗排出，回到磨内重磨。

2. **三个关键技术点**

从 O-Sepa 选粉机选粉原理来看，有三个关键技术点：“分散”“分级”“收集”：

①“分散”：指进入选粉机的物料尽可能地抛散开来，颗粒间形成一定的距离，并且撒料盘撒出的物料要形成均匀而连续的料幕。

②“分级”：指物料在分散后在选粉室有效地停留时间内，利用各种形式的气流进行分选，把物料中的粗、细的颗粒尽量分开并送到各自的出口。

③“收集”：指捕捉粗粉和细分的能力。

上述三个关键技术点的实现，离不开充足且有效的通风。

4.3.8 球磨机工艺系统配置

参照图 4-3-2、图 4-3-6 闭路粉磨系统和图 4-3-4 开路粉磨系统工艺流程图，主要配置如表 4-3-1所示。

表 4-3-1 5000t/d 水泥粉磨系统主要配置实例

系统	球磨机闭路粉磨系统	挤压联合粉磨系统	挤压联合粉磨系统
水泥品种	P·O 42.5	P·O 42.5	P·O 42.5
比表面积（m²/kg）	350	330～350	340
产量（t/h）	150	230	230
电耗（kW·h/t）	35	≤38.0	≤38.0
主机配置	球磨机（中心传动 2 台） Φ3.8×12（2 台） 功率：2500kW/台 选粉机 2 台 O-Sepa N-2000 功率：132kW/台	辊压机 RP120-8（2 台） 功率：2×500kW/台 球磨机（2 台） Φ4.2×11 功率：2800kW/台 选粉机 2 台 DS（O）-2500 功率：132kW/台 气箱脉冲袋收尘器 2 台 PPW128-2×9 风机 2 台：2360SIBB50	辊压机 HFCG140-65（2 台） 功率：2×500kW/台 打散分级机 SF600/140（2 台） 球磨机（2 台）Φ3.8×13 功率：2500kW/台 气箱脉冲袋收尘器 2 台 PPW96-9 风量：46000m³/h
生产厂	海螺集团宁国水泥厂	无锡天山集团粉磨站	山水集团青岛分公司

4.3.9 水泥粉磨系统操作控制

以 Φ4×13 球磨机加 N-2500 型 O-Sepa 选粉机和袋式除尘器组成的水泥磨系统为例，如果出现产量降低、细度偏粗的情况，经过调整处理，使生产恢复正常，水泥产质量得到很大提高。

（1）稳定压缩空气的压力

如果袋收尘器所用压缩空气与其他设备（如向生料粉煤灰库和水泥粉煤灰库的送灰）共用一台空压机供气，会造成整个压缩空气管网的压力波动，供袋收尘器清灰所用的空气压力会从正常值下降许多（从正常的0.55MPa左右突然降低到0.45MPa左右），使清灰效果下降、工作阻力增大、整个磨机系统通风受到很大影响，导致磨机生产质量的较大波动。因此应采取中控统一调度指挥。根据中控监视的空压机压力，在保证袋收尘压缩空气用量的前提下，由中控协调生料和水泥粉煤灰库的输送工作，这样就能避免因为压缩空气压力波动对磨机产质量的影响。

（2）稳定粉煤灰流量

粉煤灰既可以用做生料的配料，又可掺入熟料中磨制水泥。在喂入磨内时有时会出现冲料现象，造成磨况不稳定，台时产量大幅度波动，使出磨水泥细度难以控制。出磨提升机电流从正常值急剧上升，只有大幅减少喂料量才能保证提升机的安全运转。

粉煤灰的计量、输送难以稳定是很多厂头疼的事。当粉煤灰冲料时造成了大量泄露，这对电子皮带秤的运行、水泥质量都造成很大影响。因此可以将电子皮带秤改造成“双管螺旋喂料机加转子秤”，能有效地减少粉煤灰的冲料现象，同时也要力求粉煤灰库内的料位稳定，因为冲料现象的增多可能与库内的料位低有关。

（3）控制矿渣水分

如果出窑熟料冷却不是很好，粉磨水泥又急等用它，那么这种熟料的入磨温度会比较高，致使粉磨时磨内温度高（导致石膏脱水、主轴承润滑性能下降）。如果采用湿矿渣配料，虽然可以降低磨内温度，但可能会造成糊球、隔仓板堵塞，影响磨机产量。为此应得到窑系统的支持，稳定窑的产量、提高熟料冷却效果，控制入磨矿渣水分不要太高，2%左右为宜。

（4）调整操作参数

根据粉磨情况，重点对磨机系统的主排风机、一次风冷风和选粉机二、三次风的阀门开度作适当调整，使系统各项参数进一步优化：将主风机阀门开度70%减至65%，将选粉机一次风冷风阀门开度由40%增至50%，将选粉机二次风冷风阀门开度由80%增至100%，将选粉机三次风冷风阀门开度由60%增至80%。通过这些调整，延长物料在磨内的停留时间，增加了选粉风量，使选粉效率由原来的55%提高到了60%。

4.3.10　出磨水泥的质量控制

（1）入磨配料要求

水泥磨头喂料设备应能满足物料配比的计量要求，确保配比准确。发生断料或不能保证物料配比时应迅速采取有效措施予以纠正。化验室对熟料、石膏和各种混合材的配比要有书面通知。每四小时至少测定一次混合材掺加量，混合材控制指标为$K \pm 2.0\%$，合格率不低于80%。

（2）粉磨温度控制

入磨熟料温度应控制在100℃以下，出磨水泥温度控制在135℃以下，超过此温度应停磨或采取降温措施，防止石膏脱水而影响水泥性能。

（3）出磨水泥细度的控制

水泥粉磨得细，比表面积增加，水泥水化时与水接触的反应表面也增加，因而也就加速了水泥的水化、凝结和硬化过程，对提高水泥细度对提高水泥的早期强度有益。但是水泥磨得过细会降低磨机产量，增加电耗和产品成本。而且当水泥粒径为 0.01mm 的颗粒占 50% 时，除 1d 强度以内的强度有增长外，其他龄期的强度增长较少，水泥的后期强度还会产生下降趋势。这是因为水泥磨得过细，标准稠度用水量也越大，细度细，表面积增大，能够吸附较多水分，促使水泥颗粒水化更加完全，使保水能力增强，并有效地改善泌水现象，但是，当水泥浆体凝结硬化后，仍有大量的水残留于其中，当这些游离水蒸发以后，留下很多孔隙，因而降低水泥石的致密性，造成水泥后期强度下降。

（4）出磨水泥中 SO_3 含量的控制

水泥中 SO_3 含量的高低，是反应磨制水泥时石膏掺入量的高低。石膏在硅酸盐水泥中主要起调节凝结时间的作用，石膏掺入可以抑制熟料中所造成的快凝现象。当水泥中 SO_3 含量不足时，不能抵消水化铝酸钙所引起的快凝现象；但是，当水泥中 SO_3 含量过高时，由于硫酸钙水化速度较快，会产生二次结晶，反而会使水泥的凝结变快。而且，在石膏掺量较多的情况下，多余的石膏，会继续和水化铝酸钙反应，生成硫铝酸钙晶体（即钙矾石晶体），这时将产生因结晶所引起的膨胀，因为水化铝酸三钙和石膏生成钙矾石时，固相体积将增大 2.22 倍，同时由于硫酸钙水化后产生二次结晶，大量的二次石膏同样会产生体积膨胀，对硬化水泥石结构产生破坏作用，故水泥中 SO_3 含量应适当，而且应严格控制。

石膏的最佳掺入量应根据熟料中 C_3A 含量、水泥细度及混合材品种及掺入量等因素通过试验确定。石膏的最大掺入量应以水泥中 SO_3 含量不超过国家标准为限。

（5）出磨水泥中 MgO 含量的控制

水泥中 MgO 含量过高会影响其的安定性，含量应控制在 5.0% 以下，以保证符合国家标准要求。

（6）混合材掺加量

混合材掺加量根据所生产的水泥品种、熟料质量、混合材品种及质量来确定，生产中除硅酸盐水泥 P·Ⅰ外要定期取样检验混合材掺加量，以验证是否符合既定的目标值。

出磨水泥质量控制要求如表 4-3-2 所示。

表 4-3-2　出磨水泥质量控制要求

<table>
<tr><th>控制项目</th><th>指标</th><th>合格率</th><th>检验频次</th><th>取样方式</th></tr>
<tr><td>45μm 筛余%</td><td>控制值±3.0%</td><td rowspan="3">≥85%。</td><td rowspan="3">粉磨 1 次/2h</td><td rowspan="3">瞬时或连续</td></tr>
<tr><td>80μm 筛余%</td><td>控制值±1.5%</td></tr>
<tr><td>比表面积</td><td>控制值±15m²/kg</td></tr>
<tr><td>混合材掺加量</td><td>控制值±2.0%</td><td rowspan="2">100%</td><td>粉磨 1 次/8h</td><td rowspan="2">连续</td></tr>
<tr><td>MgO</td><td>≤5.0%</td><td>粉磨 1 次/24h</td></tr>
<tr><td>SO_3</td><td>控制值±0.2%</td><td>≥75%</td><td>粉磨 1 次/4h</td><td rowspan="2">瞬时或连续</td></tr>
<tr><td>Cl^-</td><td><0.06%</td><td>100%</td><td>粉磨 1 次/24h</td></tr>
<tr><td>全套物理检验</td><td>符合产品标准规定，其中 28d 抗压强度应符合富裕强度要求</td><td>100%</td><td>粉磨 1 次/24h</td><td>连续</td></tr>
</table>

注：45μm 筛筛余百分数、80μm 筛筛余百分数、比表面积可任选一种，每月统计一次。

（5）摸索和掌握水泥各龄期强度增长规律，按生产计划组织生产

出磨水泥必须按产品标准中技术要求规定的物理性能检验，应经常统计和掌握水泥各龄期强度增长规律，这对于按生产计划组织生产和为用户服务都是十分必要的。在一般情况下，水泥往往等不到28d强度结果就要出厂，如果能正确掌握水泥各龄期强度增长规律，就能按生产计划组织生产，提前确定库内水泥的强度等级，保证出厂水泥百分之百合格。

4.4 水泥储存与装运

水泥生产的最后一道工序是水泥的储存、均化、包装或散装出厂，如图4-4-1所示。刚刚磨出的水泥质量还不是很稳定（这里指安定性、细度、凝结时间、有害化学成分等），有时甚至波动较大，导致水泥的质量下降，因此不能直接出厂，必须送入库内储存一段时间并均化后、经检验合格才能出厂。

水泥库应有明显标识，不允许上入下出或在磨尾直接包装。同一库不得装不同品种、强度等级的水泥。专用水泥或特性水泥必须用专用库储存，每班必须准确测定各水泥库的库存量并作好记录，按化验室要求做好出入库的管理工作。出磨水泥最低要保持5d的储存量。

4.4.1 储库及均化

储存是平衡水泥粉磨与发运两道工序的重要手段，圆库是存放和均化水泥的最好场所，水泥储存采用的是类似生料均化那样的混凝土圆库，库内设有卸料减压锥形室及充气装置，充气所需气源由罗茨鼓风机提供（图2-6-1～图2-6-5生料均化库及库底装置）。水泥经库底卸料箱、电控气动开关阀、电动流量控制阀、拉链机（或空气输送斜槽、螺旋输送机）送至水泥包装车间的斗式提升机中。

储存与均化的目的在于：

（1）改善水泥的质量

出磨水泥的温度约100℃，用手抓一把有烫手的感觉。储存几天可以自然降温并吸收空气中的水蒸汽，继续消解f-CaO，把水泥的安定性不良降到最低点。

（2）进行质量检验

水泥必须检验合格后才能出厂。但是水泥的强度等质量鉴定工作是按规定龄期进行的，如3d、28d强度。在水泥销售旺季时，可能等不到3d就出厂了，这时一般要做一天的水泥快速强度检测，用来预测3d的强度，另外就是留有一定量的样品，把3d、28d强度检验结果补送给用户。

（3）均化调配

出磨水泥仍然存在着成分波动问题，储存的同时也必须均化。大中型水泥厂多采用像生料均化库那样的气力搅拌均化库（小型水泥厂一般采用机械倒库或多库搭配对水泥进行均化）。同品种不同强度等级的水泥存放于不同的水泥库内，可以根据要求互相调配。

4.4.2 出厂发运

1. **袋装水泥发运**

袋装水泥是用包装机将水泥装袋，每袋水泥质量规定为50±1kg，每20袋水泥质量要大于1000kg，按袋数计量装运出厂，水泥包装机可设在水泥库旁边的包装车间（图4-4-1），也可以把包装车间设在水泥库的库底（图4-4-2），使工艺流程更加简化。

图4-4-1的右侧部分是水泥库旁边的袋装水泥工艺流程，由供料设备、筛分设备、包装设备、叠包、码包及装车等设备组成。从水泥库底出来的水泥，通过库底拉链机13，斗式提升机14，输送到包装机顶部的料仓15，再进入振动筛18，将杂物从排渣口排出，筛析的水泥进入包装机19进行包装，再经由接包机20、正包机21、清包机22、装车机23，一部分可直接装车发运，另一部分经胶带输送机24送至叠包机25，叠成每堆10包，然后运到成品库储存，待发运。在包装过程中的漏灰及破包的水泥，通过回灰料斗流入回灰螺运机，送到提升机，再进行筛析和包装。

图4-4-2是将水泥包装机直接设在了水泥库的下面，没有另外设置专门的包装车间，简化了包装工艺流程，但水泥储存库底的空间高度需要增加。用于袋装水泥的水泥包装机有固定式和回转式两种，我国中小型水泥厂一般采用固定式包装机，大型现代化水泥厂采用回转式水泥包装机，如图4-4-3所示。

袋装水泥的优点：每袋体积小，便于装运、堆放和计量，对分散的，小批量用户使用方便。其缺点是：其需包装袋包装，生产成本高，储运时包装袋容易破损，水泥损失高达3%～5%，对环境也造成污染，储运过程中会受潮，降低水泥质量。

包装机系统配置有：

（1）输送设备

将水泥从水泥库输送至包装系统的输送设备常用空气输送斜槽或螺旋输送机，将水泥提升到包装机顶上筛分设备常用提升机或空气输送泵，远距离输送采用空气输送泵，近距离输送采用提升机。

（2）筛分设备

为防止水泥中混入的铁件等杂物损坏包装机，水泥在入包装机之前必须通过筛分设备进行筛析，筛分设备有回转筛和振动筛两种，筛分设备一般布置在包装机前的中间仓上方。

（3）中间仓

包装机和筛分设备之间必须设置中间仓，主要不是为了储存物料，而是起稳定料流、稳定物料压力的作用。仓的容量不宜太大，一般按包装机半小时产量设置，可采用圆筒型或方型。

为稳定中间仓的仓压，有利于袋装水泥的准确灌装，包装小仓应设置料位仪和溢流管，以缩小仓内料面的波动范围。

（4）袋装水泥输送设备

包装好的袋装水泥，先经过一段倾斜的清灰辊床后，溜入胶带输送机，然后被送入成品库。

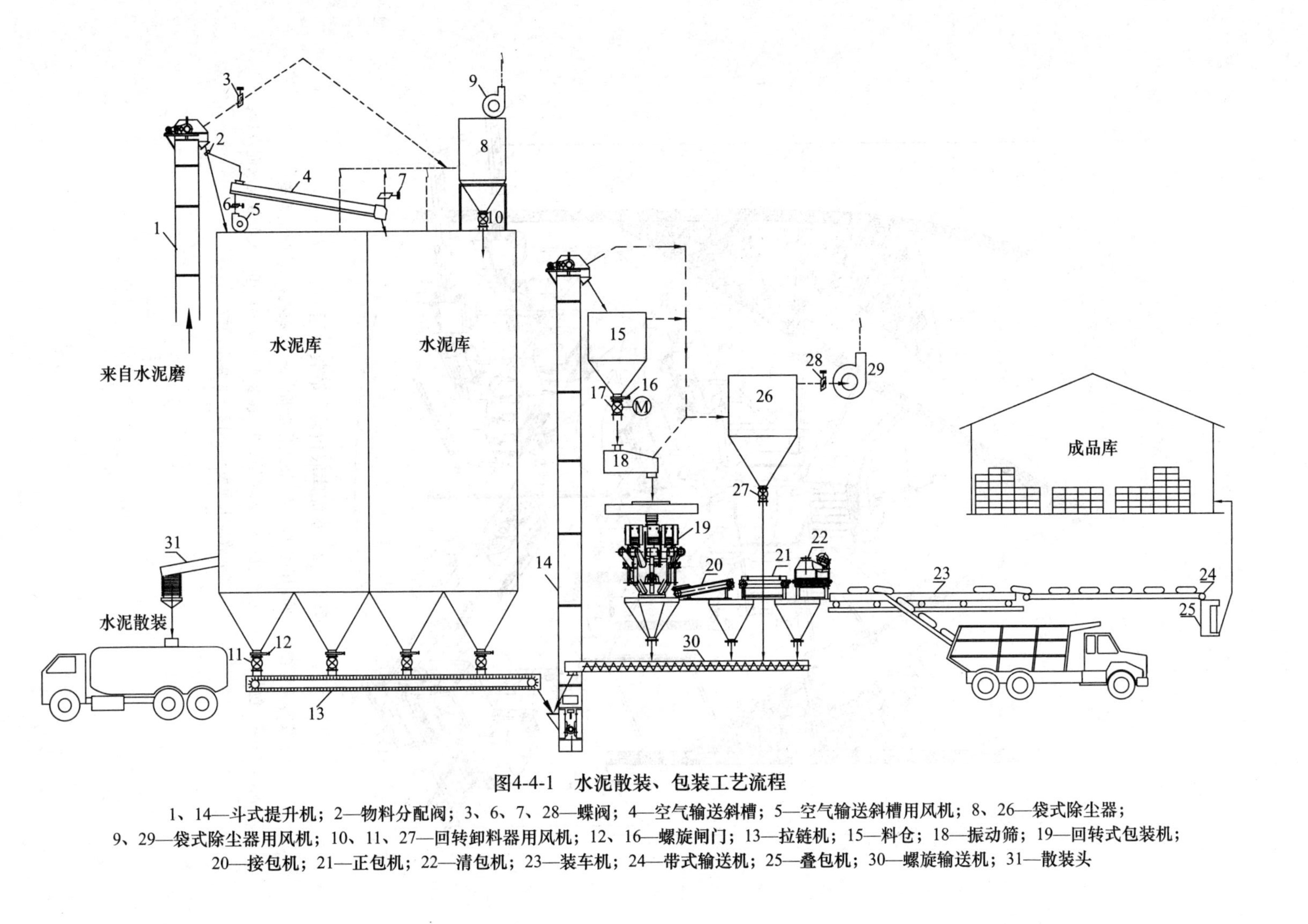

图4-4-1　水泥散装、包装工艺流程

1、14—斗式提升机；2—物料分配阀；3、6、7、28—蝶阀；4—空气输送斜槽；5—空气输送斜槽用风机；8、26—袋式除尘器；
9、29—袋式除尘器用风机；10、11、27—回转卸料器用风机；12、16—螺旋闸门；13—拉链机；15—料仓；18—振动筛；19—回转式包装机；
20—接包机；21—正包机；22—清包机；23—装车机；24—带式输送机；25—叠包机；30—螺旋输送机；31—散装头

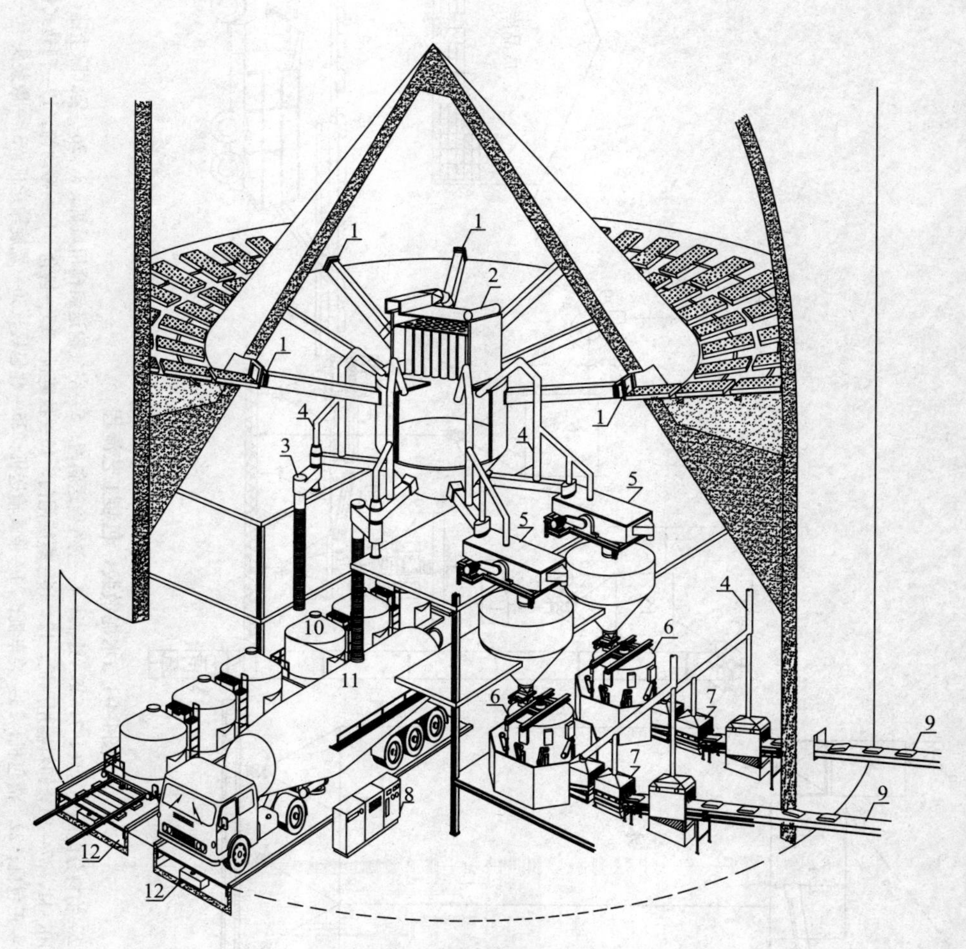

图 4-4-2 水泥库底包装、散装发运

1—装有流量控制闸阀的出料口；2—袋式除尘器；3—装载机；4—除尘管道；
5—振动筛；6—包装机；7—清包机；8—控制柜；9—袋装水泥发运；10—火车散装水泥发运；
11—汽车散装水泥发运；12—散装车磅桥

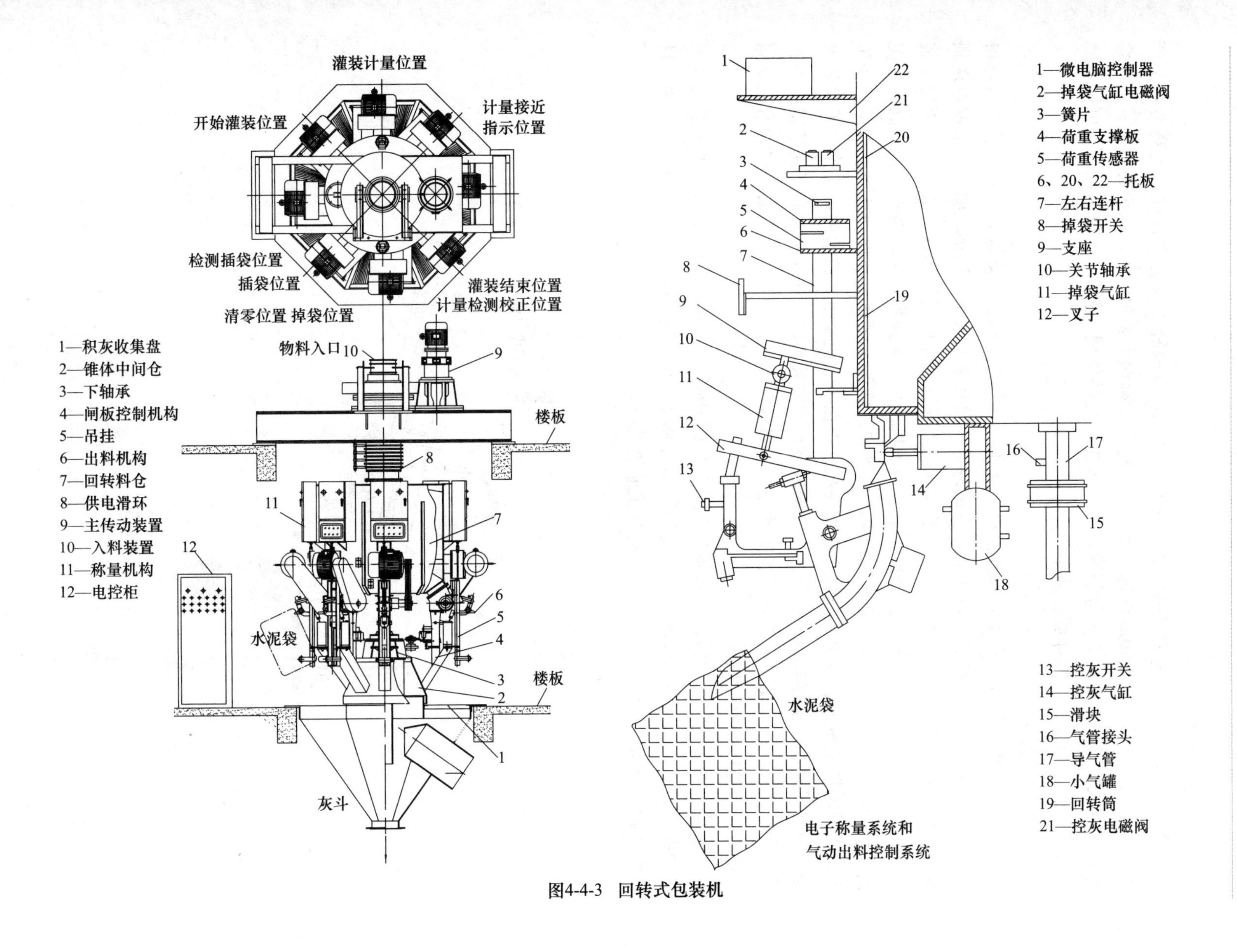
灌装计量位置
开始灌装位置
计量接近
指示位置
检测插袋位置
插袋位置
灌装结束位置
计量检测校正位置
清零位置 掉袋位置
1—积灰收集盘
2—锥体中间仓
3—下轴承
4—闸板控制机构
5—吊挂
6—出料机构
7—回转料仓
8—供电滑环
9—主传动装置
10—入料装置
11—称量机构
12—电控柜
物料入口
楼板
水泥袋
楼板
灰斗
1—微电脑控制器
2—掉袋气缸电磁阀
3—簧片
4—荷重支撑板
5—荷重传感器
6、20、22—托板
7—左右连杆
8—掉袋开关
9—支座
10—关节轴承
11—掉袋气缸
12—叉子
水泥袋
13—控灰开关
14—控灰气缸
15—滑块
16—气管接头
17—导气管
18—小气罐
19—回转筒
21—控灰电磁阀
电子称量系统和
气动出料控制系统

图4-4-3 回转式包装机

（5）叠包机

叠包机的作用是将包装好的袋装水泥自动叠包，以减轻工人劳动强度，提高劳动生产率。叠包机有回转式和固定式两种。回转式叠包机设有四个叠包装置，四个叠包装置依次叠包；固定式叠包机设有两个叠包装置，并排布置，交替使用。叠好10包水泥后，可用电瓶叉车或手推车运到成品库存放或装车出厂。

2. 散装水泥发运

随着建筑市场的发展需求，预拌混凝土和预拌砂浆产业的遍地崛起，水泥散装发运也得到了广泛的普及。不用纸袋、直接通过专用装备（散装水泥火车、汽车、船）将水泥运送到混凝土搅拌站或建筑施工工地，是建筑业和水泥工业现代化的具体体现。散装水泥简化了装卸程序，节约大量包装材料，生产成本低，便于机械化、大规模施工，劳动生产率高，水泥损失量少，一般只有0.5%，储运过程中不易受潮，确保水泥质量，保护环境。我国近些年来，水泥的散装量增长较快，散装率逐步提高，正在步入快车道，目前已逐步形成了散装水泥、预拌混凝土、预拌砂浆“三位一体”的散装水泥发展格局，这非常有利于建筑施工的高效化和现代化，而且也具有明显的经济效益。当然散装水泥也有缺点：需要专门的运输及储存设备，不适应小批量用户使用。

散装水泥可由库侧卸料、库侧装车（图4-4-4及图4-4-1中的左侧部分），也可以从水泥库的库底卸料、库底装车（图4-4-5、图4-4-6及图4-4-2中的左侧部分）后发运。库侧卸料和库底卸料所需空气由罗茨鼓风机或空气压缩机供给。

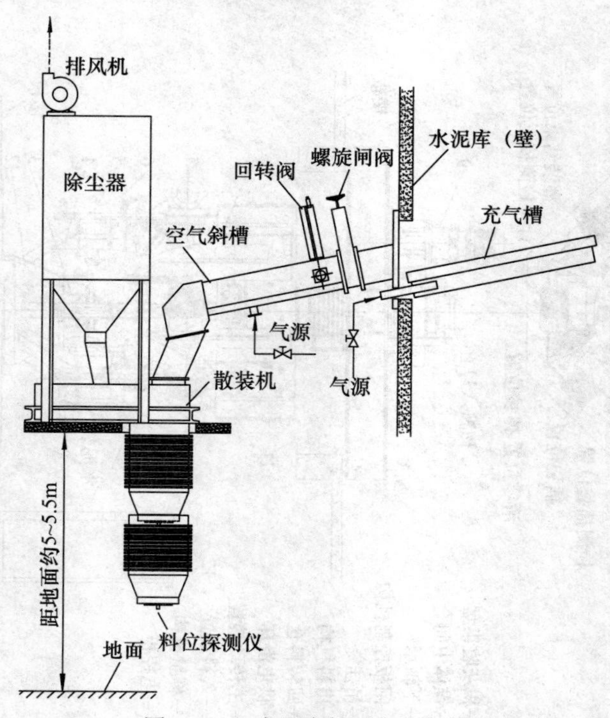

图4-4-4　水泥库侧固定装料器

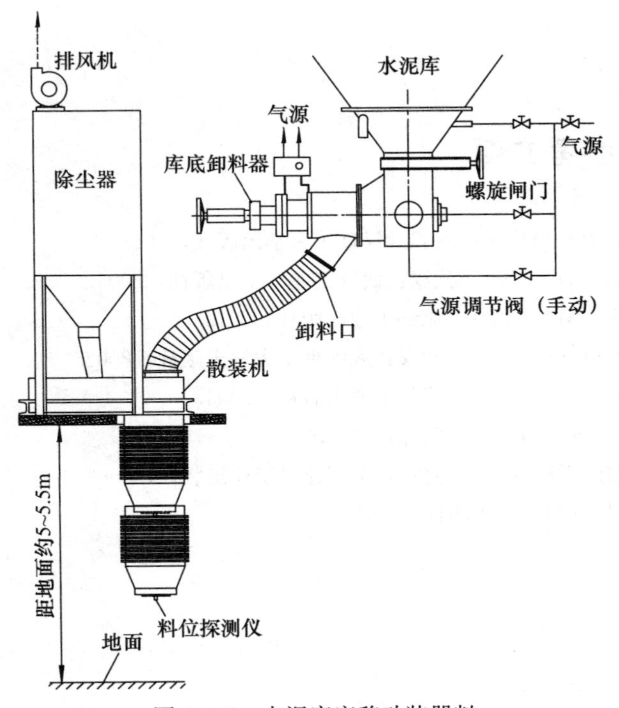

图 4-4-5 水泥库底移动装器料

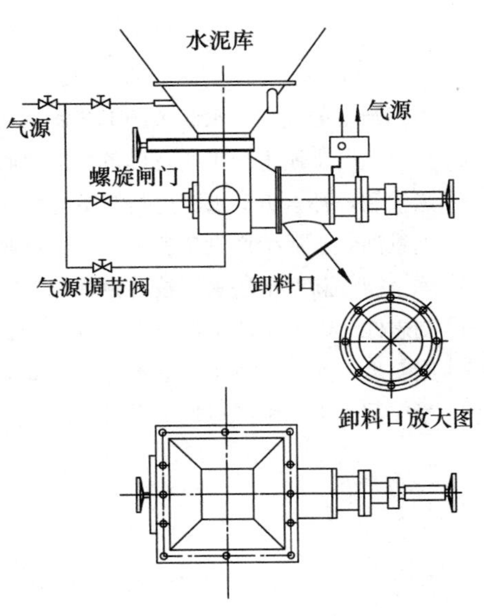

图 4-4-6 水泥库底卸料器

参考文献

[1] 周国治，彭宝利．水泥生产工艺概论（第2版）[M]．武汉：武汉理工大学出版社，2011.

[2] 彭宝利．水泥生产工艺及设备参考图册（第2版）[M]．武汉：武汉工业大学出版社，2005.

[3] 彭宝利，孙素贞．水泥生料制备与水泥制成 [M]．北京：化学工业出版社，2012.

[4] 刘景洲．水泥生产设备安装、调试及典型实例分析 [M]．武汉：武汉理工大学出版社，2002.

[5] 陈全德．新型干法水泥技术原理与应用 [M]．北京：中国建材工业出版社，2004.

[6] 刘志江．新型干法水泥技术 [M]．北京：中国建材工业出版社，2005.

[7] 熊会思，熊然．新型干法水泥厂设备选型使用手册 [M]．北京：中国建材工业出版社，2007.

[8] 彭宝利．水泥生产巡检工 [M]．北京：中国建材工业出版社，2012.